矩阵变换器基础理论

孙尧 粟梅 王辉 著

科 学 出 版 社

北 京

内 容 简 介

矩阵变换器是一种绿色的交-交(AC-AC)变频器，具有四象限运行、输入输出电流正弦、输入功率因数可控以及无中间储能环节等诸多优点。本书从矩阵变换器的拓扑结构、调制策略及系统控制与稳定性等方面进行论述，主要内容包括：为克服矩阵变换器自身缺点所采取的改进措施和方法，如输入不平衡下的调制和控制方法、提高电压传输比的措施、抑制系统共模电压的方法以及扩展输入无功功率范围的方法等；矩阵变换器系统的稳定性分析和稳定化方法；面向不同应用需求的矩阵变换器拓扑及其控制策略，如混合有源三次谐波注入型矩阵变换器、中高压多电平矩阵变换器、双级四脚矩阵变换器等。

本书可作为电力电子与电力传动相关专业研究生和高年级本科生的教材，也可作为相关学者、工作者的参考书。

图书在版编目(CIP)数据

矩阵变换器基础理论 / 孙尧，粟梅，王辉著. —北京：科学出版社，2023.3
ISBN 978-7-03-074674-0

Ⅰ. ①矩⋯ Ⅱ. ①孙⋯ ②粟⋯ ③王⋯ Ⅲ. ①矩阵-变换器 Ⅳ. ①TN624

中国国家版本馆CIP数据核字(2023)第013408号

责任编辑：裴 育 朱英彪 李 娜 / 责任校对：王萌萌
责任印制：吴兆东 / 封面设计：蓝正设计

科学出版社 出版
北京东黄城根北街 16 号
邮政编码：100717
http://www.sciencep.com

北京凌奇印刷有限责任公司印刷
科学出版社发行 各地新华书店经销

*

2023 年 3 月第 一 版 开本：720×1000 1/16
2024 年 1 月第二次印刷 印张：22 3/4
字数：459 000

定价：168.00 元
(如有印装质量问题，我社负责调换)

前　言

在能源短缺和环境污染的双重压力下，我国已将采用变频调速技术实现节能作为贯彻国家能源发展方针的重大措施。矩阵变换器作为变频家族中的一员，具有四象限运行、输入输出电流正弦、输入功率因数可控以及无中间储能环节等诸多优点。相对于传统交-直-交变频器，其功率密度更高、使用寿命更长及环境适应能力更强，因此在功率密度和可靠性要求极高、能量频繁往复切换的应用场合极具潜力。

本书围绕矩阵变换器的拓扑结构、调制策略以及系统控制与稳定性等方面展开论述。全书共 10 章，第 1 章介绍矩阵变换器的研究背景、发展概述、工业化进程。第 2 章分析矩阵变换器的基本原理与调制策略。第 3～6 章介绍为克服矩阵变换器自身缺点所采取的改进措施和办法，主要包括输入不平衡下的调制和控制方法、提高电压传输比的方案、抑制系统共模电压的方法以及扩展输入无功功率的办法等。第 7 章介绍矩阵变换器系统稳定性分析及稳定化方法。第 8 章介绍混合有源三次谐波注入型矩阵变换器。第 9 章介绍面向中高压大功率应用需求的中高压多电平矩阵变换器，详细介绍其调制策略。第 10 章探讨几种针对不同应用需求的矩阵变换器衍生拓扑及其控制策略。

本书是作者所在团队十余年来研究成果的结晶，也是多个国家级和省部级基金项目成果的汇总（2009AA05Z209、2012AA051600、2018YFB0606005、60674065、60804014、61573382、61622311、51807206、61873289、05JJ30102 等）。在此特别感谢熊文静和李幸在资料整理和全书统稿方面所做的大量工作，感谢张关关、但汉兵、刘永露、林建亨、谢诗铭等所做的修改和补充工作。此外，还要感谢路正美、郑成燕、付思琦、崔玉娇、申秋霞、李丽婷等对本书进行的编辑与校核工作。

本书适用于电力电子与电力传动相关方向的相关学者、工作者、高年级本科生和研究生，希望能帮助读者更为系统、深入地了解矩阵变换器，并能利用本书中的相关知识解决实际问题。

由于作者学识所限，书中难免存在不当之处，恳请广大读者批评指正。

作　者

于中南大学民主楼

目　　录

第1章 绪 论

矩阵变换器概念自 20 世纪 70 年代提出以来，逐渐受到国内外众多学者的广泛关注，它是一种绿色的 AC-AC 变频器，具有四象限运行、输入输出电流正弦、输入功率因数可控以及无中间储能环节等诸多优点。近年来，研究人员在矩阵变换器的拓扑结构、调制策略、换流策略、系统分析、性能改善和具体应用等方面开展了研究。本章主要介绍矩阵变换器的研究背景、发展概述和工业化进程，以及本书主要内容。

1.1 矩阵变换器的研究背景

随着全球经济的发展，能源的需求不断增加，能源短缺和环境污染等问题日益严峻。为解决这些问题，各国政府一方面致力于能源结构的调整与优化，大力发展风能、太阳能等可再生能源以取代传统的煤炭、石油等化石能源，科技创新使多能利用更加清洁、高效。截至 2020 年底，我国可再生能源累计装机总量约占全球的三分之一。其中，风电、光伏新增装机总量占全球一半以上。预计到 2035 年，可再生能源发电将提供全球 33% 以上的电力。与此同时，与能源相关的碳排放量也将减少，预计全球碳排放量在 2030 年达到峰值 400 亿吨后将快速回落，到 2050 年将下降至 330 亿吨[1]。由此可见，随着可再生能源发电在能源结构中的占比逐步加大，能源利用终将走向清洁和可持续发展的道路。另一方面致力于改善现有用电设备的能效，提高电能的利用率。据文献[2]统计，我国电机的耗电量占总耗电量的 60% 以上，而工业电机耗电量约占工业部门总耗电量的 75%。若电机能效提高 1 个百分点，则每年可节约电量约 260 亿度；若电机系统效率提升 5~8 个百分点，则每年节约的电量相当于 2 或 3 个三峡水电站的发电量。电机耗电量基数大，因此电机系统的节能提效是工业节能的关键。从具体国情来看，我国电机能效平均水平比国外低 3~5 个百分点，电机系统效率比国外先进水平低 10~20 个百分点，我国的工业节能任重而道远。

无论是可再生能源发电，还是电机系统节能，都离不开功率变换器[3]。以风力发电为例，无论是双馈感应风力发电系统，还是永磁直驱风力发电系统，变频器均为实现能量转换的核心装置。变频器是由电力电子器件构成的一类电压、频率可调的电力变换装置，它的发展与电力电子器件的革新密切相关。最初，采用的电力电子器件主要有功率二极管、晶闸管等不控器件或半控器件，常常导致源电流总谐波畸变率(total harmonic distortion, THD)大和功率因数低,严重影响了电网电能质量,一般需要配备相应的滤波和补偿装置才能满足电网电能质量的要求。绝缘栅双极型晶体管(insulated gate bipolar transistor, IGBT)和金属-氧化物半导体场效应晶体管(metal-oxide-semiconductor field effect transistor, MOSFET)等全控器件和高频整流、逆变技术的出现,有效解决了电流谐波和电磁干扰对电网威胁的问题,促进了变频器技术的迅速发展。双脉宽调制(pulse-width modulation, PWM)变换器是一类性能优良的变频器拓扑,广泛应用于舰船推进、工业传动等领域,其拓扑如图 1.1 所示。根据中间储能环节的不同,它可分为电压型双 PWM 变换器和电流型双 PWM 变换器两类。然而,这两类双 PWM 变换器都含有笨重的中间储能环节,从而制约了系统的功率密度。此外,由电解电容构成的中间储能环节对温度敏感,从而降低了系统的可靠性。

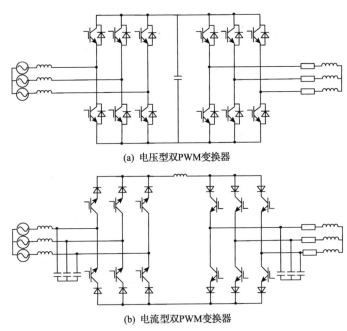

(a) 电压型双PWM变换器

(b) 电流型双PWM变换器

图 1.1 双 PWM 变换器拓扑

矩阵变换器作为一种新型变频器具有如下优良特征:

(1)无中间储能环节,结构紧凑;

(2)能量双向流通,可实现四象限运行;

(3)正弦输入/输出电流;

(4)输入功率因数可控,输出电压幅值、频率可控。

由此可知,矩阵变换器不仅能满足高性能变频器的要求,还能有效解决双 PWM 变换器存在不足的问题。

1.2　矩阵变换器的发展概述

20 世纪 50 年代就出现了利用晶闸管构成的自然换相周波变换器 (naturally commutated cycloconverter, NCCC) 来实现 AC-AC 变频功能。为解决自然换相周波变换器输出频率范围小的问题，又出现了强迫换相周波变换器 (forced commutated cycloconverter, FCCC)，但它需要外部辅助换流电路，体积较大。1959 年 Blake 等[4]和 1960 年西屋电气公司的 Jessee[5]分别在其专利中提出利用全控型双极结型晶体管 (bipolar junction transistor, BJT) 替代 FCCC 中的晶闸管，取消了外部辅助换流电路。1967 年，西屋电气公司的 Gyugyi 等[6]提出了一种适用于 FCCC 的输出电压频率和幅值的控制方法，克服了原有 FCCC 输出电压幅值不可控的缺点，形成了矩阵变换器的雏形。1970 年，Gyugyi[7]在其博士论文中形成了矩阵变换器思想雏形。1976 年，Gyugyi 等[8]在其专著 *Static Power Frequency Changers: Theory, Performance and Applications* 中系统地介绍了静态功率变频器，提出了矩阵变换器的概念，但由于受到当时电力半导体器件的限制，矩阵变换器的研究还局限于理论探索阶段，未引起业界的广泛关注。1980 年前后，意大利学者 Venturini[9]和 Alesina 等[10]从高频合成角度阐述了矩阵变换器的基本原理，提出了直接开关函数法，首次实现了矩阵变换器原型样机。不过，当时矩阵变换器的最大电压传输比 (voltage transfer ratio, VTR) 仅为 0.5，直到 1989 年，Alesina 等[11]通过注入三次谐波的方法将最大电压传输比提高到了 0.866。此后，矩阵变换器逐渐受到国内外众多学者的广泛关注，相关研究人员在矩阵变换器的拓扑结构、调制策略、换流策略、稳定性分析、性能优化和应用领域等方面取得了长足进展。

1. 拓扑结构

矩阵变换器系统结构主要由三相电源、LC 滤波器、开关网络和负载组成，其示意图如图 1.2 所示。

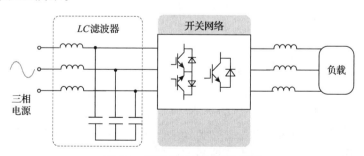

图 1.2　矩阵变换器系统示意图

根据矩阵变换器的结构分类，通常可划分为直接矩阵变换器 (direct matrix

converter, DMC)和间接矩阵变换器(indirect matrix converter, IMC)两类[12-14]。其中，最具有代表性的两种拓扑结构分别如图1.3和图1.4所示，二者在功能上基本一致，但在一些具体性能(效率、共模电压和无功功率范围等)和实现方式(调制策略和换流方法等)等方面存在差异。

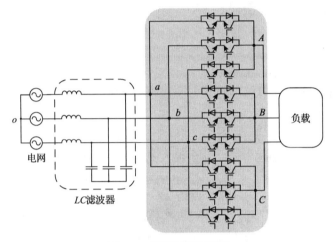

图 1.3　直接矩阵变换器

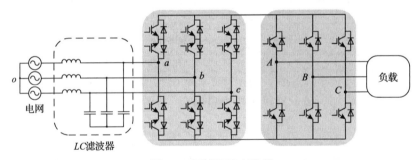

图 1.4　间接矩阵变换器

直接矩阵变换器，也称为单级矩阵变换器，由 9 个双向开关组成，每相输出均通过 3 个双向开关与三相输入电源相连[12]。每个双向开关都有双向导通和双向关断的能力，为满足输入侧不能短路和输出侧不能开路的约束条件，需采用合适的换流技术[15-21]保证系统的安全运行。

间接矩阵变换器与双 PWM 变换器在结构上有一定的相似性，存在物理上的中间直流环节，但不需要中间储能环节[12,13]。间接矩阵变换器也称为双级矩阵变换器，它在结构上可分解为两部分：电流源型整流器和电压源型逆变器。因此，可方便地借鉴现有成熟的整流器和逆变器的调制策略，实现 AC-AC 变频的目的[14]。在间接矩阵变换器拓扑的基础上，还衍生了一系列减少开关的矩阵变换器拓扑[22]，包括稀疏矩阵变换器、常稀疏矩阵变换器和超稀疏矩阵变换器等。开关数目的减少降低了系统成本，但也会限制矩阵变换器的部分功能，例如，超稀疏矩阵变换器无法实现能量双向流动，而且其负载阻抗角也受到了限制。

除了以上矩阵变换器拓扑，针对某些特殊应用需求，研究人员还衍生出了大量新型矩阵变换器拓扑，其结构分类示意图如图 1.5 所示，如提高输入无功功率能力的新型间接矩阵变换器[23]，为不平衡负载供电的单级、双级四脚矩阵变换器[24,25]，有源三次谐波注入式矩阵变换器[26]，以及 AC-DC 矩阵变换器或三相-单相矩阵变换器[27,28]等。

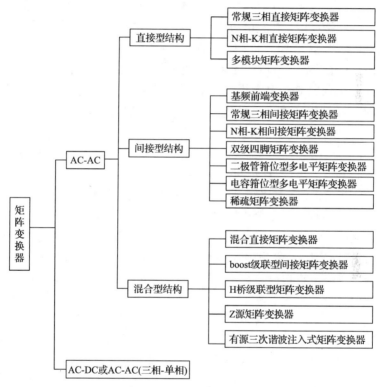

图 1.5 矩阵变换器的拓扑结构分类示意图

矩阵变换器的最大线性电压传输比仅为 0.866，严重限制了其应用范围。为了解决电压传输比受限问题，研究人员提出了一系列升压型矩阵变换器拓扑[29-34]。例如，利用间接矩阵变换中间直流环节的灵活性特点，在整流侧和逆变侧串入 H 桥电路，从而形成具有一定升压能力的混合矩阵变换器结构[29]；采用 Z 源逆变器取代间接矩阵变换器的逆变级[30,31]或者在矩阵变换器的交流侧串入 Z 源阻抗网络[32-34]，从而形成具有升压能力的 Z 源矩阵变换器。

在间接矩阵变换器基础上结合多电平技术可实现矩阵变换器的多电平化。例如，将间接矩阵变换器逆变侧的两电平逆变器用中性点箝位型逆变器取代，从而形成一种三电平矩阵变换器拓扑[35]；在逆变端添加一桥臂，并将该桥臂和滤波电容中性点连接，从而形成一种减少开关数目的三电平矩阵变换器拓扑[36]。此外，将间接矩阵变换器的整流器级联，再结合电平数匹配的中性点箝位型逆变器，可灵活构建任意电平的通用多电平矩阵变换器拓扑[37]。

2. 调制策略

调制策略直接影响功率变换器的输入波形质量、输出波形质量、能量转换效率、共模电压、输入端无功补偿能力和器件损耗分布等基本性能指标。矩阵变换器的调制策略主要有直接开关函数法[11]、双电压合成调制策略[38-41]、直接空间矢量调制策略[42]、间接空间矢量调制策略[12]、载波调制(carrier-based modulation, CBM)策略[43]、基于数学构造法的调制策略[44]和预测控制策略[45-48]等。

直接开关函数法是被最早提出的矩阵变换器调制策略，该方法提出之初最大电压传输比为0.5[11]。之后，通过注入三次谐波的方法将最大电压传输比提高到了0.866。直接开关函数法是基于输入、输出电压或者电流之间的关系，结合约束条件直接构造出来的一种开关函数矩阵。双电压合成调制策略是 Ishiguro 等[38]提出的一种调制策略，该策略最大的特点是具有抵御输入电网电压不平衡影响的能力，因而受到广泛关注。例如，哈尔滨工业大学的陈希有等[39]、南京航空航天大学的穆新华等[40]均对双电压合成调制策略进行了深入研究。后来的研究证明，双电压合成调制策略和空间矢量调制(space vector modulation, SVM)策略具有等价性，二者之间没有本质区别，通过合理地安排开关顺序，其调制效果可完全相同[41]。间接空间矢量调制策略是由 Huber 等[12]提出的一种调制策略，其基本思想是：首先将矩阵变换器分解为虚拟电流型整流器与虚拟电压型逆变器，然后分别采用成熟的空间矢量调制策略，最后将相应的开关状态等效到矩阵变换器上，从而实现矩阵变换器的调制。通用调制技术是 Casadei 等[42]提出的一种基于空间矢量描述的矩阵变换器调制策略。该策略给出了矩阵变换器的开关函数矩阵的通解，不仅具有通用性，还具有明显的几何意义。Yoon 等[43]提出了一种矩阵变换器载波调制策略，其关键在于特定载波的生成和偏置电压的选取。基于数学构造法的调制策略[44]是一类通用调制策略，其基本思想是将调制问题转化为带约束条件的代数方程求解问题。基于奇异值分解的通用调制策略[45]也是一类通用调制策略，通过适当地选取参数，可涵盖诸多已有的经典调制策略。

文献[46]提出了一种基于预测控制思想的矩阵变换器调制策略。它将矩阵变换器的开关状态作为控制输入，将输入端功率因数误差和输出电流误差通过加权构成目标函数，然后遍历所有可能且合理的开关状态组合，找出目标函数最小对应的开关状态。该方法事实上将矩阵变换器的调制问题转化为一个纯粹的优化控制问题。其优点是简单、灵活，无须理解矩阵变换器的内在工作原理；缺点是因约束过强导致系统稳态性下降，如开关频率不固定、电流纹波大等。其灵活性体现在不同的目标函数可实现不同性能的调制效果[46-50]，例如，文献[47]将共模电压这一指标嵌入总目标函数，实现了减小共模电压的矩阵变换器调制；文献[48]则将矩阵变换器和感应电机视为一个整体，将输入无功功率误差、输出力矩误差和磁链误差组合成总目标函数，实现了矩阵变换器/异步电机的一体化控制。

在上述调制策略的基础上，还衍生出各种改善矩阵变换器某项性能指标的调制策略，如提高输出波形质量[51-54]、减小共模电压[55-60]、提高系统效率[61,62]、提高输入无功功率能力[63-65]及抑制输入不平衡[66-70]的调制策略。

3. 换流策略

为了满足矩阵变换器输入侧不能短路和输出侧不能开路的约束条件，需要对矩阵变换器的双向开关采取合适的换流控制。国外学者较早开展了对于矩阵变换器换流问题的研究。例如，Nandor[15]首次提出双向开关的四步换流策略，该方法通过严格的逻辑控制有效解决了双向开关的换流问题，成为双向开关换流的基本方法。Empringham 等[71]基于功率器件的开关特性提出了一种基于负载电流方向的三步换流和一步换流策略，获得了高质量的输出电流，实现了双向开关的电流检测、保护和换流。Ziegler 等[72]提出了基于输入线电压极性的半自然两步电压型换流策略，并在此基础上结合负载电流方向提出一步换流策略。Mahlein 等[17]提出了基于高速数字逻辑器件的全数字化实现的换流策略，综合输入电压极性和输出电流方向获得完整的自然四步换流策略，将开关实际换流时刻限制在第三步，进而提高了换流可靠性和输出电流质量。国内学者也在矩阵变换器的换流问题上做了大量工作。例如，Sun 等[20]提出一种基于集-射极电压极性的换流方法，并设计了逆阻式 IGBT 的驱动电路。张晓锋等[73]提出了一种安全换流方案，其思想是在传统的电压型两步换流法的基础上，确定一种过渡区间，采用四步换流的安全换流策略，在换流两相电压接近时额外插入 3 个安全续流状态，解决了电流型换流策略小电流检测困难的问题，避免了换流短路现象。马星河等[74]提出了变步长矩阵变换器换流方法，根据电压大小和电流方向划分换流安全区和危险区，在不同的区域采用不同的策略，既充分保证了换流可靠性，又缩短了换流时间，改善了输出波形质量。王兴伟等[75]针对电压型换流策略在输入线电压过零点附近由测量误差可能导致短路的问题，提出了基于临界区域的两步换流策略，通过定义新的状态，调整临界区域中每个开关周期的零矢量和双向开关状态换流顺序，避免了在临界区域因判断不准确而出现短路的现象。

4. 稳定性分析

稳定性是系统正常运行的基本前提。由于输入滤波器、恒功率负载及闭环控制，矩阵变换器系统也面临稳定性问题。通常，解决矩阵变换器系统稳定性问题有两类方法：①修改系统硬件配置增大系统阻尼系数[76,77]，常见的方法就是在输入滤波电感两端并联适当的阻尼电阻，这种方法虽然简单，但会导致额外损耗，并增加了系统成本和散热设计的困难；②修改控制方法，主动改善负阻抗特性，该方法无须修改硬件就能提高系统的稳定性，因而引起研究人员更多的关注。Casadei 等[78-80]较早地关注了矩阵变换器稳定性问题，文献[78]提出在同步旋转坐标系下采用数字滤波器对滤波电容电压的幅值进行滤波来提升矩阵变换器系统的稳定性；在此基础上，进一步研究了采样和控制时滞等对系统稳定性的影响[79]；为了克服了小信号稳定性分析的局限性，还研究了矩阵变换器系统的大信号稳定性[80]。文献[81]提出了对滤波电容电压幅值和相位角同时进行滤波的方法，以提高系统稳定性。文献[82]采用了锁相环技术来提高系统的稳定性，本质上该方法相当于对滤波电容电压相位角进行滤波。文献[83]研究了基于矩阵变换器的双馈风力发电机系统的稳定性问题。文献[84]和[85]提出了修改输入参考电流的方法来解决矩阵变换器的稳定性问题，该方法和上述其他文献的方法有所不同，其本质是一种虚拟电阻控制。文献[86]系统研究了矩阵变换器的稳定性，发现了其在不同运行模式下的稳定性规律，提出了基于构造的统一稳定化方法。

5. 性能优化

在开关周期平均意义下，各种调制策略下矩阵变换器的输出变量、输入变量是等价的，但它们的微观性能，如输入电流纹波、输出电流纹波和功率损耗等不尽相同。输入、输出电流质量是衡量矩阵变换器调制策略的一项重要指标，因此受到众多研究人员的关注。

理想情况下，如果开关频率固定，那么影响矩阵变换器波形质量的因数包括开关序列安排和零矢量分配。因此，为了提升波形质量，首先要保证脉冲序列对称，也就是采用双边对称调制，然后优化零矢量分配(在载波调制下，优化零序分量)。Casadei 等[87]提出的最优输出电流总谐波畸变率的调制策略，就是以输出电流纹波有效值为性能指标，采用几何方法求解最优零矢量分配因子，有效提高了输出电流质量。

此外，还有另外一个影响矩阵变换器波形质量的重要因素——工程约束。在工程实现中，实际系统不可避免地会受到各种物理限制，如功率开关器件的非理想性、A/D(analog/digital, 模拟/数字)转换和处理器的量化误差、传感器动态性能以及采样和控制时滞等，因此系统输入、输出性能会受到影响。其中，功率开关器件的性能是矩阵变换器性能最主要的瓶颈之一。由于没有理想双向开关，矩阵变换器中的双向开关一般由 IGBT 和二极管通过一定方式组合而成。安全换流是直接矩阵变换器稳定运行的重要保障，在换流期间，矩阵变换器的输出电压不完全可控，取决于输出电流的方向，从而导致输出电压畸变；而在间接矩阵变换器中，逆变器换流过程中不得不插入死区，该死区的存在也会导致类似的输出电压畸变问题。文献[88]分析了四步换流和两步换流对输出电压的影响，提出了前馈补偿方法。Kyo-Beum 等[89]同时考虑器件压降和双向开关换流的影响，提出了一种补偿输出电压的方法。文献[90]将矩阵变换器参考输出与实际输出电压的误差视为系统扰动，提出了一种基于瞬时功率理论(PQ 理论)的扰动补偿方法，改善了矩阵变换器的性能。文献[91]和[92]结合矩阵变换器死区和管压降等的产生机理以及扰动观测思想，应用径向基函数神经网络估计系统未建模扰动对输出电压进行了前馈补偿，改善了矩阵变换器驱动感应电机系统的控制性能。文献[93]进一步考虑了开关边缘不确定性和管压降的影响，在深入分析开关过程的基础上提出了一种精确的双补偿方法。文献[94]分析了间接矩阵变换器输出电压畸变的根源，提出了一种有效避免窄脉冲的调制策略，既消除了窄脉冲的危害，又提高了波形质量。

6. 应用领域

自矩阵变换器问世以来，经过研究人员的努力，其已经逐渐在电机驱动、电源、新能源发电以及电能质量控制等领域得到了一定应用。在电机驱动领域，Sunter 等[95]实现了基于矩阵变换器的感应电机矢量控制。之后，大量基于矩阵变换器的电机驱动控制方案被相继提出[96-107]。文献[96]介绍了矩阵变换器驱动 150kV·A 感应电机的实验验证。文献[97]提出了一种基于自抗扰控制思想的矩阵变换器-感应电机系统调速控制方案，改善了系统的动态性能。Casadei 等[98]提出了一种矩阵变换器-感应电机驱动系统的直接转矩控制方案，发挥了直接转矩控制和矩阵变换器各自的优势，取得了优良的磁链及转矩控制效果，在此基础上，其他研究人员还引入了滑模控制[99]、细分扇区[100]等方案来减小转矩脉动和改善动态性能。此外，Lee 等[101,102]提出多种基于直接转矩控制的无速度传感器控制方案。Bouchiker 等[103]实现了面向矩阵变换器-永磁同步电机系统的矢量控制系统。葛红娟等[104]提出了一种面向间接矩阵变换器-永磁同步电机系统的滞环电流控制方案，整流级采用电流型空间矢量调制，逆变级采用常规的滞环电流控制，波形质量高，调速性能好。文献[105]提出了一种非线性自适应-反步控制方案，提高了系统的响应速度和抗干扰能力。Xia 等[106]提出了一种面向矩阵变换器-永磁同步电机系统的直接转矩控制方案，引入占空比控制，旨在减少转矩纹波。此外，文献[107]提出了一种矩阵变换器-永磁同步电机无位置传感器控制方案，采用高频注入法提取速度信息，并采用补偿方法改善了电流过零点畸变，提高了速度估计性能。

在电源领域，Wheeler 等[108,109]提出了将矩阵变换器用作三相移动电源的方案，实现了高质量的 50Hz、60Hz 和 400Hz 的输出电压以及低谐波畸变率的输入电流。文献[110]提出了将矩阵变换器作为飞机维修用的三相地面供电单元。此外，

Wheeler 等[111]还提出了将单级四脚矩阵变换器作为变速柴油机发电系统的接口电路的应用方案。文献[112]将矩阵变换器用作开关电源，将 50Hz/60Hz 的三相输入电源转换成 10kHz/20kHz 的高频单相交流输出，然后经过高频变压器和高频整流器转换为 48V 直流电。文献[113]提出了将矩阵变换器作为飞轮与电网的接口以构成不间断电源系统。此外，文献[114]提出了一种基于矩阵变换器的无线电能传输系统，是一种有潜力的车辆到电网(vehicle-to-grid, V2G)接口电路。

在新能源发电领域，矩阵变换器因其结构紧凑的特点受到了广泛关注。1998 年，文献[115]提出了一种矩阵变换器-双馈风力发电并网系统控制方案，该系统实现了最大能量捕获和良好的有功控制、无功控制。围绕此类系统，国内外学者还在拓扑结构[116]、控制策略[117-120]、稳定性分析[121]、故障运行[122,123]等方面做了大量研究工作。此外，矩阵变换器还被用于驱动永磁同步发电机或鼠笼感应电机构成直驱式风力发电系统[124,125]。

在电能质量控制领域，文献[126]首次提出了基于矩阵变换器的统一潮流控制器方案，并通过实验验证了方案的可行性。之后，多种基于矩阵变换器的统一潮流控制器改进方案被相继提出[127-129]。此外，文献[130]~[132]将矩阵变换器作为动态电压恢复器，用于补偿电网电压的波动。

1.3　矩阵变换器的工业化进程

功率器件是制约矩阵变换器工业应用的主要因素之一。随着矩阵变换器理论研究的日益成熟，多家半导体器件厂商如英飞凌(Infineon)、赛米控(Semikron)、丹尼克斯(Dynex)、富士电机(Fuji Electric)、艾赛斯(IXYS)等纷纷致力于双向开关的研制及其商用化，已经推出了一些适用于矩阵变换器的商用功率器件模块，为矩阵变换器的工程应用铺平了道路。例如，英飞凌、赛米控和丹尼克斯公司均推出了商用化的双向开关模块；富士电机更是推出了面向直接矩阵变换器的功率模块，所有功率开关器件均封装在同一模块中，具有体积小、重量轻、便于使用的特点。此外，国外主流电气传动厂商也十分重视矩阵变换器的研究。其中，阿西布朗勃法瑞(ABB)、阿尔斯通(Alstom)、西门子、富士电机、罗克韦尔和安川电机等公司先后对矩阵变换器开展了大量研究工作。2005 年，日本安川电机公司研制出了第一台商业化的矩阵变换器，命名为"Varispeed AC"，该装置采用了直接矩阵变换器拓扑，双向开关则选用了富士电机公司研制的 RB-IGBT 模块。2006 年，日本富士电机面向日本市场推出了 FRENIC-Mx 系列矩阵变换器(30~45kW)，更新了既往变频调速系统的概念。2009 年，日本安川电机公司推出了适用于中高压大功率应用的 FSDrive-MX1S 系列矩阵变换器，这些产品均采用多模块拓扑，产品分 3.3kV、200~3000kV·A 和 6kV、400~6000kV·A 两个等级，具备持续低速运行能力、电能回馈能力以及低输入电流谐波的特性，适合直驱风电机组和海上大型风电机组。其中，3.3kV、3000kV·A 的中高压矩阵变换器产品已成功应用在钢铁行业的往复轧机驱动，用来提供宽调速范围和高加速度的转矩控制，取得了良好的效果。公开报道矩阵变换器的工业研究如表 1.1 所示。

表 1.1 公开报道矩阵变换器的工业研究

公司	MC 拓扑	年份
阿西布朗勃法瑞(ABB)和戴姆勒-奔驰(Daimler Benz)	CMC	1997
阿西布朗勃法瑞(ABB)	CMC	2002
阿西布朗勃法瑞(ABB)	SC-CMC	2007
阿尔斯通(Alstom)	CMC	2003
阿尔斯通(Alstom)	PP-MC	2009
博世(Bosch)	S-A-X	2004
丹佛斯(Danfoss)	CMC	2002
欧派克(Eupec)和西门子(Siemens)	CMC	2001
富士电机(Fuji Electric)	CMC	2004
富士电机(Fuji Electric)	I-IMC	2005
日立电机(Hitachi Electric)	CMC	2006
现代重工集团(Hyundai Heavy Industries)	CMC	2011
明电舍(Meidensha)	CMC	2007
三菱电机(Mitsubishi Electric)	I-IMC	1990
三菱电机(Mitsubishi Electric)	CMC	2004
罗克韦尔(Rockwell)	CMC	2002
罗克韦尔(Rockwell)	CMC,IMC	2010
三星 SDI(Samsung SDI)	CMC	2006
施耐德-东芝(Schneider-Toshiba)	CMC,IMC	2010
西门子(Siemens)	CMC	2002
史密斯航空(Smiths Aerospace)	CMC	2004
东洋电机(Toyo Electric)	CMC	2007
西屋电气(Westinghouse)	CMC	1988
安川电机(Yaskawa)	CMC	2002
安川电机(Yaskawa)	ARCP MC	2009
安川电机(Yaskawa)	MMTMC	2009

注：PP-MC 表示多相矩阵变换器；S-A-X 表示单向(直接)矩阵变换器；MMTMC 表示模块化多绕组变压器互联矩阵变换器；CMC 表示常规矩阵变换器(conventional matrix converter)；IMC 表示间接矩阵变换器(indirect matrix converter)；SC-CMC 为单相级联型矩阵变换器(single-phase cascaded conventional matrix converter)。

1.4　本书主要内容

中南大学电力电子与可再生能源研究所自 2003 年开始矩阵变换器相关问题的研究，迄今，已在矩阵变换器的拓扑结构、调制策略、稳定性分析以及矩阵变换器的工业化等方面积累了系列研究成果。本书是这些研究成果的汇总，将以较为宽广的视角全面介绍矩阵变换器的发展轨迹和核心内容，书中各章的具体内容如下：

第 1 章绪论。介绍矩阵变换器的研究背景、发展概述以及工业化进程。

第 2 章矩阵变换器的基本原理与调制策略。介绍矩阵变换器的工作原理，阐述空间矢量调制和载波调制等几种典型矩阵变换器调制策略。

第 3 章输入不平衡下的矩阵变换器调制和控制方法。阐述不平衡输入工况下基于数学构造法和预测控制的矩阵变换器控制方法。

第 4 章矩阵变换器电压传输比特性及其提高方法。介绍矩阵变换器的线性电压传输比特性，简述如 Z 源矩阵变换器等常见提升矩阵变换器电压传输比的方法，详细阐述基于空间矢量和预测控制的提高矩阵变换器电压传输比的调制策略。

第 5 章矩阵变换器共模电压抑制方法。介绍矩阵变换器共模电压产生机理、系统共模等效电路，并详细阐述基于旋转矢量和改进空间矢量调制的共模电压抑制方法。

第 6 章矩阵变换器输入无功功率扩展方法。阐述输入无功功率和调制策略的内在关系，介绍基于调制策略和拓扑结构改进的拓展输入无功功率范围的原理和方法。

第 7 章矩阵变换器系统稳定性分析及稳定化方法。详细介绍矩阵变换器系统的稳定性分析方法和系统稳定化构造方案。

第 8 章混合有源三次谐波注入型矩阵变换器。详细介绍混合有源三次谐波注入型矩阵变换器的拓扑结构、工作原理和调制策略。

第 9 章中高压多电平矩阵变换器。介绍面向中高压应用场合的二极管箝位型三电平矩阵变换器和多模块矩阵变换器两类中高压矩阵变换器拓扑，并详细阐述它们的调制策略与实现。

第 10 章其他衍生类矩阵变换器及其应用。探讨面向不同应用需求的几种矩阵变换器衍生拓扑，并详细分析这些拓扑的调制策略及控制策略。

参 考 文 献

[1] BP 中国. 《BP 世界能源展望》2019 年版[EB/OL]. https://www.bp.com/zh_cn/china/home/news/
reports/bp-energy-outlook-2019.html[2020-03-31].

[2] 中华人民共和国工业和信息化部.《电机能效提升计划(2013—2015 年)》[EB/OL].
http://news.bjx.com.cn/html/20130624/441636-2.shtml[2019-09-19].

[3] Carrasco J M, Franquelo L G, Bialasiewicz J T, et al. Power-electronic systems for the grid
integration of renewable energy sources: A survey[J]. IEEE Transactions on Industrial Electronics,
2006, 53(4): 1002-1016.

[4] Blake R F, Spaven W J, Ware C C. Controlled frequency power supply system: US, 3148323[P].
1959-07-06.

[5] Jessee R D. Controlled frequency alternating current system: US, 3170107[P]. 1960-05-02.

[6] Gyugyi L, Pelly B R. Static frenquency converter with novel voltage control: US, 3493838[P],
1967-04-21.

[7] Gyugyi L. Generalized theory of static power frequency changers[D]. Manchester: University of
Salford, 1970.

[8] Gyugyi L, Pelly B. Static Power Frequency Changers: Theory, Performance and Applications[M].
New York: Wiley, 1976.

[9] Venturini M. A new sine wave in sine wave out, conversion technique which eliminates reactive
elements[C]. Proceedings of PowerCon, San Diego, 1980: 1-15.

[10] Alesina A, Venturini M. Solid-state power conversion: An analysis approach to generalized
transformer synthesis[J]. IEEE Transactions on Circuit and Systems, 1981, 28(4): 319-330.

[11] Alesina A, Venturini M G B. Analysis and design of optimum-amplitude nine-switch direct
AC-AC converters[J]. IEEE Transactions on Power Electronics, 1989, 4(1): 101-112.

[12] Huber L, Borojevic D. Space vector modulated three-phase to three-phase matrix convertor with
input power factor correction[J]. IEEE Transactions on Industry Applications, 1995, 31(6):
1234-1246.

[13] Limori K, Shinohara K, Tarumi O. et al. New current-controlled PWM rectifier-voltage source
inverter without DC link components[C]. Proceedings of the Power Conversion Conference,
Nagaoka, 1997: 783-786.

[14] Wei L, Lipo T A. Novel matrix converter topology with simple commutation[C]. IEEE IAS
Annual Meeting Conference Record, Chicago, 2001: 1749-1754.

[15] Nandor B. Safe control of four-quadrant switches[C]. IEEE Industry Applications Society
Annual Meeting, San Diego, 1989: 1190-1194.

[16] Kwon B H, Min B D, Kim J H. Novel commutation technique of AC-AC converters[J]. IEEE
Proceeding of Electric Power Applications, 1998, 145(4): 295-300.

[17] Mahlein J, Igney J, Weigold J, et al. Matrix converter commutation strategies with and without
explicit input voltage sign measurement[J]. IEEE Transactions on Industrial Electronics, 2002,
49(2): 407-414.

[18] Empringham L, Wheeler P, Clare J. A matrix converter induction motor drive using intelligent gate drive level current commutation techniques[C]. IEEE Industry Applications Conference, Seattle, 2000: 1936-1941.

[19] Wheeler P W, Clare J C, Empringham L. A vector controlled MCT matrix converter induction motor drive with minimized commutation times and enhanced waveform quality[C]. IAS Annual Meeting, Pittsburgh, 2002: 466-472.

[20] Sun K, Zhou D, Huang L P, et al. A novel commutation method of matrix converter fed induction motor drive using RB-IGBT[J]. IEEE Transactions on Industry Applications, 2007, 43(3): 777-786.

[21] 林桦, 余宏武, 何必, 等. 矩阵变换器的电压型两步换流策略[J]. 中国电机工程学报, 2009, 29(3): 36-41.

[22] Kolar J W, Schafmeister F, Round S D, et al. Novel three-phase AC-AC sparse matrix converters[J]. IEEE Transactions on Power Electronics, 2007, 22(5): 1649-1661.

[23] Sun Y, Li X, Su M, et al. Indirect matrix converter-based topology and modulation schemes for enhancing input reactive power capability[J]. IEEE Transactions on Power Electronics, 2015, 30(9): 4669-4681.

[24] Wheeler P, Zanchetta P, Clare J, et al. A utility power supply based on a four-output leg matrix converter[J]. IEEE Transactions on Industry Applications, 2008, 44(1): 174-186.

[25] Sun Y, Su M, Li X, et al. Indirect four-leg matrix converter based on robust adaptive back-stepping control[J]. IEEE Transactions on Industrial Electronics, 2011, 58(9): 4288-4298.

[26] Wang H, Su M, Sun Y, et al. Two-stage matrix converter based on third-harmonic injection technique[J]. IEEE Transactions on Power Electronics, 2016, 31(1): 533-547.

[27] Su M, Wang H, Sun Y, et al. AC/DC matrix converter with an optimized modulation strategy for V2G applications[J]. IEEE Transactions on Power Electronics, 2013, 28(12): 5736-5745.

[28] Sun Y, Liu W, Su M, et al. A unified modeling and control of a multi-functional current source-typed converter for V2G application[J]. Electric Power Systems Research, 2014, 106: 12-20.

[29] Klumpner A, Wijekoon T, Wheeler P. A new class of hybrid AC/AC direct power converters[C]. Proceedings of IEEE Industry Applications Society Conference, Hong Kong, 2005: 2374-2381.

[30] 朱建林, 岳舟, 张小平, 等. 具有高电压传输比的 BMC 和 BBMC 矩阵变换器研究[J]. 中国电机工程学报, 2007, 27(16): 85-91.

[31] Erickson R W, Al-Naseem O A. A new family of matrix converters[C]. Proceedings of IEEE Annual Conference of the IEEE Industrial Electronics Society, Denver, 2001: 1515-1520.

[32] Klumpner C. Hybrid direct power converters with increased/higher than unity voltage transfer ratio and improved robustness against voltage supply disturbances[C]. Proceedings of 36th

IEEE Power Electronics Specialists Conference, Dresden, 2005: 2383-2389.

[33] Wijekoon T, Klumpner C, Zanchetta P, et al. Implementation of a hybrid AC-AC direct power converter with unity voltage transfer[J]. IEEE Transactions on Power Electronics, 2008, 23(4): 1918-1926.

[34] Nguyen M K, Jung Y G, Lim Y C, et al. A single-phase Z-source buck-boost matrix converter[J]. IEEE Transactions on Power Electronics, 2010, 25(2): 453-462.

[35] Loh P C, Blaabjerg F, Feng G, et al. Pulsewidth modulation of neutral-point-clamped indirect matrix converter[J]. IEEE Transactions on Industry Applications, 2008, 44(6): 1805-1814.

[36] Lee M Y, Wheeler P, Klumpner C. A new modulation method for the three-level-output-stage matrix converter[C]. IEEE Power Conversion Conference, Nagoya, 2007: 776-783.

[37] Lee M Y, Wheeler P, Klumpner C. Space-vector modulated multilevel matrix converter[J]. IEEE Transactions on Industrial Electronics, 2010, 57(10): 3385-3394.

[38] Ishiguro A, Furuhashi T, Okuma S. A novel control method for forced commutated cycloconverters using instantaneous values of input line-to-line voltages[J]. IEEE Transactions on Industrial Electronics, 1991, 38(3): 166-172.

[39] 陈希有, 丛树久, 陈学允. 双电压合成矩阵变换器特性与电压扇区的关系分析[J]. 中国电机工程学报, 2001, 21(9): 63-67.

[40] 穆新华, 庄心复, 陈怀亚. 双电压控制的矩阵变换器的开关状态与仿真分析[J]. 电工技术学报, 1998, 13(1): 46-50.

[41] 粟梅, 孙尧, 陈睿, 等. 双电压合成调制和空间矢量调制的一致性[J]. 中国电机工程学报, 2009, (21): 21-26.

[42] Casadei D, Serra G, Tani A, et al. Matrix converter modulation strategies: A new general approach based on space-vector representation of the switch state[J]. IEEE Transactions on Industrial Electronics, 2002, 49(2): 370-381.

[43] Yoon Y D, Sul S K. Carrier-based modulation technique for matrix converter[J]. IEEE Transactions on Power Electronics, 2006, 21(6): 1691-1703.

[44] Gui W H, Sun Y, Qin H S, et al. A matrix converter modulation based on mathematical construction[C]. Proceedings of IEEE International Conference on Information Technology, Chengdu, 2008: 1-5.

[45] Muller S, Ammann U, Rees S. New time-discrete modulation scheme for matrix converters[J]. IEEE Transactions on Industrial Electronics, 2005, 52(6): 1607-1615.

[46] Correa P, Rodríguez J, Rivera M, et al. Predictive control of an indirect matrix converter[J]. IEEE Transactions on Industrial Electronics, 2009, 56(6): 1847-1853.

[47] Vargas R, Ammann U, Rodriguez J, et al. Predictive strategy to control common-mode voltage in loads fed by matrix converters[J]. IEEE Transactions on Industrial Electronics, 2008, 55(12):

4372-4380.

[48] Ortega C, Arias A, Espina J. Predictive vector selector for direct torque control of matrix converter fed induction motors[C]. 35th Annual Conference of IEEE Industrial Electronics, Porto, 2009: 1240-1245.

[49] Vargas R, Rodriguez J, Ammann U, et al. Predictive current control of an induction machine fed by a matrix converter with reactive power control[J]. IEEE Transactions on Industrial Electronics, 2008, 55(12): 4362-4371.

[50] Hojabri H, Mokhtari H, Chang L. A generalized technique of modeling, analysis, and control of a matrix converter using SVD[J]. IEEE Transactions on Industrial Electronics, 2011, 58(3): 949-959.

[51] Hara H, Yamamoto E, Kang J, et al. Improvement of output voltage control performance for low-speed operation of matrix converter[J]. IEEE Transactions on Power Electronics, 2005, 20(6): 1372-1378.

[52] Casadei D, Serra G, Tani A, et al. Theoretical and experimented analysis for the RMS current ripple mini mitation in induction motor drives controlled by SVM technique[J]. IEEE Transactions on Industrial Electronics, 2004, 51(4): 1056-1066.

[53] Kim S, Yoon Y, Sul S. Pulsewidth modulation method of matrix converter for reducing output current ripple[J]. IEEE Transactions on Power Electronics, 2010, 25(10): 2620-2629.

[54] Chen Q, Chen X, Qiu Y. Carrier-based randomized pulse position modulation of an indirect matrix converter for attenuating the harmonic peaks[J]. IEEE Transactions on Power Electronics, 2013, 28(7): 3539-3548.

[55] Nguyen T D, Lee H H. Modulation strategies to reduce common-mode voltage for indirect matrix converters[J]. IEEE Transactions on Industrial Electronics, 2012, 59(1): 129-140.

[56] Nguyen H N, Lee H H. A DSVM method for matrix converters to suppress common-mode voltage with reduced switching losses[J]. IEEE Transactions on Power Electronics, 2016, 31(6): 4020-4030.

[57] Nguyen T D, Lee H H. A new SVM method for an indirect matrix converter with common-mode voltage reduction[J]. IEEE Transactions on Industrial Informatics, 2014, 10(1): 61-72.

[58] Cha H J, Enjeti P N. An approach to reduce common-mode voltage in matrix converter[J]. IEEE Transactions on Industry Applications, 2003, 39(4): 1151-1159.

[59] 粟梅, 张关关, 孙尧, 等. 减少间接矩阵变换器共模电压的改进空间矢量调制策略[J]. 中国电机工程学报, 2014, 34(24): 4015-4021.

[60] Nguyen H N, Lee H H. An enhanced SVM method to drive matrix converters for zero common-mode voltage[J]. IEEE Transactions on Power Electronics, 2015, 30(4): 1788-1792.

[61] Vargas R, Ammann U, Rodriguez J. Predictive approach to increase efficiency and reduce

switching losses on matrix converters[J]. IEEE Transactions on Power Electronics, 2009, 24(4): 894-902.

[62] Tran Q H, Nguyen N V, Lee H H. A carrier-based modulation method to reduce switching losses for indirect matrix converters[C]. Proceedings of 40th Annual Conference of the IEEE Industrial Electronics Society, Dallas, 2014: 4828-4833.

[63] Schafmeister F, Kolar J W. Novel hybrid modulation schemes significantly extending the reactive power control range of all matrix converter topologies with low computational effort[J]. IEEE Transactions on Industrial Electronics, 2012, 52(1): 194-210.

[64] Li X, Su M, Sun Y, et al. Modulation strategy based on mathematical construction for matrix converter extending the input reactive power range[J]. IEEE Transactions on Power Electronics, 2014, 29(2): 654-664.

[65] Holtsmark N, Molinas M. Extending the reactive compensation range of a direct AC-AC FACTS device for offshore grids[J]. Electric Power System Research, 2012, 89: 183-190.

[66] Li X, Su M, Sun Y, et al. Modulation strategies based on mathematical construction method for matrix converter under unbalanced input voltages[J]. IET Power Electronics, 2013, 6(3): 434-445.

[67] Casadei D, Serra G, Tani A. Reduction of the input current harmonic content in matrix converters under input/output unbalance[J]. IEEE Transactions on Industrial Electronics, 1998, 45(3): 401-411.

[68] Wang X, Lin H, She H, et al. A research on space vector modulation strategy for matrix converter under abnormal input-voltage conditions[J]. IEEE Transactions on Industrial Electronics, 2012, 59(1): 93-104.

[69] Yan Y, An H, Shi T, et al. Improved double line voltage synthesis of matrix converter for input current enhancement under unbalanced power supply[J]. IET Power Electronics, 2013, 6(4): 798-808.

[70] Liu X, Blaabjerg F, Loh P C, et al. Carrier-based modulation strategy and its implementation for indirect matrix converter under unbalanced grid voltage conditions[C]. Proceedings of Power Electronics and Motion Control, Novi Sad, 2012: LS6a.2-1-LS6a.2-7.

[71] Empringham L, Wheeler P W, Clare J C. Matrix converter bi-directional switch commutation using intelligent gate drives[C]. Proceedings of the International Conference on Power Electronics and Variable Speed Drives, London, 1998: 626-631.

[72] Ziegler M, Hofmann W. Implementation of a two steps commutated matrix converter[C]. 30th Annual Power Electronics Specialists Conference, Charleston, 1999: 175-180.

[73] 张晓锋, 何必, 林桦, 等. 矩阵变换器的一种安全换流策略[J]. 中国电机工程学报, 2008, 28(18): 12-17.

[74] 马星河, 谭国俊, 方永丽, 等. 矩阵变换器变步长换流策略[J]. 电工技术学报, 2007, 22(9): 93-98.

[75] 王兴伟, 林桦, 佘宏武, 等. 矩阵变换器电压型两步换流策略及实现[J]. 电工技术学报, 2010, (4): 103-108.

[76] She H, Lin H, Wang X, et al. Damped input filter design of matrix converter[C]. International Conference on Power Electronics and Drive Systems, Taipei, 2009: 672-677.

[77] Erickson R W. Optimal single resistor damping of input filters[C]. IEEE Applied Power Electronics Conference and Exposition, Dallas, 1999: 1073-1079.

[78] Casadei D, Serra G A, Tani A, et al. Effects of input voltage measurement on stability of matrix converter drive system[J]. IEEE Proceedings—Electric Power Applications, 2004, 151(4): 487-497.

[79] Casadei D, Serra G, Tani A, et al. Theoretical and experimental investigation on the stability of matrix converters[J]. IEEE Transactions on Industrial Electronics, 2005, 52(5): 1409-1419.

[80] Casadei D, Clare J, Empringham L, et al. Large-signal model for the stability analysis of matrix converters[J]. IEEE Transactions on Industrial Electronics, 2007, 54(2): 939-950.

[81] Liu F R, Klumpner C, Blaabjerg F. Stability analysis and experimental evaluation of a matrix converter drive system[C]. The 29th Annual Conference of the IEEE Industrial Electronics Society, Roanoke, 2003: 2059-2065.

[82] Ruse C A J, Clare J C, Klumpner C. Numerical approach for guaranteeing stable design of practical matrix converter drives systems[C]. IECON 32nd Annual Conference on IEEE Industrial Electronics, Paris, 2006: 2630-2635.

[83] Cardenas R, Pena R, Tobar G, et al. Stability analysis of a wind energy conversion system based on a doubly fed induction generator fed by a matrix converter[J]. IEEE Transactions on Industrial Electronics, 2009, 56(10): 4194-4206.

[84] Sato I, Itoh J, Ohguchi H, et al. An improvement method of matrix converter drives under input voltage disturbances[J]. IEEE Transactions on Power Electronics, 2007, 22(1): 132-138.

[85] Haruna J, Itoh J I. Behavior of a matrix converter with a feed back control in an input side[C]. International Power Electronics Conference, Singapore, 2010: 1202-1207.

[86] Sun Y, Su M, Li X, et al. A general constructive approach to matrix converter stabilization[J]. IEEE Transactions on Power Electronics, 2013, 28(1): 418-431.

[87] Casadei D, Serra G, Tani A, et al. Optimal use of zero vectors for minimizing the output current distortion in matrix converters[J]. IEEE Transactions on Industrial Electronics, 2009, 56(2): 326-336.

[88] 王勇, 吕征宇, 陈威, 等. 一种基于空间矢量调制的矩阵变换器死区补偿方法[J]. 中国电机工程学报, 2005, 25(11): 42-45.

[89] Lee K B, Blaabjerg F. A nonlinearity compensation method for a matrix converter drive[J]. IEEE Power Electronics Letters, 2005, 3(1): 19-23.

[90] Lee K B, Blaabjerg F, Lee K W. A simple DTC-SVM method for matrix converter drives using a deadbeat scheme[C]. European Conference on Power Electronics and Applications, Dresden, 2005: 1-10.

[91] Lee K B, Blaabjerg F. Improved sensorless vector control for induction motor drives fed by a matrix converter using nonlinear modeling and disturbance observer[J]. IEEE Transactions on Energy Conversion, 2006, 21(1): 52-59.

[92] Lee K B, Blaabjerg F. Simple power control for sensorless induction motor drives fed by a matrix converter[J]. IEEE Transactions on Energy Conversion, 2008, 23(3): 781-788.

[93] Arias A, Empringham L, Asher G M, et al. Elimination of waveform distortions in matrix converters using a new dual compensation method[J]. IEEE Transactions on Industrial Electronics, 2007, 54(4): 2079-2087.

[94] 孙尧, 粟梅, 王辉, 等. 双级矩阵变换器的非线性分析及其补偿策略[J]. 中国电机工程学报, 2010, 30(12): 20-27.

[95] Sunter S, Clare J C. A true four quadrant matrix converter induction motor drive with servo performance[C]. IEEE Power Electronics Specialists Conference, Baveno, 1996: 146-151.

[96] Podlesak T F, Katsis D C, Wheeler P W, et al. A 150-kVA vector-controlled matrix converter induction motor drive[J]. IEEE Transactions on Industry Applications, 2005, 41(3): 841-847.

[97] 孙凯, 黄立培, 梅杨. 矩阵式变换器驱动异步电机调速系统的非线性自抗扰控制[J]. 电工技术学报, 2007, 22(12): 39-45.

[98] Casadei D, Serra G, Tani A. The use of matrix converters in direct torque control of induction machines[J]. IEEE Transactions on Industrial Electronics, 2001, 48(6): 1057-1064.

[99] 王晶鑫, 姜建国. 基于磁场定向的矩阵变换器驱动感应电机变结构直接转矩控制[J]. 中国电机工程学报, 2010, 30(6): 57-62.

[100] Sebtahmadi S S, Pirasteh H, Aghay Kaboli S H, et al. A 12-sector space vector switching scheme for performance improvement of matrix-converter-based DTC of IM drive[J]. IEEE Transactions on Power Electronics, 2015, 30(7): 3804-3817.

[101] Lee K B, Blaabjerg F. Reduced-order extended Luenberger observer based sensorless vector control driven by matrix converter with nonlinearity compensation[J]. IEEE Transactions on Industrial Electronics, 2006, 53(1): 66-75.

[102] Lee K B, Blaabjerg F. An improved DTC-SVM method for sensorless matrix converter drives using an overmodulation strategy and a simple nonlinearity compensation[J]. IEEE Transactions on Industrial Electronics, 2007, 54(6): 3155-3166.

[103] Bouchiker S, Capolino G A, Poloujadoff M. Vector control of a permanent-magnet

synchronous motor using AC-AC matrix converter[J]. IEEE Transactions on Power Electronics, 1998, 13(6): 1089-1099.

[104] 葛红娟, 苏国庆, 刘伯华, 等. 基于输入电流空间矢量调制-输出滞环电流控制的 MC-PMSM 矢量控制系统[J]. 电工技术学报, 2008, 23(4): 39-43.

[105] Chen D F, Liu T H, Hung C K. Adaptive back-stepping controller design for a matrix converter based PMSM drive system[C]. IEEE International Conference on Industrial Technology, Bankok, 2002: 258-263.

[106] Xia C, Zhao J, Yan Y, et al. A novel direct torque control of matrix converter-fed PMSM drives using duty cycle control for torque ripple reduction[J]. IEEE Transactions on Industrial Electronics, 2014, 61(6): 2700-2713.

[107] Arias A, Silva C A, Asher G M, et al. Use of a matrix converter to enhance the sensorless control of a surface-mount permanent-magnet AC motor at zero and low frequency[J]. IEEE Transactions on Industrial Electronics, 2006, 53(2): 440-449.

[108] Zanchetta P, Wheeler P W, Clare J C, et al. Control design of a three-phase matrix-converter-based AC-AC mobile utility power supply[J]. IEEE Transactions on Industrial Electronics, 2008, 55(1): 209-217.

[109] Zanchetta P, Wheeler P, Empringham L, et al. Design control and implementation of a three-phase utility power supply based on the matrix converter[J]. IET Power Electronics, 2009, 2(2): 156-162.

[110] Arevalo S L, Zanchetta P, Wheeler P, et al. Control and implementation of a matrix-converter-based AC ground power-supply unit for aircraft servicing[J]. IEEE Transactions on Industrial Electronics, 2010, 57(6): 2076-2084.

[111] Cárdenas R, Clare J, Wheeler P. 4-leg matrix converter interface for a variable-speed diesel generation system[C]. 38th Annual Conference on IEEE Industrial Electronics Society, Montreal, 2012: 6044-6049.

[112] Ratanapanachote S, Cha H J, Enjeti P N. A digitally controlled switch mode power supply based on matrix converter[J]. IEEE Transactions on Power Electronics, 2006, 21(1): 124-130.

[113] Itoh J, Igarashi H. Direct grid connection of matrix converter with transition control for flywheel UPS[J]. Renewable Energy Research and Applications, Nagasaki, 2012: 1-6.

[114] Thrimawithana D J, Madawala U K. A novel matrix converter based bi-directional IPT power interface for V2G applications[C]. IEEE International Energy Conference and Exhibition, Manama, 2010: 495-500.

[115] Zhang L, Watthanasam C. A matrix converter excited doubly-fed induction machine as a wind power generator[C]. 7th International Conference on Power Electronics and Variable Speed Drives, London, 1998: 532-537.

[116] Li D Y, Shen Q T, Liu Z T, et al. Control of a stand-alone wind energy conversion system via a third-harmonic injection indirect matrix converter[J]. Journal of Advanced Computational Intelligence and Intelligent Informatics, 2016, 20(3): 438-447.

[117] 黄科元, 贺益康, 卞松江. 矩阵式变换器交流励磁的变速恒频风力发电系统研究[J]. 中国电机工程学报, 2002, 22(11): 100-105.

[118] Barakati S M, Kazerani M, Aplevich J D. Maximum power tracking control for a wind turbine system including a matrix converter[J]. IEEE Transactions on Energy Conversion, 2009, 24(3): 705-713.

[119] Mondal S, Kastha D. Improved direct torque and reactive power control of a matrix-converter-fed grid-connected doubly fed induction generator[J]. IEEE Transactions on Industrial Electronics, 2015, 62(12): 7590-7598.

[120] Elizondo J L, Olloqui A, Rivera M, et al. Model-based predictive rotor current control for grid synchronization of a DFIG driven by an indirect matrix converter[J]. IEEE Journal of Emerging and Selected Topics in Power Electronics, 2014, 2(4): 715-726.

[121] Cárdenas R, Peña R, Tobar G, et al. Stability analysis of a wind energy conversion system based on a doubly fed induction generator fed by a matrix converter[J]. IEEE Transactions on Industrial Electronics, 2009, 56(10): 4194-4206.

[122] Xu L. Coordinated control of DFIG's rotor and grid side converters during network unbalance[J]. IEEE Transactions on Power Electronics, 2008, 23(3): 1041-1049.

[123] Hu J B, He Y K. Reinforced control and operation of DFIG-based wind-power-generation system under unbalanced grid voltage conditions[J]. IEEE Transactions on Energy Conversion, 2009, 24(4): 905-915.

[124] Rajendran S, Govindarajan U, Sankar D S P. Active and reactive power regulation in grid connected wind energy systems with permanent magnet synchronous generator and matrix converter[J]. IET Power Electronics, 2013, 7(3): 591-603.

[125] Cardenas R, Pena R, Clare J, et al. Analytical and experimental evaluation of a WECS based on a cage induction generator fed by a matrix converter[J]. IEEE transactions on Energy Conversion, 2011, 26(1): 204-215.

[126] Ooi B, Kazerani M. Unified power flow controller based on matrix converter[C]. 27th Annual IEEE Power Electronics Specialists Conference, Baveno, 1996: 502-507.

[127] 粟梅, 马进, 孙尧. 基于双级矩阵变换器的线间潮流控制器[J]. 电力系统及其自动化学报, 2008, 20(6): 17-21.

[128] Monteiro J, Silva J F, Pinto S F, et al. Matrix converter-based unified power-flow controllers: Advanced direct power control method[J]. IEEE Transactions on Power Delivery, 2011, 26(1): 420-430.

[129] Monteiro J, Silva J F, Pinto S F, et al. Linear and sliding-mode control design for matrix converter-based unified power flow controllers[J]. IEEE Transactions on Power Electronics, 2014, 29 (7): 3357-3367.

[130] Wang B, Venkataramanan G. Dynamic voltage restorer utilizing a matrix converter and flywheel energy storage[C]. 42nd Industry Applications Conference, Orleans, 2007: 208-215.

[131] Lozano J M, Ramirez J M, Correa R E. A novel dynamic voltage restorer based on matrix converters[C]. Proceedings of the International Symposium on Modern Electric Power Systems, Singapore, 2010: 1-7.

[132] Babaei E, Kangarlu M F. Voltage quality improvement by a dynamic voltage restorer based on a direct three-phase converter with fictitious DC link[J]. IET Generation, Transmission & Distribution, 2011, 5 (8): 814-823.

第 2 章 矩阵变换器的基本原理与调制策略

与双 PWM 变换器不同，矩阵变换器省去了中间的直流环节，因此具备功率密度更高、使用寿命更长以及环境适应能力更强的优势。同时，由于不存在中间物理环节，矩阵变换器的直流侧无法提供恒定的直流电流或直流电压，需要保证整流级调制和逆变级调制严格同步，才能使输入和输出电流正弦，所以矩阵变换器的调制思想中体现了"以时间换空间"的思想。调制策略是变换器研究中最具活力的主题之一。调制策略直接影响变换器的输入输出波形质量、能量转换效率、共模电压、输入端无功补偿能力和器件损耗分布等基本性能指标。目前，主流的矩阵变换器调制策略有直接开关函数法、双电压合成调制策略、直接空间矢量调制策略[1]、间接空间矢量调制策略[2]、载波调制策略[3,4]、基于数学构造法的调制策略[5]和预测控制策略[6]等。

本章主要介绍四种常用的矩阵变换器调制策略，包括间接空间矢量调制策略、载波调制策略、基于数学构造法的调制策略和预测控制策略。此外，实际实现过程中的非线性因素(如管压降、窄脉冲和滤波电容电压纹波等)会影响矩阵变换器的输入输出性能，本章以双级矩阵变换器为例，阐述一种基于分配因子的非线性补偿策略[7]。

2.1 矩阵变换器的基本原理

2.1.1 矩阵变换器基本拓扑

矩阵变换器(matrix converter, MC)是一类输入输出电流正弦、输入功率因数可控、输入输出强耦合的降压型 AC-AC 变换器，通过对开关网络进行合适控制，直接合成期望的输出电压和输入电流。如第 1 章所述，矩阵变换器的输入侧接电压源，输出侧接电流源，其开关动作必须满足输入不发生短路、输出不发生开路的约束条件。

一般地，矩阵变换器可分为单级矩阵变换器和双级矩阵变换器两大类，或称为直接矩阵变换器和间接矩阵变换器，如图 2.1 所示。其中，单级矩阵变换器由 9 个双向开关组成一个 3×3 矩阵，每相输出均通过 3 个双向开关与三相输入相连，每个双向开关都有双向导通和双向阻断的能力。为满足输入不发生短路、输出不发生开路的约束条件，需采用合适的换流技术以保证系统的安全运行。双级矩阵变换器是由电流源型整流器(current source rectifier, CSR)和电压源型逆变器(voltage source inverter, VSI)组成的两级 AC-AC 结构。其中，CSR 采用双向开关以保证能量的双向流动，而 VSI 为常规的三相半桥逆变器结构。在 VSI 处于零矢量时进行 CSR 的换流，实现 CSR 双向开关的零电流换流，因此双级矩阵变换器一般不需要复杂的换流策略。为防止停机时负载电感能量产生的过压损坏开关器件，矩阵变换器需要设置相应的箝位电路。

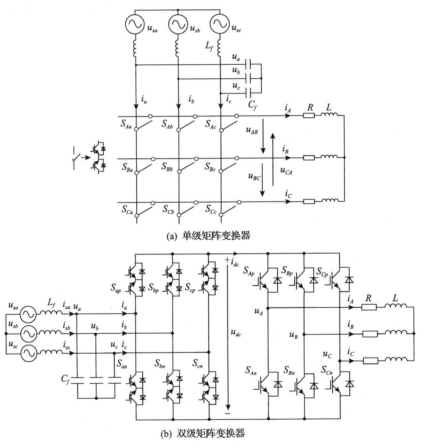

(a) 单级矩阵变换器

(b) 双级矩阵变换器

图 2.1　矩阵变换器基本拓扑

2.1.2　矩阵变换器数学描述

在图 2.1 中，u_{sa}、u_{sb}、u_{sc} 为三相电网电压，u_a、u_b、u_c 为矩阵变换器的三相输入电压，u_A、u_B、u_C 为矩阵变换器的三相输出电压，i_{sa}、i_{sb}、i_{sc} 为三相电网电流，i_a、i_b、i_c 为三相输入电流，i_A、i_B、i_C 为三相输出电流。

对于单级矩阵变换器，定义开关函数 S_{ji} 如下：

$$S_{ji} = \begin{cases} 1, & S_{ji}\text{导通} \\ 0, & S_{ji}\text{关断} \end{cases}, \quad i \in (a,b,c), j \in (A,B,C) \tag{2.1}$$

单级矩阵变换器的输出电压和输入电压、输入电流和输出电流之间的表达式分别为

$$\begin{bmatrix} u_A \\ u_B \\ u_C \end{bmatrix} = S \begin{bmatrix} u_a \\ u_b \\ u_c \end{bmatrix} = \begin{bmatrix} S_{Aa} & S_{Ab} & S_{Ac} \\ S_{Ba} & S_{Bb} & S_{Bc} \\ S_{Ca} & S_{Cb} & S_{Cc} \end{bmatrix} \begin{bmatrix} u_a \\ u_b \\ u_c \end{bmatrix} \tag{2.2}$$

$$\begin{bmatrix} i_a \\ i_b \\ i_c \end{bmatrix} = S^{\mathrm{T}} \begin{bmatrix} i_A \\ i_B \\ i_C \end{bmatrix} = \begin{bmatrix} S_{Aa} & S_{Ab} & S_{Ac} \\ S_{Ba} & S_{Bb} & S_{Bc} \\ S_{Ca} & S_{Cb} & S_{Cc} \end{bmatrix}^{\mathrm{T}} \begin{bmatrix} i_A \\ i_B \\ i_C \end{bmatrix} \tag{2.3}$$

式中，S 为单级矩阵变换器输入侧到输出侧的开关函数矩阵。

为避免输入侧短路和输出侧开路，开关函数还必须满足下列条件：

$$S_{ja} + S_{jb} + S_{jc} = 1 \tag{2.4}$$

因此，单级矩阵变换器共有 27 种有效开关状态，如表 2.1 所示。

表 2.1　单级矩阵变换器的 27 种有效开关状态

序号	S_{Aa}	S_{Ab}	S_{Ac}	S_{Ba}	S_{Bb}	S_{Bc}	S_{Ca}	S_{Cb}	S_{Cc}
1	1	0	0	1	0	0	1	0	0
2	1	0	0	1	0	0	0	1	0
3	1	0	0	1	0	0	0	0	1
4	1	0	0	0	1	0	1	0	0
5	1	0	0	0	1	0	0	1	0
6	1	0	0	0	1	0	0	0	1
7	1	0	0	0	0	1	1	0	0
8	1	0	0	0	0	1	0	1	0
9	1	0	0	0	0	1	0	0	1
10	0	1	0	1	0	0	1	0	0
11	0	1	0	1	0	0	0	1	0
12	0	1	0	1	0	0	0	0	1
13	0	1	0	0	1	0	1	0	0
14	0	1	0	0	1	0	0	1	0

序号	S_{Aa}	S_{Ab}	S_{Ac}	S_{Ba}	S_{Bb}	S_{Bc}	S_{Ca}	S_{Cb}	S_{Cc}
15	0	1	0	0	1	0	0	0	1
16	0	1	0	0	0	1	1	0	0
17	0	1	0	0	0	1	0	1	0
18	0	1	0	0	0	1	0	0	1
19	0	0	1	1	0	0	1	0	0
20	0	0	1	1	0	0	0	1	0
21	0	0	1	1	0	0	0	0	1
22	0	0	1	0	1	0	1	0	0
23	0	0	1	0	1	0	0	1	0
24	0	0	1	0	1	0	0	0	1
25	0	0	1	0	0	1	1	0	0
26	0	0	1	0	0	1	0	1	0
27	0	0	1	0	0	1	0	0	1

对双级矩阵变换器而言，定义整流级双向开关和逆变级开关的开关函数分别为

$$
\begin{aligned}
S_{i\alpha} &= \begin{cases} 1, & S_{i\alpha}\text{导通} \\ 0, & S_{i\alpha}\text{关断} \end{cases}, \quad i \in (a,b,c), \alpha \in (p,n) \\
S_{j\alpha} &= \begin{cases} 1, & S_{j\alpha}\text{导通} \\ 0, & S_{j\alpha}\text{关断} \end{cases}, \quad j \in (A,B,C), \alpha \in (p,n)
\end{aligned}
\tag{2.5}
$$

双级矩阵变换器的输出电压和输入电压、输入电流和输出电流之间的关系分别为

$$
\begin{bmatrix} u_A \\ u_B \\ u_C \end{bmatrix} = S \begin{bmatrix} u_a \\ u_b \\ u_c \end{bmatrix} = \begin{bmatrix} S_{ap}S_{Ap}+S_{an}S_{An} & S_{bp}S_{Ap}+S_{bn}S_{An} & S_{cp}S_{Ap}+S_{cn}S_{An} \\ S_{ap}S_{Bp}+S_{an}S_{Bn} & S_{bp}S_{Bp}+S_{bn}S_{Bn} & S_{cp}S_{Bp}+S_{cn}S_{Bn} \\ S_{ap}S_{Cp}+S_{an}S_{Cn} & S_{bp}S_{Cp}+S_{bn}S_{Cn} & S_{cp}S_{Cp}+S_{cn}S_{Cn} \end{bmatrix} \begin{bmatrix} u_a \\ u_b \\ u_c \end{bmatrix}
\tag{2.6}
$$

$$
\begin{bmatrix} i_a \\ i_b \\ i_c \end{bmatrix} = S^{\mathrm{T}} \begin{bmatrix} i_A \\ i_B \\ i_C \end{bmatrix} = \begin{bmatrix} S_{ap}S_{Ap}+S_{an}S_{An} & S_{bp}S_{Ap}+S_{bn}S_{An} & S_{cp}S_{Ap}+S_{cn}S_{An} \\ S_{ap}S_{Bp}+S_{an}S_{Bn} & S_{bp}S_{Bp}+S_{bn}S_{Bn} & S_{cp}S_{Bp}+S_{cn}S_{Bn} \\ S_{ap}S_{Cp}+S_{an}S_{Cn} & S_{bp}S_{Cp}+S_{bn}S_{Cn} & S_{cp}S_{Cp}+S_{cn}S_{Cn} \end{bmatrix}^{\mathrm{T}} \begin{bmatrix} i_A \\ i_B \\ i_C \end{bmatrix}
\tag{2.7}
$$

同时，为避免输入端电流短路和输出端电流开路，上述开关函数必须满足下述条件：

$$\begin{cases} S_{a\alpha} + S_{b\alpha} + S_{c\alpha} = 1 \\ S_{jp} + S_{jn} = 1 \end{cases}, \quad j \in (A, B, C), \quad \alpha \in (p, n) \tag{2.8}$$

可知，双级矩阵变换器的整流级和逆变级的有效开关状态分别为 3^2=9 种和 2^3=8 种。

根据式 (2.6)，当 $S_{ip}S_{jp} + S_{in}S_{jn} = 1$ 时，表示 i 相输入与 j 相输出连接，类似于单级矩阵变换器的 $S_{ji} = 1$；当 $S_{ip}S_{jp} + S_{in}S_{jn} = 0$ 时，表示 i 相输入和 j 相输出断开，类似于单级矩阵变换器的 $S_{ji} = 0$。因此，双级矩阵变换器中的任意开关状态，均能在单级矩阵变换器找到相对应的等效开关状态，即二者具有基本相同的输入输出变换功能。

2.2　矩阵变换器的调制策略

矩阵变换器的调制策略在于通过合理地控制开关的通断，以实现输入电流和输出电压达到期望值的目的。矩阵变换器的主流调制策略主要为直接传递函数法、直接空间矢量调制策略、间接空间矢量调制策略和双线电压合成方法等，而空间矢量调制策略和双线电压合成在方法上具有一致性。为了简化矩阵变换器的调制策略，载波调制、基于数学构造法的调制策略和预测控制策略等相继被提出。

2.2.1　虚拟整流-虚拟逆变思想

单级矩阵变换器可视为一个六端口网络，包括三个输入端口、三个输出端口，对于任意输入电压，可按一定的调制规律合成输出端期望的输出电压。结合单级矩阵变换器的拓扑结构和工作原理，从开关周期平均的角度出发，其输出电压与输入电压的传递函数关系式为

$$\begin{bmatrix} u_A \\ u_B \\ u_C \end{bmatrix} = M \begin{bmatrix} u_a \\ u_b \\ u_c \end{bmatrix} \tag{2.9}$$

式中，M 为调制矩阵，且 $M = \begin{bmatrix} m_{11} & m_{12} & m_{13} \\ m_{21} & m_{22} & m_{23} \\ m_{31} & m_{32} & m_{33} \end{bmatrix}$，$0 \leqslant m_{ij} \leqslant 1 (i, j \in (1, 2, 3))$，$m_{ij}$ 对应于单级矩阵变换器各双向开关开关周期内的占空比。

由约束式 (2.4) 可得

$$m_{i1} + m_{i2} + m_{i3} = 1 \tag{2.10}$$

假设三相输入电压和输出电压分别为

$$\begin{bmatrix} u_a \\ u_b \\ u_c \end{bmatrix} = U_{im} \begin{bmatrix} \cos(\omega_i t) \\ \cos\left(\omega_i t - \dfrac{2}{3}\pi\right) \\ \cos\left(\omega_i t + \dfrac{2}{3}\pi\right) \end{bmatrix} \tag{2.11}$$

$$\begin{bmatrix} u_A \\ u_B \\ u_C \end{bmatrix} = U_{om} \begin{bmatrix} \cos(\omega_o t - \varphi_o) \\ \cos\left(\omega_o t - \varphi_o - \dfrac{2}{3}\pi\right) \\ \cos\left(\omega_o t - \varphi_o + \dfrac{2}{3}\pi\right) \end{bmatrix} \tag{2.12}$$

输入电流和输出电流的表达式分别为

$$\begin{bmatrix} i_a \\ i_b \\ i_c \end{bmatrix} = I_{im} \begin{bmatrix} \cos(\omega_i t - \varphi_i) \\ \cos\left(\omega_i t - \varphi_i - \dfrac{2}{3}\pi\right) \\ \cos\left(\omega_i t - \varphi_i + \dfrac{2}{3}\pi\right) \end{bmatrix} \tag{2.13}$$

$$\begin{bmatrix} i_A \\ i_B \\ i_C \end{bmatrix} = I_{om} \begin{bmatrix} \cos(\omega_o t - \varphi_o - \varphi_L) \\ \cos\left(\omega_o t - \varphi_o - \varphi_L - \dfrac{2}{3}\pi\right) \\ \cos\left(\omega_o t - \varphi_o - \varphi_L + \dfrac{2}{3}\pi\right) \end{bmatrix} \tag{2.14}$$

式中，U_{im}、U_{om}、I_{im} 和 I_{om} 分别为输入电压、输出电压、输入电流和输出电流的幅值；ω_i 和 ω_o 分别为输入频率和输出频率；φ_o 为输出电压的初相角；φ_i 和 φ_L 分别为输入和输出的功率因数角。

不难发现，调制矩阵 M 的解是无穷多的。根据输入电压和输出电压，以及输入电流和输出电流的关系式，结合开关占空比的约束条件式，无法直接获得调制矩阵 M 的解。

Huber 等[1]提出了一种基于"虚拟直流环节"概念的控制方法，将矩阵变换器在理论上等效为"虚拟整流器"和"虚拟逆变器"，并分别应用脉宽调制技术对双向开关进行调制，从而实现对输入电流、输出电流的控制。

利用输出电压与输入电压的表达式：

$$\begin{bmatrix} u_{AB} \\ u_{BC} \\ u_{CA} \end{bmatrix} = \begin{bmatrix} m_{11}-m_{21} & m_{12}-m_{22} & m_{13}-m_{23} \\ m_{21}-m_{31} & m_{22}-m_{32} & m_{23}-m_{33} \\ m_{31}-m_{11} & m_{32}-m_{12} & m_{33}-m_{13} \end{bmatrix} \begin{bmatrix} u_a \\ u_b \\ u_c \end{bmatrix} = T_{\mathrm{phL}} \begin{bmatrix} u_a \\ u_b \\ u_c \end{bmatrix} \tag{2.15}$$

式中，T_{phL} 为输入相电压到输出线电压的开关函数矩阵，由式 (2.9) 和式 (2.10) 可知，矩阵中各元素满足 $-1 \leqslant (m_{kj}-m_{lj}) \leqslant 1 \left(k,l \in \{1,2,3\} \right)$。

结合式 (2.11)～式 (2.15) 可以选取如下开关函数矩阵：

$$T_{\mathrm{phL}} = m \cdot \begin{bmatrix} \cos\left(\omega_o t - \varphi_o + \dfrac{\pi}{6}\right) \\ \cos\left(\omega_o t - \varphi_o + \dfrac{\pi}{6} - \dfrac{2}{3}\pi\right) \\ \cos\left(\omega_o t - \varphi_o + \dfrac{\pi}{6} + \dfrac{2}{3}\pi\right) \end{bmatrix} \cdot \begin{bmatrix} \cos(\omega_i t - \varphi_i) \\ \cos\left(\omega_i t - \varphi_i - \dfrac{2}{3}\pi\right) \\ \cos\left(\omega_i t - \varphi_i + \dfrac{2}{3}\pi\right) \end{bmatrix}^{\mathrm{T}} \tag{2.16}$$

式中，$0 \leqslant m \leqslant 1$ 为调制系数。将式 (2.16) 代入式 (2.15)，可得

$$U_{om} = \frac{\sqrt{3}}{2} m U_{im} \cos\varphi_i \tag{2.17}$$

可知，在调制系数 $m=1$、输入功率因数为 1 时，输出电压幅值取最大值，为 $\sqrt{3} U_{im}/2$，表明矩阵变换器电压传输比最大为 0.866。这也说明矩阵变换器的降压型 AC-AC 变换的特点。

文献[1]中，令

$$T_{\mathrm{phL}} = T_{\mathrm{inv}}(\omega_o) \cdot T_{\mathrm{rec}}^{\mathrm{T}}(\omega_i) \tag{2.18}$$

式中，$T_{\mathrm{rec}}^{\mathrm{T}}(\omega_i) = m_c \begin{bmatrix} \cos(\omega_i t - \varphi_i) \\ \cos\left(\omega_i t - \varphi_i - \dfrac{2}{3}\pi\right) \\ \cos\left(\omega_i t - \varphi_i + \dfrac{2}{3}\pi\right) \end{bmatrix}^{\mathrm{T}}$，　$T_{\mathrm{inv}}(\omega_o) = m_v \begin{bmatrix} \cos\left(\omega_o t - \varphi_o + \dfrac{\pi}{6}\right) \\ \cos\left(\omega_o t - \varphi_o + \dfrac{\pi}{6} - \dfrac{2}{3}\pi\right) \\ \cos\left(\omega_o t - \varphi_o + \dfrac{\pi}{6} + \dfrac{2}{3}\pi\right) \end{bmatrix}$，

m_c 和 m_v 分别为虚拟整流级和虚拟逆变级的调制系数。

结合式(2.15)和式(2.18)可得

$$
\begin{cases}
T_{\text{rec}}^{\mathrm{T}}(\omega_i) \cdot u_i = \dfrac{3}{2} m_c U_{im} \cos\varphi_i = \text{const} \\
T_{\text{inv}}^{\mathrm{T}}(\omega_o) \cdot i_o = \dfrac{3}{2} m_v I_{om} \cos\varphi_L = \text{const}
\end{cases}
\tag{2.19}
$$

式中，u_i 和 i_o 分别为输入电压和输出电流的向量表示；const 表示常数。

因此，可将调制矩阵分为整流级调制矩阵 $T_{\text{rec}}(\omega_i)$ 和逆变级调制矩阵 $T_{\text{inv}}(\omega_o)$ 两部分，前者将三相输入电压整流为直流电压，而后者将中间直流电压逆变为幅值和频率可变的三相输出电压，从而可得到如图 2.2 所示的单级矩阵变换器虚拟整流-逆变结构。值得注意的是，该中间直流环节在物理上并不存在，是通过矩阵变换器的整流级和逆变级调制的严格同步实现的，省去用于维持中间直流电压的储能元件，体现了"以时间换空间"的思想，这点在下面的调制策略中将有所体现。

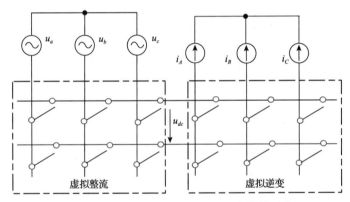

图 2.2　单极矩阵变换器虚拟整流-逆变结构示意图

2.2.2　间接空间矢量调制策略

间接空间矢量调制策略的基本原理是：将单级矩阵变换器分解为虚拟整流级和虚拟逆变级，对虚拟整流级和虚拟逆变级分别采用电流型空间矢量调制策略和电压型空间矢量调制策略并保持时间上的协同，从而合成期望的输入电流和输出电压。如图 2.2 所示的单级矩阵变换器的等效拓扑与双级矩阵变换器一致，为简单起见，本节以双级矩阵变换器的间接空间矢量调制策略[2]为例进行分析说明，该调制策略也可应用于单级矩阵变换器。

1. 电压型空间矢量调制策略

矩阵变换器的输出电压矢量定义为

$$\vec{u}_o = \frac{2}{3}\left(u_A + u_B \mathrm{e}^{\mathrm{j}\frac{2\pi}{3}} + u_C \mathrm{e}^{-\mathrm{j}\frac{2\pi}{3}}\right) \tag{2.20}$$

结合经典的电压型空间矢量调制策略，逆变级包含六个有效电压矢量和两个零矢量，式(2.20)所示的输出电压矢量在任意时刻可由两个相邻的有效矢量 $\vec{u}_\alpha$、$\vec{u}_\beta$ 及零矢量 $\vec{u}_0$ 合成，具体的矢量合成图如图 2.3 所示，其中 d_α、d_β 及 d_{0v} 分别为有效矢量 $\vec{u}_\alpha$、$\vec{u}_\beta$ 及零矢量 $\vec{u}_0$ 的占空比，θ_{sv} 为期望的输出电压矢量 $\vec{u}_o$ 与有效矢量 $\vec{u}_\alpha$ 的夹角。

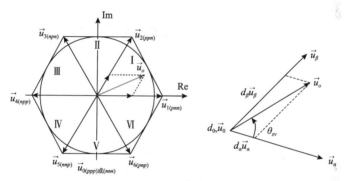

图 2.3　逆变级电压型空间矢量调制策略示意图

由正弦定理可知，占空比 d_α、d_β 和 d_{0v} 可求解为

$$\begin{cases} d_\alpha = m_v \sin\left(\dfrac{\pi}{3} - \theta_{sv}\right) \\ d_\beta = m_v \sin\theta_{sv} \\ d_{0v} = 1 - d_\alpha - d_\beta \end{cases} \tag{2.21}$$

式中，m_v 为逆变级调制系数且 $0 \leqslant m_v = \sqrt{3}U_{om}/\bar{u}_{dc} \leqslant 1$；$\theta_{sv} = \theta_o - (n_{sv}-1)\pi/3$，$\theta_o = \omega_o t - \varphi_o$，$n_{sv}$ 为输出电压矢量所在的扇区号，取值范围为 1~6（Ⅰ~Ⅵ对应 1~6）；$0 \leqslant d_\alpha, d_\beta, d_{0v} \leqslant 1$。

以扇区 Ⅰ 为例，有效矢量选用 $\vec{u}_{1(pnn)}$ 和 $\vec{u}_{2(ppn)}$，此时中间直流电流开关周期平均值为

$$\bar{i}_{dc} = d_\alpha i_A - d_\beta i_C \tag{2.22}$$

将式(2.21)和输出电流的表达式(2.14)代入式(2.22)，可得

$$\vec{i}_{dc} = \frac{\sqrt{3}}{2} I_{om} m_v \cos \varphi_L \tag{2.23}$$

可以证明，当 $\vec{u}_o$ 处于任意扇区时，式(2.23)均成立。同时，由于逆变级调制中零电压矢量的使用，整流级可以实现零电流换流，减小了换流的复杂度。

2. 电流型空间矢量调制策略

由式(2.23)可知，整流级的负载可看作一恒流源，定义矩阵变换器的输入电流矢量为

$$\vec{i}_i = \frac{2}{3} \left(i_a + i_b e^{j\frac{2\pi}{3}} + i_c e^{-j\frac{2\pi}{3}} \right) \tag{2.24}$$

同样，由经典的电流型空间矢量调制策略可知，其包含六个有效矢量和三个零矢量，式(2.24)中的输入电流矢量在任意时刻可由两个相邻的有效矢量 $\vec{i}_u$、$\vec{i}_v$ 及零矢量 $\vec{i}_0$ 合成，具体的矢量合成如图 2.4 所示，其中 d_u、d_v 及 d_{0c} 分别为有效矢量 $\vec{i}_u$、$\vec{i}_v$ 及零矢量 $\vec{i}_0$ 的占空比，θ_{sc} 为期望的输入电流矢量 $\vec{i}_i$ 与有效矢量 $\vec{i}_u$ 的夹角。

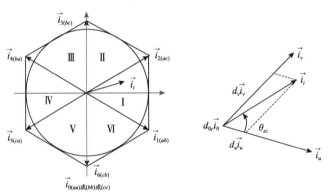

图 2.4 整流级的电流型空间矢量调制示意图

根据正弦定理，可得占空比 d_u、d_v 和 d_{0c} 分别为

$$\begin{cases} d_u = m_c \sin\left(\frac{\pi}{3} - \theta_{sc}\right) \\ d_v = m_c \sin\theta_{sc} \\ d_{0c} = 1 - d_u - d_v \end{cases} \tag{2.25}$$

式中，m_c 为整流级调制系数且 $0 \leqslant m_c = I_{im}/I_{dc} \leqslant 1$；$\theta_{sc} = \theta_i + \pi/6 - (n_{si} - 1)\pi/3$，

$\theta_i = \omega_i t - \varphi_i$，$n_{si}$ 为输入电流矢量所在的扇区号，取值范围为 1~6；$0 \leqslant d_u, d_v,$ $d_{0c} \leqslant 1$。

同样，以扇区 I 为例，有效矢量选取 $\vec{i}_{1(ab)}$ 和 $\vec{i}_{2(ac)}$，中间直流电压开关周期平均值为

$$\bar{u}_{dc} = d_u u_{ab} + d_v u_{ac} \tag{2.26}$$

将式 (2.25) 代入式 (2.26)，可得

$$\bar{u}_{dc} = \frac{3}{2} U_{im} m_c \cos \varphi_i \tag{2.27}$$

中间直流电压必须满足上正下负的约束，因此在整流级的任意扇区调制中，用于合成中间直流电压的输入电压必须为正，从而可知双级矩阵变换器的输入功率因数角的可调范围受限，为 $[-\pi/6, \pi/6]$。一般地，为使得零矢量不参与中间直流电压的合成，可以采用归一化手段，即

$$\begin{cases} d'_u = \dfrac{d_u}{d_u + d_v} \\[3mm] d'_v = \dfrac{d_v}{d_u + d_v} \end{cases} \tag{2.28}$$

此时，可以求出中间直流电压开关周期平均值为

$$\bar{u}_{dc} = \frac{3 U_{im} \cos \varphi_i}{2 \cos \left[\theta_i - (n_{si} - 1)\pi/3 \right]} \tag{2.29}$$

3. 开关序列安排

在矩阵变换器的间接空间矢量调制策略中，整流级的调制通常无零矢量参与。中间直流电压由两个线电压合成，逆变级的调制在时间上需要与整流级的调制协调同步，也即逆变级的调制在一个开关周期内要经历两次输出电压矢量合成。逆变级占空比变为

$$\begin{cases} d_{u\alpha} = d_u d_\alpha \\ d_{u\beta} = d_u d_\beta \\ d_{v\alpha} = d_v d_\alpha \\ d_{v\beta} = d_v d_\beta \end{cases} \tag{2.30}$$

　　以期望输入电流矢量位于扇区 I 且期望输出电压矢量位于扇区 I 为例,整流级利用有效矢量 $\vec{i_1}$ 和 $\vec{i_2}$ 合成期望的输入电流矢量,中间直流电压由 u_{ab} 和 u_{ac} 合成;而逆变级利用有效矢量 $\vec{u_1}$、$\vec{u_2}$ 及零矢量 $\vec{u_0}$ 来合成期望的输出电压矢量。为了提高波形质量,采用双边对称的开关序列,具体的开关序列示意图如图 2.5 所示。

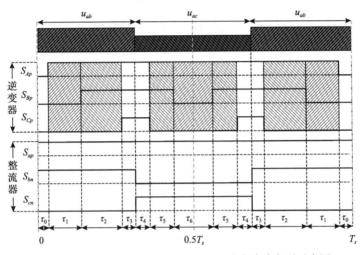

图 2.5　　间接空间矢量调制策略的双边对称脉冲序列示意图

　　结合式 (2.30),图 2.5 中作用时间分别为 $\tau_1=0.5d_{u\alpha}T_s$、$\tau_2=0.5d_{u\beta}T_s$、$\tau_3=0.5[0.5d_u/(d_u+d_v)-\tau_1-\tau_2]T_s$、$\tau_0=\tau_3$、$\tau_5=d_{v\beta}T_s$、$\tau_6=d_{v\alpha}T_s$、$\tau_4=0.5[d_v/(d_u+d_v)-2\tau_5-\tau_6]T_s$,$T_s$ 为开关周期。由图可知,逆变级开关频率约为整流级开关频率的 2 倍,且在每个开关周期中,逆变级有 5 次开关动作,而整流级有 2 次开关动作。另外,在整流级换流时,逆变级刚好处于零矢量状态,因此整流级可以实现零电流换流,不需要烦琐的多步换流措施。

2.2.3　载波调制策略

　　对于电压源型逆变器,空间矢量调制策略和载波调制策略是常用的调制策略,若矩阵变换器的整流级仍采用空间矢量调制策略,则逆变级采用载波调制策略同样可达到输入输出合成的目标[3]。由前述间接空间矢量调制策略可知,每个开关周期内矩阵变换器的直流电压均由两个不同的输入电压合成,且作用时间不同,因此不同于常规逆变器的载波调制策略,矩阵变换器的逆变级需采用变周期载波调制策略。

　　载波调制策略的核心在于调制信号和载波信号的选取。首先,介绍调制信号的求解过程。为提高电压传输比,一般在期望的三相输出电压上叠加一个零序分量 u_{no},根据期望输出电压,求得逆变器调制信号为

$$\begin{cases} u^*_{Ao} = u^*_A + u_{no} \\ u^*_{Bo} = u^*_B + u_{no} \\ u^*_{Co} = u^*_C + u_{no} \end{cases} \tag{2.31}$$

式中，u^*_A、u^*_B 和 u^*_C 为期望的三相输出电压；u^*_{Ao}、u^*_{Bo} 和 u^*_{Co} 为逆变器三相调制信号。

其中，零序信号满足

$$-\bar{u}_{dc}/2 - \min\{u^*_A, u^*_B, u^*_C\} \leqslant u_{no} \leqslant \bar{u}_{dc}/2 - \max\{u^*_A, u^*_B, u^*_C\} \tag{2.32}$$

一般地，为了保证载波调制策略和空间矢量调制策略的一致性，可取

$$u_{no} = -\frac{\max\{u^*_A, u^*_B, u^*_C\} + \min\{u^*_A, u^*_B, u^*_C\}}{2} \tag{2.33}$$

为了便于实现，对调制信号进行归一化处理，得到归一化后的调制信号：

$$\bar{u}_{io} = 2\frac{u^*_{io}}{\bar{u}_{dc}}, \quad i \in \{A, B, C\} \tag{2.34}$$

再通过归一化调制信号与载波信号的比较完成载波调制，得到逆变级开关的控制信号。

以输入电流矢量位于扇区 I 为例，中间直流电压由输入电压 u_{ab} 和 u_{ac} 合成，两段线电压作用的时间分别为 $d'_u T_s$、$d'_v T_s$。逆变级分别在 $d'_u T_s$ 和 $d'_v T_s$ 的子周期内进行载波调制，并且两个载波周期不相等，因此称为变周期载波调制，其调制示意图如图 2.6 所示，此处载波信号选取的是非等腰三角载波。

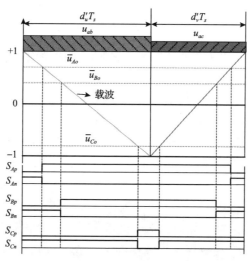

图 2.6　双级矩阵变换器变周期载波调制示意图

在上述变周期载波调制策略中，子周期载波信号的选取存在不同的组合，以等腰载波和直角载波两种情况为例，存在 8 种组合，如图 2.7 所示。不同的载波信号下逆变级输出的微观性能并不相同，例如，A 型载波在每个子周期内表现出对称性，因此输出电压的谐波相对较少；C 型载波为直角三角形，逆变级开关动作次数少，每个桥臂的开关在一个开关周期中仅动作两次。从图 2.7 可看出，这些组合的零矢量都分布在两侧，都可以实现整流级的零电流换流，且方便工程实现。随机载波调制是引入随机化因子的一种方式，为逆变级调制提供了更多的自由度，输出电压性能的评估方法和系统的优化目标不同，选取的载波信号也有所不同，可利用马尔可夫链[4]等随机预测手段进行载波信号的选取。

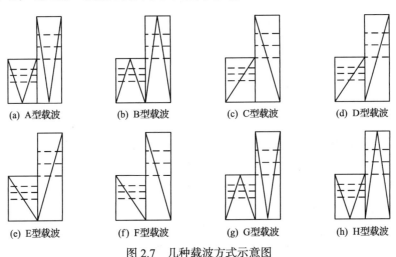

(a) A型载波　　　　(b) B型载波　　　　(c) C型载波　　　　(d) D型载波

(e) E型载波　　　　(f) F型载波　　　　(g) G型载波　　　　(h) H型载波

图 2.7　几种载波方式示意图

2.2.4　数学构造法

基于数学构造法的调制策略[5]本质是将调制策略的确定问题转化为带约束的数学方程组的求解问题。相对于常规的空间矢量调制策略和载波调制策略，其省去了扇区的计算，易于理解和实现，计算简单。本节以单级矩阵变换器为对象，详细介绍基于数学构造法的调制策略的基本原理。

为保证调制矩阵 M 物理上的可实现性，即各元素必须具有非负性，如式(2.35)所示，根据输入不能短路、输出不能开路的约束条件，调制矩阵的元素也需满足。

$$m_{ij} \geqslant 0 \qquad\qquad (2.35)$$

数学构造法的关键在于如何构造满足以上约束条件的调制矩阵 M，在合成期望输出电压的同时，还要保证输入电流为正弦。为得到与输入频率无关的任意输出频率的输出电压，基于虚拟整流和虚拟逆变的思想，构造如下过渡调制

矩阵 M''：

$$M'' = \begin{bmatrix} m''_{11} & m''_{12} & m''_{13} \\ m''_{21} & m''_{22} & m''_{23} \\ m''_{31} & m''_{32} & m''_{33} \end{bmatrix} = I(\omega_o) \cdot R^{\mathrm{T}}(\omega_i) \tag{2.36}$$

式中，$R^{\mathrm{T}}(\omega_i) = \begin{bmatrix} \cos(\omega_i t - \varphi_i) \\ \cos(\omega_i t - 2\pi/3 - \varphi_i) \\ \cos(\omega_i t + 2\pi/3 - \varphi_i) \end{bmatrix}^{\mathrm{T}}$，$\varphi_i$ 为输入功率因数角；$I(\omega_o)$ 为逆变级调

制矩阵，$I(\omega_o) = \begin{bmatrix} K_A \\ K_B \\ K_C \end{bmatrix} = \begin{bmatrix} K\cos(\omega_o t - \varphi_o) \\ K\cos(\omega_o t - \varphi_o - 2\pi/3) \\ K\cos(\omega_o t - \varphi_o + 2\pi/3) \end{bmatrix}$，$K$ 为调制系数，φ_o 为输出电压

的初始相位角，$I(\omega_o)$ 用于将虚拟中间直流电压逆变成期望的输出电压；$R^{\mathrm{T}}(\omega_i)$ 为整流级调制矩阵，将三相输入电压整流成虚拟中间直流电压。

最终可得过渡调制矩阵 M'' 为

$$M'' = \begin{bmatrix} K_A\cos(\omega_i t - \varphi_i) & K_A\cos(\omega_i t - 2\pi/3 - \varphi_i) & K_A\cos(\omega_i t + 2\pi/3 - \varphi_i) \\ K_B\cos(\omega_i t - \varphi_i) & K_B\cos(\omega_i t - 2\pi/3 - \varphi_i) & K_B\cos(\omega_i t + 2\pi/3 - \varphi_i) \\ K_C\cos(\omega_i t - \varphi_i) & K_C\cos(\omega_i t - 2\pi/3 - \varphi_i) & K_C\cos(\omega_i t + 2\pi/3 - \varphi_i) \end{bmatrix} \tag{2.37}$$

若用 M'' 取代 M 代入式(2.9)，则可得 A 相输出电压为

$$u_A = \frac{3}{2}KU_{im}\cos\varphi_i\cos(\omega_o t) \tag{2.38}$$

从式(2.38)可以看出，输出电压的频率已经与输入电压频率无关，并且输出相电压的幅值由输入功率因数角和调制系数 K 共同决定。但是过渡调制矩阵 M'' 不满足式(2.35)和式(2.10)的约束条件，因此需要继续进行数学构造，直到满足约束条件为止。

观察过渡调制矩阵 M'' 可知，各行元素之和等于零，为满足约束条件，可将 M'' 的各列分别叠加一个偏置(x, y, z)，可构成另一个过渡调制矩阵 M'，如式(2.39)所示。从数学的角度来看，在 M'' 各列叠加同样的偏置，仅在一定程度上改变了相电压，并未改变线电压，从而不会影响输出电流。

$$M' = \begin{bmatrix} m'_{11} & m'_{12} & m'_{13} \\ m'_{21} & m'_{22} & m'_{23} \\ m'_{31} & m'_{32} & m'_{33} \end{bmatrix} = \begin{bmatrix} m''_{11}+x & m''_{12}+y & m''_{13}+z \\ m''_{21}+x & m''_{22}+y & m''_{23}+z \\ m''_{31}+x & m''_{32}+y & m''_{33}+z \end{bmatrix} \tag{2.39}$$

必须确定偏置 (x,y,z) 的值，才能求解出矩阵 M'。然而对于偏置的选取有不同的方案，下面介绍两种方案。

1. 数学构造法 Ⅰ

不失一般性地，以式 (2.39) 中 M' 的第一列为例，首先考虑元素的非负性，那么问题转化为寻找满足式 (2.40) 的 x：

$$\begin{cases} m'_{11} = m''_{11} + x \geqslant 0 \\ m'_{21} = m''_{21} + x \geqslant 0 \\ m'_{31} = m''_{31} + x \geqslant 0 \end{cases} \tag{2.40}$$

显然，满足上述约束条件的偏置 $x \geqslant -\min(m''_{11}, m''_{21}, m''_{31})$。对式 (2.39) 中 M' 的第二列、第三列进行与第一列相同的处理，可得到如下不等式组：

$$\begin{cases} x \geqslant -\min(m''_{11}, m''_{21}, m''_{31}) \\ y \geqslant -\min(m''_{12}, m''_{22}, m''_{32}) \\ z \geqslant -\min(m''_{13}, m''_{23}, m''_{33}) \end{cases} \tag{2.41}$$

至此，已经保证了调制矩阵各元素的非负性，为了继续满足式 (2.10) 的约束条件，最简单的方法是对过渡调制矩阵 M' 的各个元素叠加偏置 D，注意该偏置需要大于零才不破坏占空比的非负性，若取

$$D = \frac{1-(x+y+z)}{3}, \quad D \geqslant 0 \tag{2.42}$$

如此，就得到了一种简单的调制矩阵 M，其各元素为

$$m_{ij} = m'_{ij} + D \tag{2.43}$$

这样就可以构造出满足式 (2.9)、式 (2.10) 和式 (2.35) 的调制矩阵 M。

从不等式组 (2.41) 可以看出，(x,y,z) 的选择余地很大，不同的选取方法可以生成不同性能的调制策略。其中，最简单的选择方法为取边界极值，即按式 (2.44) 取值：

$$\begin{cases} x = -\min(m''_{11}, m''_{21}, m''_{31}) \\ y = -\min(m''_{12}, m''_{22}, m''_{32}) \\ z = -\min(m''_{13}, m''_{23}, m''_{33}) \end{cases} \tag{2.44}$$

2. 数学构造法 Ⅱ

数学构造法 Ⅰ 中偏置 D 的选取采用了平均分配的调制策略，实际上对于过渡

调制矩阵 M' 的每个元素，没有必要都叠加相同的偏置 D。

根据式(2.44)的取法，将过渡调制矩阵 M' 中同一行出现两个零的两列提取出来，若假设为第一列和第二列，则可令

$$x = -\min(m''_{11}, m''_{21}, m''_{31}), \quad y = -\min(m''_{12}, m''_{22}, m''_{32}) \tag{2.45}$$

从而可以选取

$$z = 1 - x - y \tag{2.46}$$

显然直接满足各元素的约束条件，并不需要再叠加偏置 D。如此，9 个元素中至少保证有两个元素为零，因而开关次数较少，开关损耗可相应降低。

综上所述，基于数学构造的调制策略可以归纳为：按照数学构造法 I，第一步，根据三相输入电压和期望的三相输出电压按式(2.37)计算 M''；第二步，依据式(2.44)求出 x、y、z 的值，得到过渡调制矩阵 M'；第三步，按式(2.42)和式(2.43)构造出一种符合要求的调制矩阵 M。按照数学构造法 II，第一步与数学构造法 I 一致；第二步，根据式(2.44)将 M' 中同一行出现两个零的两列提取出来，保留此两列的偏置选取，另外一列的偏置参考式(2.46)，这样对 M' 进行相应的修改即可。两种数学构造法的偏置选择示意图如图 2.8 所示(其中每列最小值已突出显示)。

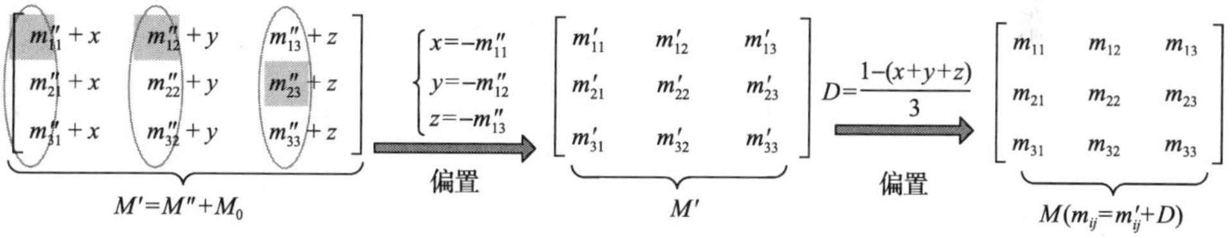

(a) 数学构造法 I

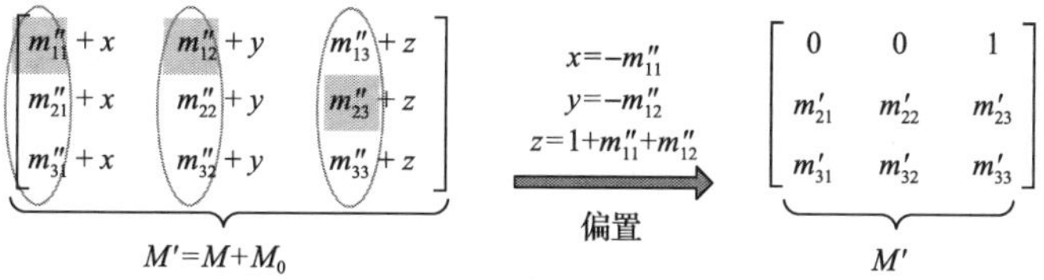

(b) 数学构造法 II

图 2.8　两种数学构造法的偏置选择示意图

值得注意的是，以上构造仅是从满足输出电压为正弦的目标出发。对于输入电流，则可通过式(2.47)求解：

$$\begin{bmatrix} i_a \\ i_b \\ i_c \end{bmatrix} = M^{\mathrm{T}} \cdot \begin{bmatrix} i_A \\ i_B \\ i_C \end{bmatrix} = \begin{bmatrix} m''_{11}+x+D & m''_{21}+x+D & m''_{31}+x+D \\ m''_{12}+y+D & m''_{22}+y+D & m''_{32}+y+D \\ m''_{13}+z+D & m''_{23}+z+D & m''_{33}+z+D \end{bmatrix} \begin{bmatrix} i_A \\ i_B \\ i_C \end{bmatrix} \quad (2.47)$$

结合式(2.36)及输出电流的表达式(2.14)，可得输入 a 相电流为

$$\begin{aligned} i_a &= m''_{11}i_A + m''_{21}i_B + m''_{31}i_C \\ &= \frac{3}{2}KI_{om}\cos\varphi_o\cos(\omega_i t - \varphi_i) \end{aligned} \quad (2.48)$$

由式(2.48)可见，采用基于数学构造法的调制策略可以保证输入电流正弦和得到期望的输入功率因数角。下面推导基于数学构造法的调制策略下的最大电压传输比。

不失一般性地，假设输入电压 $u_a > u_b > 0 > u_c$，输出电压 $u_A > u_B > 0 > u_C$，且 $\varphi_i = 0$。由式(2.37)可知，第一列最小项为 $K_C\cos(\omega_i t - \varphi_i)$，第二列最小项为 $K_C\cos(\omega_i t - \varphi_i - 2\pi/3)$，第三列最小项为 $K_A\cos(\omega_i t - \varphi_i + 2\pi/3)$。

根据式(2.44)可得

$$-(x+y+z) = K_C\left[\cos(\omega_i t - \varphi_i) + \cos\left(\omega_i t - \varphi_i - \frac{2\pi}{3}\right)\right] + K_A\cos\left(\omega_i t - \varphi_i + \frac{2\pi}{3}\right) \quad (2.49)$$

进一步可得

$$-(x+y+z) = K_C\left[-\cos\left(\omega_i t - \varphi_i + \frac{2\pi}{3}\right)\right] + K_A\cos\left(\omega_i t - \varphi_i + \frac{2\pi}{3}\right) \quad (2.50)$$

方程两边同加 1 可得

$$1-(x+y+z) = 1 + \cos\left(\omega_i t + \frac{2\pi}{3} - \varphi_i\right)(K_A - K_C) \quad (2.51)$$

进一步缩放条件可得

$$1-(x+y+z) > 1 - (K_a - K_c) \quad (2.52)$$

根据 D 的非负性约束可得

$$1-(x+y+z) > 1 - K\sqrt{3}\sin\left(\omega_o t + \frac{\pi}{3}\right) \geqslant 0 \quad (2.53)$$

解上述不等式可得 $K \leqslant \sqrt{3}/3$，将 K 代入式(2.38)，可得

$$u_A \leqslant \frac{\sqrt{3}}{2} U_{im} \cos\varphi_i \cos(\omega_o t) \tag{2.54}$$

从式 (2.54) 可见，调制系数需满足 $K \leqslant \sqrt{3}/3$，即采用基于数学构造法的调制策略时矩阵变换器的最大电压传输比为 0.866，与常规调制策略下的结果相同。

2.2.5　预测控制策略

预测控制是一种基于优化思想的控制方法，不同于以往的脉宽调制思想，它将调制问题转化为数学优化问题。模型预测控制 (model predictive control, MPC) 策略因具备快速跟踪响应、高控制带宽、便于考虑非线性和限制条件等优点，目前已成为一种极具潜力的控制方法[6]。模型预测控制又可分为有限控制集模型预测控制 (finite control set-model predictive control, FCS-MPC) 和连续控制集模型预测控制 (continuous control set-model predictive control, CCS-MPC)[8]。FCS-MPC 将优化问题转化成从有限开关状态中选取使得评价函数最小的最优开关状态，评价函数一般由期望的状态变量与某状态下预测值的偏差构造而成。FCS-MPC 具有响应快、带宽高且易于增加优化目标的特点，但是存在开关频率不固定的缺点。CCS-MPC 可解决该问题，通过系统的离散模型，借助状态估计方法预测系统的状态变量。该状态变量出现在评价函数中，并在预测范围内进行评估以获得未来的控制变量，最终获得最优的占空比。本节主要介绍矩阵变换器的 FCS-MPC 策略，其控制原理框图如图 2.9 所示。

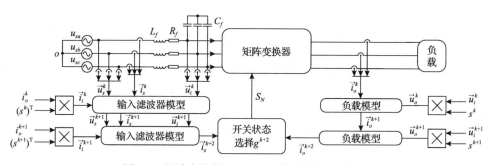

图 2.9　矩阵变换器 FCS-MPC 策略控制原理框图

首先，建立矩阵变换器的数学描述和数学模型，数学描述如式 (2.1)～式 (2.4) 所示，数学模型包括输入滤波器和输出负载的状态方程。

三相平衡负载的动态行为描述如下：

$$\frac{\mathrm{d}\vec{i}_o}{\mathrm{d}t} = A_1 \vec{i}_o + B_1 \begin{bmatrix} \vec{u}_o \\ \vec{e} \end{bmatrix} = -\frac{R}{L}\vec{i}_o + \begin{bmatrix} \dfrac{1}{L} & -\dfrac{1}{L} \end{bmatrix} \begin{bmatrix} \vec{u}_o \\ \vec{e} \end{bmatrix} \tag{2.55}$$

式中，L 和 R 分别为负载电感和负载电阻；$\vec{i}_o$ 和 $\vec{u}_o$ 分别为输出电流矢量和输出电压矢量；$\vec{e}$ 为负载的反电动势。负载可以是 RL 负载、感应电机、永磁同步电机或者电网，若考虑 RL 负载，则有 $\vec{e} = 0$。

输入滤波器的状态方程如下：

$$\frac{\mathrm{d}}{\mathrm{d}t}\begin{bmatrix}\vec{u}_i \\ \vec{i}_s\end{bmatrix} = A_2\begin{bmatrix}\vec{u}_i \\ \vec{i}_s\end{bmatrix} + B_2\begin{bmatrix}\vec{u}_s \\ \vec{i}_i\end{bmatrix} \tag{2.56}$$

式中，$A_2 = \begin{bmatrix} 0 & 1/C_f \\ -1/L_f & -R_f/L_f \end{bmatrix}$，$R_f$、$L_f$ 和 C_f 分别为等效的线路电阻、输入滤波电感和输入滤波电容；$B_2 = \begin{bmatrix} 0 & -1/C_f \\ 1/L_f & 0 \end{bmatrix}$；$\vec{u}_s$ 和 $\vec{i}_s$ 分别为电网电压矢量和电网电流矢量；$\vec{u}_i$ 和 $\vec{i}_i$ 分别为矩阵变换器输入电压矢量和输入电流矢量。

由于矩阵变换器一般采用数字控制实现，所以需要对系统模型进行离散化。根据连续系统的精确离散化原理[9]，矩阵变换器的负载和输入滤波器的离散模型如下：

$$x(k+1) = G_i x(k) + H_i u(k) \tag{2.57}$$

$$G_i = \mathrm{e}^{A_i T_s}, \quad H_i = A_i^{-1}(G_i - I)B_i, \quad i = 1,2 \tag{2.58}$$

对于负载侧，x 可代表 $\vec{i}_o$，u 为 $\begin{bmatrix}\vec{u}_o \\ \vec{e}\end{bmatrix}$；对于输入侧，$x$ 可代表 $\begin{bmatrix}\vec{u}_i \\ \vec{i}_s\end{bmatrix}$，$u$ 为 $\begin{bmatrix}\vec{u}_s \\ \vec{i}_i\end{bmatrix}$。

接下来，构造评价函数并选取使得评价函数最小的最优开关状态。

为保证电网电流和输出电流的质量，一般选取三相电网电流的误差值和三相输出电流的误差值来构造评价函数：

$$g_1 = \left\|\vec{i}_{sref} - \vec{i}_s^{\,k+2}\right\|^2 \tag{2.59}$$

$$g_2 = \left\|\vec{i}_{oref} - \vec{i}_o^{\,k+2}\right\|^2 \tag{2.60}$$

$$g = g_2 + \lambda g_1 \tag{2.61}$$

式中，$\|\cdot\|$ 代表欧氏范数；λ 为权重因子，通过调节权重因子权衡三相电网电流和三相输出电流的重要性，从而达到不同的输入输出性能，λ 的选取可参考文献[9]；

$\vec{i}_{oref}$ 为期望输出电流矢量，其表达式为 $\vec{i}_{oref} = \begin{bmatrix} I_{om}^* \cos(\omega_o t - \varphi_L) & I_{om}^* \cos(\omega_o t - \varphi_L - 2\pi/3) & I_{om}^* \cos(\omega_o t - \varphi_L + 2\pi/3) \end{bmatrix}^T$，$I_{om}^*$ 为期望输出电流峰值；$\vec{i}_{sref}$ 为期望电网电流矢量，其表达式为 $\vec{i}_{sref} = \begin{bmatrix} I_{sm}^* \cos(\omega_i t - \varphi_i) & I_{sm}^* \cos(\omega_i t - \varphi_i - 2\pi/3) & I_{sm}^* \cos(\omega_i t - \varphi_i + 2\pi/3) \end{bmatrix}^T$，$I_{sm}^*$ 为期望电网电流峰值。

矩阵变换器系统的电网有功功率 P_s 和输出有功功率 P_o 可分别表示为

$$P_s = \frac{3}{2}(U_{sm} I_{sm}^* \cos\varphi_i - I_{sm}^{*2} R_f) \tag{2.62}$$

$$P_o = \begin{cases} \dfrac{3}{2} I_{om}^{*2} R, & \text{阻感性负载} \\ T\Omega, & \text{电机负载} \\ \dfrac{3}{2} I_{om}^* U_{om} \cos\varphi_o, & \text{电网} \end{cases} \tag{2.63}$$

式中，U_{sm} 为电网电压峰值；R 为阻值；T 为电磁转矩；Ω 为机械角速度。

考虑矩阵变换器双向开关的导通损耗和开关损耗及线路阻抗的损耗等因素，矩阵变换器系统的效率可表示为

$$\eta = \frac{P_o}{P_s} \tag{2.64}$$

联合上述公式，可得到期望电网电流峰值 I_{sm}^*：

$$I_{sm}^* = \frac{U_{sm} \cos\varphi_i \pm \Delta}{2R_f}, \quad \Delta = \sqrt{(U_{sm}\cos\varphi_i)^2 - \frac{4P_o R_f}{\eta}} \tag{2.65}$$

为便于调整权重因子，一般采取如下归一化的评价函数：

$$\bar{F} = \frac{g_2}{\|\vec{i}_{oref}\|^2} + \lambda \frac{g_1}{\|\vec{i}_{sref}\|^2} \tag{2.66}$$

将表 2.1 中每个有效开关状态对应的预测值 $\vec{i}_o^{k+2}$ 和 $\vec{i}_s^{k+2}$ 代入式 (2.66)，可以得到每个有效开关状态对应的评价函数值 $g^{k+2}[i](i=1,2,\cdots,27)$。根据式 $g_N = \min\{g^{k+2}[i]\}(i=1,2,\cdots,27)$ 求得对应最小评价函数值的开关状态，将该开关状态应用到第 $k+1$ 次采样周期中即完成了预测控制。矩阵变换器 FCS-MPC 方法实现流程图如图 2.10 所示。

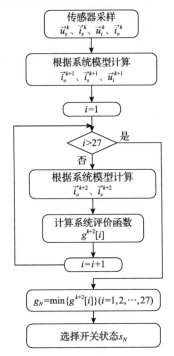

图 2.10　矩阵变换器 FCS-MPC 方法实现流程图

2.3　双级矩阵变换器的非线性分析和补偿策略

　　与普通逆变器类似，双级矩阵变换器输出电压同样受到死区、计算机有限字长、处理速度、器件开通/关断延时、器件寄生电容、吸收电路、零电流箝位和器件管压降等因素的影响。同时，矩阵变换器的输入滤波电容电压纹波、滤波电感压降等也会对其输入输出性能产生影响。此外，调制策略的特殊性导致的窄脉冲问题也是影响矩阵变换器输入输出性能的一个重要因素。为了减小电压畸变率，矩阵变换器通常采用双边对称调制方式，但用于合成输出电压的两段中间直流电压在时间分配上呈现非线性，在输入扇区切换附近区域，会出现某段中间直流电压作用时间很短的现象。同理，当输出电压矢量在输出扇区切换附近时，也会产生类似的窄脉冲问题。由于功率器件的开通和关断延迟等非线性因素，窄脉冲的存在使得调制难以实现。此外，窄脉冲也威胁着功率器件的安全运行。为了保证调制策略的可实现性和系统的安全运行，一般需要采取工程上的"四舍五入"对占空比进行近似处理，从而使得矩阵变换器的波形质量下降。经过分析不难发现，这个问题是由已有调制策略的不合理导致的。本质上，矩阵变换器的特殊性有利于避免这一问题。本节通过引入适当的分配因子修正常规的调制策略，有效解决了这一问题。

2.3.1　非线性来源分析

1. 采样和计算时滞

采样和计算时滞效应在数字控制系统中难以避免。在 PWM 逆变器中，常常伴随一个采样周期的时滞，在高性能系统应用中，该效应严重影响了系统动态响应和输出电压质量。对于双级矩阵变换器，由于其没有大的中间储能环节，逆变级直接和整流级耦合，整流级的时滞效应会进一步恶化输出电压。若在调制过程中仅利用了输入电压相位和有效值信息，则采样和计算时滞的影响可以用数学表达式近似描述为

$$\vec{u}_o = \vec{u}_o^* \mathrm{e}^{-\omega_o T_s}(1 - T_s \omega_i \tan \varphi_i) \tag{2.67}$$

式中，$\vec{u}_o^*$ 为期望输出电压矢量；ω_i、ω_o、T_s 和 φ_i 分别为电网电压角频率、输出电压角频率、采样周期和输入功率因数角。如果要求调制策略具有抑制电网不平衡的能力，三相电压的完全信息将被利用，那么时滞影响的表达式将更加复杂。

2. 滤波器电容电压纹波和电感压降

双级矩阵变换器的拓扑结构如图 2.1(b)所示，其输入端单相等效电路图如图 2.11 所示。

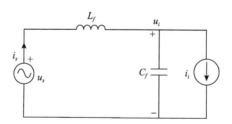

图 2.11　输入端单相等效电路图

从图 2.11 可知，其输入电流到滤波电容电压的传递函数如式(2.68)所示，滤波电容电压纹波计算如式(2.69)所示。在分析电压纹波时，主要考虑的是输入电流 i_i 高频成分(开关频率)对电容电压的影响，$L_f s \gg 1$，故有式(2.68)的近似表达。对于普通逆变器，输出电流对直流电容电压的传递函数为式(2.70)。矩阵变换器输入滤波电容值远小于普通逆变器的直流电容值，因此矩阵变换器滤波器电压纹波对输出电压的影响相较于普通逆变器更大。

$$\frac{u_i(s)}{i_i(s)} = \frac{L_f s}{L_f C_f s^2 + 1} \approx \frac{1}{C_f s} \tag{2.68}$$

$$\Delta \vec{u}_i = \frac{1}{C_f} \int (\vec{i}_i - \vec{i}_i^*) \mathrm{d}t \qquad (2.69)$$

$$\frac{u_{dc}(s)}{i_o(s)} = \frac{1}{C_{dc}s} \qquad (2.70)$$

3. 输出电压畸变和输入电流畸变的相互影响

矩阵变换器的一个突出特点是整流级和逆变级直接耦合，其优点是结构紧凑（不需要中间储能环节），但同时会导致整流级、逆变级相互影响，增大了系统的控制难度，任何部分的扰动将影响整个系统的性能，甚至稳定性。

4. 死区、开通关断延时、管压降

理论上，电压源型逆变器的任一桥臂上下开关状态要求互补，但为了避免同一桥臂上下开关直通，不可避免地要插入一段死区，而在此期间，输出电压状态失控，完全由输出电流（或反电动势）决定。死区、开通关断延时所引起的输出电压波形畸变如图 2.12 所示，不同的死区安插方法，微观上有所不同，如图 2.12 所示的死区安插方法，在电流方向为正时，电压畸变很小，而在电流方向为负时，引起 2 倍死区的电压畸变，同时脉冲有一定的局部不对称性。

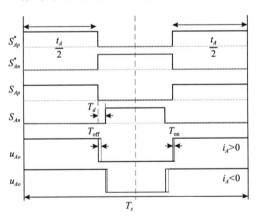

图 2.12　电压源型逆变器桥臂死区示意图

通常，为了抑制过压而设置的吸收电路和器件本身的寄生电容可等效为并联在开关两端的电容，也会影响调制输出电压，在电流过零点附近尤为明显。零电流箝位也是影响系统输出电压非线性的一个原因，即在死区时间内，电流减小至零，输出电压由该相反电动势决定。器件管压降是输出电压畸变的一个原因，且该问题在双级矩阵变换器中更加复杂。参考图 2.1(b)，逆变级的直流电压取自输入滤波电容，整流级存在几个功率开关管的压降。至于其实际大小，一方面依赖拓扑结构，另一方面取决于直流电流方向，该电流由逆变调制函数和三相负载电流共同决定。

5. 最小窄脉冲限制

通常，开关器件的开关频率受到其开通关断延时和开通关断上升下降时间的限制，也即存在一个最小开通时间，称为最小脉宽，所有低于最小脉宽的窄脉冲必须限制在最小脉宽，以保证调制的可实现性和器件安全。对于双级矩阵变换器，窄脉冲还有可能影响其安全换流，因为其逆变级必须有足够长的零矢量用以保证整流级的零电流换流。

由于双级矩阵变换器的整流级和逆变级调制策略同步协调的要求，其窄脉冲问题尤为严重，下面将进行详细讨论。通常，双级矩阵变换器整流级占空比见式(2.28)和图 2.13。从图 2.13 可以看出，d_u' 和 d_v' 在半个工频周期中的变化规律。其中，在扇区切换附近(图中黑框处)，某一线电压的作用时间极短。以图 2.14 为

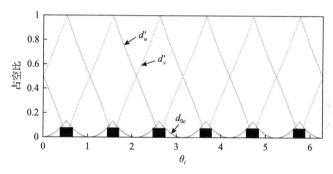

图 2.13 整流级占空比分布图

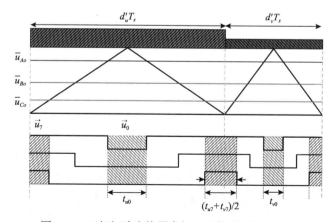

图 2.14 双级矩阵变换器常规双边载波调制示意图

例，假定 d'_v 很小，考虑到最小脉冲限制，若不采用限幅措施，则调制将不可能实现，而若采用限幅等近似方法，则必然引起波形畸变。通过观察图 2.13 中通用零矢量(定义对输入电流、输出电压空间矢量均无贡献的矢量为通用零矢量)占空比的分布规律可以发现，在扇区切换附近，也即黑框处，通用零矢量占空比较大，若将其进行适当利用，即可克服上述由窄脉冲限制引起的非线性问题。因此，解决该问题的核心在于如何分配通用零矢量。

2.3.2　修正的载波调制策略

为了解决整流调制扇区切换附近可能出现的窄脉冲问题，首先需要探究问题的本质来源。在文献[11]和[12]所提出的调制策略中，通用零矢量以一种固定的隐含方式参与了分配，该分配方式实现了最大化直流电压利用率，但窄脉冲现象无法避免。为保证实际调制可以实现，不得已采用"四舍五入"的近似策略，输出电压畸变严重。为了克服窄脉冲导致的非线性问题，本节提出一种修正的载波调制策略，先将广义零矢量显式地提取出来，然后根据需求进行重新分配，具体算法描述如下。

整流级调制：该调制过程分两步完成。第一步，按式(2.25)计算初始占空比 d_u、d_v；第二步，修正初始占空比，这一步需在广义零矢量分配确定之后完成。

逆变级调制：按照式(2.31)～式(2.34)求解归一化的调制信号。

如图 2.15 所示，前、后段载波周期中逆变级的各桥臂占空比(未包括广义零矢量)分别为

$$d_{1i} = (0.5 + m_i^1)d_u \tag{2.71}$$

$$d_{2i} = (0.5 + m_i^2)d_v \tag{2.72}$$

其中

$$m_i^1 = \frac{u_i^* + u_{no}^1}{\bar{u}_{dc}}, \quad m_i^2 = \frac{u_i^* + u_{no}^2}{\bar{u}_{dc}}, \quad i \in \{A, B, C\} \tag{2.73}$$

式中，u_{no}^1、u_{no}^2 分别为前、后段零序电压。

如图 2.15 所示，本节将通用零矢量对称地分配到整个开关周期当中，分配方式如下：将 λd_0 的广义零矢量分配给前段载波周期，而 $(1-\lambda)d_0$ 分配给后段载波周期，其中分配因子 λ 满足 $0 \leqslant \lambda \leqslant 1$。

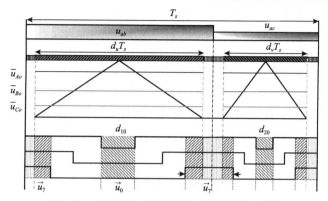

图 2.15　双级矩阵变换器修正载波调制示意图

至此，窄脉冲限制可由如下不等式(等式)组表示：

$$\begin{cases} d_{17} + \lambda d_0 > t_{\min} \\ d_{27} + (1-\lambda)d_0 > t_{\min} \\ d_{10} > t_{\min} \text{ 或 } d_{10} = 0 \\ d_{20} > t_{\min} \text{ 或 } d_{20} = 0 \end{cases} \tag{2.74}$$

以上不等式(等式)组有 3 个自由度，即零序电压 u_{no}^1、u_{no}^2 和分配因子 λ。

最后，选择满足式(2.74)的零序电压和分配因子，确定整流级调制的最终占空比为

$$\begin{cases} d_1^f = d_u + \lambda d_0 \\ d_2^f = d_v + (1-\lambda)d_0 \end{cases} \tag{2.75}$$

修正前、后段载波周期中逆变级的各桥臂上开关占空比分别为

$$d_{1i} = (0.5 + m_i^1)d_1 + \lambda d_0 \tag{2.76}$$

$$d_{2i} = (0.5 + m_i^2)d_1 + (1-\lambda)d_0 \tag{2.77}$$

经分析可知，文献[9]和[10]所取的分配因子为

$$\lambda = d_u' \tag{2.78}$$

按这种分配因子并不存在可选的零序电压在所有时间轴上满足式(2.74)，故该算法存在缺陷。图 2.16 中 d_{10} 和 d_{20} 表示窄脉冲宽度，假设图中实线代表最小脉冲宽度限制，则实线之下的区域是不可能实现的。

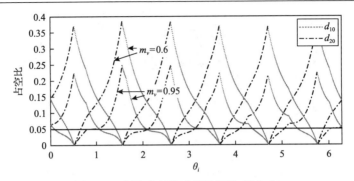

图 2.16　窄脉冲宽度示意图(零矢量大小)

若 $d_{10}=0$ 且 $d_{20}=0$ ，则对应 8 段双边对称调制；若仅有 $d_{10}=0$ 或 $d_{20}=0$ ，则对应 10 段双边对称调制；若 $d_{10}\neq 0$ 且 $d_{20}\neq 0$ ，则对应 12 段双边对称调制[12]。

迄今，大多数关于矩阵变换器调制策略的研究本质上讨论的是零矢量的分配问题。零矢量决定了调制策略的性能，如最小电流畸变率[13]、减小共模电压等，而本章的修正载波调制策略则是考虑了实际工程约束前提的优化算法，而非仅是理论上的最优。

2.3.3　分配因子选取策略

1. 低调制系数区 $(m_v \leqslant 0.7)$

在调制系数较低的区域，零序电压 u_{no}^1 、 u_{no}^2 均根据式(2.33)确定，也即零矢量 $\bar{u}_7$ 和 $\bar{u}_0$ 占空比均为 0.5。这种方法既简单，总谐波畸变率也较低，是一种次优调制策略。分配因子如下：

$$\begin{cases} \lambda = d_v', & \theta_{sc} \in [0, \pi/12) \cup (\pi/4, \pi/3] \\ \lambda = d_u', & \theta_{sc} \in [\pi/12, \pi/4] \end{cases} \qquad (2.79)$$

2. 高调制系数区 $(m_v > 0.7)$

窄脉冲限制问题主要发生在高调制系数区域，当选择分配因子 $\lambda = d_v'$ 时，先前所述的不可能实现问题得到了解决，同时为系统调制增大了自由度。真正难以克服的问题转移到了 $\theta = \pi/6$ 附近区域，这也是矩阵变换器电压传输比的真正瓶颈。

为了使 $\bar{u}_7$ 的比重增大从而满足式(2.74)，最直接的方法就是令 $\bar{u}_0$ 的占空比为零，也即令

$$u_{no}^1 = u_{no}^2 = \bar{u}_{dc}/2 - \max\{u_A^*, u_B^*, u_C^*\} \qquad (2.80)$$

如此处理有三方面的好处：①扩大了线性调制区域(工程上)；②输出电压的总

谐波畸变率更小；③由于各相均有长达 1/3 的时间段无开关切换，开关损耗降低。

2.3.4　非线性补偿

评估矩阵变换器输入、输出性能的优劣，可以分为两个层次：①"伏秒平衡"原则是否满足；②瞬时输出电压误差的均方根是否较小。第一项原则是脉宽调制的基本要求，如死区、管压降等常常导致"伏秒失衡"；第二项原则是衡量输出电压总谐波畸变率的一种有效闭环解析法。本节在保证"伏秒平衡"的同时，尽量使瞬时输出电压误差的均方根最小。

通常，死区补偿有两类主要方法，即电压补偿法和基于脉冲补偿法，前者仅考虑了"伏秒平衡"原则，后者则在考虑了"伏秒平衡"原则的同时对第二项原则有所顾及，也即考虑了补偿后脉冲的局部对称性问题以及零矢量分配问题。由文献[13]和[14]可知，脉冲的对称性和零矢量的合理分配可以提高输出电压质量。

双级矩阵变换器的直流电压由两个或三个线电压合成，可称为电流型整流。电流型整流需要横向换流，同样需要安插必要的死区，但双级矩阵变换器的整流级换流发生在逆变级的零矢量状态(也即通用零矢量)，对输入、输出均为"零"贡献，因而该死区无须补偿。双级矩阵变换器整流级的压降扰动包括器件管压降和滤波电容电压纹波，整流级管压降问题相较于普通逆变器不同的是，其与直流电流方向有关。当负载功率因数高于 0.866 时，在整个开关周期中，电流方向单一，管压降易于确定；当负载功率因数低于 0.866 时，问题变得比较复杂。由于滤波电容电压纹波较大，而且通常矩阵变换器的输入电压传感器安装在滤波器之前，所以电压纹波无法确定。工程上为了简单起见，主要考虑逆变级死区引起的"伏秒失衡"问题。

逆变级死区补偿示意图如图 2.17 所示，具体实现方法如下。

上桥臂开通时间修正为

$$
\begin{cases}
t_{ip}^1 = 0.5[(t_{ip} - t_{\mathrm{off}} - t_{\mathrm{on}} - T_d) + \mathrm{sign}(i_i)(t_{\mathrm{on}} + T_d - t_{\mathrm{off}})] \\
t_{ip}^2 = 0.5[(t_{ip} + t_{\mathrm{on}} + t_{\mathrm{off}} - T_d) + \mathrm{sign}(i_i)(t_{\mathrm{on}} + T_d - t_{\mathrm{off}})]
\end{cases}
\tag{2.81}
$$

下桥臂关断时间修正为

$$
\begin{cases}
t_{in}^1 = 0.5[(t_{in} - t_{\mathrm{off}} - t_{\mathrm{on}} + T_d) + \mathrm{sign}(i_i)(t_{\mathrm{on}} + T_d - t_{\mathrm{off}})] \\
t_{in}^2 = 0.5[(t_{in} + t_{\mathrm{off}} + t_{\mathrm{on}} + T_d) + \mathrm{sign}(i_i)(t_{\mathrm{on}} + T_d - t_{\mathrm{off}})]
\end{cases}
\tag{2.82}
$$

式中，$i \in \{A, B, C\}$；$t_{ip} = d_i T_s$ 为上桥臂开关 S_{ip} 的理想导通时间；$t_{in} = (1 - d_i) T_s$ 为

下桥臂开关 S_{in} 的理想导通时间；T_d 为死区时间；t_{on} 和 t_{off} 分别为开关开通时间和关断时间。

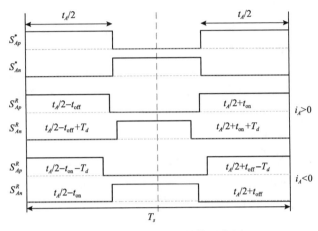

图 2.17　逆变级死区补偿示意图

2.3.5　实验验证

为了验证所提方法的正确性，在一个 10kW 的双级矩阵变换器-感应电机平台上进行相关实验。

系统参数如下：开关频率为 10kHz，死区设置为 3μs，输入滤波电感为 0.2mH，滤波电容为 40μF。实验内容主要是对常规载波调制策略、修正载波调制策略和补偿前、后的调制策略进行对比分析。实验 1 选择输出频率为 5Hz，调制系数为 0.3～1。实验 2 选择输出频率为 30Hz，调制系数为 0.5～1。

实验 1 和实验 2 的输出电流总谐波畸变率分析结果分别如图 2.18(a) 和 (b) 所示，图中 old 为常规载波调制策略，old+ 为常规载波调制策略集成了非线性补偿的调制策略，new 为本节提出的修正载波调制策略，new+ 为加入非线性补偿的修正载波调制策略。图 2.18(a) 中，本节提出的修正载波调制策略优于常规载波调制策略，尤其在调制系数高于 0.8 的区域。具有非线性补偿的调制策略分别优于未补偿的情况，在调制系数较低时，效果不明显，主要原因是当电流较小时，电流方向检测非常困难，而且当调制系数较低时，相对误差大；当调制系数接近 1 时，补偿的余地不大，因此采用了大量非线性操作，如限幅等，波形质量下降。图 2.18(b) 中反映的趋势和图 2.18(a) 基本一致，只是在调制系数 1 附近情况有些变化，新方法甚至优于带补偿的新方法，说明谐波情况和输出频率也有一定关系。

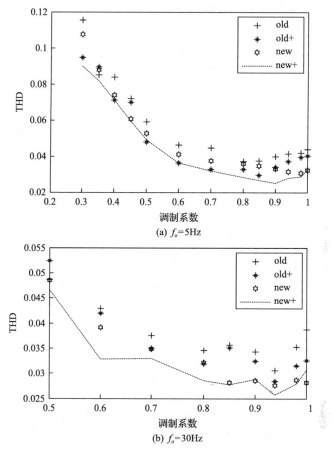

(a) f_o=5Hz

(b) f_o=30Hz

图 2.18 不同调制策略下输出电流总谐波畸变率

图 2.19(a)～(d)分别为输出频率 5Hz、调制系数为 0.98 时，new+、new、old+ 和 old 四种策略下的输出电流。相应的总谐波畸变率从图 2.18 中可知。new+的 电流有效值高于未补偿时的情况，可以根据简单的傅里叶分析和叠加原理分析 出原因，死区导致实际输出电压有效值降低。此外，old 中大量的限幅操作也是

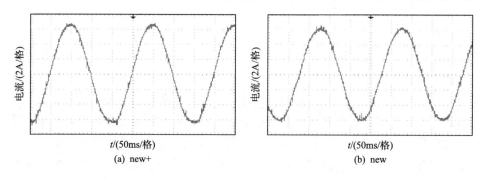

(a) new+

(b) new

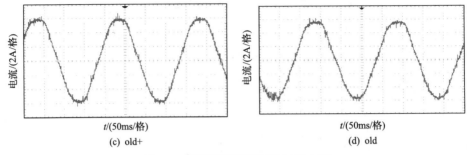

(c) old+　　　　　　　　　　　　　　(d) old

图 2.19　不同调制策略下的输出电流

导致输出电压幅值减小的原因。分析四种策略下电网电流的总谐波畸变率，分别为 7.91%、10.6%、14.2%和 18.4%。比较发现，新方法补偿后的电网电流总谐波畸变率最小。实验也表明，矩阵变换器输入输出直接耦合，输入输出相互影响，因此要提高系统综合性能，必须同时兼顾输入输出。

　　上述实验结果表明，本节提出的新载波调制策略结合基于脉冲补偿的非线性补偿策略，保证了脉冲的局部对称性，最大限度地减少了不必要的限幅操作，提高了系统的综合性能。

2.4　本 章 小 结

　　本章详细介绍了矩阵变换器的基本原理和几种常用的调制策略。单级矩阵变换器和双级矩阵变换器具有结构上的一致性，与双 PWM 变换器相比，省去了中间储能环节，结构更加紧凑。对本章介绍的四种矩阵变换器常用调制策略(即载波调制策略、空间矢量调制策略、基于数学构造法的调制策略和预测控制策略)进行性能对比分析，发现载波调制策略和空间矢量调制策略计算量小，且易于非线性补偿，而基于数学构造法的调制策略专业要求低，载波调制策略和有限集预测控制策略易于扩展。对这四种调制策略加以修改，可优化变换器性能。此外，针对不同的应用需求，可根据不同调制策略的特性选取合适的调制策略。

　　此外，本章详细分析了双级矩阵变换器输出电压非线性的根源及其特征，发现双级矩阵变换器的非线性有其明显的独特性，如窄脉冲、器件管压降和滤波电容电压纹波等，这些问题与调制策略、工作机理、拓扑结构和运行状态等诸多因素有关。为了保证系统可靠运行和补偿非线性所带来的负面影响，本章提出了一种修正载波调制策略，并给出了基于变载波调制的非线性补偿策略，通过通用零矢量的合理分配解决了已有方法在实际工程实现上的固有缺陷，如窄脉冲约束。根据调制深度，在不同的调制区域采用不同的分配因子，克服了不同调制区域的本征约束。此外，提出了一种保证脉冲局部对称性的死区补偿方案。通过上述修正的载波调制策略和非线性补偿方法，消除了非线性因素对矩阵变换器的不良影响，显著改善了系统波形质量并提高了系统可靠性。

参 考 文 献

[1] Huber L, Borojevic D. Space vector modulated three-phase to three-phase matrix converter with input power factor correction[J]. IEEE Transactions on Industry Applications, 1995, 31(6): 1234-1246.

[2] Wei L, Lipo T A. A novel matrix converter topology with simple commutation[C]. IEEE IAS Annual Meeting Conference Record, Chicago, 2001: 1749-1754.

[3] Yoon Y D, Sul S K. Carrier-based modulation technique for matrix converter[J]. IEEE Transactions on Power Electronics, 2006, 21(6): 1691-1703.

[4] Sun Y, Su M, Xia L, et al. Randomized carrier modulation for four-leg matrix converter based on optimal Markov chain[C]. Proceedings of IEEE International Conference on Industrial Technology, New York, 2008: 1-6.

[5] Gui W, Sun Y, Qin H, et al. A matrix converter modulation based on mathematical construction[C]. Proceedings of IEEE International Conference on Industrial Technology, New York, 2008: 1-5.

[6] Kouro S, Cortes P, Vargas R, et al. Model predictive control—A simple and powerful method to control power converters[J]. IEEE Transactions on Industrial Electronics, 2009, 56(6): 1826-1838.

[7] 孙尧, 粟梅, 王辉, 等. 双级矩阵变换器的非线性分析及其补偿策略[J]. 中国电机工程学报, 2010, 30(12): 20-27.

[8] Wang L. Model Predictive Control System Design and Implementation Using MATLAB[M]. Berlin: Springer, 2009.

[9] 张嗣瀛, 高立群. 现代控制理论[M]. 北京: 清华大学出版社, 2006.

[10] Cortes P, Kouro S, la Rocca B, et al. Guidelines for weighting factors design in model predictive control of power converters and drives[C]. Proceedings of IEEE Conference on Industrial Technology, Gippsland, 2009: 1-7.

[11] Wei L, Matsushita Y, Lipo T A. A compensation method for dual-bridge matrix converters operating under distorted source voltages[C]. 29th Annual Conference of the IEEE Industrial Electronics Society, Roanoke, 2003: 2078-2084.

[12] Kolar J W, Schafmeister F, Round S D, et al. Novel three-phase AC-AC sparse matrix converters[J]. IEEE Transactions on Power Electronics, 2007, 22(5): 1649-1661.

[13] Lars H, Larsen K B, Jorgensen A H, et al. Evaluation of modulation schemes for three-phase to

three-phase matrix converters[J]. IEEE Transactions on Industrial Electronics, 2004, 51(1): 158-171.

[14] Casadei D, Serra G, Tani A, et al. Optimal use of zero vectors for minimizing the output current distortion in matrix converters[J]. IEEE Transactions on Industrial Electronics, 2009, 56(2): 326-336.

第3章 输入不平衡下的矩阵变换器调制和控制方法

实际电网中常容易出现不平衡、电压跌落、闪变等非正常工况。对于并网型功率变换器，要维持系统在非正常工况下的正常运行，保证某些必要的性能指标尤为重要。相对于双 PWM 变换器，矩阵变换器缺少中间储能环节，输入输出直接耦合，因此其抵御非正常工况的能力更弱。例如，输入不平衡下矩阵变换器的输出电压容易产生低频谐波，从而影响输出性能，同时输入电流的谐波成分也会增加，从而影响电网侧电能质量。因此，采取控制方法优化非正常工况下矩阵变换器的输入输出性能十分必要。通常，电网不平衡下矩阵变换器的控制目标为：①正弦对称输出电压/电流；②减小输入电流谐波且实现输入侧无功功率控制。目前，研究人员针对矩阵变换器输入不平衡的控制已开展了大量研究工作，主要解决方法是在空间矢量调制策略[1-5]、载波调制策略[6-9]、双线电压调制策略[10,11]、基于数学构造法的调制策略[12]和预测控制策略[13,14]等的基础上加以修正，以实现上述控制目标。

本章主要讨论基于数学构造法的不平衡调制策略[12]和基于预测控制的不平衡控制策略[14]。

3.1 输入不平衡对系统的影响

为分析方便，采用空间矢量来描述三相系统：

$$\vec{x} = \frac{2}{3}(x_a + x_b \mathrm{e}^{\mathrm{j}2\pi/3} + x_c \mathrm{e}^{\mathrm{j}4\pi/3}) \tag{3.1}$$

对于空间矢量 $\vec{x}$ 和 $\vec{y}$，如果 $x_a + x_b + x_c = 0$，则下面的等式成立：

$$\begin{bmatrix} x_a \\ x_b \\ x_c \end{bmatrix}^{\mathrm{T}} \begin{bmatrix} y_a \\ y_b \\ y_c \end{bmatrix} = \frac{3}{2}(\vec{x} \cdot \vec{y}) \tag{3.2}$$

式中，"·"代表矢量的点乘。

不平衡的输入电压除包含正序分量外，还包含负序分量和零序分量。但在三相三线系统中，零序电流没有通路，不会影响系统运行，故本章不考虑输入零序电压，仅讨论包含负序分量的电压不平衡工况。

假设不平衡的输入电压为

$$\vec{u}_i = U_{ip}\begin{bmatrix} \cos(\omega_i t) \\ \cos(\omega_i t - 2\pi/3) \\ \cos(\omega_i t + 2\pi/3) \end{bmatrix} + U_{in}\begin{bmatrix} \cos(\omega_i t + \varphi_n) \\ \cos(\omega_i t + \varphi_n + 2\pi/3) \\ \cos(\omega_i t + \varphi_n - 2\pi/3) \end{bmatrix} \quad (3.3)$$

式中，下标 p 、n 分别表示正、负序；φ_n 为输入负序电压的初相角。

为表示简单起见，输入电压写成如下空间矢量形式：

$$\vec{u}_i = \vec{u}_{ip}e^{j\omega_i t} + \vec{u}_{in}e^{-j\omega_i t} \quad (3.4)$$

式中，$\vec{u}_{ip}$ 和 $\vec{u}_{in}$ 分别为正序电压和负序电压的向量表示，且 $\vec{u}_{ip} = U_{ip}$ ，$\vec{u}_{in} = U_{in}e^{-j\varphi_n}$ 。

根据第 2 章中虚拟整流和虚拟逆变的思想，输入电压和输出电压的关系可表示为

$$\begin{cases} u_{dc} = R(\omega_i)^{\mathrm{T}}\vec{u}_i \\ \vec{u}_o = I(\omega_o)u_{dc} \end{cases} \quad (3.5)$$

若用矢量 $\vec{R}$ 和 $\vec{I}$ 分别表示调制矩阵 $R(\omega_i)$ 和 $I(\omega_o)$ ，则式(3.5)可表示为

$$\begin{cases} u_{dc} = \dfrac{3}{2}(\vec{R}\cdot\vec{u}_i) \\ \vec{u}_o = u_{dc}\vec{I} \end{cases} \quad (3.6)$$

采用平衡输入电压工况下的调制矩阵，整流级调制矢量和逆变级调制矢量可分别表示为

$$\begin{cases} \vec{R} = e^{j(\omega_i t - \varphi_i)} \\ \vec{I} = Ke^{j\omega_o t} \end{cases} \quad (3.7)$$

式中，K 为逆变级调制矢量的调制系数；φ_i 为期望的输入功率因数角。

将式(3.7)和式(3.4)代入式(3.6)，可得

$$\begin{cases} u_{dc} = \dfrac{3}{2}\Big[\big|\vec{u}_{ip}\big|\cos\varphi_i + \big|\vec{u}_{in}\big|\cos(2\omega_i t - \varphi_i)\Big] \\ \vec{u}_o = \dfrac{3}{2}K\Big[\big|\vec{u}_{ip}\big|\cos\varphi_i + \big|\vec{u}_{in}\big|\cos(2\omega_i t - \varphi_i)\Big]e^{j\omega_o t} \end{cases} \quad (3.8)$$

由式(3.8)可知，当输入电压包含负序分量时，中间直流电压的开关周期平均值将含有 2 倍于输入频率的谐波成分，进而导致输出电压和电流波形中出现低次

谐波。根据矩阵变换器的结构特征，输出电流的低次谐波分量也会直接反映到输入侧，进一步恶化输入侧的电流质量。

结合式 (3.5) 与式 (3.6) 可知，若想得到期望的正弦输出电压，应充分利用整流级和逆变级调制矢量，而逆变级调制矢量的相位已由期望输出电压确定，因此仅有幅值 K 一个自由度。

3.2　基于数学构造法的不平衡调制策略

本节重点介绍三种基于数学构造法的不平衡调制策略[12]，这三种调制策略的不同之处主要在于整流级调制矢量的构造。图 3.1 展示了这三种调制策略的整流级调制矢量，其中，调制策略 I 的整流级调制矢量 $\vec{R}$ 包含输入电压的正、负序信息，旨在使中间直流电压为常数；调制策略 II 的整流级调制矢量沿用输入电压矢量 $\vec{u_i}$ 的相角，无须将输入电压进行正、负序分解；调制策略 III 的整流级调制矢量仅与输入电压的正序分量有关。

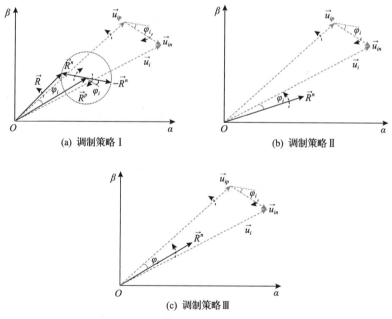

(a) 调制策略 I　　　　　　　　(b) 调制策略 II

(c) 调制策略 III

图 3.1　三种调制策略的整流级调制矢量示意图

上述调制策略中，不同的整流级调制矢量会产生不同的虚拟中间直流电压，尤其是调制策略 II 和调制策略 III 的虚拟直流电压将随时间发生变化。因此，为了获得期望的输出电压，需要同时修正逆变级调制矢量 $\vec{I}$ 的调制系数 K，进而构造出完整的过渡调制矩阵 $M'' = I(\omega_o) \cdot R^{\mathrm{T}}(\omega_i)$。值得注意的是，不同的过渡调制矩阵将会产生不同的输入输出性能，对矩阵变换器的电压传输能力和输入电流谐波成分都有影响。

3.2.1　调制策略 I

调制策略 I 旨在令虚拟中间直流电压，即 $\vec{R} \cdot \vec{u}_i$ 为常数，由此输出电压矢量可按照常规方式进行合成。如图 3.1(a) 所示，将 $\vec{R}$ 构造为

$$\vec{R} = \vec{R}_p \mathrm{e}^{\mathrm{j}\omega_i t} + \vec{R}_n \mathrm{e}^{-\mathrm{j}\omega_i t} \tag{3.9}$$

式中，$\vec{R}_p$、$\vec{R}_n$ 分别为整流级调制矢量中的正、负序矢量。

将式 (3.9) 代入式 (3.6)，可得

$$\vec{R} \cdot \vec{u}_i = C + |\vec{u}_{ip}||\vec{R}_n|\cos\left(2\omega_i t + \langle \vec{R}_n, \vec{u}_{ip}\rangle\right) + |\vec{u}_{in}||\vec{R}_p|\cos\left(2\omega_i t + \langle \vec{R}_p, \vec{u}_{in}\rangle\right) \tag{3.10}$$

式中，$C = |\vec{u}_{ip}||\vec{R}_p|\cos\left(\langle \vec{R}_p, \vec{u}_{ip}\rangle\right) + |\vec{u}_{in}||\vec{R}_n|\cos\left(\langle \vec{R}_n, \vec{u}_{in}\rangle\right)$ 为一个常数；$\langle \vec{x}, \vec{y}\rangle$ 表示空间矢量 $\vec{x}$ 和 $\vec{y}$ 之间的相角。为了确保 $\vec{R} \cdot \vec{u}_i$ 为常数，式 (3.10) 中的最后两项之和必须为零，则需要满足

$$\langle \vec{R}_n, \vec{u}_{ip}\rangle = \langle \vec{R}_p, \vec{u}_{in}\rangle \pm \pi \tag{3.11}$$

$$|\vec{u}_{ip}||\vec{R}_n| = |\vec{u}_{in}||\vec{R}_p| = w \tag{3.12}$$

定义 $\vec{R}_p = \left(w/|\vec{u}_{in}|\right)\mathrm{e}^{-\mathrm{j}\varphi_i}$，则可计算出 $\vec{R}_n = \left(-w/|\vec{u}_{ip}|\right)\mathrm{e}^{\mathrm{j}(\varphi_i - \varphi_n)}$。为使调制策略有效，$\vec{R}$ 必须满足 $|\vec{R}| \leqslant 1$，结合式 (3.4) 可知，w 需满足如下不等式：

$$w \leqslant \frac{|\vec{u}_{ip}||\vec{u}_{in}|}{|\vec{u}_{ip}| + |\vec{u}_{in}|} \tag{3.13}$$

为充分利用输入电压，w 可取最大值 $\dfrac{|\vec{u}_{ip}||\vec{u}_{in}|}{|\vec{u}_{ip}| + |\vec{u}_{in}|}$。因此，整流级调制矢量 $\vec{R}$ 可写为

$$\vec{R} = \frac{\vec{u}_{ip}\mathrm{e}^{\mathrm{j}(\omega_i t - \varphi_i)} - \vec{u}_{in}\mathrm{e}^{-\mathrm{j}(\omega_i t - \varphi_i)}}{|\vec{u}_{ip}| + |\vec{u}_{in}|} \tag{3.14}$$

将式 (3.14) 代入式 (3.6)，可得中间直流电压为

$$u_{dc} = \frac{3}{2}\cos\varphi_i\left(\left|\vec{u}_{ip}\right| - \left|\vec{u}_{in}\right|\right) \tag{3.15}$$

此时，u_{dc} 为常数，仅与正、负序电压分量的幅值及 φ_i 有关。依据常规方法，为得到期望的输出电压 $\vec{u}_o = U_{om}\mathrm{e}^{\mathrm{j}\omega_o t}$，逆变级调制系数可计算为

$$K = \frac{U_{om}}{\frac{3}{2}\cos\varphi_i\left(\left|\vec{u}_{ip}\right| - \left|\vec{u}_{in}\right|\right)} \tag{3.16}$$

因此，逆变级调制矢量为

$$\vec{I} = \frac{U_{om}}{\frac{3}{2}\cos\varphi_i\left(\left|\vec{u}_{ip}\right| - \left|\vec{u}_{in}\right|\right)}\mathrm{e}^{\mathrm{j}\omega_o t} \tag{3.17}$$

根据矩阵变换器的输入输出电流关系，可得

$$\vec{i}_i = \frac{3}{2}(\vec{I} \cdot \vec{i}_o)\vec{R} \tag{3.18}$$

式中，$\vec{i}_i$ 和 $\vec{i}_o$ 分别为矩阵变换器输入电流 i_i 和输出电流 i_o 的空间矢量。

当矩阵变换器带线性对称负载时，输出电流矢量为 $\vec{i}_o = I_{om}\mathrm{e}^{\mathrm{j}(\omega_o t - \varphi_o - \varphi_L)}$，结合式(3.17)和式(3.14)，可得输入电流的空间矢量表达式如下：

$$\vec{i}_i = \frac{2P_o}{3\cos\varphi_i}\frac{\vec{u}_{ip}\mathrm{e}^{\mathrm{j}(\omega_i t - \varphi_i)} - \vec{u}_{in}\mathrm{e}^{-\mathrm{j}(\omega_i t - \varphi_i)}}{\left|\vec{u}_{ip}\right|^2 - \left|\vec{u}_{in}\right|^2} \tag{3.19}$$

式中，P_o 为矩阵变换器的输出功率，若输出电压和输出电流三相平衡且为正弦，则 $P_o = \frac{3}{2}U_{om}I_{om}\cos\varphi_L$。

由此可知，采用调制策略 I 时输入电流除含有基频正序成分外，理论上只含有基频负序成分。

3.2.2 调制策略 II

在调制策略 I 中，选取的整流级调制矢量可以保证 u_{dc} 是一个常数，但这不是必需的。当 u_{dc} 时变时，可通过修正逆变级的调制系数 K 补偿 u_{dc} 的变化。调制策略 II 如图 3.1(b) 所示，构造整流级调制矢量 $\vec{R}$ 为

$$\vec{R} = \frac{\vec{u}_i}{\left|\vec{u}_i\right|}\mathrm{e}^{-\mathrm{j}\varphi_i} \tag{3.20}$$

式中，$|\vec{u}_i|$ 为输入电压矢量的模。

可见，$\vec{R}$ 与输入电压矢量有关，而由式(3.4)可知，输入电压矢量 $\vec{u}_i$ 不考虑零序分量，故式(3.20)满足整流级调制矩阵 $R(\omega_i)$ 中各元素之和为零的构造要求。

将式(3.20)代入式(3.6)，可以得到 u_{dc} 的表达式为

$$u_{dc} = \frac{3}{2}|\vec{u}_i|\cos\varphi_i \tag{3.21}$$

为得到期望的输出电压矢量，可得 K 的表达式为

$$K = \frac{U_{om}}{\frac{3}{2}|\vec{u}_i|\cos\varphi_i} \tag{3.22}$$

由于 $|\vec{u}_i|$ 在输入不平衡时随时间变化，所以调制系数 K 也是时变的。此时，逆变级调制矢量可写为

$$\vec{I} = \frac{U_{om}}{\frac{3}{2}|\vec{u}_i|\cos\varphi_i}\mathrm{e}^{\mathrm{j}\omega_o t} \tag{3.23}$$

为便于分析，考虑单位输入功率因数，根据输入电流和输出电流的关系，输入电流的空间矢量可以表示为

$$\vec{i}_i = \frac{2P_o}{3}\frac{\vec{u}_{ip}\mathrm{e}^{\mathrm{j}\omega_i t} + \vec{u}_{in}\mathrm{e}^{-\mathrm{j}\omega_i t}}{\left(|\vec{u}_{ip}|^2 + |\vec{u}_{in}|^2\right)[1 + \mu\cos(2\omega_i t + \varphi_n)]} \tag{3.24}$$

式中，$\mu = 2|\vec{u}_{ip}||\vec{u}_{in}|\big/\left(|\vec{u}_{ip}|^2 + |\vec{u}_{in}|^2\right)$，在实际系统中，通常 $|\vec{u}_{in}|$ 比 $|\vec{u}_{ip}|$ 小很多，因此有 $\mu < 1$。

利用傅里叶变换可求取输入电流的谐波分量，但是计算较为复杂，事实上，只有某些特定的谐波分量对系统分析有意义，故可将 $\vec{i}_i$ 近似表示为

$$\vec{i}_i \approx \frac{2P_o}{3}\frac{A(\vec{u}_{ip}\mathrm{e}^{\mathrm{j}\omega_i t} + \vec{u}_{in}\mathrm{e}^{-\mathrm{j}\omega_i t})}{|\vec{u}_{ip}|^2 + |\vec{u}_{in}|^2} \tag{3.25}$$

式中，$A = [1 - \mu\cos(2\omega_i t + \varphi_n)][1 + \mu^2\cos^2(2\omega_i t + \varphi_n)]$。

由此可知，调制策略 II 的输入电流除含有基频正、负序成分外，还含有低次谐波成分。

3.2.3　调制策略Ⅲ

如图 3.1(c)所示，调制策略Ⅲ中的整流级调制矢量 $\vec{R}$ 仅与输入电压矢量的正序分量相关，只需从输入电压中提取出正序分量信息即可，具体形式为

$$\vec{R} = \mathrm{e}^{\mathrm{j}(\omega_i t - \varphi_i)} \tag{3.26}$$

同样将式(3.26)代入式(3.6)，可得 u_{dc} 为

$$u_{dc} = \frac{3}{2}\Big[\big|\vec{u}_{ip}\big|\cos\varphi_i + \big|\vec{u}_{in}\big|\cos(2\omega_i t + \varphi_n - \varphi_i)\Big] \tag{3.27}$$

此时，调制系数 K 及逆变级调制矢量可分别写为

$$K = \frac{U_{om}}{\frac{3}{2}\Big[\big|\vec{u}_{ip}\big|\cos\varphi_i + \big|\vec{u}_{in}\big|\cos(2\omega_i t + \varphi_n - \varphi_i)\Big]} \tag{3.28}$$

$$\vec{I} = \frac{U_{om}}{\frac{3}{2}\Big[\big|\vec{u}_{ip}\big|\cos\varphi_i + \big|\vec{u}_{in}\big|\cos(2\omega_i t + \varphi_n - \varphi_i)\Big]}\mathrm{e}^{\mathrm{j}\omega_o t} \tag{3.29}$$

根据输入电流和输出电流的关系，并且考虑单位输入功率因数，输入电流的空间矢量可表示为

$$\vec{i}_i = \frac{2P_o}{3}\frac{\mathrm{e}^{\mathrm{j}\omega_i t}}{\big|\vec{u}_{ip}\big|[1 + \gamma\cos(2\omega_i t + \varphi_n)]} \tag{3.30}$$

式中，$\gamma = \big|\vec{u}_{in}\big|\big/\big|\vec{u}_{ip}\big|$ 为输入电压的不平衡度，通常 $\gamma \ll 1$。

与调制策略Ⅱ一样，若只考虑含量最大的谐波分量，则 $\vec{i}_i$ 可以近似表示为

$$\vec{i}_i \approx \frac{2P_o}{3}\frac{B\mathrm{e}^{\mathrm{j}\omega_i t}}{\big|\vec{u}_{ip}\big|} \tag{3.31}$$

式中，$B = [1 - \gamma\cos(2\omega_i t + \varphi_n)][1 + \gamma^2\cos^2(2\omega_i t + \varphi_n)]$。

3.2.4　三种调制策略的比较

首先，考虑电压传输能力方面。在调制策略Ⅰ中，$K \leqslant \sqrt{3}/3$，根据式(3.15)可知最大的输出电压幅值是 $(\sqrt{3}/2)\big(\big|\vec{u}_{ip}\big| - \big|\vec{u}_{in}\big|\big)\cos\varphi_i$。在调制策略Ⅱ中，根据式(3.21)可计算出最大的输出电压幅值是 $(\sqrt{3}/2)\big|\vec{u}_i\big|\cos\varphi_i$，且因为 $\big|\vec{u}_i\big|$ 随时间变化，其最小值为 $\big|\vec{u}_{ip}\big| - \big|\vec{u}_{in}\big|$，可知其最大输出电压幅值与调制策略Ⅰ一样。由式(3.27)可

知，在调制策略Ⅲ中，矩阵变换器的输出电压范围为 $U_{om} \leqslant (\sqrt{3}/2)\left(\left|\vec{u}_{ip}\right|\cos\varphi_i - \left|\vec{u}_{in}\right|\right)$。

三种调制策略的实现框图如图 3.2 所示，三种调制策略所需的输入电压信息不同，因而实现难度也不同。在调制策略Ⅰ和调制策略Ⅲ中，需要采用锁相环（phase locked loop, PLL）和滤波器对不平衡输入电压进行正、负序分解，但调制策略Ⅰ需要提取正序分量 $\vec{u}_{ip}$ 和负序分量 $\vec{u}_{in}$ 的全部信息，而调制策略Ⅲ仅需要确定正序分量 $\vec{u}_{ip}$ 的相位，因此调制策略Ⅲ在实现上比调制策略Ⅰ简单。对于调制策略Ⅱ，若考虑单位输入功率因数，则 $R(\omega_i)$ 只需要根据实时不平衡输入电压即可确定，显然，调制策略Ⅱ在实现上最简单。

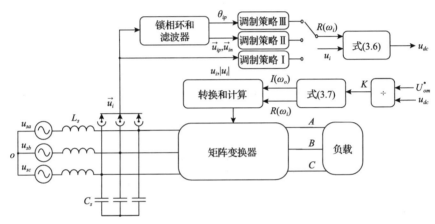

图 3.2　基于数学构造法的不平衡调制策略实现框图

其次，考虑输入电流波形质量方面。以上策略均只以保证正弦输出电压为前提，并未对输入电流给予相应保障。从式(3.19)可以看出，调制策略Ⅰ中的输入电流仅包含基波正序分量和基波负序分量。对于调制策略Ⅱ和调制策略Ⅲ的输入电流频谱，根据欧拉公式，将式(3.25)和式(3.31)中 A、B 项的余弦函数用指数形式表示，可较容易地计算出低次谐波的正、负序分量。基于上述分析，可得到如下结果：调制策略Ⅱ和调制策略Ⅲ的输入电流中没有偶次谐波；调制策略Ⅱ的输入电流中主要包含正序谐波，负序谐波很小，几乎可以忽略；调制策略Ⅲ的输入电流中包含正序谐波和负序谐波。尽管如此，调制策略Ⅲ中的输入电流质量仍然优于调制策略Ⅱ，但逊于调制策略Ⅰ。

3.2.5　仿真验证

1. 仿真结果

为了验证上述基于数学构造法的不平衡调制策略的正确性，基于 MATLAB/ Simulink 平台对前述三种调制策略的正确性进行仿真验证。仿真中不平衡输入电压为

$$u_i = \begin{bmatrix} u_a \\ u_b \\ u_c \end{bmatrix} = \begin{bmatrix} 144\sqrt{2}\cos(\omega_i t) \\ 144\sqrt{2}\cos(\omega_i t - 2\pi/3) \\ 220\sqrt{2}\cos(\omega_i t + 2\pi/3) \end{bmatrix} \tag{3.32}$$

式(3.32)中，各相输入电压的相位是对称的，但幅值不相同。期望输出电压的幅值和频率分别设置为 100V 和 30Hz，输出侧接三相对称线性负载。基于 MATLAB/Simulink 平台，三种调制策略的仿真波形如图 3.3 和图 3.4 所示。

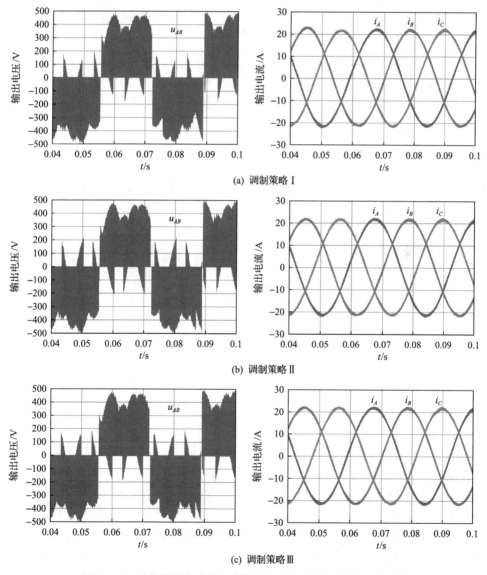

(a) 调制策略 I

(b) 调制策略 II

(c) 调制策略 III

图 3.3　不平衡输入下三种调制策略的输出电压和输出电流波形

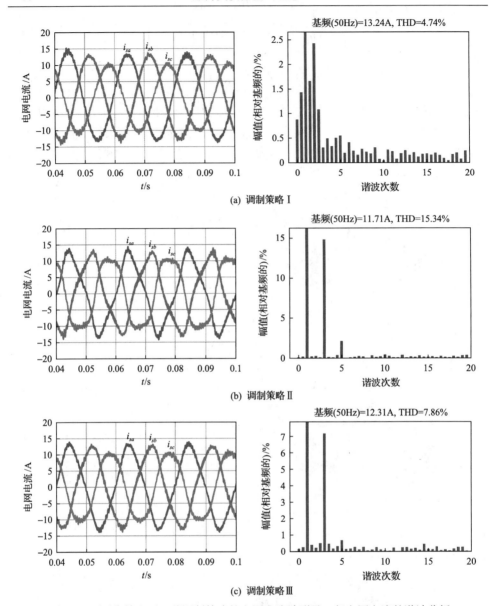

图 3.4　不平衡输入下三种调制策略的电网电流波形及 *a* 相电网电流的谐波分析

　　图 3.3 为输出电压 u_{AB} 和三相输出电流波形。由图可见，在三种调制策略下，三相输出电流均为正弦且对称，输出电压波形轮廓也大体一致，表明了三种调制策略均能合成期望的输出电压。

　　图 3.4 为电网电流波形及 *a* 相电网电流的谐波分析。由图可见，三种调制策略的电网电流出现了不同程度的畸变。调制策略 I 中，三相电网电流基本为正弦，*a* 相电网电流的总谐波畸变率为 4.74%。调制策略 II 的电网电流畸变严重，*a* 相电

网电流的总谐波畸变率为 15.34%，且三次谐波分量较大。调制策略Ⅲ中，电网电流的总谐波畸变率为 7.86%，优于调制策略Ⅱ，但逊于调制策略Ⅰ。显然，仿真结果与理论分析结果基本一致，验证了基于数学构造法的不平衡调制策略的正确性。

为进一步测试三种调制策略的性能，设置一种更为苛刻的不平衡电网电压情形，其波形如图 3.5 所示。在 $t=0.03$s 之前，电网电压平衡，在 $t=0.03$s 时，叠加负序分量。期望输出电压的有效值和频率分别设置为 100V 和 60Hz。图 3.6 为三种

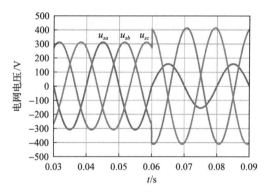

图 3.5　严重不平衡的电网电压波形

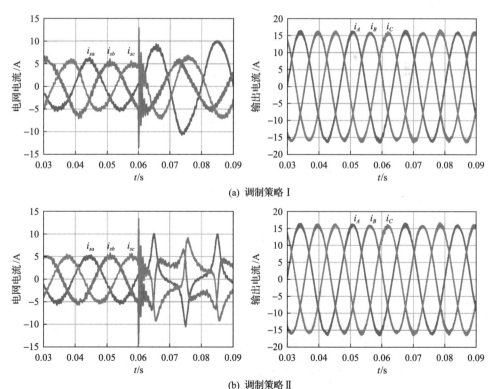

(a) 调制策略Ⅰ

(b) 调制策略Ⅱ

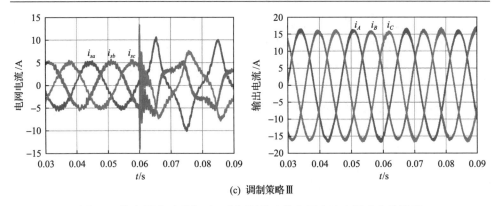

(c) 调制策略Ⅲ

图 3.6　输入严重不平衡下三种调制策略的电网电流和输出电流波形

调制策略下的电网电流和输出电流波形，输出电流除在 t=0.06s 时有轻微扰动之外基本维持正弦对称。电网电流在 t=0.06s 时有很大的冲击，且不同调制策略下的波形畸变也不相同。

2. 实验结果

为了验证理论分析和仿真结果的正确性，本节构造了两组实验。实验一：电网电压平衡且幅值为 60V；实验二：电网电压不平衡，电网电压相位对称但幅值不对称（u_{sa}=43.5V，u_{sb}=43.5V，u_{sc}=54V），其波形如图 3.7 所示。

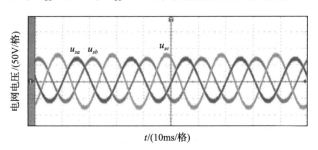

t/(10ms/格)

图 3.7　不平衡电网电压波形

图 3.8 为平衡电网电压下的输入输出波形，在三种调制策略下基本一致。在不平衡电网电压下，调制策略Ⅰ的输出电压和输出电流波形如图 3.9 所示，比较图 3.8(a) 与图 3.9 可知，二者之间并没有明显的差异。另外，其他两种调制策略的输出电流波形与图 3.9 基本相同，为避免重复，此处并未给出。由此可知，在不平衡电网电压下，三种调制策略均可获得正弦且对称的输出电压。

图 3.10 为三种调制策略下的输出电压和电网电流波形，直接肉眼观察，差异并不明显。为从波形中获得更多的信息，对测量的电网电流进行快速傅里叶变换（fast Fourier transform, FFT）分析，其结果如表 3.1 所示。综合分析可知，调制策

略Ⅰ的电网电流波形质量优于其他两种策略，调制策略Ⅱ的电网电流波形质量最差，与理论分析相符。

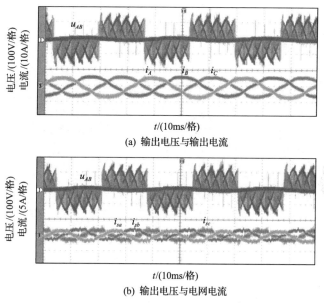

(a) 输出电压与输出电流

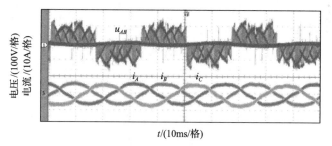

(b) 输出电压与电网电流

图 3.8　平衡电网电压下的输入输出波形

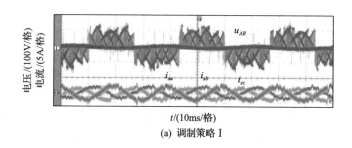

图 3.9　不平衡电网电压下调制策略Ⅰ的输出电压和输出电流波形

(a) 调制策略Ⅰ

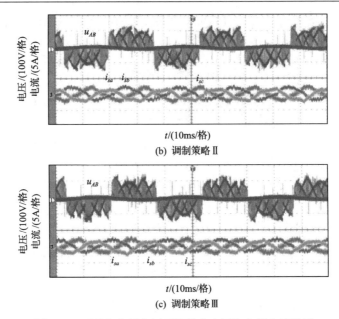

图 3.10　不平衡电网电压下的输出电压和电网电流波形

表 3.1　不同调制策略下的电网电流 THD 分析

策略	i_{sa} 的 THD/%	i_{sb} 的 THD/%	i_{sc} 的 THD/%
调制策略 I	14.21	16.74	15.45
调制策略 II	19.03	21.71	17.45
调制策略 III	19.63	17.33	17.7

3.3　基于预测控制的不平衡控制策略

不同于脉宽调制思想，预测控制将调制问题转化为数学优化问题。模型预测控制便于考虑非线性和限制条件的优点，使得其非常适合矩阵变换器非正常工况（如输入不平衡）下的控制，本节将阐述所提的一种基于预测控制的不平衡控制策略[14]。

所提的基于预测控制的不平衡控制策略总体控制框图如图 3.11 所示，主要包括扩展状态观测器（extended state observer, ESO）和有限集预测控制方法。其中，ESO 用于观测输入侧电压并获取用于计算参考输入电流的延迟输入侧电压，从而节省了电压传感器。在 FCS-MPC 中，其控制目标为正弦输入电流和正弦平衡输出电流。下面将对该控制策略进行详细说明。

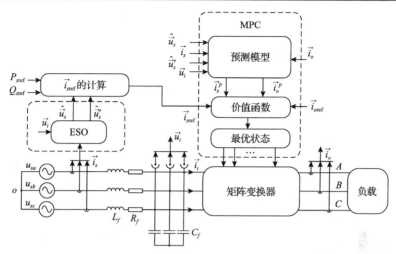

图 3.11　基于预测控制的不平衡控制策略总体控制框图

3.3.1　参考电网电流计算

　　矩阵变换器无中间储能环节，若忽略功率损耗，则其输入瞬时有功功率与输出瞬时有功功率相等。为保证输出电流对称平衡，矩阵变换器的输入瞬时有功功率必须保持为恒值；为获得正弦输入电流且实现输入无功功率控制，需具备无功功率调节能力。然而，无功功率的定义不是唯一的[15]。对于相同的参考无功功率和参考有功功率，在不平衡电网情况下采用不同功率定义获得的参考电流也不同。

　　文献[16]中采用基于扩展瞬时功率理论(PQ 理论)的瞬时有功功率和无功功率定义，将矩阵变换器的输入瞬时有功功率和无功功率表示为

$$P_s = \mathrm{Re}(\vec{i}_s^{\,*} \vec{u}_s) \tag{3.33}$$

$$Q_s = \mathrm{Re}(\vec{i}_s^{\,*} \vec{u}_s') \tag{3.34}$$

式中，上标"*"表示矢量的共轭；$\mathrm{Re}(\cdot)$ 为从复数中提取实部的函数；$\vec{u}_s'$ 为滞后电网电压矢量 $\vec{u}_s$ 90°的矢量。

　　文献[16]中已经证明，若 Q_s 为恒值，则 P_s 中的振荡项可以自然消除，也就表明，式(3.33)和式(3.34)可为不平衡输入下的两个控制目标奠定基础。

　　定义不平衡电网电压矢量 $\vec{u}_s$ 为

$$\vec{u}_s(t) = U_{ip}\mathrm{e}^{\mathrm{j}\omega t} + U_{in}\mathrm{e}^{-\mathrm{j}(\omega t - \varphi)} \tag{3.35}$$

式中，U_{ip} 和 U_{in} 分别为正序和负序电压的幅值；φ 为正序电压和负序电压的初始相位差。

　　那么，滞后的电网电压矢量 $\vec{u}_s'$ 可以表示为

$$\vec{u}_s'(t) = -\mathrm{j}\left[U_{ip}\mathrm{e}^{\mathrm{j}\omega t} - U_{in}\mathrm{e}^{-\mathrm{j}(\omega t-\varphi)} \right] \tag{3.36}$$

结合式(3.33)～式(3.36)可以得到电网电流矢量的表达式：

$$\vec{i}_s = \mathrm{j}\frac{P_s\vec{u}_s'^{*} - Q_s\vec{u}_s^{*}}{\mathrm{Im}(\vec{u}_s'^{*}\vec{u}_s)} \tag{3.37}$$

式中，$\mathrm{Im}(\cdot)$ 为取复数虚部的函数。

式(3.37)中分母 $\mathrm{Im}(\vec{u}_s'^{*}\vec{u}_s) = \dfrac{3}{2}(U_{ip}^2 - U_{in}^2)$ 为常数，$\vec{u}_s$ 和 $\vec{u}_s'$ 为正弦。因此，当给定恒定的有功功率 P_s 和无功功率 Q_s 时，无论在平衡或者不平衡输入情况下都可获得正弦的输入电流。

3.3.2　输入侧电压估计

根据第 2 章中提到的 FCS-MPC 方案，电网电压和输入电压均需要采样。为降低成本，采用一个静态的 ESO 来估计电网电压。

假设电网电压是正弦的，其频率是固定且已知的，则输入侧的动态方程可描述为

$$\begin{cases} L_f\dfrac{\mathrm{d}i_{sx}}{\mathrm{d}t} = u_{sx} - u_{ix} - R_f i_{sx} \\[2mm] \dfrac{\mathrm{d}u_{sx}}{\mathrm{d}t} = -\omega u_{sx}' \\[2mm] \dfrac{\mathrm{d}u_{sx}'}{\mathrm{d}t} = \omega u_{sx} \end{cases} \tag{3.38}$$

式中，i_{sx} 和 u_{sx} ($x=a,b,c$) 分别为电网电流和电网电压；u_{sx}' 为延迟的电网电压。

基于式(3.38)，一个无静差的 ESO 可设计为

$$\begin{cases} L_f\dfrac{\mathrm{d}\hat{i}_{sx}}{\mathrm{d}t} = \hat{u}_{sx} - u_{ix} - R_f\hat{i}_{sx} + k_1(i_{sx} - \hat{i}_{sx}) \\[2mm] \dfrac{\mathrm{d}\hat{u}_{sx}}{\mathrm{d}t} = -\omega\hat{u}_{sx}' + k_2(i_{sx} - \hat{i}_{sx}) \\[2mm] \dfrac{\mathrm{d}\hat{u}_{sx}'}{\mathrm{d}t} = \omega\hat{u}_{sx} + k_3(i_{sx} - \hat{i}_{sx}) \end{cases} \tag{3.39}$$

式中，k_1、k_2 和 k_3 为误差反馈系数，将在之后确定；$\hat{i}_{sx}$、$\hat{u}_{sx}$ 和 $\hat{u}_{sx}'$ 分别为 i_{sx}、u_{sx} 和 u_{sx}' 的估计值。

将式(3.39)减去式(3.38)可得

$$\frac{\mathrm{d}}{\mathrm{d}t}\begin{bmatrix}\tilde{i}_{sx}\\\tilde{u}_{sx}\\\tilde{u}'_{sx}\end{bmatrix}=A_3\begin{bmatrix}\tilde{i}_{sx}\\\tilde{u}_{sx}\\\tilde{u}'_{sx}\end{bmatrix} \tag{3.40}$$

式中，$A_3=\begin{bmatrix}-\left(R_f+k_1\right)\big/L_f & 1\big/L_f & 0\\ -k_2 & 0 & -\omega\\ -k_3 & \omega & 0\end{bmatrix}$；$\begin{bmatrix}\tilde{i}_{sx}\\\tilde{u}_{sx}\\\tilde{u}'_{sx}\end{bmatrix}=\begin{bmatrix}\hat{i}_{sx}-i_{sx}\\\hat{u}_{sx}-u_{sx}\\\hat{u}'_{sx}-u'_{sx}\end{bmatrix}$ 为估计误差。

那么，ESO 的特征方程可为

$$\begin{aligned}\lambda(s)&=\left|sI-A_3\right|\\&=s^3+\frac{k_1+R_f}{L_f}s^2+\left(\frac{k_2}{L_f}+\omega^2\right)s+\frac{k_1+R_f}{L_f}\omega^2-\frac{k_3}{L_f}\omega\end{aligned} \tag{3.41}$$

为了简化参数设计过程，可将所设计的 ESO 的所有极点配置在相同的位置，那么期望的特征方程 $\lambda(s)$ 可以写为

$$\lambda(s)=(s+\omega_c)^3 \tag{3.42}$$

式中，ω_c 为极点所在的位置。

令式 (3.42) 与式 (3.41) 相等，则可求得 k_1、k_2 和 k_3：

$$\begin{cases}k_1=3\omega_cL_f-R_f\\k_2=\left(3\omega_c^2-\omega^2\right)L_f\\k_3=\left(3\omega_c\omega-\omega_c^3\big/\omega\right)L_f\end{cases} \tag{3.43}$$

当 $\omega_c>0$ 时，设计的 A_3 是一个 Hurwitz 矩阵，也即表明，估计误差将会趋于零，误差的收敛速度由 ω_c 决定。

所设计的 ESO 可实现两个功能：一方面，电网电压信息可以由 ESO 得到，可避免使用电网电压传感器，从而降低系统成本；另一方面，延迟电网电压信息也可通过 ESO 获得，从而不需要使用额外的方法来获得延迟电网电压信息，在一定程度上减小了运算量。

3.3.3　FCS-MPC 策略

系统输入滤波器和负载侧的离散化方程可参见式 (2.57) 和式 (2.58)。本节中还需要对所设计的 ESO 进行离散化，实际上式 (3.39) 也可表示成式 (2.56) 的形式，即

$$\frac{\mathrm{d}}{\mathrm{d}t}\begin{bmatrix}\hat{\vec{i}}_s \\ \hat{\vec{u}}_s \\ \hat{\vec{u}}'_s\end{bmatrix} = A_3\begin{bmatrix}\hat{\vec{i}}_s \\ \hat{\vec{u}}_s \\ \hat{\vec{u}}'_s\end{bmatrix} + B_3\begin{bmatrix}\vec{u}_i \\ \vec{i}_s\end{bmatrix} \tag{3.44}$$

式中，$A_3 = \begin{bmatrix} -(R_f + k_1)/L_f & 1/L_f & 0 \\ -k_2 & 0 & -\omega \\ -k_3 & \omega & 0 \end{bmatrix}$；$B_3 = \begin{bmatrix} \dfrac{-1}{L_f} & \dfrac{k_1}{L_f} \\ 0 & \dfrac{k_2}{L_f} \\ 0 & \dfrac{k_3}{L_f} \end{bmatrix}$；$k_1$、$k_2$ 和 k_3 的取值见

式 (3.43)。

依旧采取精确离散化方法，参考式 (2.56) 和式 (2.57)，则有

$$x(k+1) = G_3 x(k) + H_3 u(k) \tag{3.45}$$

$$G_3 = \mathrm{e}^{A_3 T_x}, \quad H_3 = A_3^{-1}(G_3 - I)B_3 \tag{3.46}$$

式中，对于 ESO，$x = \begin{bmatrix}\hat{\vec{i}}_s \\ \hat{\vec{u}}_s \\ \hat{\vec{u}}'_s\end{bmatrix}$，$u = \begin{bmatrix}\vec{u}_i \\ \vec{i}_s\end{bmatrix}$。

评价函数与一般的矩阵变换器 FCS-MPC 策略相同，见式 (2.59)～式 (2.61)，不同之处在于参考电网电流是直接根据期望输入有功功率和无功功率获得的，而非通过计算电网电流的幅值参考。参考电网电流可表示为

$$\vec{i}_{s\mathrm{ref}} = \mathrm{j}\frac{P_{s\mathrm{ref}}\vec{u}'^{\,*}_s - Q_{s\mathrm{ref}}\vec{u}^{\,*}_s}{\mathrm{Im}(\vec{u}'^{\,*}_s \vec{u}_s)} \tag{3.47}$$

式中，$P_{s\mathrm{ref}} = P_o/\eta$；$Q_{s\mathrm{ref}} = 0$。

FCS-MPC 的详细实现流程与 2.2.5 节基本一致，仅增加了关于电网电压的估计与延迟电网电压的计算，因此本节不再赘述。

3.3.4　实验验证

为了验证所提方案的正确性，本节搭建了单级矩阵变换器实验平台，其主要包括变压器、主电路、输入 LC 滤波器、控制器、驱动器、箝位电路和三相平衡阻感性负载。相关的实验参数如表 3.2 所示。

表 3.2　单级矩阵变换器实验平台相关参数

参数	数值
输入频率(f_i)	50Hz
开关周期(T_s)	100μs
输入滤波电感(L_f)	0.6mH
输入滤波电容(C_f)	66μF
输入阻尼电阻(R_f)	0.02Ω
负载电阻(R)	5.5Ω
负载电感(L)	6mH
权重因子(λ)	1.0

进行了以下三种情形的实验。

情形Ⅰ：三相电网电压幅值平衡，$U_{sa}=U_{sb}=U_{sc}=60\text{V}$；

情形Ⅱ：三相电网电压幅值不平衡，$U_{sa}=U_{sb}=60\text{V}, U_{sc}=40\text{V}$；

情形Ⅲ：三相电网电压幅值极端不平衡，$U_{sa}=U_{sb}=60\text{V}, U_{sc}=120\text{V}$。

首先，验证设计的 ESO 的可行性。通过 FFT 分析，情形Ⅱ下的电网电压总谐波畸变率为 3.37%、3.58%和 4.95%。电网电压 u_{sa}、$\hat{u}_{sa}$、$\hat{u}'_{sa}$ 和 $\tilde{u}_{sa}$ 的波形如图 3.12

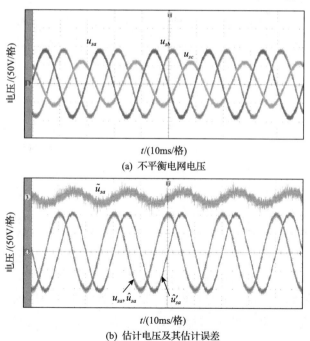

$t/(10\text{ms/格})$

(a) 不平衡电网电压

$t/(10\text{ms/格})$

(b) 估计电压及其估计误差

图 3.12　情形Ⅱ下的不平衡电网电压和估计电压及其估计误差

所示，u_{sa} 和 $\hat{u}_{sa}$ 基本一致，估计误差在 ±3V。结果表明，尽管电网电压存在一些畸变，所设计的 ESO 仍然可以很好地跟踪电网电压。

情形 I 下，当输出相电流的幅值和频率分别设置为 10A 和 30Hz 时，波形如图 3.13 所示。可见，输出电流和输出相电流均正弦对称。此外，实现了输入侧单位功率因数的控制目标。

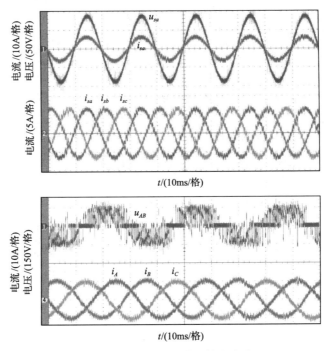

图 3.13   情形 I 下的输入输出波形

情形 II 下，测试了两种参考输出电流：f_o=30Hz，I_{om}=10A 和 f_o=60Hz，I_{om}=10A。这两种情形下的参考功率和参考输出电流幅值一致，因此电网电流也相同。电网电流的波形和计算的功率波形如图 3.14 所示。可见，电网电流基本呈正弦但不平衡，功率 P_s 和 Q_s 均被控制成恒定值。电网电压 u_{sa} 和电网电流 i_{sa} 之间的相角差基本为零，但是并不能说明系统工作在单位功率因数，因为各相电流的相角差并不是 120°。实际上，Q_s=0 代表的是三相输入无功功率之和为 0，而不是电流与对应的电压同相位。图 3.15 为输出电压和输出电流波形，可见不同输出频率下输出电流均是平衡的。此外，不难发现图 3.15(b) 和图 3.13 的输出电流基本一致。由上述结果可以得出如下结论，所提的预测控制方法在不平衡电网电压下可实现正弦对称的输出电流、恒定的瞬时有功功率和最小瞬时无功功率，实验结果充分验证了所提方法的有效性。

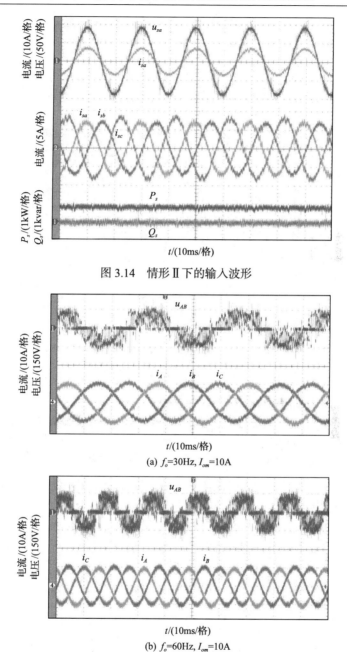

图 3.14　情形 Ⅱ 下的输入波形

(a) f_o=30Hz, I_{om}=10A

(b) f_o=60Hz, I_{om}=10A

图 3.15　情形 Ⅱ 下的输出波形

进一步地，在情形 Ⅱ 下验证了不同参考无功功率时的输入输出波形。图 3.16 中，输出电流设置为 f_o=30Hz, I_{om}=6A，参考无功功率分别设置为 0var 和 400var。可见，两种情形下瞬时有功功率和无功功率均被控制成恒定值，表明了输入电流

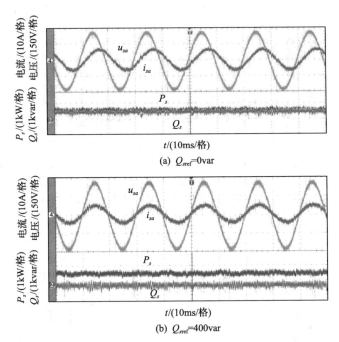

(a) Q_{sref}=0var

(b) Q_{sref}=400var

图 3.16　情形Ⅱ下不同输入无功功率设定的输入波形(f_o=30Hz，I_{om}=6A)

正弦、输出电流正弦对称。此外，当 Q_{sref}=400var 时，电网电压和电网电流之间存在一个明显的相位差，表明了所提预测控制方法在保证输入输出电流质量的前提下，还有输入无功功率控制能力。

图 3.17 为情形Ⅲ下的输入输出波形，输出电流设置为f_o=60Hz，I_{om}=11A。可见，电网电流基本正弦，输出电流正弦对称，P_s 和 Q_s 为恒定值，再一次证明了所提预测控制方法的正确性。

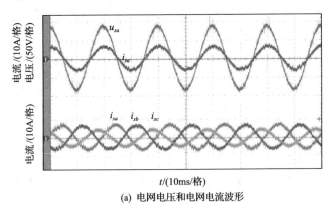

(a) 电网电压和电网电流波形

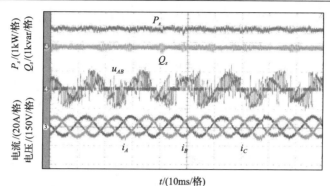

(b) 输入功率和输出电压、电流波形

图 3.17　情形Ⅲ下的输入输出波形(f_o=60Hz，I_{om}=11A)

此外，在情况Ⅲ下进行了一系列实验以验证效率设置对系统性能的影响，其中输出设置为 f_o=60Hz，I_{om}=11A。表 3.3 列出了不同效率设置下的电网电流和输出电流幅值及其 THD。不难发现，在不同的效率设置下，电网电流幅值和输出电流幅值的差异并不明显。此外，在不同的效率设置下，输出电流的 THD 非常接近。上述结果表明，效率设置对电网电流和输出电流的质量几乎没有影响。

表 3.3　不同效率设置下的电网电流幅值和输出电流幅值及其 THD

η	电网电流幅值及其 THD			输出电流幅值及其 THD		
	i_{sa}	i_{sb}	i_{sc}	i_A	i_B	i_C
0.8	8.253A/ 7.72%	7.587A/ 7.87%	5.4A/ 9.21%	11.03A/ 7.37%	11A/ 7.11%	11.02A/ 7.23%
0.85	8.118A/ 7.4%	7.453A/ 7.65%	5.314A/ 8.94%	10.91A/ 7.12%	10.92A/ 7.03%	10.94A/ 7.0%
0.90	8.001A/ 7.27%	7.334A/ 7.46%	5.253A/ 8.79%	10.88A/ 6.86%	10.85A/ 6.96%	10.85A/ 6.93%
0.95	7.827A/ 7.17%	7.166A/ 7.32%	5.108A/ 8.6%	10.71A/ 6.80%	10.72A/ 7.19%	10.71A/ 6.82%

3.4　本 章 小 结

本章以单级矩阵变换器为例，首先介绍了基于数学构造法的三种输入不平衡调制策略，其关键在于整流级调制矢量的选取，通过协调整流级调制矢量和逆变级的调制系数来保证合成期望输出电压。三种调制策略对应的电网电流的特征均不相同，调制策略Ⅰ的电网电流波形质量最好，但调制策略Ⅰ和调制策略Ⅲ均涉及输入电压的正、负序分解，而调制策略Ⅱ相对简单，并不需要进行电网电压的正、负序分解。其次，介绍了一种节约成本和低复杂度的基于有限集预测控制的不平衡控制策略，该策略采用了新的无功功率定义，从而可以保证当期望有功功率和无功功率为恒定值时，电网电流正弦，输出电流正弦对称。此外，该策略通过一个无静差的 ESO 来估计延迟的电压信息，节约电网电压传感器。所提的基于有限集预测控制的方法与基于数学构造法的调制策略 I 等效，并且具有输入侧无功功率控制能力且不需要对电网电压进行正、负序分解。因此，本章所提的基于预测控制的不平衡控制策略具有波形质量好、算法简单的优点，可应用推广到其他变换器。

参 考 文 献

[1] Casadei D, Serra G, Tani A. Reduction of the input current harmonic content in matrix converters under input output unbalance[J]. IEEE Transactions on Industrial Electronics, 1998, 45(3): 401-410.

[2] Blaabjerg F, Casadei D. Comparison of two current modulation strategies for matrix converters under unbalanced input voltage conditions[J]. IEEE Transactions on Industrial Electronics, 2002, 49(2): 289-295.

[3] Wang X H, Lin H, She H W, et al. A research on space vector modulation strategy for matrix converter under abnormal input-voltage conditions[J]. IEEE Transactions on Industrial Electronics, 2012, 59(1): 93-104.

[4] Dasika J D, Saeedifard M. An online modulation strategy to control the matrix converter under unbalanced input conditions[J]. IEEE Transactions on Power Electronics, 2015, 30(8): 4423-4436.

[5] Lei J, Zhou B, Bian J, et al. A simple method for sinusoidal input currents of matrix converter under unbalanced input voltages[J]. IEEE Transactions on Power Electronics, 2016, 31(1), 21-25.

[6] Liu X, Blaabjerg F, Loh P C, et al. Carrier-based modulation strategy and its implementation for indirect matrix converter under unbalanced grid voltage conditions[C]. Proceedings of Conference International Power Electronics and Motion Control Conference, Novi Sad, 2012: 1-7.

[7] Hamouda M, Blanchette H F, Al-Haddad K. Unity power factor operation of indirect matrix converter tied to unbalanced grid[J]. IEEE Transactions on Power Electronics, 2016, 31(2): 1095-1107.

[8] Lei J, Zhou B, Bian J, et al. Feedback control strategy to eliminate the input current harmonics of matrix converter under unbalanced input voltages[J]. IEEE Transactions on Power Electronics, 2017, 32(1): 878-888.

[9] Sato I, Itoh J, Ohguchi H, et al. An improvement method of matrix converter drives under input voltage disturbances[J]. IEEE Transactions on Power Electronics, 2007, 22(1): 132-138.

[10] Kang J K, Hara H, Hava A M, et al. The matrix converter drive performance under abnormal input voltage conditions[J]. IEEE Transactions on Power Electronics, 2002, 17(5): 721-730.

[11] Yan Y, An H, Shi T, et al. Improved double line voltage synthesis of matrix converter for input current enhancement under unbalanced power supply[J]. IET Power Electronics, 2013, 6(4): 798-808.

[12] Li X, Su M, Sun Y, et al. Modulation strategies based on mathematical construction method for matrix converter under unbalanced input voltages[J]. IET Power Electronics, 2013, 6(3): 434-445.

[13] Rojas C, Espinoza J, Villarroel F, et al. Predictive control of a direct matrix converter operating under an unbalanced AC source[C]. Proceedings of IEEE International Symposium on Industrial Electronics, Bari, 2010: 3159-3164.

[14] Xiong W, Sun Y, Lin J, et al. A cost-effective and low-complexity predictive control for matrix converters under unbalanced grid voltage conditions[J]. IEEE Access, 2019, 7: 43895-43905.

[15] Komatsu Y, Kawabata T. A control method of active power filter in unsymmetrical voltage system[C]. European Conference on Power Electronics and Applications, Sevilla, 1995: 904-907.

[16] Suh Y, Lipo T A. Modeling and analysis of instantaneous active and reactive power for PWM AC/DC converter under generalized unbalanced network[J]. IEEE Transactions on Power Delivery, 2006, 21(3): 1530-1540.

第4章　矩阵变换器电压传输比特性及其提高方法

矩阵变换器由电流源型整流器和电压源型逆变器级联而成，且无中间储能环节，本质上是一类 Buck-Buck 降压型拓扑，固有线性电压传输比最大仅为 0.866，无法满足诸多电气设备额定电压需求。特别是在分布式发电领域，源端电压低于用电设备额定电压，矩阵变换器难以保证用电设备性能。通常，为匹配矩阵变换器输出电压，定制电机的额定电压低于常规电压，但是在同等功率下电机电流增大，导致驱动系统损耗增加。因此，电压传输比受限，严重阻碍了矩阵变换器的推广应用。

目前，国内外学者已提出一系列提高矩阵变换器电压传输比的方法，主要可分为两大类：拓扑改造[1-7]和调制策略优化[8-21]。前者一般需要增加额外无源器件或者辅助升压电路来提升输入电压，其中 Z 源矩阵变换器最具代表性。这类方法虽然可以使得矩阵变换器的电压传输比高于 1，但是破坏了矩阵变换器的"全硅型"特性，降低了矩阵变换器的功率密度和总体效率。相较而言，调制策略优化方法由于不需要增加额外的硬件而更具优势。常用调制策略优化方法为反向功率模式[8-10]和过调制策略[11-21]，前者仅适用于电压传输比高于 1.15 的场合，后者最大电压传输比为 1。

本章首先简单分析矩阵变换器的电压传输比特性；其次详细阐述基于空间矢量的过调制策略[22]和基于预测控制的过调制策略[23]；最后介绍反向功率运行方案和拓扑改造方案。

4.1　矩阵变换器电压传输比特性分析

忽略输入滤波器的影响，矩阵变换器电压传输比可定义为输出电压基波分量 $U_{o(1)}$ 与输入电网电压基波分量 $U_{s(1)}$ 的比值，记为 q，即

$$q = \frac{U_{o(1)}}{U_{s(1)}} \tag{4.1}$$

不失一般性地，以单级矩阵变换器为例进行分析，定义输出电压矢量和输入电流矢量分别为

$$
\begin{cases}
\vec{u}_o = \dfrac{2}{3}\left(u_A + u_B \mathrm{e}^{\mathrm{j}\frac{2}{3}\pi} + u_C \mathrm{e}^{\mathrm{j}\frac{4}{3}\pi} \right) \\[3mm]
\vec{i}_i = \dfrac{2}{3}\left(i_a + i_b \mathrm{e}^{\mathrm{j}\frac{2}{3}\pi} + i_c \mathrm{e}^{\mathrm{j}\frac{4}{3}\pi} \right)
\end{cases}
\tag{4.2}
$$

单级矩阵变换器的直接空间矢量调制策略如图 4.1 所示。其中，α_o 和 β_i 分别为输出电压矢量角和输入电流矢量角，设 $\tilde{\alpha}_o$ 和 $\tilde{\beta}_i$ 为在其对应扇区内的偏置角，且 $0 \leqslant \tilde{\alpha}_o \leqslant \pi/3, -\pi/6 \leqslant \tilde{\beta}_i \leqslant \pi/6, \pm i\,(i=1,2,\cdots,9)$ 分别对应表 4.1 中不同的开关序列组合。

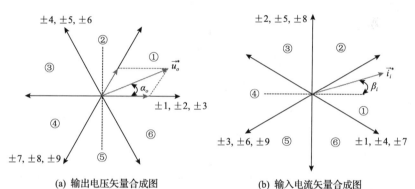

| (a) 输出电压矢量合成图 | (b) 输入电流矢量合成图 |

图 4.1　单级矩阵变换器的直接空间矢量调制策略

表 4.1　单级矩阵变换器的开关组合及对应输入输出状态

组号	导通开关	U_{om}	α_o	I_{im}	β_i
I (+1)	S_{Aa}, S_{Bb}, S_{Cb}	$2u_{ab}/3$	0	$2i_A/\sqrt{3}$	$-\pi/6$
I (−1)	S_{Ab}, S_{Ba}, S_{Ca}	$-2u_{ab}/3$	0	$-2i_A/\sqrt{3}$	$-\pi/6$
I (+2)	S_{Ab}, S_{Bc}, S_{Cc}	$2u_{bc}/3$	0	$2i_A/\sqrt{3}$	$\pi/2$
I (−2)	S_{Ac}, S_{Bb}, S_{Cb}	$-2u_{bc}/3$	0	$-2i_A/\sqrt{3}$	$\pi/2$
I (+3)	S_{Ac}, S_{Ba}, S_{Ca}	$2u_{ca}/3$	0	$2i_A/\sqrt{3}$	$7\pi/6$
I (−3)	S_{Aa}, S_{Bc}, S_{Cc}	$-2u_{ca}/3$	0	$-2i_A/\sqrt{3}$	$7\pi/6$
I (+4)	S_{Ab}, S_{Ba}, S_{Cb}	$2u_{ab}/3$	$2\pi/3$	$2i_B/\sqrt{3}$	$-\pi/6$
I (−4)	S_{Aa}, S_{Bb}, S_{Ca}	$-2u_{ab}/3$	$2\pi/3$	$-2i_B/\sqrt{3}$	$-\pi/6$
I (+5)	S_{Ac}, S_{Bb}, S_{Cc}	$2u_{bc}/3$	$2\pi/3$	$2i_B/\sqrt{3}$	$\pi/2$
I (−5)	S_{Ab}, S_{Bc}, S_{Cb}	$-2u_{bc}/3$	$2\pi/3$	$-2i_B/\sqrt{3}$	$\pi/2$
I (+6)	S_{Aa}, S_{Bc}, S_{Ca}	$2u_{ca}/3$	$2\pi/3$	$2i_B/\sqrt{3}$	$7\pi/6$

续表

组号	导通开关	U_{om}	α_o	I_{im}	β_i
I (−6)	S_{Ac}, S_{Ba}, S_{Cc}	$-2u_{ca}/3$	$2\pi/3$	$-2i_B/\sqrt{3}$	$7\pi/6$
I (+7)	S_{Ab}, S_{Bb}, S_{Ca}	$2u_{ab}/3$	$4\pi/3$	$2i_C/\sqrt{3}$	$-\pi/6$
I (−7)	S_{Aa}, S_{Ba}, S_{Cb}	$-2u_{ab}/3$	$4\pi/3$	$-2i_C/\sqrt{3}$	$-\pi/6$
I (+8)	S_{Ac}, S_{Bc}, S_{Cb}	$2u_{bc}/3$	$4\pi/3$	$2i_C/\sqrt{3}$	$\pi/2$
I (−8)	S_{Ab}, S_{Bb}, S_{Cc}	$-2u_{bc}/3$	$4\pi/3$	$-2i_C/\sqrt{3}$	$\pi/2$
I (+9)	S_{Aa}, S_{Ba}, S_{Cc}	$2u_{ca}/3$	$4\pi/3$	$2i_C/\sqrt{3}$	$7\pi/6$
I (−9)	S_{Ac}, S_{Bc}, S_{Ca}	$-2u_{ca}/3$	$4\pi/3$	$-2i_C/\sqrt{3}$	$7\pi/6$
II (0)	S_{Aa}, S_{Ba}, S_{Ca}	0	—	0	—
II (0)	S_{Ab}, S_{Bb}, S_{Cb}	0	—	0	—
II (0)	S_{Ac}, S_{Bc}, S_{Cc}	0	—	0	—
III	S_{Aa}, S_{Bb}, S_{Cc}	U_{im}	α_i	I_{om}	β_o
III	S_{Aa}, S_{Bc}, S_{Cb}	$-U_{im}$	$-\alpha_i$	I_{om}	$-\beta_o$
III	S_{Ab}, S_{Ba}, S_{Cc}	$-U_{im}$	$-\alpha_i+2\pi/3$	I_{om}	$-\beta_o+2\pi/3$
III	S_{Ab}, S_{Bc}, S_{Ca}	U_{im}	$\alpha_i+4\pi/3$	I_{om}	$\beta_o+2\pi/3$
III	S_{Ac}, S_{Ba}, S_{Cb}	U_{im}	$\alpha_i+2\pi/3$	I_{om}	$\beta_o+4\pi/3$
III	S_{Ac}, S_{Bb}, S_{Ca}	$-U_{im}$	$-\alpha_i+4\pi/3$	I_{om}	$-\beta_o+4\pi/3$

假设参考输出电压矢量和输入电流矢量均在扇区①，参与直接空间矢量调制的开关序列为 $(\pm 9, \pm 7, \pm 3, \pm 1, 0)$，其对应的占空比为

$$
\begin{cases}
d_1 = (-1)^{n_{sv}+n_{si}} \dfrac{2}{\sqrt{3}} q' \dfrac{\sin\tilde{\alpha}_o \cos\left(\tilde{\beta}_i - \dfrac{\pi}{3}\right)}{\cos\varphi_i} \\[4mm]
d_2 = (-1)^{n_{sv}+n_{si}+1} \dfrac{2}{\sqrt{3}} q' \dfrac{\sin\tilde{\alpha}_o \cos\left(\tilde{\beta}_i + \dfrac{\pi}{3}\right)}{\cos\varphi_i} \\[4mm]
d_3 = (-1)^{n_{sv}+n_{si}+1} \dfrac{2}{\sqrt{3}} q' \dfrac{\sin\left(\dfrac{\pi}{3}-\tilde{\alpha}_o\right)\cos\left(\tilde{\beta}_i - \dfrac{\pi}{3}\right)}{\cos\varphi_i} \\[4mm]
d_4 = (-1)^{n_{sv}+n_{si}} \dfrac{2}{\sqrt{3}} q' \dfrac{\sin\left(\dfrac{\pi}{3}-\tilde{\alpha}_o\right)\cos\left(\tilde{\beta}_i + \dfrac{\pi}{3}\right)}{\cos\varphi_i}
\end{cases}
\tag{4.3}
$$

式中，n_{sv} 和 n_{si} 分别为输出电压矢量和输入电流矢量所在扇区号，且 $\tilde{\alpha}_o = \alpha_o - (n_{sv}-1)\pi/3$，$\tilde{\beta}_i = \beta_i - (n_{si}-1)\pi/3$。所选开关组合序号的正负与式(4.3)中计算的占空比符号一致，系数 $q'=U_{om}/U_{im}$ 为矩阵变换器的瞬时电压传输比，在线性调制区域时与实际的电压传输比一致。

由式(4.3)可得，瞬时电压传输比需满足

$$q' \leqslant \frac{\sqrt{3}}{2} \frac{|\cos\varphi_i|}{\cos\tilde{\beta}_i \sin\left(\tilde{\alpha}_o + \dfrac{\pi}{3}\right)} \tag{4.4}$$

可见，电压传输比随输入功率因数的增大而增大，在单位功率因数时达到最大，为 0.866。当式(4.4)等号成立时，单位功率因数下瞬时电压传输比 q' 与扇区偏置角 $\tilde{\alpha}_o$ 和 $\tilde{\beta}_i$ 的关系如图 4.2 所示，此时瞬时电压传输比的变化范围为[0.866, 1.154]。当参考矢量位于扇区边界时，瞬时电压传输比达到最大值 1.154。

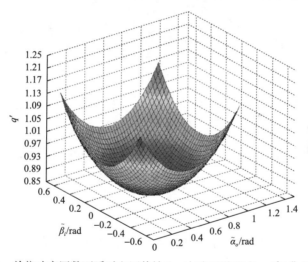

图 4.2　单位功率因数下瞬时电压传输比 q' 与扇区偏置角 $\tilde{\alpha}_o$ 和 $\tilde{\beta}_i$ 的关系

考虑到扇区偏置角的时变性，探讨输入/输出频率对于瞬时电压传输比的影响。令输出频率与输入频率的比值为 k_f 且 $k_f=(\alpha_o-\alpha_0)/(\beta_i-\beta_0)$，其中 α_0 和 β_0 分别为参考输出电压矢量和输入电流矢量的初始相角，代入式(4.4)，可得瞬时电压传输比满足

$$q' \leqslant \frac{\sqrt{3}}{2} \frac{1}{\cos\left[\dfrac{\alpha_o}{k_f} + \theta - (n_{si}-1)\dfrac{\pi}{3}\right] \sin\left[\alpha_o - (n_{sv}-1)\dfrac{\pi}{3} + \dfrac{\pi}{3}\right]} \tag{4.5}$$

式中，$\theta = \beta_0 - \alpha_0/k_f$，为参考输出电压矢量与参考输入电流矢量的相角差。

通常，在矩阵变换器的任意工况条件下，k_f 已知，因而 θ 是确定的。考虑式(4.5)等号成立，对如下两种情况进行讨论：①当 $k_f < 1$ 时，$\alpha_o \in [0,2\pi]$；②当 $k_f \geqslant 1$ 时，$\alpha_o/k_f \in [0,2\pi]$。利用式(4.5)计算瞬时电压传输比，可得如图 4.3 所示的瞬时电压传输比 q' 与相角差 θ 和频率比 k_f 的关系图。可见，电压传输比的取值可以大于 0.866，且当输入输出频率相等时，电压传输比能够达到 1.154。

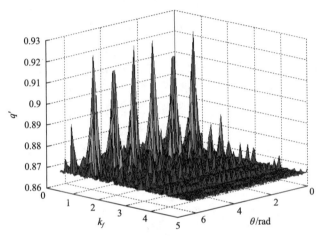

图 4.3　单位功率因数下瞬时电压传输比 q' 与相角差 θ 和频率比 k_f 的关系图

综合上述分析，对于任意扇区偏置角、相角差 θ 和频率比 k_f，电压传输比为 0.866 均成立，此区间为矩阵变换器的线性调制区域。当电压传输比进一步增大，矩阵变换器进入非线性调制区域时，为满足任意工作条件下的高电压传输比，辅助电路或过调制策略必不可少。

4.2　基于空间矢量的过调制策略

本节以双级矩阵变换器为例详细介绍基于空间矢量的过调制策略[22]。整流级调制参照第 2 章中常规输入电流型空间矢量调制策略(图 2.4)，针对不同的电压传输比要求，逆变级电压型空间矢量调制策略可分为线性调制区域和过调制区域两部分，期望输出电压分别由不同矢量进行合成。

4.2.1　整流级调制

当整流级采用空间矢量调制策略时，为增大输入电压利用率，对占空比进行式(2.28)所示的归一化处理，且满足 $d'_u + d'_v = 1$。

因此，中间直流电压为

$$\bar{u}_{dc} = d_u' u_{\text{line1}} + d_v' u_{\text{line2}} \tag{4.6}$$

式中，u_{line1} 和 u_{line2} 分别对应当前扇区绝对值最大和次最大输入电压。不难得到

$$\bar{u}_{dc} = \frac{3U_{im}\cos\varphi_i}{2\cos\left(\dfrac{\pi}{6} - \theta_{sc}\right)} \tag{4.7}$$

由此可见，中间直流电压平均值为一脉动量。

4.2.2　逆变级调制

1. 线性调制区域

对逆变级而言，在线性调制区域时，其电压型空间矢量调制策略如图 2.3 所示，占空比的求解满足式(2.21)，其中逆变级的调制系数 m_v 满足 $0 \leqslant m_v \leqslant 1$，且有

$$m_v = \frac{\sqrt{3}U_{om}}{\bar{u}_{dc}} \tag{4.8}$$

由于逆变级的占空比不能为负值，所以有

$$d_\alpha + d_\beta \leqslant 1 \tag{4.9}$$

将式(2.21)、式(4.7)和式(4.8)代入式(4.9)可得

$$0 \leqslant \frac{2U_{om}}{\sqrt{3}U_{im}\cos\varphi_i}\cos\left(\frac{\pi}{6} - \theta_{sc}\right)\cos\left(\frac{\pi}{6} - \theta_{sv}\right) \leqslant 1 \tag{4.10}$$

那么，电压传输比 q 满足

$$q \leqslant \frac{\sqrt{3}\cos\varphi_i}{2\cos\left(\dfrac{\pi}{6} - \theta_{sc}\right)\cos\left(\dfrac{\pi}{6} - \theta_{sv}\right)} \tag{4.11}$$

由此可见，电压传输比与输入功率因数角有关，且随着功率因数角的增大而减小，单位功率因数下电压传输比最大可达 $\sqrt{3}/2$，此时期望输出电压矢量的轨迹落在由六个有效矢量构成的正六边形的内切圆上，而当 $0 \leqslant q \leqslant \sqrt{3}/2$ 时，轨迹位于内切圆内部，如图 2.3 所示，将内切圆及其内部区域称为线性调制区域。

2. 过调制区域

由式(4.9)可知，当期望输出电压矢量的终点位于内切圆之外时，对应的电压传输比 $q \geqslant \dfrac{\sqrt{3}}{2}$，此区域为过调制区域，常规逆变级矢量调制已无法完成。根据过调制程度的深浅，即电压传输比的不同，过调制可分为过调制模式 I 、过调制模式 II 两种。

1)过调制模式 I

过调制模式 I 示意图如图 4.4 所示。假设期望输出电压矢量为 $\vec{U}_{\text{ref}}^{*}$，实际输出电压矢量为 $\vec{U}^{*}$，图 4.4 中右半平面为实际输出电压矢量 $\vec{U}^{*}$ 在实轴上的投影，大小为 $|\vec{U}^{*}|\cos\theta$，θ 为实际输出电压矢量与输出 A 相电压的夹角，α_r 表示 $\vec{U}^{*}$ 与相邻有效电压矢量之间的夹角。若将输出 A 相电压与实轴重合，则右半平面为 A 相的时域描述。

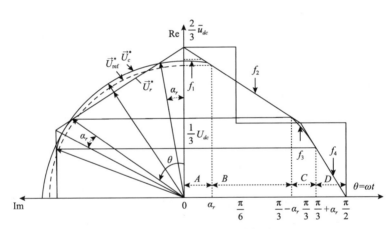

图 4.4　过调制模式 I 示意图

在该调制模式下，为获得期望的输出电压频率，实际输出电压矢量的相角必须与期望输出电压矢量的相角保持一致，也就是说矢量 $\vec{U}_{\text{ref}}^{*}$ 和 $\vec{U}^{*}$ 始终保持同一方向。

当 $\vec{U}_{\text{ref}}^{*}$ 的轨迹在六边形内，即 $\vec{U}^{*}$ 落在 $0 \sim \alpha_r$ 和 $\dfrac{\pi}{3} - \alpha_r \sim \dfrac{\pi}{3} + \alpha_r$ 时，$\vec{U}^{*} = \vec{U}_{\text{ref}}^{*}$，线性调制策略仍然成立；而当 $\vec{U}_{\text{ref}}^{*}$ 的轨迹在正六边形之外，在保证 $\vec{U}^{*}$ 和 $\vec{U}_{\text{ref}}^{*}$ 相角一致的前提下，缩小 $\vec{U}^{*}$ 的幅值，使 $\vec{U}^{*}$ 的终点始终落在正六边形上。

结合正弦定理，由图 4.4 可得调制矢量 $\vec{U}^{*}$ 的幅值修正为

$$|\vec{U}^*|_1 = \begin{cases} \dfrac{\overline{u}_{dc}}{\sqrt{3}\cos\left(\dfrac{\pi}{6}-\alpha_r\right)}, & \theta \in \left[0,\alpha_r\right) \cup \left[\dfrac{\pi}{3}-\alpha_r,\dfrac{\pi}{3}+\alpha_r\right) \\[4mm] \dfrac{\overline{u}_{dc}}{\sqrt{3}\cos\left(\dfrac{\pi}{6}-\theta\right)}, & \theta \in \left[\alpha_r,\dfrac{\pi}{3}-\alpha_r\right) \\[4mm] \dfrac{\overline{u}_{dc}}{\sqrt{3}\sin\theta}, & \theta \in \left[\dfrac{\pi}{3}+\alpha_r,\dfrac{\pi}{2}\right] \end{cases} \tag{4.12}$$

　　鉴于调制信号的偶对称性和半波对称性，对 A 相的 1/4 周期信号进行傅里叶分析，可求得 A 相输出电压的基波幅值为

$$\tilde{U}_{om} = \frac{4}{\pi}\left[\int_0^{\alpha_r} r\cos^2\theta\,\mathrm{d}\theta + \int_{\alpha_r}^{\frac{\pi}{3}-\alpha_r} \frac{\overline{u}_{dc}}{\sqrt{3}\cos\left(\dfrac{\pi}{6}-\theta\right)}\cos^2\theta\,\mathrm{d}\theta \right.$$
$$\left. + \int_{\frac{\pi}{3}-\alpha_r}^{\frac{\pi}{3}+\alpha_r} r\cos^2\theta\,\mathrm{d}\theta + \int_{\frac{\pi}{3}+\alpha_r}^{\frac{\pi}{2}} \frac{\overline{u}_{dc}}{\sqrt{3}\sin\theta}\cos^2\theta\,\mathrm{d}\theta \right] \tag{4.13}$$

式中，$r = \dfrac{\overline{u}_{dc}}{\sqrt{3}\cos\left(\dfrac{\pi}{6}-\alpha_r\right)}$。

　　考虑单位输入功率因数，且 $q = 3\tilde{U}_{om}/(2\overline{u}_{dc})$，结合式(4.1)和式(4.13)，可得电压传输比 q 与 α_r 的关系式为

$$q = \frac{2\sqrt{3}}{\pi}\left[\int_0^{\alpha_r} \frac{\cos^2\theta}{\cos\left(\dfrac{\pi}{6}-\alpha_r\right)}\mathrm{d}\theta + \int_{\alpha_r}^{\frac{\pi}{3}-\alpha_r} \frac{\cos^2\theta}{\cos\left(\dfrac{\pi}{6}-\theta\right)}\mathrm{d}\theta \right.$$
$$\left. + \int_{\frac{\pi}{3}-\alpha_r}^{\frac{\pi}{3}+\alpha_r} \frac{\cos^2\theta}{\cos\left(\dfrac{\pi}{6}-\alpha_r\right)}\mathrm{d}\theta + \int_{\frac{\pi}{3}+\alpha_r}^{\frac{\pi}{2}} \frac{\cos^2\theta}{\sin\theta}\mathrm{d}\theta \right] \tag{4.14}$$

　　由式(4.14)可求得 q，但是其非线性极强，在工程应用中通常用分段线性化或查表进行近似处理。

同时,得到 α_r 与 q 的关系示意图如图 4.5 所示,可见随着 α_r 的增加,电压传输比减小。当 $\alpha_r = \pi/6$ 时,输出电压矢量终点落在六边形的内切圆上,电压传输比为 0.866;而当 $\alpha_r = 0$ 时,输出电压矢量的终点落在六边形上,电压传输比最大,为 0.9085。所以,在该调制策略下,电压传输比的范围为 $0.866 < q \leqslant 0.9085$。

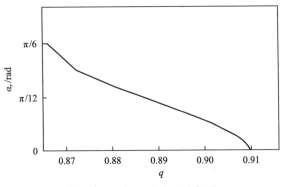

图 4.5　α_r 与 q 的关系示意图

2) 过调制模式 II

过调制模式 II 示意图如图 4.6 所示,$\vec{U}_{ref}^*$ 与六边形交于 M 点,$\vec{U}_{ref}^*$ 与相邻有效矢量夹角为 α_h。若 $\vec{U}_{ref}^*$ 的轨迹在正六边形区域内,则输出电压矢量 $\vec{U}^*$ 按最近的有效矢量进行调制;若 $\vec{U}_{ref}^*$ 的终点落在正六边形区域以外,同样减小矢量幅值,将其终点拉回到六边形上,并且终点轨迹沿六边形移动。

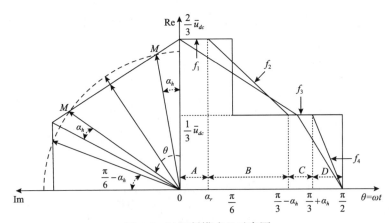

图 4.6　过调制模式 II 示意图

此时,输出电压矢量幅值与 α_h 的关系可表示为

$$|U^*|_2 = \begin{cases} \dfrac{2\bar{u}_{dc}}{3}, & \theta \in \left[0, \alpha_h\right) \\[3mm] \dfrac{\bar{u}_{dc}}{\sqrt{3}\cos\left(\dfrac{\pi}{6} - \theta\right)}, & \theta \in \left[\alpha_h, \dfrac{\pi}{3} - \alpha_h\right) \\[3mm] \dfrac{\bar{u}_{dc}}{3}, & \theta \in \left[\dfrac{\pi}{3} - \alpha_r, \dfrac{\pi}{3} + \alpha_r\right) \\[3mm] \dfrac{\bar{u}_{dc}}{\sqrt{3}\sin\theta}, & \theta \in \left[\dfrac{\pi}{3} + \alpha_h, \dfrac{\pi}{2}\right] \end{cases} \tag{4.15}$$

此时，输出电压的基波频率与期望值相等。利用傅里叶变换，由式 (4.15) 可求得 q 与 α_h 的关系式为

$$\begin{aligned} q = \frac{2\sqrt{3}}{\pi}\Bigg[&\int_0^{\alpha_h} \frac{2}{\sqrt{3}}\cos\theta \mathrm{d}\theta + \int_{\alpha_h}^{\frac{\pi}{3}-\alpha_h} \frac{\cos^2\theta}{\cos\left(\dfrac{\pi}{6}-\theta\right)}\mathrm{d}\theta \\ &+ \int_{\frac{\pi}{3}-\alpha_h}^{\frac{\pi}{3}+\alpha_h} \frac{\cos\theta}{\sqrt{3}}\mathrm{d}\theta + \int_{\frac{\pi}{3}+\alpha_h}^{\frac{\pi}{2}} \frac{\cos^2\theta}{\sin\theta}\mathrm{d}\theta \Bigg] \end{aligned} \tag{4.16}$$

同样，采用分段线性化或查表法等近似处理式 (4.16)，可将 q 与 α_h 的关系描述为图 4.7 所示。电压传输比随 α_h 的增加而增加。当 $\alpha_h = 0$ 时，输出电压矢量的终点落在六边形上，此时的电压传输比最小，$q = 0.9085$；而当 $\alpha_h = \pi/6$ 时，输出电压矢量直接由有效矢量合成，逆变级输出电压波形为六脉波，此时电压传输比最大，$q = 0.955$。因此，过调制模式 Ⅱ 电压传输比的范围为 $0.9085 < q \leqslant 0.955$。

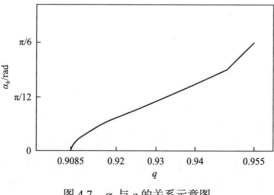

图 4.7　α_h 与 q 的关系示意图

4.2.3 实验验证

搭建双级矩阵变换器实验平台对上述过调制模式进行实验验证，输入电压有效值为 63.6V，输出频率为 40Hz，负载为线性阻感性负载，4 种电压传输比的实验波形如图 4.8 和图 4.9 所示。可见，图中的输出电流均发生不同程度的畸变，但是过调制模式 I 的输出电流明显优于过调制模式 II。这是因为过调制属于非线性调制，其必然会导致输出电压畸变，而过调制模式 II 的非线性程度更高，输出电压谐波含量也更高。

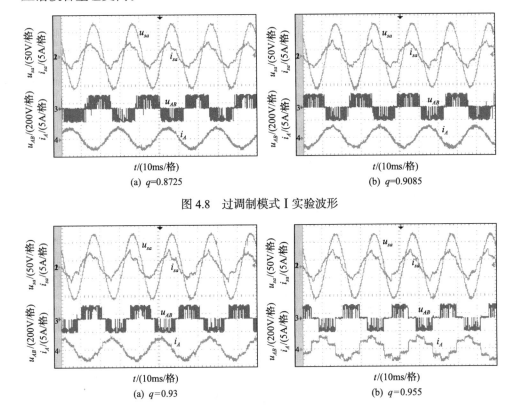

(a) q=0.8725　　　　　　　　　　　　　(b) q=0.9085

图 4.8　过调制模式 I 实验波形

(a) q=0.93　　　　　　　　　　　　　(b) q=0.955

图 4.9　过调制模式 II 实验波形

为验证所提基于空间矢量的过调制策略的有效性，表 4.2 给出了不同电压传输比下输出电压有效值、输出期望电压有效值、输出电流 THD 和电网电流 THD等。从表 4.2 中得知，过调制时电网电流的波形畸变较严重，且这两种过调制模式下的电网电流谐波畸变程度相差不大；输出电压和输出电流的畸变率随电压传输比的提高而增大。当电压传输比达到最大值 0.955 时，输出电压波形退化为六脉波，输出电压和输出电流的畸变率达到最大。由此可见，矩阵变换器提升电压传输能力以牺牲输入输出波形质量为代价，但对于精度要求不高的变频调速应用场合，目标是电机出力最大化，过调制策略不可或缺。

表 4.2　基于空间矢量调制的过调制策略的波形质量分析结果

方法	电压传输比	输出电压有效值/V	期望输出电压有效值/V	电网电流THD/%	输出电流THD/%
调制模式 I	0.866	88.37	95.39	14.78	10.35
	0.8725	90.54	96.11	15.15	10.43
	0.8875	94.55	97.76	16.08	10.69
	0.9085	95.88	100.075	15.93	10.90
调制模式 II	0.914	97.66	100.68	14.95	11.26
	0.93	98.63	102.44	15.78	14.28
	0.945	99.45	104.10	14.92	19.92
	0.955	99.78	105.19	14.57	27.55

4.3　基于预测控制的过调制策略

大多数过调制策略均基于一定的调制规律，其电压传输比的扩展范围受限，且随着电压传输比的增大，输入输出电流总谐波畸变率也会增大，系统性能恶化。然而，基于滚动优化思想的预测控制可以同时考虑多个目标，优化过程中平衡了约束限制和系统性能，为矩阵变换器实现过调制提供了另一种思路。

4.3.1　方案实施步骤

与 2.2.5 节中的预测控制一致，本节探讨方案为有限集预测控制策略，只需修正参考输出电流的幅值，就能将矩阵变换器的最大电压传输比扩展至 1。此方案电压传输能力明显高于 4.2 节中基于空间矢量调制的过调制策略，且系统输入输出畸变率大幅降低。

以矩阵变换器带阻感性负载为例进行分析，结合电压传输比的定义和电路方程，矩阵变换器的参考输出电流幅值修正为

$$I_{om}^* = \frac{q^* V_{im}}{\sqrt{R^2 + (\omega_o L)^2}} \tag{4.17}$$

式中，q^* 为期望的电压传输比。

基于预测控制的过调制(overmodulation based on predictive control, OM-PC)策略[23]的实施主要包括预测模型离散化、评价函数构造、开关状态选择，具体过程如下：

(1)采样当前时刻的电网电压 $\vec{u}_s(k)$、电网电流 $\vec{i}_s(k)$、输入电压 $\vec{u}_i(k)$ 和输出电流 $\vec{i}_o(k)$；

(2)根据式(2.14)、式(2.65)和式(4.17)，计算参考电网电流和期望输出电流；

(3)根据开关函数关系式(2.2)和式(2.3)，重构输出电压 $\vec{u}_o(k)$ 和矩阵变换器的输入电流 $\vec{i}_i(k)$；

(4)根据离散方程式(2.57)、式(2.58)，预测 $t=(k+1)T_s$ 时刻的电网电流、输入电压和输出电流；

(5)对于表4.1中的27种开关状态，重复步骤(3)和(4)，利用离散方程式(2.57)和式(2.58)，预测 $t=(k+2)T_s$ 时刻的电网电流和输出电流；

(6)最小化评价函数(2.61)，选择使得 $g(k+2)$ 最小的开关状态组合作为 $t=(k+1)T_s$ 的开关状态，并通过现场可编程逻辑门阵列(field programmable gate array, FPGA)将驱动信号作用于开关驱动器。

最后，在下一个开关周期内重复步骤(1)～(6)。

4.3.2 仿真和实验验证

单级矩阵变换器的 MATLAB/Simulink 仿真平台和实验平台的实验参数如表4.3 所示。

表4.3 矩阵变换器系统参数

参数	数值
输入相电压有效值	120V
输入频率(f_i)	50Hz
输入滤波电感(L_f)	1.2mH
输入滤波电容(C_f)	22μF
输入阻尼电阻(R_f)	5mΩ
负载电阻(R)	11Ω
负载电感(L)	9mH

1. 仿真结果

由图4.3可知，当输入频率固定时，矩阵变换器的最大电压传输能力与输出频率有关。因此，讨论不同输出频率下，基于预测控制的过调制策略的最大电压传输比，并将其与基于直接空间矢量调制的过调制(overmodulation based on direct space vector modulation, OM-DSVM)策略[12]进行性能对比。

1)不同输出频率下的电压传输比分析

假设参考输出电流的初始相角为 0°，输出频率分别为 30Hz、40Hz、50Hz、60Hz 和 70Hz，期望输出电压传输比为 1。电网电压 u_{sa}、电网电流 i_{sa}、输出电压 u_{AB} 和输出电流 i_A 的波形如图 4.10(a)～(e)所示，电网电流与电网电压同相位，输入滤波器的影响较小，基本实现了单位功率因数。如图 4.10(c)所示，当电网频

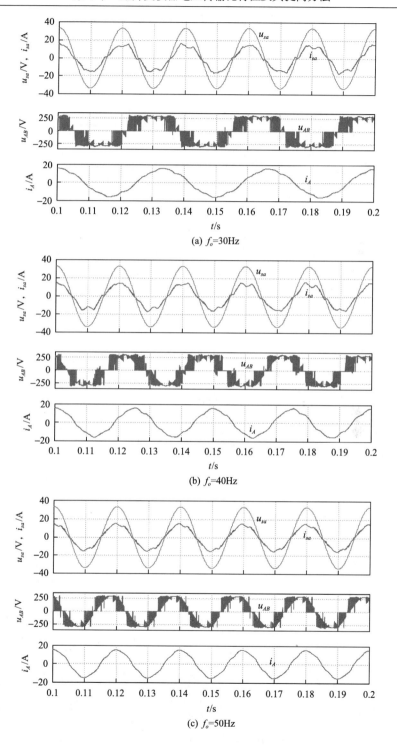

(a) f_o=30Hz

(b) f_o=40Hz

(c) f_o=50Hz

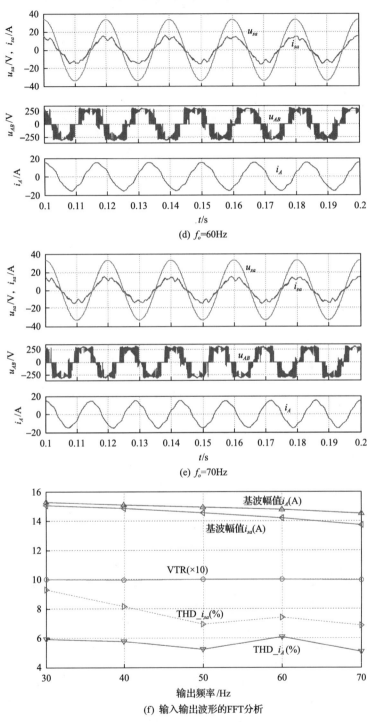

(d) f_o=60Hz

(e) f_o=70Hz

(f) 输入输出波形的FFT分析

图 4.10　不同输出频率下的仿真结果

率和输出频率一致时，输入和输出电流波形相似，此时输入输出几乎直通，以保证最大电压传输比为 1；而当电网频率和输出频率不一致时，输入输出电流在单个工频周期内呈现出不同的波动趋势，如图 4.10(a)所示，这主要是因为电流的波动周期约为电网工频和输出频率的基本周期公倍数。

图 4.10(f)给出了电压传输比、电网电流和输出电流的 FFT 分析结果。可见，不同输出频率下电压传输比均接近 1，电流基波幅值随着输出频率的增大而减小，与式(4.17)分析相符。电网电流和输出电流保持正弦，总谐波畸变率分别低于 9.2%和 7%，显著降低了基于空间矢量的过调制策略的谐波畸变程度。这主要得益于矩阵变换器的 27 个空间矢量均参与了调制，优化了输入电流和输出电压的合成规则。

2) OM-PC 与 OM-DSVM 的对比分析

为保证预测控制和直接空间矢量过调制策略对比结果的普适性，设置预测控制的等效开关频率与直接空间矢量的开关频率相等。同时，考虑直接空间矢量过调制策略最大电压传输比仅为 0.955，因此选择在电压传输比为 0.955 时对比分析两种调制策略下的电网电流、输出电流和系统损耗等性能，仿真结果如图 4.11 所示。两种调制策略下的电网电流和输出电流的基波幅值基本一致，但是基于预测控制的过调制策略的电流畸变率远低于直接空间矢量过调制策略。此外，基于预测控制的过调制策略的系统损耗略小于直接空间矢量过调制策略，这主要是因为系统损耗受开关损耗影响较大，而此类预测控制策略的开关频率不固定，且多数情况下等效开关频率低于直接空间矢量过调制策略。

综上，基于预测控制的过调制策略能够在更宽的输出电压范围内，获取更优的输入输出性能。

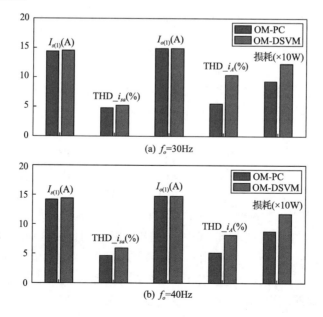

(a) f_o=30Hz

(b) f_o=40Hz

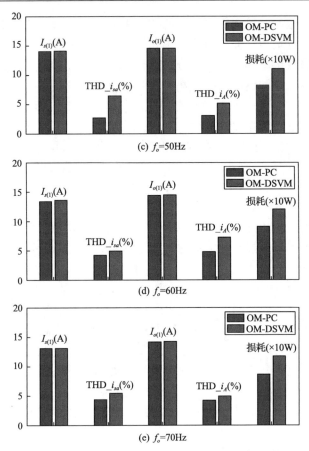

图 4.11　OM-PC 与 OM-DSVM 在不同输出频率下的对比

2. 实验结果

综合算法复杂度和功率器件的开通时间限制，实验平台的采样周期设为 70μs，验证基于预测控制的过调制策略的动静态性能。

1) 静态性能分析

图 4.12(a)～(e)为输出频率分别为 30Hz、40Hz、50Hz、60Hz 和 70Hz 时的矩阵变换器输入输出实验波形图，相应的输出电流 THD 和系统效率见表 4.4。可见，实验结果与仿真结果一致，在输出频率和输入频率相等时，输入输出电流 THD 最小。实际电网非理想，其相电压 THD 约为 3.64%，因此实验中的输入输出电流 THD 要高于仿真结果。实际中，矩阵变换器在过调制区域的输出电流 THD 最大为 8%已是理想结果。此外，由于实际系统中的开关损耗、印刷电路板(printed circuit board, PCB)损耗以及电感损耗、电容损耗等难以避免，系统实际输出电压与理想值略有差距，所以输出电压传输比最大值略低于 1。

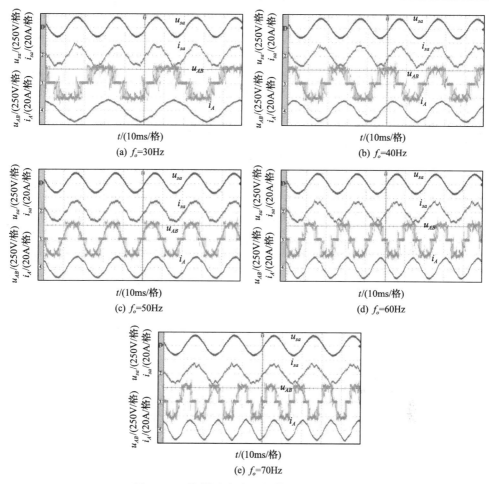

(a) f_o=30Hz　　　　　　　　(b) f_o=40Hz

(c) f_o=50Hz　　　　　　　　(d) f_o=60Hz

(e) f_o=70Hz

图 4.12　不同输出频率下的输入输出波形图

表 4.4　不同输出频率下的实验波形 FFT 分析

输出频率 /Hz	电网电流 $I_{s(1)}$ /A	电网电流 THD /%	输出电流 $I_{o(1)}$ /A	输出电流 THD /%	电压传输比	系统效率 /%
30	15.31	9.42	15.34	7.88	0.985	96.3
40	15.27	8.59	15.22	6.97	0.987	97.1
50	15.14	7.93	15.05	5.89	0.987	96.7
60	15.02	8.77	14.84	6.82	0.986	96.2
70	14.85	8.96	14.59	6.72	0.985	95.6

2)动态性能分析

图 4.13 为参考输出电流幅值由 12A 跳变为 18A 时的输入输出实验波形及切换时的瞬态波形放大图。当参考输出电流幅值为 12A 时，输入输出电流无畸变，

矩阵变换器工作在线性调制区域；而当参考输出电流幅值为 18A 时，输入输出电流明显畸变，矩阵变换器运行在过调制区域。由结果可见，不同输出频率下输出电流都能够快速跟踪给定值，电网电流相应发生变化，切换瞬间动态响应时间短、跟踪速度快。因此，基于预测控制的过调制策略动态性能良好。

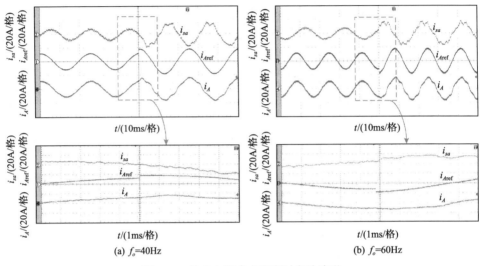

(a) f_o=40Hz

(b) f_o=60Hz

图 4.13   输出电流参考突变时实验波形

4.4   其他提高电压传输比的方案

4.4.1   反向功率运行方案

当矩阵变换器处于正向工作模式时(图 2.1)，前级为 CSR，后级为 VSI，为一降压变换器，CSR 侧的交流电压要高于 VSI 侧的交流电压。然而，在可再生能源发电并网的应用场合，电源电压范围波动大且一般低于电网电压，当矩阵变换器用于这类场合时，若 CSR 侧接电源，VSI 接电网或负载，则系统无法正常运行。如果将 CSR 侧接电网或负载，VSI 侧接电源，则可实现升压，此时矩阵变换器的电压传输比也将不成问题[10]。

就单级矩阵变换器而言，当电源侧连接独立电源(如风力发电机)时，其负载类型是电动机、RL 负载等，也可以连接发电机、三相电网等，因此其结构示意图如图 4.14(a)所示。对于双级矩阵变换器，经过以上变换，可视为由电压型整流器和电流型逆变器组成，如图 4.14(b)所示。由于只需单向能量流动，所以拓扑的电流型逆变器双向开关可以简化成 IGBT 串联二极管的结构。当矩阵变换器工作在反向功率模式时，还需要采用合适的离并网控制策略[8]。

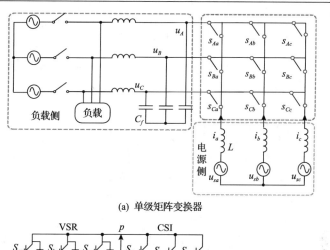

(a) 单级矩阵变换器

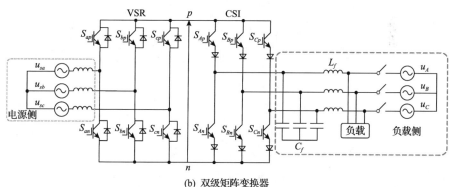

(b) 双级矩阵变换器

图 4.14　矩阵变换器的反向功率工作模式

4.4.2　改进拓扑方案

1. 混合矩阵变换器

为扩大矩阵变换器的电压传输比,可在拓扑中引入由电容、电感构成的辅助升压环节,较为简单的思路就是改变整流级或逆变级电路特性,使其具有升压功能,如图 4.15 所示。图 4.15(a)所示拓扑将常规双级矩阵变换器的逆变级改造为三相 buck-boost 矩阵变换器,从而具有升压功能[7];图 4.15(b)所示拓扑在中间环节中增加了辅助升压电路[5],提高了中间直流电压,从而提高了电压传输比。然而,这两种方式均破坏了矩阵变换器原有的对称性和"全硅"性,且附加的无源器件和开关器件增大了系统复杂度,降低了结构紧凑性。

2. Z 源矩阵变换器

与图 4.15 中使用单组电感或电容元件不同,Z 源矩阵变换器将 Z 源阻抗网络直接级联到矩阵变换器拓扑结构中,构成 Z 源矩阵变换器拓扑[4],如图 4.16 所

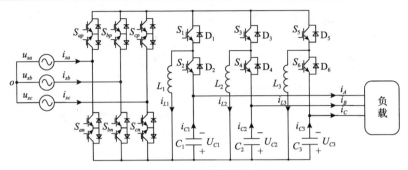

(a) buck-boost矩阵变换器

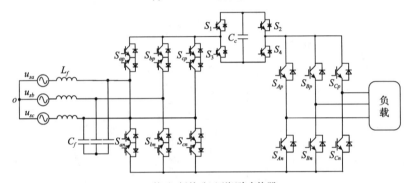

(b) 基于H桥的升压型矩阵变换器

图 4.15　升压型矩阵变换器拓扑

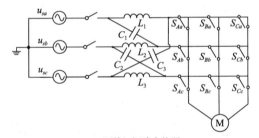

(a) Z源单级矩阵变换器

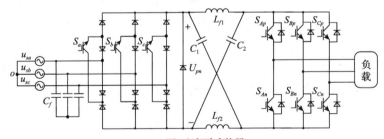

(b) Z源双级矩阵变换器

图 4.16　Z 源矩阵变换器拓扑

示。此类拓扑通过 Z 源网络来实现升压功能，继承了 Z 源矩阵变换器允许桥臂直通等优点，系统可靠性增强，但调制策略更为复杂。

4.5　本章小结

本章主要讨论了矩阵变换器的输出电压能力以及电压传输比扩展方案。在未改变拓扑变换器结构的情况下，详细介绍了基于空间矢量的过调制策略和基于预测控制的过调制策略。前者电压传输比有限，输入输出波形在过调制区域畸变较大；而后者能够在输出电压更高的同时，获得更优的输入输出性能，但不足之处在于计算量大，对控制器要求高。此外，本章简述了其他常见的电压传输比提升方案，如反向功率运行方案、拓扑改造方案等，但这些方法具有功能受限、成本较高和控制方法复杂的缺点。

参 考 文 献

[1] Antic D, Klaassens J B, Deleroi W. An integrated boost-buck and matrix converter topology for low speed drives[C]. European Conference on Power Electronics and Applications, Brighton, 1993: 21-26.

[2] Keping Y, Rahman M F. A matrix-Z-source converter with AC-DC bidirectional power flow for an integrated starter alternator system[J]. IEEE Transactions on Industry Applications, 2009, 45(1): 239-248.

[3] Ellabban O, Abu-Rub H, Ge B. A quasi-Z-source direct matrix converter feeding a vector controlled induction motor drive[J]. IEEE Journal of Emerging and Selected Topics in Power Electronics, 2015, 3(2): 339-348.

[4] Baoming G, Qin L, Wei Q, et al. A family of Z-source matrix converters[J]. IEEE Transactions on Industrial Electronics, 2012, 59(1): 35-46.

[5] Klumpner C, Wijekoon T, Wheeler P. A new class of hybrid AC/AC direct power converters[C]. Conference Record of the 2005 Industry Applications Conference, Hong Kong, 2005: 2374-2381.

[6] Wijekoon T, Klumpner C, Zanchetta P, et al. Implementation of a hybrid AC/AC direct power converter with unity voltage transfer[J]. IEEE Transactions on Power Electronics, 2008, 23(4): 1918-1926.

[7] 张小平, 朱建林, 唐华平, 等. 一种新型的 Buck-Boost 矩阵变换器[J]. 信息与控制, 2008, 37(1): 40-45.

[8] Liu X, Loh P C, Wang P, et al. Distributed generation using indirect matrix converter in reverse power mode[J]. IEEE Transactions on Power Electronics, 2013, 28(3): 1072-1082.

[9] Liu X, Wang P, Loh P C, et al. Distributed generation interface using indirect matrix converter in

boost mode with controllable grid side reactive power[C]. 10th International Power & Energy Conference, Ho Chi Minh City, 2012: 59-64.

[10] Nikkhajoei H. A current source matrix converter for high-power applications[C]. IEEE Power Electronics Specialists Conference, Orlando, 2007: 2516-2521.

[11] Ziogas P D, Khan S I, Rashid M H. Analysis and design of forced commutated cycloconverter structures with improved transfer characteristics[J]. IEEE transactions on Industrial Electronics, 1986, 33(3): 271-280.

[12] Simon O, Mahlein J, Muenzer M N, et al. Modern solutions for industrial matrix-converter applications[J]. IEEE Transactions on Industrial Electronics, 2002, 49(2): 401-406.

[13] Wang B, Venkataramanan G. Six step modulation of matrix converter with increased voltage transfer ratio[C]. Proceedings of IEEE Power Electronics Specialists Conference, Jeju, 2006: 1-7.

[14] Bozorgi A M, Monfared M, Mashhadi H R. Two simple overmodulation algorithms for space vector modulated three-phase to three-phase matrix converter[J]. IET Power Electronics, 2014, 7: 1915-1924.

[15] Wang L, Zhou D, Sun K, et al. A novel method to enhance the voltage transfer ratio of matrix converter[C]. 30th Annual Conference of IEEE Industrial Electronics Society, Busan, 2004: 81-84.

[16] Lee K B, Blaabjerg F. An improved DTC-SVM method for sensorless matrix converter drives using an overmodulation strategy and a simple nonlinearity compensation[J]. IEEE Transactions on Industrial Electronics, 2007, 54(6): 3155-3166.

[17] Xia Y H, Zhang X F, Qiao M Z, et al. Research on a new indirect space vector over-modulation strategy in matrix converter[J]. IEEE Transactions on Industrial Electronics, 2016, 62(2): 1130-1141.

[18] Yoon Y D, Sul S K. Carrier-based modulation technique for matrix converter[J]. IEEE Transactions on Power Electronics, 2006, 21(6): 1691-1703.

[19] Lettl J. Control design of matrix converter system[C]. International Aegean Conference on Electrical Machines and Power Electronics, Bodrum, 2007: 480-484.

[20] Tamai Y, Ohguchi H, Sato I, et al. A novel control strategy for matrix converters in over-modulation range[C]. Power Conversion Conference, Nagoya, 2007: 1049-1055.

[21] Chiang G T, Itoh J. Comparison of two overmodulation strategies in an indirect matrix converter[J]. IEEE Transactions on Industrial Electronics, 2013, 60(1): 43-53.

[22] 粟梅, 李丹云, 孙尧, 等. 双级矩阵变换器的过调制策略[J]. 中国电机工程学报, 2008, 28(3): 47-52.

[23] Zhang G, Yang J, Sun Y, et al. A predictive-control-based over-modulation method for conventional matrix converters[J]. IEEE Transactions on Power Electronics, 2018, 33(3): 3631-3643.

第5章　矩阵变换器共模电压抑制方法

矩阵变换器作为一种能量双向流动、输入输出正弦、功率因数可控的"绿色"变频器，在电机驱动领域受到广泛关注。与其他变频器类似，矩阵变换器功率开关高频切换，不可避免地产生高频共模电压。高频共模电压会激励变频驱动系统的杂散电容等寄生电路，从而产生较大的共模电流，通过定子绕组和机壳间的寄生电容流入大地并返回电网。一方面，高频共模电流会产生较大的电磁干扰，影响周围用电设备的正常运行；另一方面，由于电机内部的寄生电容，电机转轴上会耦合出轴电压，形成轴承电流，加速轴承的机械磨损和老化，降低电机寿命。因此，如何减小甚至消除共模电压，是矩阵变换器应用于电机驱动场合面临的一个主要问题。

目前，减小或消除矩阵变换器共模电压影响的方法主要有输出滤波器优化设计[1]、拓扑结构改善[2]和调制策略优化[3-13]等。输出滤波器优化设计和拓扑结构改善在一定程度上增加了系统的重量、体积、成本和损耗，相比之下，通过调制策略优化消除共模电压更具优势。

单级矩阵变换器的共模电压抑制策略大多基于空间矢量调制，主要有三类：①优化冗余零矢量，例如，选择包含瞬时输入电压作为中间值的零矢量减小共模电压；②无零矢量调制，例如，采用一对方向相反的有效矢量来代替零矢量[5]或者三个旋转矢量来代替零矢量[6]，但该方法通常不可避免地存在系统损耗增加、输出电压波形质量降低等缺点；③旋转矢量合成[7]，此方法仅采用旋转矢量进行输入电流和输出电压的合成，理论上可实现零共模电压，但是电压传输比范围受限。此外，文献[8]基于双电压合成方法，通过改变输出零电压所采用的输入电压来减小共模电压的瞬时值。文献[9]提出了一种基于预测控制思想降低共模电压的方法，将共模电压这一指标嵌入代价函数。

对于双级矩阵变换器，其解决思路与单级矩阵变换器基本一致。文献[10]～[12]利用两个较小输入电压合成中间直流电压，既降低了开关损耗，又降低了共模电压，但最大电压传输比被限制在0.5。逆变级的零矢量也是控制共模电压的一个自由度，例如，逆变级零矢量选择三相输出同时连接到输入电压较小的一相来实现，但此方案的共模电压峰值为$\sqrt{3}\,U_{im}/2$。文献[13]利用方向相反的两个有效电压矢量来代替零矢量，降低了共模电压，但增加了逆变级的开关次数。文献[13]还提出了利用3个有效电压矢量来合成期望的输出电压矢量，但仅适用于电压传输比大于 0.577 的场合。这两种方案下，共模电压峰值可降低至 $\sqrt{3}\,U_{im}/3$。

本章主要介绍共模电压的产生机理，并以改进空间矢量调制策略和预测控制为例，分别探究双级矩阵变换器和单级矩阵变换器的共模电压特性及其抑制方法。

5.1 共模电压产生机理

5.1.1 共模电压对电机的影响

共模电压表征的是输出端与参照点(往往是大地或机架)之间的电压瞬时值，它并不影响矩阵变换器输出电压的差模分量，但会对电机本身造成危害。

以感应电机为例，将电机内部的分布寄生参数用集总参数表示，驱动系统共模等效模型如图 5.1 所示。图中，V_{source} 为矩阵变换器输出的共模电压；V_{sng} 为电机定子绕组中性点对地电压；V_{rg} 为电动机轴承对地电压(也称为轴电压)；$i(t)$ 为共模电流；串联阻抗 Z_{series} 和并联阻抗 $Z_{parallel}$ 用以等效连接电机和变频器的电缆及两者之间的滤波装置等；L_0 和 R_0 分别代表定子绕组的等效共模电感和电阻；C_{sf} 和 C_{rf} 分别代表电动机定子绕组、转子绕组对电动机机壳的耦合电容；C_{sr} 代表定子绕组对转子铁芯的耦合电容，通常为 10～50pF，在 PWM 信号作用下呈低阻抗特性，是建立转子轴电压的主要耦合途径；R_b 为轴承电阻，数量级为 mΩ；C_b 为轴承电容，大小取决于电机的工作条件，通常为 pF 级；Z_l 为非线性阻抗，当轴电压没有达到轴承绝缘阈值时，呈现高阻抗特性，当轴电压超过绝缘阈值时，呈现低阻抗特性。可见，共模电压会在电动机内部激励出耦合电容，经 C_{sr} 和 C_{rf} 的分压作用在电动机转轴上感应出轴电压 V_{rg}，这个电压作用在电机轴承上，产生轴承电流，从而对电动机轴承产生一定的负面影响。

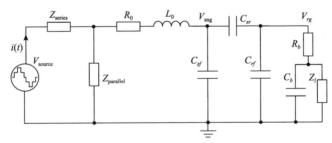

图 5.1 驱动系统共模等效模型

图 5.1 详细描述了感应电机共模电压、轴电压和共模电流之间的关系，但是电路模型过于复杂，不利于分析。图 5.1 中的模型可降阶为二阶等效电路模型，如图 5.2 所示，其中 $C_{eq} = C_{sf}//C_{sr} + C_{rf}//C_b$。共模电压在功率器件开通时会发生一次跳变，可将其视为阶跃信号，图 5.2 的阶跃响应通解满足

$$\begin{cases} V_{\text{sng}} = V_{cm}\left[1 - \dfrac{1}{\sqrt{1-\xi^2}}\,\mathrm{e}^{-\xi\omega_n t}\sin\left(\omega_n\sqrt{1-\xi^2}\,t + \varphi\right)\right] \\[2mm] i(t) = \dfrac{V_{cm}}{\sqrt{1-\xi^2}}\,\mathrm{e}^{-\xi\omega_n t}\sin\left(\omega_n\sqrt{1-\xi^2}\,t\right) \end{cases} \tag{5.1}$$

式中，$\omega_n = 1/\sqrt{L_0 C_{eq}}$ 为无阻尼振荡角频率；$\xi = \dfrac{1}{2}r_0\sqrt{C_{eq}/L_0}$ 为阻尼比；$\varphi = \arctan\sqrt{(1-\xi^2)/\xi}$ 为 V_{sng} 的相角。

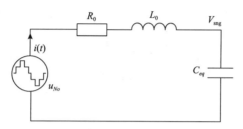

图 5.2　共模电压二阶等效电路模型

通过增大系统特征阻抗可降低共模电流，如在电机和矩阵变换器之间增加共模电感等。然而，对于特定共模电感，系统阻尼较小，在共模电压主导频率内存在潜在的谐振点。同时，串入共模电感可能使系统处于欠阻尼状态，增大了轴电压超调的风险。此外，长线电缆的存在会增加电机端 $\mathrm{d}v/\mathrm{d}t$ 和 $\mathrm{d}V_{\text{sng}}/\mathrm{d}t$，加剧电机绝缘老化和轴承损坏。因此，利用硬件电路抑制共模电流，需谨慎选取无源器件参数，不能盲目增大共模电感。

5.1.2　矩阵变换器的共模电压分析

矩阵变换器传动系统示意图如图 5.3 所示，o 点为三相电源参考地（大地），N 点为电机定子绕组中性点，Z_{No} 表示中性点 N 与大地 o 之间的阻抗，u_{No} 为共模电压，共模电流 i_{cm} 在输入电源、开关器件、电机绕组、耦合电容和大地之间形成通路，如图 5.3 虚线所示。

不失一般性地，将电机近似为三相对称阻感性负载，图 5.3 中电路的数学模型为

$$\begin{cases} u_A = Ri_A + L\dfrac{\mathrm{d}i_A}{\mathrm{d}t} + u_{No} \\[2mm] u_B = Ri_B + L\dfrac{\mathrm{d}i_B}{\mathrm{d}t} + u_{No} \\[2mm] u_C = Ri_C + L\dfrac{\mathrm{d}i_C}{\mathrm{d}t} + u_{No} \end{cases} \tag{5.2}$$

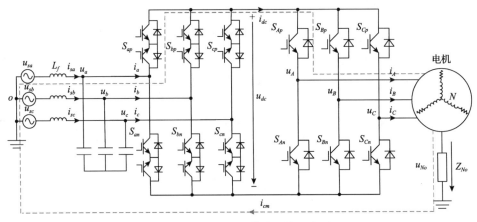

图 5.3   矩阵变换器传动系统示意图

三相对称电流满足 $i_A+i_B+i_C=0$，因而共模电压 u_{No} 的表达式为

$$u_{No} = \frac{u_{Ao} + u_{Bo} + u_{Co}}{3} \tag{5.3}$$

式中，u_{Ao}、u_{Bo}、u_{Co} 分别为矩阵变换器的三相输出电压，与调制策略直接相关。

1. 双级矩阵变换器的共模电压分析

以双级矩阵变换器的空间矢量调制为例，开关采用双边对称脉冲序列（图2.5）。在 τ_1 时间段，中间直流电压为 u_{ab}，直流母线的正极和 a 相电源相连，母线的负极和 b 相电源相连。当逆变级的开关状态为（1 0 0）时，逆变级输出端 A 和直流母线的正极相连，而输出端 B、C 均和直流母线的负极相连，三相输出电压分别为 $u_{Ao}=u_{ao}$、$u_{Bo}=u_{Co}=u_{bo}$，由式（5.3）可得共模电压为 $u_{No}=u_{bc}/3$ 且 $u_{No} \in \left(-\sqrt{3}U_{im}/6, \sqrt{3}U_{im}/6\right)$，其他调制时间段的共模电压可以此类推。由于采用双边对称脉冲序列，共模电压呈现周期对称性，半个开关周期内共模电压的分布规律如表 5.1 所示。

表 5.1   双级矩阵变换器半个开关周期内共模电压的分布规律

u_{dc}	逆变级矢量	时间段	u_{No}	取值范围	最大值
u_{ab}	$\vec{u}_0$	τ_0	u_b	$(-\sqrt{3}U_{im}/2, 0)$	$\sqrt{3}U_{im}/2$
	$\vec{u}_2$	τ_1	$u_{bc}/3$	$(-\sqrt{3}U_{im}/6, \sqrt{3}U_{im}/6)$	$\sqrt{3}U_{im}/6$
	$\vec{u}_3$	τ_2	$u_{ac}/3$	$(\sqrt{3}U_{im}/6, \sqrt{3}U_{im}/3)$	$\sqrt{3}U_{im}/3$
	$\vec{u}_7$	τ_3	u_a	$(\sqrt{3}U_{im}/2, U_{im})$	U_{im}

续表

u_{dc}	逆变级矢量	时间段	u_{No}	取值范围	最大值
u_{ac}	$\vec{u}_2$	$\tau_6/2$	$u_{cb}/3$	$(-\sqrt{3}U_{im}/6,\ \sqrt{3}U_{im}/6)$	$\sqrt{3}U_{im}/6$
	$\vec{u}_3$	τ_5	$u_{ab}/3$	$(\sqrt{3}U_{im}/6,\ \sqrt{3}U_{im}/3)$	$\sqrt{3}U_{im}/3$
	$\vec{u}_7$	τ_4	u_a	$(\sqrt{3}U_{im}/2,\ U_{im})$	U_{im}

可知，双级矩阵变换器的共模电压为一时变量，在半个开关周期内由 7 段电压组成。当逆变级处于零矢量时，共模电压出现极大值。当输出同时连接到瞬时输入电压最大相时，共模电压的最大值为输入电压的峰值 U_{im}；当输出同时连接到瞬时输入电压次大相时，共模电压的最大值为 $\sqrt{3}U_{im}/2$。由上述分析可知，逆变级处于零矢量时矩阵变换器的共模电压通常更大。因此，合理选取和分配零矢量是抑制共模电压的有效途径。基于这种思路的共模电压抑制方法主要分为两种：一是合理选取零矢量，如选取逆变级输出与电压绝对值最小输入相相连时的零矢量；二是避免使用零矢量。

2. 单级矩阵变换器的共模电压分析

同样地，单级矩阵变换器 27 个有效开关状态对应的瞬时共模电压如表 5.2 所示。主要分为以下三类。

类型 I（编号 1～18）：两个输出相连接到同一输入相，第三个输出相连接到另一个输入相。这类开关状态对应的瞬时共模电压值是变化的，其最大值为 $\sqrt{3}U_{im}/2$。

表 5.2　单级矩阵变换器 27 个有效开关状态对应的瞬时共模电压

编号	开关状态	共模电压	编号	开关状态	共模电压	编号	开关状态	共模电压
1	$a\,b\,b$	$u_{bc}/3$	10	$b\,c\,b$	$u_{ba}/3$	19	$a\,a\,a$	u_a
2	$b\,a\,a$	$u_{ac}/3$	11	$a\,c\,a$	$u_{ab}/3$	20	$b\,b\,b$	u_b
3	$b\,c\,c$	$u_{ca}/3$	12	$c\,a\,c$	$u_{cb}/3$	21	$c\,c\,c$	u_c
4	$c\,b\,b$	$u_{ba}/3$	13	$b\,b\,a$	$u_{bc}/3$	22	$a\,b\,c$	0
5	$c\,a\,a$	$u_{ab}/3$	14	$a\,a\,b$	$u_{ac}/3$	23	$a\,c\,b$	0
6	$a\,c\,c$	$u_{cb}/3$	15	$c\,c\,b$	$u_{ca}/3$	24	$c\,a\,b$	0
7	$b\,a\,b$	$u_{bc}/3$	16	$b\,b\,c$	$u_{ba}/3$	25	$b\,a\,c$	0
8	$a\,b\,a$	$u_{ac}/3$	17	$a\,a\,c$	$u_{ab}/3$	26	$b\,c\,a$	0
9	$c\,b\,c$	$u_{ca}/3$	18	$c\,c\,a$	$u_{cb}/3$	27	$c\,b\,a$	0

类型 II（编号 19～21）：三个输出相连接到同一输入相。这类开关状态对应的瞬时共模电压值是变化的，其最大值为 U_{im}。

类型 III（编号 22～27）：三个输出相分别连接到三个不同的输入相，此时输出电压和输入电流的空间矢量无固定方向，称为旋转矢量，相应的瞬时共模电压值为零。

显然，类型 I 和类型 II 对应的瞬时共模电压不为零，而类型 III 对应的瞬时共模电压为零。

5.2　双级矩阵变换器共模电压抑制策略

双级矩阵变换器共模电压抑制策略的关键在于如何选取整流级和逆变级的零矢量，本节介绍两种基于空间矢量的共模电压抑制策略[14,15]。

5.2.1　改进空间矢量调制策略 I

与传统空间矢量调制策略不同，改进空间矢量调制策略 I 将原本作用于逆变级的零矢量转移到整流级调制中，且整流级选择输入电压绝对值最小相桥臂开关直通的零矢量，从而降低了共模电压[14]。

在整流级的调制过程中，中间直流电压由最大线电压、次大线电压以及零电压合成，其中零电压有三种可能的选择，即 u_{aa}、u_{bb}、u_{cc}。零矢量的选择和分配原则为：一是根据输入电压的绝对值大小，选择对应扇区中输入电压绝对值最小的零矢量；二是应该满足任意时刻只有一个开关需要切换的约束。以参考电流矢量位于扇区 I 为例，中间直流电压由 u_{ab}、u_{ac} 以及零电压合成，为保证瞬时中间直流电压极性为上正下负，功率因数角不能超过 $\pm\pi/6$，此时 a 相电压不可能是三相输入电压中绝对值的最小值，因此零电压可行的选择为 u_{bb} 或 u_{cc}，那么共模电压的最大值不会超过 $U_{im}/2$。假定零电流矢量放置在每个开关周期的正中间，若 c 相输入电压绝对值最小，则中间直流电压合成顺序为 u_{ab}、u_{ac}、u_{cc}、u_{ac}、u_{ab}，如图 5.4 所示；若 b 相输入电压绝对值最小，则中间直流电压合成顺序为 u_{ac}、u_{ab}、u_{bb}、u_{ab}、u_{ac}。

假设期望的输出电压矢量位于扇区 II，当中间直流电压为 u_{ab}、u_{ac} 时，逆变级的开关序列要保证有效矢量 $\vec{u}_2$ 和 $\vec{u}_3$ 的合成不变，即满足式（2.29）；而当中间直流电压为 u_{bb} 或 u_{cc} 时，逆变级开关状态可根据实际情况任意选择。图 5.4 是一种典型的开关序列安排方式，图中各个矢量的作用时间分别为 $\tau_1=0.5d_{ua}T_s$、$\tau_2=0.5d_{u\beta}T_s$、$\tau_3=0.5d_{v\beta}T_s$、$\tau_4=0.5d_{va}T_s$、$\tau_5=T_s-2\tau_1-2\tau_2-2\tau_3-2\tau_4$。

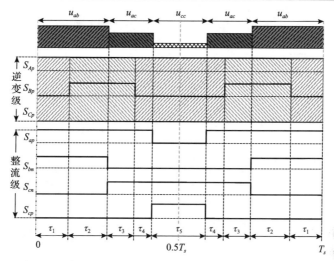

图 5.4　改进空间矢量调制策略 I 的双边对称调制示意图

如图 5.4 所示，相比于传统空间矢量调制策略，逆变级开关次数明显减少，但整流级开关次数增加，该策略有助于改善因开关损耗分布差异而导致的功率器件温升不均现象。值得注意的是，由于整流级在开关状态切换时逆变级正处于有效矢量调制状态，中间直流电流不为零，整流级必须采取换流策略以保证系统安全运行。

综上所述，当整流级处于零矢量时，输入电压最大值不超过 $U_{im}/2$，而逆变级有效矢量调制作用不变，对应的共模电压峰值为 $U_{im}/3$。当整流级为有效矢量时，逆变级调制产生的共模电压不改变，由表 5.1 可知，共模电压最大值减小至 $\sqrt{3}U_{im}/3$。

5.2.2　改进空间矢量调制策略 II

本调制策略在空间矢量调制策略的基础上，将应用于逆变级的零矢量转移到整流级，并重构新型零矢量来代替整流级常规零矢量[15]。新型零矢量定义为整流级所有开关均关断，而逆变级可以为任意有效矢量的状态。鉴于逆变级有六个有效矢量，新型零矢量开关状态如表 5.3 所示。图 5.5 为其中一个零矢量 V_{z1} 的开关状态示意图。值得注意的是，新型零矢量的安排需要满足如下规则：当输出电压矢量位于扇区 I 时，采用零矢量 V_{z1}，开关状态示意图如图 5.5 所示；当输出电压矢量位于扇区 II 时，采用零矢量 V_{z2}；其他扇区的零矢量选取以此类推。

虽然该调制策略下的平均直流电压低于传统空间矢量调制策略，但新型零矢量并不会影响双级矩阵变换器的输出能力，仍然能保证矩阵变换器的最大电压传输比为 0.866。

表 5.3　新型零矢量开关状态

符号	$(S_{ap}\,S_{an}\,S_{bp}\,S_{bn}\,S_{cp}\,S_{cn})$	$(S_{Ap}\,S_{Bp}\,S_{Cp})$
V_{z1}	(0 0 0 0 0 0)	(1 0 0)
V_{z2}	(0 0 0 0 0 0)	(1 1 0)
V_{z3}	(0 0 0 0 0 0)	(0 1 0)
V_{z4}	(0 0 0 0 0 0)	(0 1 1)
V_{z5}	(0 0 0 0 0 0)	(0 0 1)
V_{z6}	(0 0 0 0 0 0)	(1 0 1)

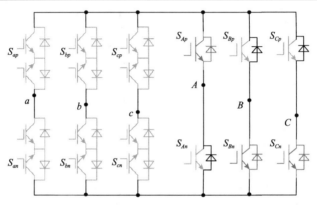

图 5.5　新型零矢量 V_{z1} 的开关状态示意图

假设期望输出电压矢量位于扇区 I，改进空间矢量调制策略 II 的开关序列如图 5.6 所示，其中零矢量占空比 d_0 为

$$d_0 = 1 - d_{u\alpha} - d_{u\beta} - d_{v\alpha} - d_{v\beta} \tag{5.4}$$

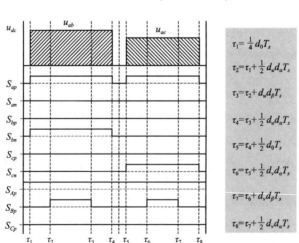

图 5.6　改进空间矢量调制策略 II 的开关序列

由图 5.6 可知，每一个开关周期中，整流级的三相桥臂开关均需要切换，而逆变级只有一个桥臂开关需要切换。相对于传统空间矢量调制策略，逆变级开关次数减少，而整流级开关换流次数增加。因此，该方案改变了系统的损耗分布，完全消除了逆变级的零矢量，通过新的零矢量切断前、后级形成一个高阻路径以抑制共模漏电流，有利于共模电流的抑制。

由图 5.6 不难发现，当整流级开关全关断时，逆变级电压矢量一直为 $\vec{u}_1(1\,0\,0)$，即此时使用零矢量 V_{z1}。由图 5.5 可知，当且仅当 A 相负载电流大于 0（负载电流 i_A 流经电机）时，零矢量才有效，否则，会发生不期望的状态，i_A 流入双级矩阵变换器的箝位电路。根据图 5.7，当期望输出电压矢量位于扇区 I 时，有效工作区域在图 5.7(b) 的右半平面。根据上述分析可以得出，所提调制策略在负载阻抗角范围为 $[-30°, 90°]$ 时有效。因此，所提的调制策略适合感应电机或者永磁同步电机。当大的暂态发生时，如启动或者关机，在很短的一段时间内负载阻抗角可能会超出允许的工作区域。因此，在这些暂态过程中仍然采用传统的空间矢量调制，经过暂态之后，切换至所提调制策略。由于共模电压对电机的危害是一个长期作用的结果，短暂的模式切换并不影响所提调制策略的效果。

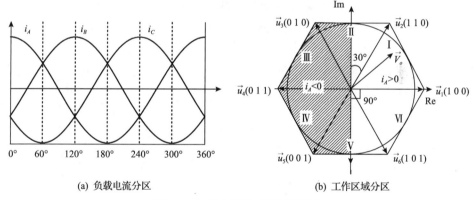

(a) 负载电流分区　　　　　　　　　　　(b) 工作区域分区

图 5.7　负载电流和工作区域划分

在改进空间矢量调制策略 II 下，双级矩阵变换器的共模等效电路如图 5.8 所示，其中 C_{eq} 为电机绕组和电机机壳之间的等效杂散电容，L_0 和 R_0 为电机三相定子绕组的等效共模阻抗，L_f 为输入滤波电感，C_p 为整流级开关的等效共模寄生电容，i_{com} 为共模电流。当矩阵变换器工作在有效矢量调制时，开关 S 处于位置 1，共模电流是零输入响应和零状态响应之和；当矩阵变换器工作在新型零矢量调制时，开关 S 处于位置 2，共模电流仅是零输入响应，其对应的共模阻抗大于位置 1 时。因此，相对于传统调制策略，所提调制策略可减小共模电流。

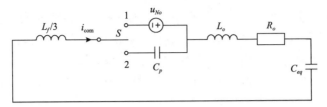

图 5.8　改进空间矢量调制策略 Ⅱ 下的共模等效电路

5.3　单级矩阵变换器共模电压抑制策略

5.3.1　旋转矢量调制策略

由 5.1.2 节分析可知，单级矩阵变换器的旋转矢量(开关组合 22~27)能够保证共模电压为零，在共模电压要求较高的场合极具优势。矩阵变换器旋转矢量开关状态如表 5.4 所示，α_i、β_o 分别为输入电压和输出电流的相角。然而，由于此类矢量方向随时间变化，实际应用中调制难度较大，具体分析如下。

表 5.4　矩阵变换器旋转矢量开关状态

开关状态		输出电压		输入电流	
		幅值 U_{om}	相位 α_o	幅值 I_{im}	相位 β_i
$\vec{r}_1$	$a\,b\,c$	U_{im}	α_i	I_{om}	β_o
$\vec{r}_2$	$a\,c\,b$	U_{im}	$-\alpha_i$	I_{om}	$-\beta_o$
$\vec{r}_3$	$c\,a\,b$	U_{im}	$\dfrac{2}{3}\pi + \alpha_i$	I_{om}	$-\dfrac{2}{3}\pi + \beta_o$
$\vec{r}_4$	$b\,a\,c$	U_{im}	$\dfrac{2}{3}\pi - \alpha_i$	I_{om}	$\dfrac{2}{3}\pi - \beta_o$
$\vec{r}_5$	$b\,c\,a$	U_{im}	$-\dfrac{2}{3}\pi + \alpha_i$	I_{om}	$\dfrac{2}{3}\pi + \beta_o$
$\vec{r}_6$	$c\,b\,a$	U_{im}	$-\dfrac{2}{3}\pi - \alpha_i$	I_{om}	$-\dfrac{2}{3}\pi - \beta_o$

该调制策略也可称为一种扩展的空间矢量调制策略[7]。由表 5.4 可知，单级矩阵变换器的 6 个旋转矢量可以根据相位分为顺时针旋转矢量($\vec{r}_2, \vec{r}_4, \vec{r}_6$)和逆时针旋转矢量($\vec{r}_1, \vec{r}_3, \vec{r}_5$)两类，旋转矢量在电压和电流矢量平面如图 5.9 所示。由此可见，虽然调制矢量不停旋转，但是任意时刻在每个扇区中的旋转矢量个数都为 1，为合成期望的输出电压和输入电流，采取 5 个旋转矢量参与调制。为减小输出电压的波形畸变，距离期望输出电压矢量最远的矢量将不参与调制。

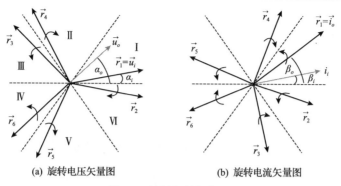

(a) 旋转电压矢量图　　　　　　　(b) 旋转电流矢量图

图 5.9　旋转矢量调制图

以图 5.9(a) 为例，当 $0 \leqslant \alpha_i \leqslant \pi/3$、$0 \leqslant \alpha_0 \leqslant \pi/3$ 时，输入电压矢量和期望输出电压矢量均位于扇区 I，此时参与调制的矢量为 $\vec{r_1}$、$\vec{r_2}$、$\vec{r_3}$、$\vec{r_4}$、$\vec{r_5}$，其在电流矢量图中的位置如图 5.9(b) 所示，为获得期望的功率因数，调制矢量在输入电流矢量垂直方向上的分量为零。根据矢量合成原则，调制矢量 $\vec{r_1} \sim \vec{r_5}$ 对应的 $d_1 \sim d_5$ 需满足

$$d_1 + d_2 + d_3 + d_4 + d_5 = 1 \tag{5.5}$$

$$\begin{cases} U_{im}\left[d_1 \cos(\alpha_i - \alpha_o) + d_2 \cos(-\alpha_i - \alpha_o) + d_3 \cos\left(\dfrac{2}{3}\pi + \alpha_i - \alpha_o\right) \right. \\ \left. + d_4 \cos\left(\dfrac{2}{3}\pi - \alpha_i - \alpha_o\right) + d_5 \cos\left(-\dfrac{2}{3}\pi + \alpha_i - \alpha_o\right) \right] = U_{om} \\ U_{im}\left[d_1 \sin(\alpha_i - \alpha_o) + d_2 \sin(-\alpha_i - \alpha_o) + d_3 \sin\left(\dfrac{2}{3}\pi + \alpha_i - \alpha_o\right) \right. \\ \left. + d_4 \sin\left(\dfrac{2}{3}\pi - \alpha_i - \alpha_o\right) + d_5 \sin\left(-\dfrac{2}{3}\pi + \alpha_i - \alpha_o\right) \right] = 0 \end{cases} \tag{5.6}$$

$$\begin{aligned} & d_1 \sin(\beta_o - \beta_i) + d_2 \sin(-\beta_o - \beta_i) + d_3 \sin\left(-\dfrac{2}{3}\pi + \beta_o - \beta_i\right) \\ & + d_4 \sin\left(\dfrac{2}{3}\pi - \beta_o - \beta_i\right) + d_5 \sin\left(\dfrac{2}{3}\pi + \beta_o - \beta_i\right) = 0 \end{aligned} \tag{5.7}$$

由于式(5.5)和式(5.7)中包含 5 个占空比变量，无法进行求解，对式(5.7)进行简化，有

$$M_1(\beta_i)\sin\beta_o - M_2(\beta_i)\cos\beta_o = 0 \tag{5.8}$$

式中，

$$M_1(\beta_i) = d_1 \cos\beta_i - d_2 \cos(-\beta_i) + d_3 \cos\left(\frac{2}{3}\pi + \beta_i\right) - d_4 \cos\left(\frac{2}{3}\pi - \beta_i\right) \\ + d_5 \cos\left(-\frac{2}{3}\pi + \beta_i\right) \tag{5.9}$$

$$M_2(\beta_i) = d_1 \sin\beta_i - d_2 \sin(-\beta_i) + d_3 \sin\left(\frac{2}{3}\pi + \beta_i\right) - d_4 \sin\left(\frac{2}{3}\pi - \beta_i\right) \\ + d_5 \sin\left(-\frac{2}{3}\pi + \beta_i\right) \tag{5.10}$$

为了在任意输出负载条件下都能获得正弦输入输出波形，需要保证式(5.8)任意输出电压相位 β_o 均成立，即 $M_1(\beta_i) = 0$、$M_2(\beta_i) = 0$ 恒成立。因此，求解占空比为

$$\begin{cases} d_1 = \dfrac{1}{3}\left[1 - 2q\dfrac{\cos\left(\dfrac{\pi}{3} - \alpha_o\right)\cos\beta_i}{\cos\varphi_i} + \sqrt{3}q\dfrac{\sin\left(\dfrac{2\pi}{3} - \alpha_o + \beta_i\right)}{\cos\varphi_i}\right] \\[4mm] d_2 = \dfrac{q}{\sqrt{3}}\dfrac{\sin\left(\dfrac{2\pi}{3} - \alpha_o - \beta_i\right)}{\cos\varphi_i} \\[4mm] d_3 = \dfrac{1}{3}\left[1 - 2q\dfrac{\cos\left(\dfrac{\pi}{3} - \alpha_o\right)\cos\beta_i}{\cos\varphi_i} + \sqrt{3}q\dfrac{\sin(\alpha_o - \beta_i)}{\cos\varphi_i}\right] \\[4mm] d_4 = \dfrac{q}{\sqrt{3}}\dfrac{\sin(\alpha_o + \beta_i)}{\cos\varphi_i} \\[4mm] d_5 = \dfrac{1}{3}\left[1 - 2q\dfrac{\cos\left(\dfrac{\pi}{3} - \alpha_o\right)\cos\beta_i}{\cos\varphi_i}\right] \end{cases} \tag{5.11}$$

式中，$\varphi_i = \alpha_i - \beta_i$ 为输入功率因数角；q 为电压传输比，且 $q \leqslant \dfrac{1}{2}\cos\varphi_i$。

不难发现，输入电流扇区和输出电压扇区共有 36 种组合，不同组合下所采取的旋转矢量及其占空比如表 5.5 所示。其中，占空比的统一表达式为

$$
\begin{cases}
d_1 = \dfrac{1}{3}\left[1 - 2q\,\dfrac{\cos\left(\dfrac{\pi}{3} - \tilde{\alpha}_o\right)\cos\tilde{\beta}_i}{\cos\varphi_i} + \sqrt{3}q\,\dfrac{\sin\left(\dfrac{2\pi}{3} - \tilde{\alpha}_o + \tilde{\beta}_i\right)}{\cos\varphi_i}\right] \\[4mm]
d_2 = \dfrac{q}{\sqrt{3}}\,\dfrac{\sin\left(\dfrac{2\pi}{3} - \tilde{\alpha}_o - \tilde{\beta}_i\right)}{\cos\varphi_i} \\[4mm]
d_3 = \dfrac{1}{3}\left[1 - 2q\,\dfrac{\cos\left(\dfrac{\pi}{3} - \tilde{\alpha}_o\right)\cos\tilde{\beta}_i}{\cos\varphi_i} + \sqrt{3}q\,\dfrac{\sin(\tilde{\alpha}_o - \tilde{\beta}_i)}{\cos\varphi_i}\right] \\[4mm]
d_4 = \dfrac{q}{\sqrt{3}}\,\dfrac{\sin(\tilde{\alpha}_o + \tilde{\beta}_i)}{\cos\varphi_i} \\[4mm]
d_5 = \dfrac{1}{3}\left[1 - 2q\,\dfrac{\cos\left(\dfrac{\pi}{3} - \tilde{\alpha}_o\right)\cos\tilde{\beta}_i}{\cos\varphi_i}\right]
\end{cases}
\tag{5.12}
$$

其中，

$$
\begin{aligned}
k_1 &= \mathrm{int}(0.5 n_{sv}) \\
k_2 &= \mathrm{int}(0.5 n_{si}) \\
\tilde{\alpha}_o &= (-1)^{n_{sv}}\left(\frac{2\pi}{3}k_1 - \alpha_o\right) \\
\tilde{\beta}_i &= (-1)^{n_{si}}\left(\frac{2\pi}{3}k_2 - \beta_i\right)
\end{aligned}
\tag{5.13}
$$

式中，int 代表取整；n_{sv} 为输出电压矢量的扇区；n_{si} 为输入电流矢量的扇区。式 (5.12) 和式 (5.13) 的角度对应关系如图 5.10 所示。

表 5.5　旋转矢量调制下的矢量选取方案

扇区组合		输入电流矢量扇区					
		1	2	3	4	5	6
输出电压矢量扇区	1	$\vec{r}_1\ \vec{r}_2\ \vec{r}_3\ \vec{r}_4\ \vec{r}_5$	$\vec{r}_4\ \vec{r}_5\ \vec{r}_6\ \vec{r}_1\ \vec{r}_2$	$\vec{r}_5\ \vec{r}_4\ \vec{r}_1\ \vec{r}_6\ \vec{r}_3$	$\vec{r}_6\ \vec{r}_3\ \vec{r}_2\ \vec{r}_5\ \vec{r}_4$	$\vec{r}_3\ \vec{r}_6\ \vec{r}_5\ \vec{r}_2\ \vec{r}_1$	$\vec{r}_2\ \vec{r}_1\ \vec{r}_4\ \vec{r}_3\ \vec{r}_6$
	2	$\vec{r}_4\ \vec{r}_3\ \vec{r}_2\ \vec{r}_1\ \vec{r}_6$	$\vec{r}_1\ \vec{r}_6\ \vec{r}_5\ \vec{r}_4\ \vec{r}_3$	$\vec{r}_6\ \vec{r}_1\ \vec{r}_4\ \vec{r}_5\ \vec{r}_2$	$\vec{r}_5\ \vec{r}_2\ \vec{r}_3\ \vec{r}_6\ \vec{r}_1$	$\vec{r}_2\ \vec{r}_5\ \vec{r}_6\ \vec{r}_3\ \vec{r}_4$	$\vec{r}_3\ \vec{r}_4\ \vec{r}_1\ \vec{r}_2\ \vec{r}_5$
	3	$\vec{r}_3\ \vec{r}_4\ \vec{r}_5\ \vec{r}_6\ \vec{r}_1$	$\vec{r}_6\ \vec{r}_1\ \vec{r}_2\ \vec{r}_3\ \vec{r}_4$	$\vec{r}_1\ \vec{r}_6\ \vec{r}_3\ \vec{r}_2\ \vec{r}_5$	$\vec{r}_2\ \vec{r}_5\ \vec{r}_4\ \vec{r}_1\ \vec{r}_6$	$\vec{r}_5\ \vec{r}_2\ \vec{r}_1\ \vec{r}_4\ \vec{r}_3$	$\vec{r}_4\ \vec{r}_3\ \vec{r}_6\ \vec{r}_5\ \vec{r}_2$

续表

扇区组合		输入电流矢量扇区					
		1	2	3	4	5	6
输出电压矢量扇区	4	$\vec{r}_6\ \vec{r}_5\ \vec{r}_4\ \vec{r}_3\ \vec{r}_2$	$\vec{r}_3\ \vec{r}_2\ \vec{r}_1\ \vec{r}_6\ \vec{r}_5$	$\vec{r}_2\ \vec{r}_3\ \vec{r}_6\ \vec{r}_1\ \vec{r}_4$	$\vec{r}_1\ \vec{r}_4\ \vec{r}_5\ \vec{r}_2\ \vec{r}_3$	$\vec{r}_4\ \vec{r}_1\ \vec{r}_2\ \vec{r}_5\ \vec{r}_6$	$\vec{r}_5\ \vec{r}_6\ \vec{r}_3\ \vec{r}_4\ \vec{r}_1$
	5	$\vec{r}_5\ \vec{r}_6\ \vec{r}_1\ \vec{r}_2\ \vec{r}_3$	$\vec{r}_2\ \vec{r}_3\ \vec{r}_4\ \vec{r}_5\ \vec{r}_6$	$\vec{r}_3\ \vec{r}_2\ \vec{r}_5\ \vec{r}_4\ \vec{r}_1$	$\vec{r}_4\ \vec{r}_1\ \vec{r}_6\ \vec{r}_3\ \vec{r}_2$	$\vec{r}_1\ \vec{r}_4\ \vec{r}_3\ \vec{r}_6\ \vec{r}_5$	$\vec{r}_6\ \vec{r}_5\ \vec{r}_2\ \vec{r}_1\ \vec{r}_4$
	6	$\vec{r}_2\ \vec{r}_1\ \vec{r}_6\ \vec{r}_5\ \vec{r}_4$	$\vec{r}_5\ \vec{r}_4\ \vec{r}_3\ \vec{r}_2\ \vec{r}_1$	$\vec{r}_4\ \vec{r}_5\ \vec{r}_2\ \vec{r}_3\ \vec{r}_6$	$\vec{r}_3\ \vec{r}_6\ \vec{r}_1\ \vec{r}_4\ \vec{r}_5$	$\vec{r}_6\ \vec{r}_3\ \vec{r}_4\ \vec{r}_1\ \vec{r}_2$	$\vec{r}_1\ \vec{r}_2\ \vec{r}_5\ \vec{r}_6\ \vec{r}_3$
占空比		$d_1\ d_2\ d_3\ d_4\ d_5$	$d_1\ d_2\ d_3\ d_4\ d_5$	$d_1\ d_2\ d_3\ d_4\ d_5$	$d_1\ d_2\ d_3\ d_4\ d_5$	$d_1\ d_2\ d_3\ d_4\ d_5$	$d_1\ d_2\ d_3\ d_4\ d_5$

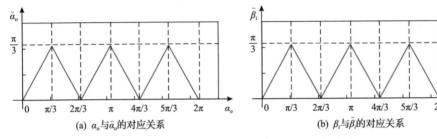

(a) α_o 与 $\tilde{\alpha}_o$ 的对应关系　　　　　　(b) β_i 与 $\tilde{\beta}_i$ 的对应关系

图 5.10　旋转矢量调制策略的角度对应关系

　　假设输入电压和输出电压矢量位于扇区 I，对称开关序列脉冲示意图如图 5.11 所示。可见，每个开关周期中的调制矢量个数为 5，且每个矢量切换时刻都有 2 个开关需要动作，这无疑增加了系统的换流复杂度和开关损耗。值得注意的是，实际开关的切换过程中会出现电压或电流冲击，需要采用改进四步换流策略来确保零共模电压。

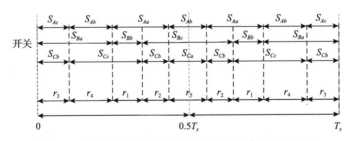

图 5.11　旋转矢量调制策略下对称开关序列脉冲示意图

5.3.2　基于预测控制的共模电压抑制策略

　　基于预测控制的共模电压抑制策略有两种思路：一种是将共模电压作为一个评价指标加入代价函数中，可提高该指标的权重因子以获得更小的共模电压；另一种是直接将有限集中的开关状态限制为共模电压小的开关状态，代价函数不变。

显然，第二种方案的计算时间更短。与旋转矢量调制策略相似，为获得零共模电压，本节介绍的预测控制方法中的有限集仅为六组旋转矢量[16]，其控制框架可参见 2.2.5 节。

任意两个旋转矢量切换时均有两个开关需要动作，将增加系统的换流复杂度和开关损耗，且在换流暂态存在共模电压不为零的情况，下面阐述换流暂态时的共模电压情况。

图 5.12 描述了输出 A 相从开关 S_{Aa}（包括 S_{Aap} 和 S_{Aan}）切换到开关 S_{Ab}（包括 S_{Abp} 和 S_{Abn}）的传统电流型四步换流过程。其中，S_{ijp} 和 S_{ijn}（$i = A, B, C; j = a, b, c$）属于双向开关 S_{ij} 的两个开关。图 5.12(a) 为输出 A 相桥臂的等效电路，图 5.12(b) 为开关 S_{Aa} 切换到 S_{Ab} 的传统电流型四步换流的开关序列过程，定义每步换流的时间间隔为 t_d。

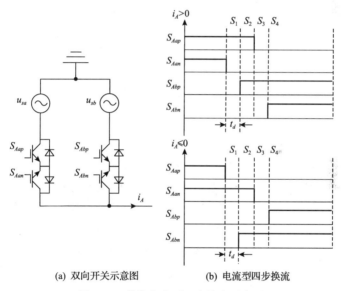

(a) 双向开关示意图　　　　(b) 电流型四步换流

图 5.12　传统电流型四步换流示意图

传统电流型四步换流依赖 A 相输出电流的方向信息，当 A 相输出电流大于零（$i_A > 0$）时，换流步骤如下。

步骤 1（S_1）：关断 S_{Aan}；

步骤 2（S_2）：开通 S_{Abp}；

步骤 3（S_3）：关断 S_{Aap}；

步骤 4（S_4）：开通 S_{Abn}。

当 A 相输出电流小于等于零（$i_A \leqslant 0$）时，换流步骤如下。

步骤 1（S_1）：关断 S_{Aap}；

步骤 2（S_2）：开通 S_{Abn}；

步骤 3（S_3）：关断 S_{Aan}；

步骤 4（S_4）：开通 S_{Abp}。

在传统电流型四步换流下，开关状态从"a b c"切换到开关状态"b a c"的开关序列以及瞬时共模电压值如图 5.13 所示。A 相输出电流 i_A 的换流属于"强迫换流"，发生在传统电流型四步换流的第三步。B 相输出电流 i_B 的换流属于"自然换流"，发生在传统电流型四步换流的第二步，也即 A 相输出电流 i_A 和 B 相输出电流 i_B 的换流不是同时发生的。在传统电流型四步换流的第一、三和四步，对应的开关状态都属于类型Ⅲ，其共模电压为零。而传统电流型四步换流的第二步对应的开关状态为"a a c"，"a a c"不属于类型Ⅲ且其对应的共模电压不为零。因此，采用传统电流型四步换流并不能保证在一个开关周期内的共模电压一直为零。

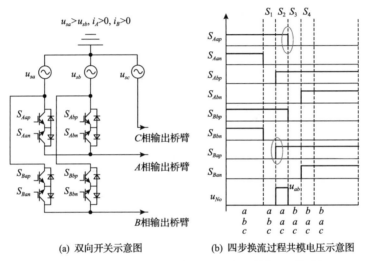

(a) 双向开关示意图　　　　　　(b) 四步换流过程共模电压示意图

图 5.13　基于传统电流型四步换流的瞬时共模电压值分析

为此，提出一种改进的电流型四步换流方法，从而保证瞬时共模电压为零。改进的电流型四步换流将发生在第二步的"自然换流"延迟一步，延迟时间为 t_d，这样传统电流型四步换流的第二步"自然换流"和第三步"强迫换流"同时发生。在改进的电流型四步换流的基础上，描述开关状态从"a b c"切换到开关状态"b a c"的开关序列及瞬时共模电压值如图 5.14 所示。改进的电流型四步换流的第一、二、三和四步换流过程中，对应的开关状态都属于类型Ⅲ，其瞬时共模电压在一个开关周期内恒为零。

在 4 种输入输出情况下输出 A 相从开关 S_{Aa} 切换到开关 S_{Ab} 时，传统电流型四步换流的换流情况如表 5.6 所示。对于情况 1 和 4 的"强迫换流"，改进的电流型四步换流的开关序列与传统电流型四步换流一致。对于情况 2 和 3 的"自然换流"，改进的电流型四步换流的开关序列与传统电流型四步换流不同，将传统电流型四

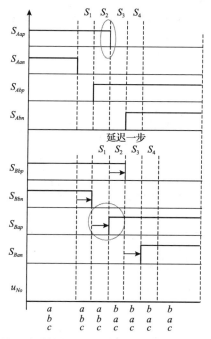

图 5.14　基于改进的电流型四步换流的瞬时共模电压值分析

表 5.6　不同输入输出情况时采用传统电流型四步换流的换流情况

情况	换流成功步骤	特征
$u_{ab} > 0$，$i_A > 0$	步骤 3	$\mathrm{sign}(u_{ab} \cdot i_A) = 1$
$u_{ab} > 0$，$i_A < 0$	步骤 2	$\mathrm{sign}(u_{ab} \cdot i_A) = -1$
$u_{ab} < 0$，$i_A > 0$	步骤 2	$\mathrm{sign}(u_{ab} \cdot i_A) = -1$
$u_{ab} < 0$，$i_A < 0$	步骤 3	$\mathrm{sign}(u_{ab} \cdot i_A) = 1$

步换流过程整体延迟一步，延迟时间为 t_d。总结判定条件为：当 $\mathrm{sign}(u_{ab} \cdot i_A) = -1$ 时，换流步骤需要延迟一步；当 $\mathrm{sign}(u_{ab} \cdot i_A) = 1$ 时，保持传统换流步骤不变。

5.4　实　验　验　证

为进一步验证改进空间矢量调制策略 Ⅰ、改进空间矢量调制策略 Ⅱ 和基于预测控制的共模电压抑制方案的有效性，在阻感性负载、电机负载条件下进行实验验证。

1. 改进空间矢量调制策略 Ⅰ

间接矩阵变换器采用传统空间矢量调制策略的实验结果如图 5.15 所示。整流级采用无零矢量调制，中间直流电压不存在为零的状态。共模电压的峰值约为 95V（实际输入电压的有效值略大于 60V），共模电压的包络线和三相输入电压的包络线一致，与理论分析相符。由于矩阵变换器的高频调制特性，其中间直流电压和共模电压均为高频脉冲序列。

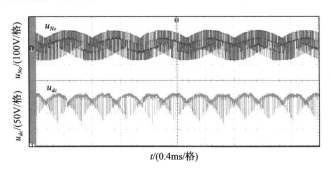

图 5.15 传统空间矢量调制策略的实验结果

对改进空间矢量调制策略 I 在电压传输比 q=0.8 和 q=0.45 的情况下分别进行实验。图 5.16(a) 为 q=0.8 时的共模电压、输出电压、中间直流电压及 A 相输出电流的实验波形。中间直流电压出现零电压，且输出电流正弦，共模电压的峰值约为 55V，约等于改进前共模电压的 57.8%，这与理论分析基本吻合。图 5.16(b)

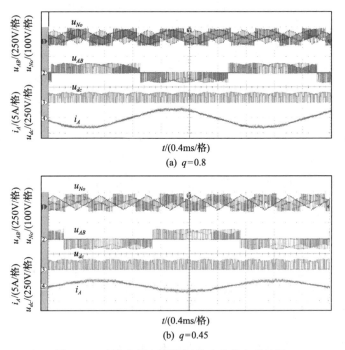

(a) q=0.8

(b) q=0.45

图 5.16 改进空间矢量调制策略 I 的实验结果

为 q=0.45 时的实验波形，与图 5.15 对比可知，由于调制系数降低，输出电流的幅值有所减少，而中间直流电压、输出电压和共模电压的波形轮廓基本不变。

图 5.17(a) 和 (b) 分别为改进空间矢量调制策略 I 在电压传输比 q=0.8 和 q=0.45 时 a 相电网电压和 a 相电网电流的实验波形。由图可见，输入电流基本正弦。由于系统输出功率较小，且输入滤波电容的无功电流占主导地位，所以电流相位超前于电压相位。

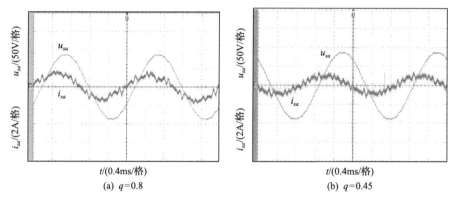

(a) q=0.8　　　　　(b) q=0.45

图 5.17　改进空间矢量调制策略 I 的电网电压和电网电流实验波形

综上所述，实验结果表明改进空间矢量调制策略 I 在保证输入输出电流正弦的前提下，有效减小了矩阵变换器的共模电压峰值。

2. 改进空间矢量调制策略 II

当整流级调制系数设置为 1.0、逆变级调制系数设置为 0.7、输出频率设置为 40Hz 时，传统空间矢量调制策略和改进空间矢量调制策略 II 的实验波形如图 5.18 和图 5.19 所示。相较而言，两种策略的中间直流电压不同，主要原因是传统空间矢量调制策略采取两个较大的线电压来合成中间直流电压；而改进空间矢量调制

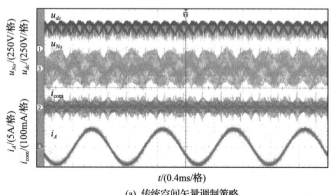

(a) 传统空间矢量调制策略

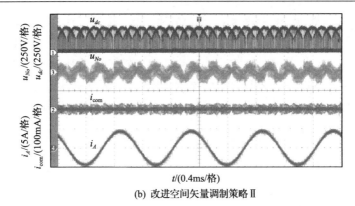

(b) 改进空间矢量调制策略Ⅱ

图 5.18 不同调制方案的实验波形(u_{dc}, u_{No}, i_{com} 和 i_A)

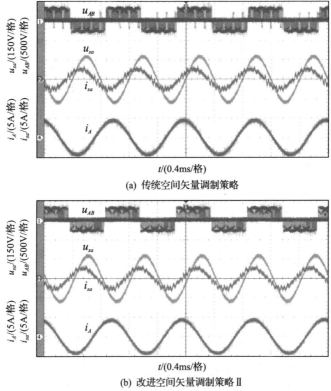

(a) 传统空间矢量调制策略

(b) 改进空间矢量调制策略Ⅱ

图 5.19 不同调制方案的实验波形(u_{AB}, u_{sa}, i_{sa} 和 i_A)

策略Ⅱ采用新型零矢量，中间直流电压由两个较大的线电压以及零电压组成。此外，可以明显看出改进空间矢量调制策略Ⅱ的共模电压和共模电流更小，传统空间矢量调制策略的共模电压和共模电流有效值分别为 114.73V 和 20.52mA，而改进空间矢量调制策略Ⅱ的共模电压和共模电流有效值分别为 59.72V 和 9.80mA。共

模电压和共模电流均大幅降低，证明了改进空间矢量调制策略Ⅱ的有效性。图 5.19
中，电网电流和电网电压之间存在一个小的相角差，这主要由输入滤波电容的无
功电流导致。

表 5.7 为传统空间矢量调制策略和改进空间矢量调制策略Ⅱ的输入输出波形
THD 对比，可见采用新型零矢量不会影响输入输出性能。表 5.8 为改进空间矢量
调制策略Ⅱ和已有共模电压抑制策略[11-13]的共模抑制效果对比，相同测试情形下
改进空间矢量调制策略Ⅱ的共模电流有效值仅为 9.80mA，表明改进空间矢量调制
策略Ⅱ可以更好地抑制共模电流。

表 5.7　传统空间矢量调制策略和改进空间矢量调制策略Ⅱ的输入输出波形 THD 对比

方法	电网电流 THD	输出电流 THD	输出电压 THD
传统 SVM	11.68%	1.63%	105.81%
改进 SVMⅡ	10.81%	1.57%	101.81%

表 5.8　共模电压和共模电流抑制效果对比

方法		改进 SVMⅡ	文献[12]的方法Ⅰ	文献[13]的方法	文献[11]的方法Ⅰ
共模电压	有效值	59.72V	65.84V	65.30V	77.46V
	峰峰值	370V	368V	360V	392V
共模电流	有效值	9.80mA	11.95mA	10.32mA	11.87mA
	峰峰值	86mA	110mA	112mA	114mA

3. 基于预测控制的共模电压抑制策略

图 5.20 为矩阵变换器的网侧功率因数角为 0°且参考输出电流幅值 I_{om}=8A、f_o=
30Hz 下的实验波形。图 5.20(a) 和图 5.20(b) 分别为传统预测控制策略和基于预
测控制的共模电压抑制策略下的实验波形。可见，两种策略的输出线电压的包络
完全不同，相对而言，基于预测控制的共模电压抑制策略的输入输出电流的波形
质量较差。传统有限集模型预测控制策略的执行时间为 62.1μs，而基于预测控制
的共模电压抑制策略的执行时间为 24.97μs，计算时间显著缩短。因此，基于预测
控制的共模电压抑制策略可以实现更小的采样周期和更高的开关频率，从而提高
输入输出电流的跟踪精度和动态性能。图 5.21 为两种策略下的共模电压波形以及
FFT 分析，可见基于预测控制的共模电压抑制策略的共模电压有效值为 3.29V，
远低于传统预测控制策略下的 46.13V，实验结果验证了所提预测控制策略的有
效性。

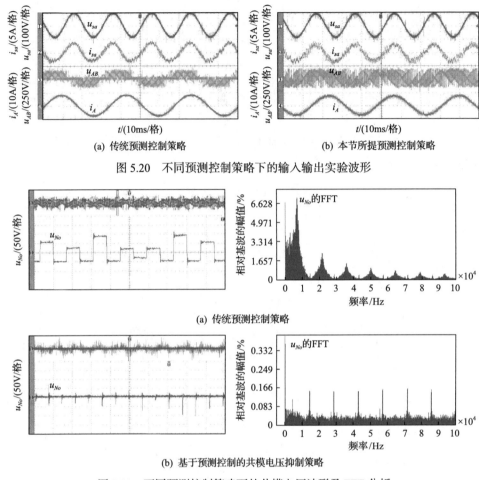

(a) 传统预测控制策略　　　　　　　　　　(b) 本节所提预测控制策略

图 5.20　不同预测控制策略下的输入输出实验波形

(a) 传统预测控制策略

(b) 基于预测控制的共模电压抑制策略

图 5.21　不同预测控制策略下的共模电压波形及 FFT 分析

5.5　本　章　小　结

　　本章针对双级矩阵变换器,详细介绍了两种基于改进空间矢量调制的共模电压抑制策略,这两种策略均通过将逆变级的零矢量转移到整流级,灵活选择整流级零矢量来实现共模电压抑制,并且仍然保证了矩阵变换器 0.866 的最大电压传输比。改进空间矢量调制策略 I 的整流级零矢量选取输入电压绝对值最小相桥臂直通的开关状态,而改进空间矢量调制策略 II 的新型零矢量定义为整流级所有开关均关断的状态。改进空间矢量调制策略 II 的新型零矢量提高了系统的共模阻抗,从而大幅降低了共模电流,且基本保证了与传统空间矢量调制策略相同的波形质量。针对单级矩阵变换器,利用旋转矢量对应共模电压为零的特征,介绍了旋转矢量调制策略和基于预测控制的共模电压抑制策略，这两种策略大大降低了共模电压。基于预测控制的共模电压抑制策略将有限集设定为 6 个旋转矢量，大大降低了控制器的计算量。为了避免开关切换时出现非旋转矢量的状态，提出了改进电流型四步换流方法，其核心思想是将原本第二步换流成功的开关的换流步骤延后一步，从而避免换流的暂态过程中出现非零的共模电压。

参 考 文 献

[1] Kume T, Yamada K, Higuchi T, et al. Integrated filter and their combined effects in matrix converter[J]. IEEE Transactions on Industry Applications, 2007, 43(2): 571-581.

[2] Mohapatra K K, Mohan N. Open-end winding induction motor driven with matrix converter for common-mode elimination[C]. Proceedings of IEEE Power Electronics, Drives and Energy Systems, New Delhi, 2006: 1-6.

[3] 何必, 林桦, 张晓锋, 等. 电流控制型矩阵变换器抑制共模电压控制策略[J]. 中国电机工程学报, 2007, 27(25):90-96.

[4] Han J C, Enjeti P N. An approach to reduce common mode voltage in matrix converter[J]. IEEE Transactions on Industry Applications, 2003, 39(4): 1151-1159.

[5] Lee H H, Nguyen H M, Jung E H. A study on reduction of common-mode voltage in matrix converter with unity input power factor and sinusoidal input/output waveforms[C]. 31st Annual Conference of the IEEE Industrial Electronics Society, Raleigh, 2005: 1210-1216.

[6] Espina J, Ortega C, de Lillo L, et al. Reduction of output common mode voltage using a novel SVM implementation in matrix converters for improved motor lifetime[J]. IEEE Transactions on Industrial Electronics, 2014, 61(11): 5903-5911.

[7] Nguyen H M, Lee H H. A modulation scheme for matrix converters with perfect zero common-mode voltage[J]. IEEE Transactions on Power Electronics, 2016, 31(8): 5411-5422.

[8] 刘洪臣, 陈希有, 冯勇, 等. 双电压合成矩阵变换器共模电压的研究[J]. 中国电机工程学报, 2004, 24(12): 182-186.

[9] Vargas R, Ammann U, Rodríguez J, et al. Predictive strategy to control common-mode voltage in loads fed by matrix converters[J]. IEEE Transactions on Industrial Electronics, 2008, 55(12): 4372-4380.

[10] Peña R, Cárdenas R, Reyes E, et al. Control of a doubly fed induction generator via an indirect matrix converter with changing DC voltage[J]. IEEE Transactions on Industrial Electronics, 2011, 58(10): 4664-4674.

[11] Padhee V, Sahoo A K, Mohan N. Modulation techniques for enhanced reduction in common mode voltage and output voltage distortion in indirect matrix converters[J]. IEEE Transactions on Industrial Electronics, 2017, 32(11): 8655-8670.

[12] Nguyen T D, Lee H H. Modulation strategies to reduce common-mode voltage for indirect matrix converters[J]. IEEE Transactions on Industrial Electronics, 2012, 59(1): 129-140.

[13] Nguyen T D, Lee H H. A new SVM method for an indirect matrix converter with common-mode voltage reduction[J]. IEEE Transactions on Industrial Electronics, 2014, 10(1): 61-72.

[14] 粟梅, 张关关, 孙尧, 等. 减少间接矩阵变换器共模电压的改进空间矢量调制策略[J]. 中国电机工程学报, 2014, 34(24): 4015-4021.

[15] Su M, Lin J, Sun Y, et al. A new modulation strategy to reduce common mode current of indirect matrix converter[J]. IEEE Transactions on Industrial Electronics, 2019, 66(9): 7447-7452.

[16] Wang L, Dan H, Zhao Y, et al. A finite control set model predictive control method for matrix converter with zero common-mode voltage[J]. IEEE Journal of Emerging and Selected Topics in Power Electronics, 2018, 6(1): 327-338.

第6章　矩阵变换器输入无功功率扩展方法

在电力系统中，绝大多数电力设备如变压器、交流电动机等均呈感性，通常需要就近对电力设备或负荷配备无源电容器组、静止同步补偿器等装置进行无功功率补偿，以提高电网功率因数、调整电网电压及改善电网供电质量。矩阵变换器作为高性能电力变换器，在驱动负载的同时可在其输入侧向电网提供一定的无功功率。然而，矩阵变换器的无功功率特性和控制规律十分复杂，它与拓扑结构、调制策略、电压传输比和负载性质等诸多因素有关。

针对单级矩阵变换器拓扑，文献[1]提出了一种采用空间矢量表示矩阵变换器开关状态的直接调制策略，相比其他经典调制策略，采用该方法可获得更大的输入无功功率控制范围。此外，文献[2]提出了一种基于奇异值解耦技术的广义调制策略，对矩阵变换器进行建模与分析，得到了一个新的表征输出电压增益与输入功率因数之间关系的函数表达式，相比其他方法能更充分地发挥矩阵变换器的输出能力，并获得较大的输入无功功率。然而，上述两种方法的计算过程较复杂，且不易理解，实现起来也较为困难。

双级矩阵变换器拓扑包含整流级和逆变级，具备物理上的中间直流环节，拓扑形式更灵活，且能克服传统单级矩阵变换器拓扑存在的换流控制复杂、箝位电路庞大等不足。不过，其逆变级的开关结构使得中间直流电压必须上正下负，若采用常规的调制策略，则输入无功功率控制能力相对传统拓扑略差，甚至在负载纯感性时不能产生任何输入无功功率。文献[3]提出了一种基于间接空间矢量调制的混合调制策略，通过解耦输出电压和输入无功电流的合成过程，极大地扩展了输入无功功率的控制范围，但该策略的无功功率控制能力仍不可避免地依赖输出电流的大小和相位。

此外，文献[4]针对采用直接开关函数法的单级矩阵变换器和采用空间矢量调制策略的双级矩阵变换器，详细分析了二者输入无功功率控制的问题，并总结了输入无功功率的性质及控制范围在不同运行条件下的调节规律。

本章主要对矩阵变换器的输入无功功率特性展开分析，重点介绍几种可扩大输入无功功率范围的方法。

6.1　矩阵变换器无功功率描述

众所周知，无功功率描述的是交流电网某节点电压与正交的电流所产生的电功率，对实际能量的传递不做贡献。对矩阵变换器系统而言，交流输入、输出两侧均可产生无功功率，但输出侧无功功率由负载性质决定，与矩阵变换器本身无关；而输入侧电流相位却可通过调制手段或控制手段进行调节，输入电压固定时称为输入功率因数调节。譬如，当矩阵变换器连接阻感性负载运行时，输出侧自行根据负载状况产生感性无功功率，但输入侧可通过调节无功功率的方式实现矩阵变换器的单位输入功率因数运行。因此，本章所提及的矩阵变换器无功功率即指输入无功功率。

根据相关定义，三相矩阵变换器的输入有功功率 P_i、无功功率 Q_i 分别为

$$P_i = 1.5U_{im}I_{im}\cos\varphi_i \tag{6.1}$$

$$Q_i = 1.5U_{im}I_{im}\sin\varphi_i = \pm1.5U_{im}I_{im}^q \tag{6.2}$$

无功功率的正负表征产生的无功功率是感性的还是容性的。由于矩阵变换器的输入电压固定，输入无功功率控制一般可通过调节输入电流的幅值及相位来实现。

实际上，在三相系统中，根据瞬时功率理论可得

$$p = u_ai_a + u_bi_b + u_ci_c = 1.5U_{im}I_{im}\cos\varphi_i \tag{6.3}$$

综合式(6.1)～式(6.3)可知，三相系统的瞬时功率 p 和有功功率 P_i 是相等的，表明三相系统中的瞬时功率为恒定值，不存在脉动；三相系统的瞬时无功功率为0，表明输入无功功率仅在相间进行交互，无功功率 Q_i 仅表征三相之间无功交互的力度。

根据式(6.1)和式(6.2)，无功功率还可表示为

$$Q_i = P_i\tan\varphi_i \tag{6.4}$$

由此可知，矩阵变换器的输入无功功率还与其传输的有功功率有关。矩阵变换器没有中间储能环节，若不考虑开关器件的损耗，则输入、输出有功功率相等，因此输入无功功率也与输出有功功率 P_o 有关，即

$$Q_i = P_o\tan\varphi_i = 1.5U_{om}I_{om}\cos\varphi_L\tan\varphi_i \tag{6.5}$$

不难发现，输入无功功率还与负载的相关参数有关，如负载类型、负载阻抗角 φ_L 等。

矩阵变换器的负载电流通常保持连续，且在开关周期内近似为恒流。不失一般性地，本章主要考虑以下两类负载：Ⅰ类电流源负载，输出电流幅值 I_{om} 固定，不依赖输出电压，但负载阻抗角 φ_L 随参考输出电压的变化而变化；Ⅱ类阻感性负载(电阻 R、电感 L)，输出电流幅值 I_{om} 随负载的变化而变化，负载阻抗角 φ_L 则

由负载本身决定。这两类负载可分别表示为

$$Z_L^{\mathrm{I}} = \frac{U_{om}}{I_{om}} \angle \varphi_L \tag{6.6}$$

$$Z_Z^{\mathrm{II}} = R + \mathrm{j}\omega_o L = \left| Z_Z^{\mathrm{II}}(\omega_o) \right| \angle \varphi_L \tag{6.7}$$

考虑上述两种负载类型，若输入电压固定，则相应的无功功率表达式可表述如下：

$$Q_i^{\mathrm{I}} = 1.5 U_{im} I_{om} q \cos\varphi_L \tan\varphi_i \tag{6.8}$$

$$Q_i^{\mathrm{II}} = \frac{1.5 U_{im}^2}{\left| Z_L^{\mathrm{II}} \right|} q^2 \cos\varphi_L \tan\varphi_i \tag{6.9}$$

由此可知，在确定的输入电压及负载下，输入无功功率 Q_i 基本由电压传输比 q、负载阻抗角 φ_L 以及输入功率因数角 φ_i 决定。

在本节中，矩阵变换器无功功率控制能力是指，在给定的运行条件下，矩阵变换器所能获得的最大输入无功功率 $|Q_{i\max}|$。因无功功率有感性、容性之分，故可将矩阵变换器的输入无功功率控制范围定义为 $-|Q_{i\max}| \leqslant Q_i \leqslant |Q_{i\max}|$。同时，矩阵变换器无中间储能环节的特点使其控制性能对调制策略的依赖性更强，因而分析矩阵变换器的无功功率控制能力实际上是分析采用确定调制策略的矩阵变换器无功功率控制能力。

为方便与其他方法进行对比，这里对输入无功功率采用标幺值表示。对于 I 类、II 类负载，分别定义输入无功功率基准为

$$Q_b^{\mathrm{I}} = 1.5 q_{\max} U_{im} I_{om} \tag{6.10}$$

$$Q_b^{\mathrm{II}} = \frac{1.5}{\left| Z_L^{\mathrm{II}} \right|} (q_{\max} U_{im})^2 \tag{6.11}$$

式中，Q_b 为输入无功功率基准。

6.2　单级矩阵变换器输入无功功率扩展方法

本节针对单级矩阵变换器拓扑，介绍一种基于数学构造法的输入无功功率扩展方法[5]，并分析其无功功率特性。

6.2.1　扩展无功功率调制策略描述

类似于一般性的数学构造法，扩展无功功率调制策略中所采用的调制矩阵 M 仍表示为过渡调制矩阵和偏置矩阵之和，即

$$M = M' + M_0 \tag{6.12}$$

过渡调制矩阵 M' 由两部分组成，即

$$M' = M_1 + M_2 \tag{6.13}$$

$$M_1 = m_p M_{ip}(\omega_o) M_{rp}^{\mathrm{T}}(\omega_i) \tag{6.14}$$

$$M_2 = m_q M_{iq}(\omega_o) M_{rq}^{\mathrm{T}}(\omega_i) \tag{6.15}$$

式中，M_1 用于产生期望的输出电压；M_2 致力于产生输入无功电流；m_p、m_q 分别为有功功率调制系数、无功功率调制系数；$M_{rp}(\omega_i)$、$M_{ip}(\omega_o)$、$M_{rq}(\omega_i)$、$M_{iq}(\omega_o)$ 分别为

$$M_{rp}(\omega_i) = \begin{bmatrix} \cos(\omega_i t) \\ \cos\left(\omega_i t - \dfrac{2\pi}{3}\right) \\ \cos\left(\omega_i t + \dfrac{2\pi}{3}\right) \end{bmatrix} \tag{6.16}$$

$$M_{ip}(\omega_o) = \begin{bmatrix} \cos(\omega_o t - \varphi_o) \\ \cos\left(\omega_o t - \varphi_o - \dfrac{2\pi}{3}\right) \\ \cos\left(\omega_o t - \varphi_o + \dfrac{2\pi}{3}\right) \end{bmatrix} \tag{6.17}$$

$$M_{rq}(\omega_i) = \begin{bmatrix} \cos\left(\omega_i t \pm \dfrac{\pi}{2}\right) \\ \cos\left(\omega_i t \pm \dfrac{\pi}{2} - \dfrac{2\pi}{3}\right) \\ \cos\left(\omega_i t \pm \dfrac{\pi}{2} + \dfrac{2\pi}{3}\right) \end{bmatrix} \tag{6.18}$$

$$M_{iq}(\omega_o) = \begin{bmatrix} \cos(\omega_o t - \varphi_o + \phi) \\ \cos\left(\omega_o t - \varphi_o + \phi - \dfrac{2\pi}{3}\right) \\ \cos\left(\omega_o t - \varphi_o + \phi + \dfrac{2\pi}{3}\right) \end{bmatrix} \tag{6.19}$$

值得注意的是，无功功率整流调制矩阵 $M_{rq}(\omega_i)$ 中的符号"$\pm$"决定该调制策略产生的是容性无功功率还是感性无功功率，"$+$"表示产生容性无功功率，代表无功电流超前输入电压，"$-$"表示产生感性无功功率，代表无功电流滞后输入电压。

首先，考虑输出电压要求，有功功率调制系数 m_p 可优先取值，即

$$m_p = \frac{2}{3}q \tag{6.20}$$

然后，根据矩阵变换器的变换原理 $i_i = M^{\mathrm{T}}i_o$，写出输入电流表达式：

$$i_i = 1.5 I_{om} m_p \cos\varphi_L \underbrace{\begin{bmatrix} \cos(\omega_i t) \\ \cos\left(\omega_i t - \dfrac{2\pi}{3}\right) \\ \cos\left(\omega_i t + \dfrac{2\pi}{3}\right) \end{bmatrix}}_{i_d}$$

$$+ 1.5 I_{om} m_q \cos(\varphi_L + \phi) \underbrace{\begin{bmatrix} \cos\left(\omega_i t \pm \dfrac{\pi}{2}\right) \\ \cos\left(\omega_i t \pm \dfrac{\pi}{2} - \dfrac{2\pi}{3}\right) \\ \cos\left(\omega_i t \pm \dfrac{\pi}{2} + \dfrac{2\pi}{3}\right) \end{bmatrix}}_{i_q} \tag{6.21}$$

其中，输入电流包括有功电流和无功电流两部分，分别由 i_d 和 i_q 表示，其幅值分别为

$$I_{im}^d = 1.5 I_{om} m_p \cos\varphi_L \tag{6.22}$$

$$I_{im}^q = 1.5 I_{om} m_q \cos(\varphi_L + \phi) \tag{6.23}$$

在式(6.22)和式(6.23)中，I_{im}^d 和 I_{im}^q 均依赖输出电流幅值 I_{om} 和负载阻抗角

φ_L，由输出侧负载决定。显然，在该调制策略中，m_p 控制输入有功电流，m_q 和 ϕ 共同控制输入无功电流。如果 $m_q = 0$ 或 $\varphi_L + \phi = \pi/2$，则输入无功电流为零，输入电流与输入电压完全同相，实现单位输入功率因数运行。

在给定参考输出电压和负载的情况下，该算法可通过选取合适的 m_q 和 ϕ 增大输入无功电流幅值，进而增大输入无功功率。

由此，可定义一个以最大化输入无功电流为目标的约束优化问题，具体表述如下：

$$\begin{aligned} &\text{Max } I_{im}^q \left(m_q, \phi \right) \\ &\text{s.t. } 0 \leqslant m_{ij}' \leqslant 1, \quad \sum_j m_{ij}' = 1 \end{aligned} \tag{6.24}$$

显然，该约束优化问题涉及 9 个开关占空比，非常复杂，采用数值方法也很难直接求解出全局最优解析解。为了减轻微控制器的运算负担，本节采用一种次优解法。

首先，将 M_2 划分为以下两部分：

$$M_2 = M_{21} + M_{22} \tag{6.25}$$

$$M_{21} = m_{q1} M_{ip}(\omega_o) M_{rq}^{\mathrm{T}}(\omega_i) \tag{6.26}$$

$$M_{22} = m_{q2} M_{iq}'(\omega_o) M_{rq}^{\mathrm{T}}(\omega_i) \tag{6.27}$$

式中，m_{q1} 和 m_{q2} 为新的调制系数；$M_{iq}'(\omega_o)$ 为

$$M_{iq}'(\omega_o) = \begin{bmatrix} \cos\left(\omega_o t - \varphi_o + \phi'\right) \\ \cos\left(\omega_o t - \varphi_o + \phi' - \dfrac{2\pi}{3}\right) \\ \cos\left(\omega_o t - \varphi_o + \phi' + \dfrac{2\pi}{3}\right) \end{bmatrix} \tag{6.28}$$

然后，将 M_{21} 与 M_1 合并，得到

$$M_1 + M_{21} = \sqrt{m_p^2 + m_{q1}^2} \, M_{ip}(\omega_o) M_r'^{\mathrm{T}}(\omega_i) \tag{6.29}$$

$$M_r'(\omega_i) = \begin{bmatrix} \cos\left(\omega_i t \pm \vartheta\right) \\ \cos\left(\omega_i t \pm \vartheta - \dfrac{2\pi}{3}\right) \\ \cos\left(\omega_i t \pm \vartheta + \dfrac{2\pi}{3}\right) \end{bmatrix} \tag{6.30}$$

式中，$\vartheta = \arctan\left(m_{q1}/m_p\right)$。因此，新的调制矩阵 M' 为

$$M' = \sqrt{m_p^2 + m_{q1}^2}\, M_{ip}\left(\omega_o\right)M_r'^{\mathrm{T}}\left(\omega_i\right) + m_{q2}M_{iq}'\left(\omega_o\right)M_{rq}^{\mathrm{T}}\left(\omega_i\right) \tag{6.31}$$

依据单级矩阵变换器虚拟调制的物理过程，调制系数 m_p、m_{q1} 和 m_{q2} 至少应满足以下约束条件：

$$\sqrt{m_p^2 + m_{q1}^2} + m_{q2} \leqslant \frac{\sqrt{3}}{3} \tag{6.32}$$

采用新的调制矩阵，输入无功电流幅值应改写为

$$I_{im}^q = 1.5 I_{om}\left[m_{q1}\cos\varphi_L + m_{q2}\cos\left(\varphi_L + \phi'\right)\right] \tag{6.33}$$

由式 (6.33) 可知，为得到最大的输入无功电流，需合理选取 m_{q1}、m_{q2} 和 ϕ'，显然应令 $\phi' = -\varphi_L$，且 m_{q2} 为

$$m_{q2} = \frac{\sqrt{3}}{3} - \sqrt{m_p^2 + m_{q1}^2} \tag{6.34}$$

接着，将 $\phi' = -\varphi_L$ 和式 (6.34) 代入式 (6.33)，可得

$$I_{im}^q = 1.5 I_{om}\left(\frac{\sqrt{3}}{3} + m_{q1}\cos\varphi_L - \sqrt{m_p^2 + m_{q1}^2}\right) \tag{6.35}$$

因为 m_p 由电压传输比 q 决定，而 m_{q2} 的求解与 m_{q1} 有关，m_{q1} 未知，所以将如式 (6.35) 所示的输入无功电流对 m_{q1} 求导，得到

$$\frac{\partial I_{im}^q}{\partial m_{q1}} = 1.5 I_{om}\left(\cos\varphi_L - \frac{m_{q1}}{\sqrt{m_p^2 + m_{q1}^2}}\right) \tag{6.36}$$

令 $\partial I_{im}^q / \partial m_{q1} = 0$，则有

$$m_{q1} = \frac{m_p}{\tan\varphi_L} \tag{6.37}$$

结合约束条件 (6.32)，通过简化计算，m_{q1} 应取为

$$m_{q1} = \begin{cases} \dfrac{2q}{3\tan\varphi_L}, & q \leqslant q_{\max}\sin\varphi_L \\[3mm] \sqrt{\dfrac{1}{3} - \dfrac{4}{9}q^2}, & q_{\max}\sin\varphi_L < q \leqslant q_{\max} \end{cases} \tag{6.38}$$

至此，采用上述策略求解出 m_p、m_{q1} 和 m_{q2}，矩阵变换器在得到期望输出电压的同时还能得到较大的输入无功功率。

6.2.2　扩展无功功率调制策略的无功功率分析

当矩阵变换器采用上述扩展无功功率调制策略时，针对Ⅰ类、Ⅱ类负载，分别计算出最大输入无功功率如下：

$$\left|Q_{i\max}\right|^{\mathrm{I}} = \begin{cases} 1.5U_{im}I_{om}(q_{\max} - q\sin\varphi_L), & q \leqslant q_{\max}\sin\varphi_L \\[2mm] 1.5U_{im}I_{om}\cos\varphi_L\sqrt{q_{\max}^2 - q^2}, & q_{\max}\sin\varphi_L < q < q_{\max} \end{cases} \tag{6.39}$$

$$\left|Q_{i\max}\right|^{\mathrm{II}} = \begin{cases} \dfrac{1.5}{\left|Z_L^{\mathrm{II}}\right|}qU_{im}^2(q_{\max} - q\sin\varphi_L), & q \leqslant q_{\max}\sin\varphi_L \\[4mm] \dfrac{1.5}{\left|Z_L^{\mathrm{II}}\right|}qU_{im}^2\cos\varphi_L\sqrt{q_{\max}^2 - q^2}, & q_{\max}\sin\varphi_L < q < q_{\max} \end{cases} \tag{6.40}$$

两类负载下，最大输入无功功率 $\left|Q_{i\max}\right|$ 对应不同电压传输比 q、负载阻抗角 φ_L 的三维立体图分别如图 6.1 和图 6.2 所示，其中，最大输入无功功率 $\left|Q_{i\max}\right|$ 采用了标幺值，基准值如式 (6.10) 和式 (6.11) 所示。

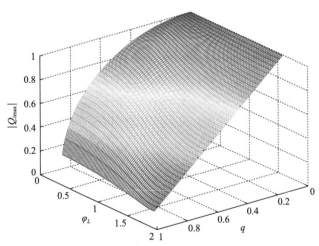

图 6.1　扩展无功功率调制策略在Ⅰ类负载下的三维立体图

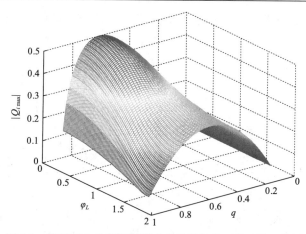

图 6.2　扩展无功功率调制策略在 II 类负载下的三维立体图

图 6.3 和图 6.4 分别展示了扩展无功功率调制策略、直接开关函数法和空间矢量调制策略在 I 类、II 类负载下的最大输入无功功率曲线。

在 I 类负载下,如果负载阻抗角 φ_L 近似为零(图 6.3(a)),采用直接开关函数法几乎不能产生任何输入无功功率,但采用空间矢量调制策略和扩展无功功率调制策略能产生相同的输入无功功率。对于图 6.3(b)所示的最大输入无功功率曲线 $(\varphi_L = \pi/6)$,相比图 6.3(a)所示的情况,随着 φ_L 的增大,采用直接开关函数法

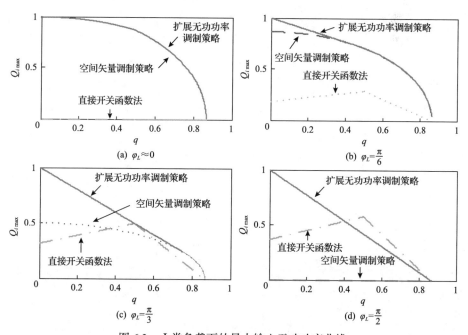

图 6.3　I 类负载下的最大输入无功功率曲线

所产生的输入无功功率范围有所增大，但无功功率曲线变化趋势是先随电压传输比 q 线性增长至 $q=0.5$，后又逐渐减小至零（$q=q_{max}$）；而采用扩展无功功率调制策略所产生的输入无功功率在任何电压传输比 q（$q\leqslant q_{max}$）下均大于其他两种策略。图 6.3(c) 显示了 $\varphi_L=\pi/3$ 的情况，发现直接开关函数法与扩展无功功率调制策略的两条曲线相交于一点，由最大无功功率曲线随 φ_L 变化的趋势可知，当 φ_L 大于 $\pi/3$ 时，将会出现采用直接开关函数法所产生的输入无功功率大于扩展无功功率调制策略的情况。最后，观察图 6.3(d) 所示的情况（$\varphi_L=\pi/2$）：一方面，采用空间矢量调制策略不能产生任何输入无功功率；另一方面，直接开关函数法的输入无功功率在 $q=0.5$ 处达到全局最大值。

类似地，对于 II 类负载，图 6.4 所示的所有曲线均随着电压传输比 q 的增大，先上升后下降。当采用直接开关函数法时，最大的输入无功功率仍在 $q=0.5$ 处出现，并随着负载阻抗角 φ_L 的增大而增大。当采用空间矢量调制策略时，全局最大输入无功功率出现在

$$q=\frac{q_{max}}{\sqrt{2}} \tag{6.41}$$

且与负载阻抗角 φ_L 成反比。

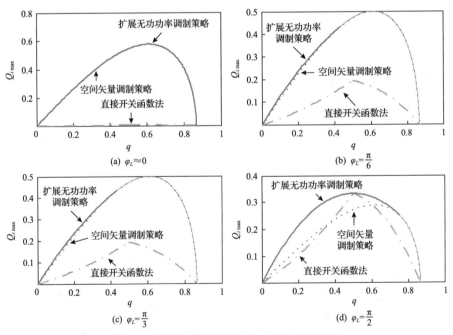

图 6.4　II 类负载下的最大输入无功功率曲线

　　然而，如果采用本节提出的扩展无功功率调制策略，全局最大输入无功功率值出现的电压传输比 q 却是变化的，即

$$q = \begin{cases} \dfrac{q_{max}}{2\sin\varphi_L}, & \varphi_L \leqslant \dfrac{\pi}{4} \\[3mm] \dfrac{q_{max}}{\sqrt{2}}, & \varphi_L > \dfrac{\pi}{4} \end{cases} \tag{6.42}$$

可见最大无功功率曲线随 φ_L 变化的趋势与空间矢量调制策略是一致的。

　　综上所述，相比其他两种策略，扩展无功功率调制策略所产生的输入无功功率在负载阻抗角小于 $\pi/3$ 时是最高的，即使负载阻抗角为 $\pi/2$，输入无功功率控制范围在电压传输比 $q \leqslant 0.4$ 时仍是最大的，只在更高的电压传输比下稍低于直接开关函数法。

6.2.3　实验验证

　　搭建小功率单级矩阵变换器实验平台，对基于数学构造法的扩展无功功率调制策略进行实验验证。输出频率设定为 60Hz，采样频率为 5kHz，开关序列采用双边对称形式。

　　为便于分析，对基于数学构造法的一般性调制策略和扩展无功功率调制策略都进行了实验验证。

　　考虑产生容性输入无功功率，当 $q = 0.2$ 时，图 6.5(a) 和 (b) 分别为采用一般性调制策略和扩展无功功率调制策略的实验波形，包括 a 相电网电压 u_{sa}、a 相电网电流 i_{sa}、输出电压 u_{AC}、B 相输出电流 i_B；图 6.5(c) 和 (d) 则是相应调制策略在 $q = 0.3$ 时的实验波形。上述图中，a 相电网电流总是超前 a 相电网电压，说明产生的是容性无功功率；在一定的电压传输比下，两种调制策略的输出电流波形几乎相同，但电网电流波形明显不同，这是因为二者产生的输入无功电流有所不同。此外，产生感性无功功率时的实验波形如图 6.6 所示，与产生容性无功功率的实验结果类似，但两种调制策略的电网电流波形存在明显区别，此时是电网电流滞后电网电压某个角度。

　　利用数字示波器的功率分析模块，对上述实验结果进行计算，得到相对应的单相输入无功功率值，如表 6.1 所示。从表中可知，无论是产生容性无功功率还是感性无功功率，与一般性调制策略相比，采用扩展无功功率调制策略均能产生更大的输入无功功率。

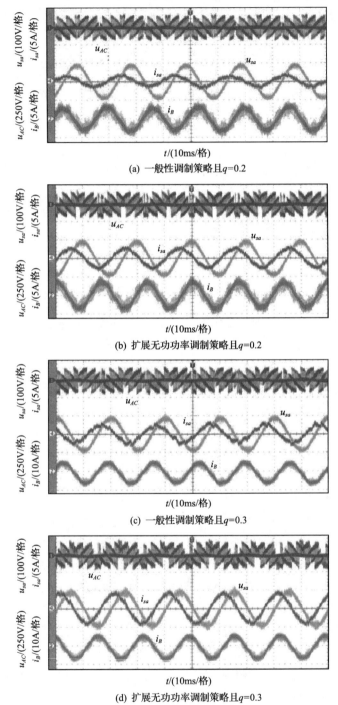

(a) 一般性调制策略且q=0.2

(b) 扩展无功功率调制策略且q=0.2

(c) 一般性调制策略且q=0.3

(d) 扩展无功功率调制策略且q=0.3

图 6.5 考虑容性无功的实验波形

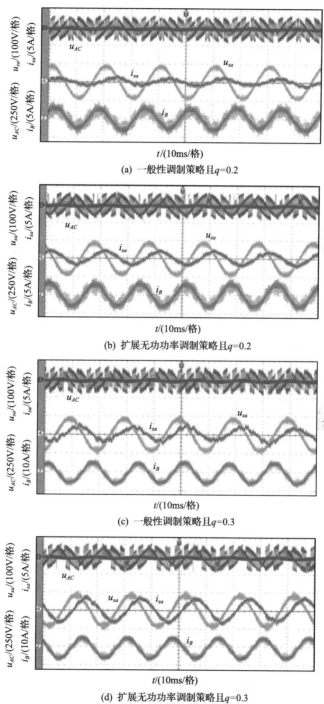

(a) 一般性调制策略且q=0.2

(b) 扩展无功功率调制策略且q=0.2

(c) 一般性调制策略且q=0.3

(d) 扩展无功功率调制策略且q=0.3

图 6.6　考虑感性无功功率时的实验波形

表 6.1　不同电压传输比下两种调制策略的输入无功功率值

调制策略	q 值	输入无功功率值/var	
		容性	感性
一般性调制策略	0.2	72	41.1
	0.3	113	82.8
扩展无功功率调制策略	0.2	122	81.8
	0.3	182	137

6.3　双级矩阵变换器输入无功功率扩展方法

本节针对双级矩阵变换器拓扑，先分析传统空间矢量调制策略的无功功率控制能力，再介绍两种基于空间矢量合成的扩展无功功率调制策略[6]。

6.3.1　传统空间矢量调制策略的无功功率分析

当采用传统空间矢量调制策略时，双级矩阵变换器的输入无功功率 Q_i 是通过调节输入功率因数角 φ_i 来实现的，且 $|\varphi_i|$ 越大意味着 $|Q_i|$ 越大。但是，对双级矩阵变换器来说，如果 $|\varphi_i| > \pi/6$，中间直流电压 u_{dc} 将上负下正，导致逆变级短路。因此，必须确保 $|\varphi_i| > \pi/6$。另外，为获得最大的输入功率因数角 $|\varphi_{i\max}|$，应令 $m_v m_c = 1$。根据上述条件进行综合分析，可得

$$|\varphi_{i\max}| = \begin{cases} \dfrac{\pi}{6}, & 0 \leqslant q \leqslant \dfrac{3}{4} \\ \arccos\left(\dfrac{q}{q_{\max}}\right), & \dfrac{3}{4} < q \leqslant q_{\max} \end{cases} \tag{6.43}$$

可知，$|\varphi_{i\max}|$ 与电压传输比 q 有关，因直流电压必须上正下负，故在 $q \leqslant 3/4$ 时只能取 $\pi/6$。不失一般性地，只考虑 I 类负载，最大输入无功功率 $|Q_{i\max}|$ 可表述为

$$|Q_{i\max}| = \begin{cases} \dfrac{\sqrt{3}}{2} U_{im} I_{om} \cos\varphi_L q, & 0 \leqslant q \leqslant \dfrac{3}{4} \\ \dfrac{3}{2} U_{im} I_{om} \cos\varphi_L \sqrt{q_{\max}^2 - q^2}, & \dfrac{3}{4} < q \leqslant q_{\max} \end{cases} \tag{6.44}$$

由此可知，与传统单级矩阵变换器类似，双级矩阵变换器的输入无功功率与

电压传输比 q 及负载阻抗角 φ_L 有关，但受自身拓扑的影响，其最大输入无功功率 $|Q_{i\max}|$ 将呈现不同的结果。

图 6.7 是在不同负载阻抗角 $(\varphi_L=\pi/6,\pi/3,\pi/2)$ 下 $|Q_{i\max}|$ 与 q 的变化趋势，其中，$|Q_{i\max}|$ 采用了标幺值。由图可知，$|Q_{i\max}|$ 随着 φ_L 的增大而减小，在纯感性负载 $(\varphi_L=\pi/2)$ 下不产生输入无功功率，且 $|Q_{i\max}|$ 随 q 的增大先增大，后减小，在 $q=0.75$ 时达到最大值。当电压传输比最大和最小时，双级矩阵变换器在输入侧都不产生无功功率。

图 6.8 为 $|Q_{i\max}|$ 与 q、φ_L 的三维立体图，与采用空间矢量调制策略的单级矩阵变换器相比，输入无功功率的控制范围大大减小，这限制了双级矩阵变换器在需要大范围无功功率控制场合的应用。

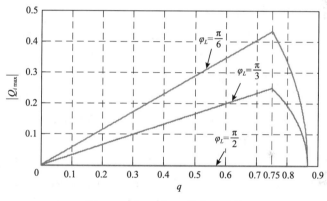

图 6.7　$|Q_{i\max}|$ 与 q 的变化趋势

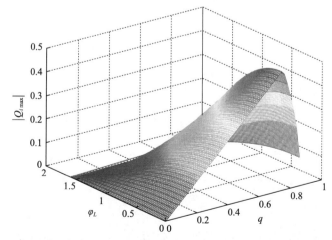

图 6.8　双级矩阵变换器在空间矢量调制策略下无功功率控制能力的三维立体图

6.3.2 扩展无功功率调制策略原理

在传统空间矢量调制策略下，$|\varphi_{i\max}|$ 的限制使双级矩阵变换器的无功功率控制范围受到约束。实际上，采用矢量倒置法，通过合理协调整流级和逆变级的开关状态，可在确保中间直流电压上正下负的前提下，将输入功率因数角的范围从 $[-\pi/6, \pi/6]$ 扩大至 $[-\pi/2, \pi/2]$。具体实施方案为：在整流级合成期望的输入电流矢量时，若与其相邻的某一矢量会导致 u_{dc} 上负下正，则用与该矢量相反的电流矢量替代，同时逆变级相应地采取相反的电压矢量，这样就可以保证 u_{dc} 一直上正下负，且确保在输入电流合成的同时不影响输出电压的合成。

当采用传统空间矢量调制策略时，双级矩阵变换器的最大输入无功功率 $|Q_{i\max}|$ 对负载阻抗角 φ_L 的依赖性较强。针对该问题，本节介绍两种基于空间矢量合成思想的扩展无功功率调制策略。

根据瞬时功率理论，输入电流矢量 $\vec{i}_i$ 可分解为有功电流矢量 $\vec{i}_{id}$ 和无功电流矢量 $\vec{i}_{iq}$ 两部分。输入有功电流矢量与输入电压矢量同相位，与输入无功电流矢量正交。本节采用的扩展无功功率调制策略的核心思想是：首先对输出电压矢量和输入无功电流矢量进行独立矢量合成；然后借助矢量倒置法将上述两个合成过程进行有机合并，形成新的电压参考矢量；最后统一采用空间矢量调制策略合成期望的输出电压和输入无功电流。

直观地，为了实现输入有功电流和无功电流的独立控制，可在每个开关周期将调制过程分成如图 6.9 所示的两个部分：第一部分用来合成期望的输出电压和输入有功电流部分，对应的占空比定义为 d_x；第二部分仅用来合成输入无功电流，对应的占空比为 d_y。为了提高输入无功控制能力以及最大化电压利用率，令 $d_x + d_y = 1$。

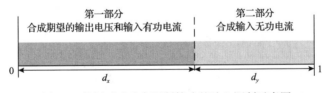

图 6.9　扩展无功功率调制策略的独立调制示意图

根据扩展无功功率调制策略的思想，在一个开关周期内，整流级调制可使用 2 个或 3 个有效矢量，由此分别定义为调制策略 I 和调制策略 II。

1. 调制策略 I

以参考有功电流矢量 $\vec{i}_{id}$ 在扇区 I、参考无功电流矢量 $\vec{i}_{iq}$ 在扇区 III（产生容性无功电流）为例（图 6.10），$\vec{i}_{id}$ 仍由其所在扇区相邻的有效矢量 $\vec{i}_{1(ab)}$ 和 $\vec{i}_{2(ac)}$ 合成，

而 $\vec{i}_{iq}$ 由 $\vec{i}_{2(ac)}$ 和 $\vec{i}_{4(ba)}$ 合成，注意到二者均采用矢量 $\vec{i}_{2(ac)}$。同时，为确保中间直流电压上正下负，合成无功电流矢量 $\vec{i}_{iq}$ 时所采用的 $\vec{i}_{4(ba)}$ 将由与其方向相反的 $\vec{i}_{1(ab)}$ 替代。由此，整流级调制仅采用两个有效矢量 $\vec{i}_{1(ab)}$ 和 $\vec{i}_{2(ac)}$。

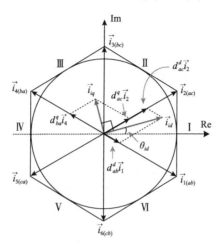

图 6.10　调制策略 I 的整流级矢量合成

1)输出电压合成

输出电压合成(输入有功电流合成)部分旨在得到期望的输出电压，通过在整流级合成参考有功电流矢量 $\vec{i}_{id}$，在逆变级合成参考输出电压 $\vec{u}_o^d$(上标"d"表示输出电压合成部分)来实现。

对于整流级，合成参考有功电流矢量 $\vec{i}_{id} = I_{im}^d \mathrm{e}^{\mathrm{j}\theta_{id}}$ 的占空比为

$$\begin{cases} d_{ab}^d = d_x m_i^d \sin\left(\dfrac{\pi}{6} - \theta_{id}\right) \\[2mm] d_{ac}^d = d_x m_i^d \sin\left(\dfrac{\pi}{6} + \theta_{id}\right) \end{cases} \tag{6.45}$$

式中，$\theta_{id} \in [-\pi/6, \pi/6]$ 为 $\vec{i}_{id}$ 的矢量角，即 $\vec{u}_i$ 的矢量角；m_i^d 为合成有功电流阶段的整流级调制系数，$0 \leqslant m_i^d \leqslant 1$。为了扩大无功功率控制范围，调制系数需满足

$$m_i^d = 1, \quad d_x = \frac{q}{q_{\max}} \tag{6.46}$$

由此，求得平均中间直流电压 $\bar{u}_{dc}^d$ 为

$$\bar{u}_{dc}^d = 1.5 m_i^d d_x U_{im} \tag{6.47}$$

对于逆变级，若仍以参考输出电压矢量 $\vec{u}_o^d = U_{om}^d e^{j\theta_o}$ 在扇区 I 为例，如图 2.3 所示，相应的占空比如式(2.21)所示，重写为

$$\begin{cases} d_{pnn}^d = m_o^d \sin\left(\dfrac{\pi}{3} - \theta_o\right) \\ d_{ppn}^d = m_o^d \sin\theta_o \end{cases} \tag{6.48}$$

式中，m_o^d 为逆变级调制系数，表示为

$$m_o^d = \frac{\sqrt{3}U_{om}^d}{\bar{u}_{dc}^d} \tag{6.49}$$

为了得到期望的输出电压，应满足

$$m_i^d m_o^d d_x = \frac{q}{q_{\max}} \tag{6.50}$$

为方便分析，本节令 $m_o^d = 1$，$m_i^d = q/q_{\max}$，则 $\bar{u}_{dc}^d = \sqrt{3}U_{om}^d$。虽然 $\bar{u}_{dc}^d$ 为常数，但是整流级在合成有功电流期间的两段直流电压 u_{ab} 和 u_{ac} 分别为

$$\begin{cases} u_{ab} = \sqrt{3}U_{im} \cos\left(\theta_{id} + \dfrac{\pi}{6}\right) \\ u_{ac} = \sqrt{3}U_{im} \cos\left(\theta_{id} - \dfrac{\pi}{6}\right) \end{cases} \tag{6.51}$$

若将输出电压合成根据直流电压 $u_{dc}^d = u_{ab}$ 与 $u_{dc}^d = u_{ac}$ 分为两段，则可分别计算出两段的直流电压平均值 $\bar{u}_{dc(ab)}^d$ 和 $\bar{u}_{dc(ac)}^d$ 如下：

$$\bar{u}_{dc(ab)}^d = u_{ab} d_{ab}^d = \frac{\sqrt{3}}{2} m_i^d U_{im} \left[\frac{\sqrt{3}}{2} - \sin(2\theta_{id})\right] \tag{6.52}$$

$$\bar{u}_{dc(ac)}^d = u_{ac} d_{ac}^d = \frac{\sqrt{3}}{2} m_i^d U_{im} \left[\frac{\sqrt{3}}{2} + \sin(2\theta_{id})\right] \tag{6.53}$$

显然，两式之和即如式(6.47)所示。

依据式(6.49)及 $m_o^d = 1$，可分别计算出上述两段直流电压下的输出电压矢量 $\vec{u}_{o(ab)}^d$ 和 $\vec{u}_{o(ac)}^d$，分别为

$$\vec{u}_{o(ab)}^d = \frac{\overline{u}_{dc(ab)}^d}{\sqrt{3}} e^{j\theta_o} \tag{6.54}$$

$$\vec{u}_{o(ac)}^d = \frac{\overline{u}_{dc(ac)}^d}{\sqrt{3}} e^{j\theta_o} \tag{6.55}$$

可见 $\vec{u}_{o(ab)}^d$ 和 $\vec{u}_{o(ac)}^d$ 的大小与各电压段的平均直流电压有关，二者方向一致，那么期望的参考输出电压 $\vec{u}_o^d$ 可视作两个在不同直流电压段合成的电压矢量（$\vec{u}_{o(ab)}^d$ 与 $\vec{u}_{o(ac)}^d$）的矢量和 $\vec{u}_o^d = \vec{u}_{o(ab)}^d + \vec{u}_{o(ac)}^d$，如图 6.11 所示。

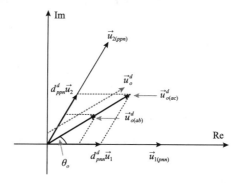

图 6.11　逆变级输出电压矢量合成(输出电压合成阶段)

2）输入无功电流合成

输入无功电流合成部分主要包括整流级合成参考无功电流矢量 $\vec{i}_{iq}$、逆变级合成参考输出电压 $\vec{u}_o^q$（上标" q "表示输入无功电流合成）。

先不考虑矢量倒置，如图 6.10 所示，整流级采用矢量 $\vec{i}_{2(ac)}$ 和 $\vec{i}_{4(ba)}$ 合成 $\vec{i}_{iq} = I_{im}^q e^{j(\theta_{id}+\pi/2)}$，相应的占空比为

$$\begin{cases} d_{ac}^q = d_y m_i^q \sin\left(\dfrac{\pi}{3} - \theta_{id}\right) \\ d_{ba}^q = d_y m_i^q \sin\left(\dfrac{\pi}{3} + \theta_{id}\right) \end{cases} \tag{6.56}$$

式中，m_i^q 为输入无功电流合成阶段的整流级调制系数，$0 \leqslant m_i^q \leqslant 1/\sqrt{3}$；$d_y$ 表示为

$$d_y = 1 - \frac{q}{q_{\max}} \tag{6.57}$$

因此，m_i^q 在一定程度上表征了参考输入无功电流的大小。

　　类似地，整流级产生两段直流电压 $u_{dc}^q = u_{ac}$ 与 $u_{dc}^q = u_{ba}$，由于 $u_{ba} = -u_{ab}$，根据式 (6.51) 和式 (6.56)，计算两段直流电压平均值 $\bar{u}_{dc(ac)}^q$ 和 $\bar{u}_{dc(ba)}^q$ 如下：

$$\bar{u}_{dc(ac)}^q = u_{ac}d_{ac}^q = \frac{\sqrt{3}}{2}m_i^q U_{im}\left[\frac{1}{2} + \cos(2\theta_{id})\right] \tag{6.58}$$

$$\bar{u}_{dc(ba)}^q = u_{ba}d_{ba}^q = -\frac{\sqrt{3}}{2}m_i^q U_{im}\left[\frac{1}{2} + \cos(2\theta_{id})\right] \tag{6.59}$$

　　由式 (6.58) 和式 (6.59) 可知，$\bar{u}_{dc(ba)}^q = -\bar{u}_{dc(ac)}^q$。若直接采用 $\vec{i}_{4(ba)}$ 参与无功电流合成，则整体平均直流电压 $\bar{u}_{dc}^q$ 为

$$\bar{u}_{dc}^q = \bar{u}_{dc(ba)}^q + \bar{u}_{dc(ac)}^q = 0 \tag{6.60}$$

　　因此，在合成无功电流时，逆变级输出的电压平均值为零，这表明输入无功电流合成不影响输出电压合成，二者是相互解耦的。

　　对于逆变级，参照式 (6.54) 和式 (6.55) 可知，两段直流电压（u_{ac} 与 u_{ba}）下的输出电压矢量 $\vec{u}_{o(ac)}^q$ 和 $\vec{u}_{o(ba)}^q$ 分别为

$$\vec{u}_{o(ac)}^q = \frac{\bar{u}_{dc(ac)}^q}{\sqrt{3}}e^{j\theta} \tag{6.61}$$

$$\vec{u}_{o(ba)}^q = \frac{\bar{u}_{dc(ba)}^q}{\sqrt{3}}e^{j\theta} \tag{6.62}$$

式中，θ 为参考矢量 $\vec{u}_{o(ab)}^q$ 与 $\vec{u}_{o(ac)}^q$ 的矢量角，$\vec{u}_{o(ba)}^q$ 与 $\vec{u}_{o(ac)}^q$ 大小相等，方向相反，$\vec{u}_o^q = \vec{u}_{o(ac)}^q + \vec{u}_{o(ba)}^q = 0$。

　　理论上，$\vec{u}_o^q$ 可能在任意扇区，但仍以 $\vec{u}_o^q$ 在扇区 I 为例，设 m_o^q 为输入无功电流合成阶段的逆变级调制系数，且 $m_o^q = 1$，则相邻矢量的占空比为

$$\begin{cases} d_{pnn}^q = \sin\left(\dfrac{\pi}{3} - \theta\right) \\ d_{ppn}^q = \sin\theta \end{cases} \tag{6.63}$$

计算平均直流电流 $\bar{i}_{dc}^q$ 为

$$\bar{i}_{dc}^{q} = \frac{\sqrt{3}}{2} I_{om} \cos\left[\theta - (\theta_o - \varphi_L)\right] \tag{6.64}$$

式中，$\theta_o - \varphi_L$ 为输出电流矢量 $\vec{i}_o$ 的矢量角。当 $\theta = \theta_o - \varphi_L$ 时，$\bar{i}_{dc}^{q}$ 获得最大值；当 $\theta - (\theta_o - \varphi_L) = \pm\pi/2$ 时，$\bar{i}_{dc}^{q}$ 为零，那么

$$\bar{i}_{dc(ba)}^{q} = \bar{i}_{dc(ac)}^{q} = \frac{1}{2}\bar{i}_{dc}^{q} = \frac{\sqrt{3}}{4} I_{om} \cos\left[\theta - (\theta_o - \varphi_L)\right] \tag{6.65}$$

由于在 $\vec{i}_{4(ba)}$ 工作期间，$u_{dc}^{q} = u_{ba} < 0$，$\vec{i}_{4(ba)}$ 将由 $\vec{i}_{1(ab)}$ 替代。那么，在实际的输入无功电流合成阶段，占空比 d_{ba}^{q} 应为 d_{ab}^{q}，当 $u_{ab}^{q} = u_{ab}$ 时，平均直流电压 $\bar{u}_{dc(ab)}^{q} = \bar{u}_{dc(ac)}^{q}$，且参考输出电压矢量 $\vec{u}_{o(ab)}^{q}$ 也应改写为

$$\vec{u}_{o(ab)}^{q} = \frac{\bar{u}_{dc(ab)}^{q}}{\sqrt{3}} e^{j(\theta+\pi)} \tag{6.66}$$

可知，$\vec{u}_{o(ab)}^{q}$ 与 $\vec{u}_{o(ac)}^{q}$ 方向相反，使得 $\vec{u}_o^{q} = \vec{u}_{o(ab)}^{q} + \vec{u}_{o(ac)}^{q} = 0$，如图 6.12 所示，$\vec{u}_{o(ac)}^{q}$ 仍在扇区 I，但 $\vec{u}_{o(ab)}^{q}$ 在对应的扇区 IV，逆变级输出的电压平均值仍为零。此时，总平均直流电压为 $\bar{u}_{dc}^{q} = 2\bar{u}_{dc(ac)}^{q}$，平均直流电流 $\bar{i}_{dc}^{q} = 0$。

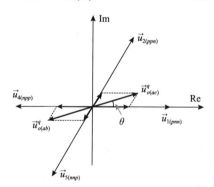

图 6.12　逆变级输出电压矢量合成(输入无功电流合成阶段)

注意到，为不影响期望输入无功电流的特性(容性或感性)，在矢量 $\vec{i}_{2(ac)}$ 工作期间，由式(6.65)所示的平均直流电流 $\bar{i}_{dc(ac)}^{q} \geqslant 0$，在 $\vec{i}_{1(ab)}$ 工作期间，$\bar{i}_{dc(ab)}^{q} < 0$，因此有

$$-\frac{\pi}{2} < \theta - (\theta_o - \varphi_L) \leqslant \frac{\pi}{2} \tag{6.67}$$

可知，θ 与输出电流矢量 $\vec{i}_o$ 的矢量角的夹角不能超出 $[-\pi/2, \pi/2]$。

3）合并输出电压合成与输入无功电流合成

若在一个开关周期内依次进行输出电压合成与输入无功电流合成，则输出电压与输入无功电流的调制范围都将受到较大约束。为优化调制性能，可巧妙地利用相同的直流电压段将这两部分进行合并。

在直流电压 $u_{dc} = u_{ab}$ 段，参与逆变级调制的输出电压参考矢量分别为 $\vec{u}^d_{o(ab)}$ 和 $\vec{u}^q_{o(ab)}$；在直流电压 $u_{dc} = u_{ac}$ 段，输出电压参考矢量分别为 $\vec{u}^d_{o(ac)}$ 和 $\vec{u}^q_{o(ac)}$。

首先，将每段直流电压下的两个参考电压矢量的矢量和作为新的参考矢量，也就是

$$\vec{u}_{o(ab)} = \vec{u}^d_{o(ab)} + \vec{u}^q_{o(ab)} \tag{6.68}$$

$$\vec{u}_{o(ac)} = \vec{u}^d_{o(ac)} + \vec{u}^q_{o(ac)} \tag{6.69}$$

然后，根据新参考矢量的大小和位置确定逆变级调制的扇区，如图 6.13 所示，并以此计算相应矢量的占空比。为方便计算，逆变级调制系数取值为 $m_{o(ac)} = m_{o(ab)} = 1$。

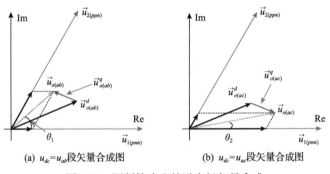

(a) $u_{dc} = u_{ab}$ 段矢量合成图   (b) $u_{dc} = u_{ac}$ 段矢量合成图

图 6.13　调制策略 I 的逆变级矢量合成

与常规空间矢量调制不同，该方法可能使新参考矢量在两个直流电压段呈不同的方向，进而采用不同的矢量，这意味着逆变级采用的矢量数目可能大于 2。

逆变级的电压参考矢量合并的前提是整流级在一个开关周期内仅产生两段直流电压 u_{ab} 和 u_{ac}，设整流级矢量 $\vec{i}_{1(ab)}$ 和 $\vec{i}_{2(ac)}$ 的占空比为 d_{ab} 和 d_{ac}。

参照式 (6.52)～式 (6.55)，设逆变级调制的新参考电压矢量为

$$\vec{u}_{o(ab)} = \frac{u_{ab} d_{ab}}{\sqrt{3}} \mathrm{e}^{\mathrm{j}\theta_1} \tag{6.70}$$

$$\vec{u}_{o(ac)} = \frac{u_{ac}d_{ac}}{\sqrt{3}}\mathrm{e}^{\mathrm{j}\theta_2} \tag{6.71}$$

式中，θ_1 和 θ_2 分别为新参考矢量 $\vec{u}_{o(ab)}$ 和 $\vec{u}_{o(ac)}$ 的矢量角。

根据矢量合成的平行四边形法则，由图 6.13 可得

$$d_{ab}\mathrm{e}^{\mathrm{j}\theta_1} = d_{ab}^d\mathrm{e}^{\mathrm{j}\theta_o} + d_{ab}^q\mathrm{e}^{\mathrm{j}(\theta+\pi)} \tag{6.72}$$

$$d_{ac}\mathrm{e}^{\mathrm{j}\theta_2} = d_{ac}^d\mathrm{e}^{\mathrm{j}\theta_o} + d_{ac}^q\mathrm{e}^{\mathrm{j}\theta} \tag{6.73}$$

根据余弦定理，计算可得

$$d_{ab} = \sqrt{\left(d_{ab}^d\right)^2 + \left(d_{ab}^q\right)^2 - 2d_{ab}^d d_{ab}^q \cos\left(\theta_o - \theta\right)} \tag{6.74}$$

$$d_{ac} = \sqrt{\left(d_{ac}^d\right)^2 + \left(d_{ac}^q\right)^2 - 2d_{ac}^d d_{ac}^q \cos\left(\pi + \theta_o - \theta\right)} \tag{6.75}$$

此外，

$$\begin{cases} \theta_1 = \arctan\left(\dfrac{d_{ab}^d \sin\theta_o - d_{ab}^q \sin\theta}{d_{ab}^d \cos\theta_o - d_{ab}^q \cos\theta}\right) \\[4mm] \theta_2 = \arctan\left(\dfrac{d_{ac}^d \sin\theta_o + d_{ac}^q \sin\theta}{d_{ac}^d \cos\theta_o + d_{ac}^q \cos\theta}\right) \end{cases} \tag{6.76}$$

结合有功功率和无功功率分别调制时矢量占空比的表达式，可知整流级矢量占空比 d_{ab} 和 d_{ac} 与调制系数 m_i^d、m_i^q，输入电压矢量角 θ_{id} 及夹角 $\theta_c = \theta_o - \theta$ 有关。

不失一般性地，假设新输出电压参考矢量的位置如图 6.13 所示（$\vec{u}_{o(ab)}$ 在扇区 I，$\vec{u}_{o(ac)}$ 在扇区 I），则结合整流级和逆变级后有效矢量的实际占空比为

$$\begin{cases} d_{pnn(ab)} = d_{ab}\sin\left(\dfrac{\pi}{3} - \theta_1\right) \\[3mm] d_{ppn(ab)} = d_{ab}\sin\theta_1 \\[3mm] d_{pnn(ac)} = d_{ac}\sin\left(\dfrac{\pi}{3} - \theta_2\right) \\[3mm] d_{ppn(ac)} = d_{ac}\sin\theta_2 \end{cases} \tag{6.77}$$

图 6.14 为调制策略 I 在一个开关周期内的直流电压与电流示意图，其中，直

流电压分为 u_{ab} 和 u_{ac} 两段，而直流电流在 u_{ab} 段为 i_A 和 $-i_C$，在 u_{ac} 段为 $-i_C$ 和 i_A。二矢量调制策略的运行限制是有效矢量的总占空比 d_{Σ} 满足

$$d_{\Sigma} = d_{pnn(ab)} + d_{ppn(ab)} + d_{pnn(ac)} + d_{ppn(ac)} \leqslant 1 \tag{6.78}$$

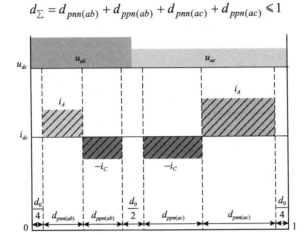

图 6.14　调制策略Ⅰ在一个开关周期内的直流电压与电流示意图

2. 调制策略Ⅱ

仍以参考有功电流矢量 $\vec{i}_{id}$ 在扇区Ⅰ、参考无功电流矢量 $\vec{i}_{iq}$ 在扇区Ⅲ（产生容性无功电流）为例，如图 6.15 所示，$\vec{i}_{id}$ 由有效矢量 $\vec{i}_{1(ab)}$ 和 $\vec{i}_{2(ac)}$ 合成，而 $\vec{i}_{iq}$ 选择与其相邻的矢量 $\vec{i}_{3(bc)}$ 和 $\vec{i}_{4(ba)}$ 来合成。同时，为确保中间直流电压上正下负，合成无功电流矢量 $\vec{i}_{iq}$ 所采用的 $\vec{i}_{4(ba)}$ 将由 $\vec{i}_{1(ab)}$ 替代。该调制策略下，整流级将采用 3 个有效矢量 $\vec{i}_{1(ab)}$、$\vec{i}_{2(ac)}$ 和 $\vec{i}_{3(bc)}$。

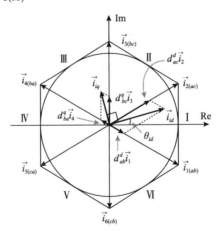

图 6.15　调制策略Ⅱ的整流级矢量合成

1）输出电压合成

由于采用相同的矢量，调制策略 II 的输出电压合成（输入有功电流合成）与调制策略 I 相同。

相应地，将输出电压合成过程按照直流电压 $u_{dc}^d = u_{ab}$ 与 $u_{dc}^d = u_{ac}$ 分为两段，可计算出直流电压平均值 $\bar{u}_{dc(ab)}^d$、$\bar{u}_{dc(ac)}^d$，以及输出电压矢量 $\vec{u}_{o(ab)}^d$ 和 $\vec{u}_{o(ac)}^d$，参考输出电压为 $\vec{u}_o^d = \vec{u}_{o(ab)}^d + \vec{u}_{o(ac)}^d$，如图 6.11 所示。

2）输入无功电流合成

同样地，输入无功电流合成是通过在整流级合成 $\vec{i}_{iq}$、在逆变级合成 $\vec{u}_o^q$ 来实现的，但所采用的矢量与调制策略 I 不同。

对于整流级，与调制策略 II 不同的是，处于扇区 I 的 $\vec{i}_{id}$ 应考虑两种情况：$\theta_{id} \geqslant 0$ 和 $\theta_{id} < 0$，在不同的情况下，合成输入无功电流所采用的矢量不同。

若考虑 $\theta_{id} \geqslant 0$（图 6.15），则矢量 $\vec{i}_{3(bc)}$ 和 $\vec{i}_{4(ba)}$ 的占空比为

$$\begin{cases} d_{bc}^q = d_y m_i^q \sin\left(\dfrac{\pi}{3} - \theta_{id}\right) \\ d_{ba}^q = d_y m_i^q \sin\theta_{id} \end{cases} \tag{6.79}$$

式中，$0 \leqslant m_i^q \leqslant 1$。此时，应采用与 $\vec{i}_{1(ab)}$ 方向相反的 $\vec{i}_{4(ba)}$ 来合成。

若考虑 $\theta_{id} < 0$，则应采用矢量 $\vec{i}_{2(ac)}$ 和 $\vec{i}_{3(bc)}$，相应的占空比为

$$\begin{cases} d_{ac}^q = m_i^q \sin\left(|\theta_{id}|\right) \\ d_{bc}^q = m_i^q \sin\left(\dfrac{\pi}{3} - |\theta_{id}|\right) \end{cases} \tag{6.80}$$

此时，应采用与 $\vec{i}_{3(ac)}$ 方向相反的 $\vec{i}_{6(ca)}$ 来代替。

不失一般性地，本节仅以 $\theta_{id} \geqslant 0$ 的情况为例展开分析。

采用 $\vec{i}_{1(ab)}$ 替代 $\vec{i}_{4(ba)}$ 后，整流级输出的两段直流电压分别为 $u_{dc}^q = u_{bc}$ 和 $u_{dc}^q = u_{ab}$，直流电压平均值 $\bar{u}_{dc(bc)}^q = d_{bc}^q u_{bc}$ 和 $\bar{u}_{dc(ab)}^q = d_{ab}^q u_{ab}$ 分别如下：

$$\bar{u}_{dc(bc)}^q = \bar{u}_{dc(ab)}^q = \frac{\sqrt{3}}{4} m_i^q U_{im} \left[\cos(2\theta_{id}) + \sqrt{3}\sin(2\theta_{id}) - 1\right] \tag{6.81}$$

由式（6.81）可知，若未颠倒矢量，则 $\bar{u}_{dc(bc)}^q = -\bar{u}_{dc(ba)}^q$，表明逆变级输出的电压平均值为零，也即调制策略 II 的输入无功电流合成与输出电压合成是解耦的。

对于逆变级，两段直流电压（u_{bc} 与 u_{ab}）下的输出电压矢量 $\vec{u}_{o(bc)}^q$ 和 $\vec{u}_{o(ab)}^q$ 分别为

$$\vec{u}_{o(bc)}^{q}=\frac{\overline{u}_{dc(bc)}^{q}}{\sqrt{3}}\mathrm{e}^{\mathrm{j}\theta} \tag{6.82}$$

$$\vec{u}_{o(ab)}^{q}=\frac{\overline{u}_{dc(ab)}^{q}}{\sqrt{3}}\mathrm{e}^{\mathrm{j}(\theta+\pi)} \tag{6.83}$$

式中，$\vec{u}_{o(bc)}^{q}$ 与 $\vec{u}_{o(ab)}^{q}$ 大小相等，方向相反，$\vec{u}_{o}^{q}=\vec{u}_{o(bc)}^{q}+\vec{u}_{o(ab)}^{q}=0$，类似于如图 6.11 所示，此时，$\vec{u}_{o(bc)}^{q}$ 在扇区 I，$\vec{u}_{o(ab)}^{q}$ 在与扇区 I 对称的扇区 IV。

3）合并输出电压合成与输入无功电流合成

类似地，为优化调制性能，仍利用相同的直流电压段将这两部分合并。

注意到，输出电压合成与输入无功电流合成部分共产生 3 段不同的直流电压，分别是 u_{ab}、u_{ac} 和 u_{bc}，其中，只有 u_{ab} 在这两部分都出现了，因此只需将这两部分在直流电压 $u_{dc}=u_{ab}$ 段进行合并。

在直流电压 $u_{dc}=u_{ab}$ 段，参与逆变级调制的输出电压参考矢量为 $\vec{u}_{o(ab)}^{d}$ 和 $\vec{u}_{o(ab)}^{q}$；在直流电压 $u_{dc}=u_{ac}$ 段，输出电压参考矢量为 $\vec{u}_{o(ac)}^{d}$；在直流电压 $u_{dc}=u_{bc}$ 段，输出电压参考矢量为 $\vec{u}_{o(bc)}^{q}$。因此，每段直流电压下的新参考矢量分别为

$$\vec{u}_{o(ab)}=\vec{u}_{o(ab)}^{d}+\vec{u}_{o(ab)}^{q} \tag{6.84}$$

$$\vec{u}_{o(ac)}=\vec{u}_{o(ac)}^{d} \tag{6.85}$$

$$\vec{u}_{o(bc)}=\vec{u}_{o(bc)}^{q} \tag{6.86}$$

根据新参考矢量的大小和位置确定逆变级调制的扇区，如图 6.16 所示，并以此计算相应矢量的占空比。

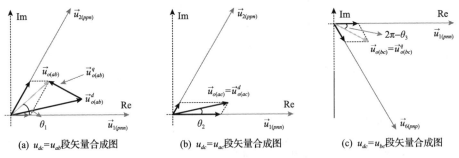

(a) $u_{dc}=u_{ab}$ 段矢量合成图　　　　(b) $u_{dc}=u_{ac}$ 段矢量合成图　　　　(c) $u_{dc}=u_{bc}$ 段矢量合成图

图 6.16　调制策略 II 的逆变级矢量合成

设逆变级调制的新参考电压矢量为

$$\vec{u}_{o(ab)} = \frac{u_{ab}d_{ab}}{\sqrt{3}}e^{j\theta_1} \tag{6.87}$$

$$\vec{u}_{o(ac)} = \frac{u_{ac}d_{ac}}{\sqrt{3}}e^{j\theta_2} \tag{6.88}$$

$$\vec{u}_{o(bc)} = \frac{u_{bc}d_{bc}}{\sqrt{3}}e^{j\theta_3} \tag{6.89}$$

式中，θ_1、θ_2 和 θ_3 分别为上述参考矢量的矢量角。

将式 (6.54) 和式 (6.55) 以及式 (6.84)～式 (6.86) 代入式 (6.87)～式 (6.89)，化简可得整流级矢量占空比为

$$\begin{cases} d_{ab} = \sqrt{\left(d_{ab}^d\right)^2 + \left(d_{ab}^q\right)^2 - 2d_{ab}^d d_{ab}^q \cos\left(\theta_o - \theta\right)} \\ d_{ac} = d_{ac}^d = m_i^d \sin\left(\dfrac{\pi}{6} + \theta_{id}\right) \\ d_{bc} = d_{bc}^q = m_i^q \sin\left(\dfrac{\pi}{3} - \theta_{id}\right) \end{cases} \tag{6.90}$$

此外，有

$$\begin{cases} \theta_1 = \arctan\left(\dfrac{d_{ab}^d \sin\theta_o - d_{ab}^q \sin\theta}{d_{ab}^d \cos\theta_o - d_{ab}^q \cos\theta}\right) \\ \theta_2 = \theta_o \\ \theta_3 = \theta \end{cases} \tag{6.91}$$

设新输出电压参考矢量的位置如图 6.16 所示 ($\vec{u}_{o(ab)}$ 和 $\vec{u}_{o(ac)}$ 在扇区 I，$\vec{u}_{o(bc)}$ 在扇区 VI)，则结合整流级和逆变级后的实际有效占空比为

$$\begin{cases} d_{pnn(ab)} = d_{ab}\sin\left(\dfrac{\pi}{3} - \theta_1\right) \\ d_{ppn(ab)} = d_{ab}\sin\theta_1 \\ d_{pnn(ac)} = d_{ac}\sin\left(\dfrac{\pi}{3} - \theta_2\right) \\ d_{ppn(ac)} = d_{ac}\sin\theta_2 \\ d_{pnp(bc)} = -d_{bc}\sin\theta_3 \\ d_{pnn(bc)} = d_{bc}\sin\left(\theta_3 + \dfrac{\pi}{3}\right) \end{cases} \tag{6.92}$$

　　图 6.17 为调制策略 II 在一个开关周期内的直流电压与电流示意图。类似地，调制策略 II 的运行限制是有效矢量的总占空比 d_Σ 需满足

$$d_\Sigma = d_{pnn(ab)} + d_{ppn(ab)} + d_{pnn(ac)} + d_{ppn(ac)} + d_{pnp(bc)} + d_{pnn(bc)} \leqslant 1 \qquad (6.93)$$

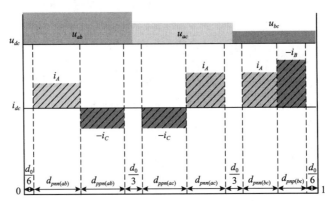

图 6.17　调制策略 II 在一个开关周期内的直流电压与电流示意图

6.3.3　扩展无功功率调制策略的无功功率控制能力分析

　　为方便分析，定义归一化的电压传输比 M_u 和输入无功电流传输比 M_i^q 分别为

$$M_u = \frac{2}{\sqrt{3}} q, \quad 0 \leqslant M_u \leqslant 1 \qquad (6.94)$$

$$M_i^q = \frac{2}{\sqrt{3}} \frac{\left| \vec{i}_{iq} \right|}{I_{om}}, \quad 0 \leqslant M_i^q \leqslant 1 \qquad (6.95)$$

　　因输出电流幅值 I_{om} 由负载决定，故求解最大的输入无功电流可转化为求解最大输入无功电流传输比 $M_{i\max}^q$。在上述调制策略中，双级矩阵变换器的输入无功功率控制是通过调节输入无功电流幅值 $\left| \vec{i}_{iq} \right|$ 来实现的，$\left| \vec{i}_{iq} \right|$ 可表示为

$$\left| \vec{i}_{iq} \right| = \frac{\sqrt{3}}{2} \tilde{m}_i^q \left| \vec{i}_o \right| \cos\left(\theta - \theta_o + \varphi_L \right) \qquad (6.96)$$

式中，$\tilde{m}_i^q = d_y m_i^q$。

　　将式 (6.96) 代入式 (6.95)，可得

$$M_i^q = \tilde{m}_i^q \cos\left(\theta - \theta_o + \varphi_L \right) \qquad (6.97)$$

　　在本节中，将 $\theta - \theta_o$ 限制为一个常数。为简单起见，令 $\theta_c = \theta - \theta_o$。为了得到最大值 $M_{i\max}^q$，则可建立如下优化问题：

$$M_{i\max}^q\left(\tilde{m}_i^q,\theta_c\right):=\min_t\max_{\tilde{m}_i^q,\theta_c}\tilde{m}_i^q\cos(\theta_c+\varphi_L)$$

$$\text{s.t. } d_\Sigma \leqslant 1 \tag{6.98}$$

可见,通过选择合理的 m_i^q 和 θ,最大输入无功电流传输比 $M_{i\max}^q$ 可在总占空比 $d_\Sigma=1$ 时达到。当然,总占空比 $d_\Sigma=1$ 时产生的 M_i^q 并不都是最大值。由式(6.98)可知, m_i^q 和 θ 相互影响,难以直接计算出 $M_{i\max}^q$ 的统一解析解。

$M_{i\max}^q$ 随电压传输比 M_u 及负载阻抗角 φ_L 的变化而变化,因此在特定的 M_u 和 φ_L 下,总存在最优的 $\theta_{c,op}$ 使 M_i^q 达到最大值。虽不能得到统一解析解,但通过数值计算仍可得到 $M_{i\max}^q$ 与 M_u、φ_L 的总体变化趋势,如图6.18(a)所示。

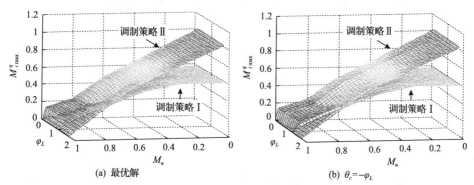

图 6.18　扩展无功功率调制策略中 $M_{i\max}^q$ 与 M_u、φ_L 的总体变化趋势

由图 6.18 可知,当 M_u 较小时,两种扩展无功功率调制策略的 $M_{i\max}^q$ 相对较高,随着 M_u 的增大, $M_{i\max}^q$ 减小。与此同时,相对于传统空间矢量调制策略, $M_{i\max}^q$ 对 φ_L 的依赖性大大降低。也就是说, M_u 是影响 $M_{i\max}^q$ 的主要因素。此外,当 M_u 小于 0.85 时,调制策略 Ⅰ 的 $M_{i\max}^q$ 低于调制策略 Ⅱ,即调制策略 Ⅰ 的无功功率控制能力低于调制策略 Ⅱ;而当 M_u 大于 0.85 时,调制策略 Ⅰ 的无功功率控制能力则更强。不难发现,扩展无功功率调制策略在大部分情形下的无功功率扩展能力均要高于传统空间矢量调制策略,尤其是在电压传输比较高的情况下。

为了使调制策略更容易实现,令 $\theta_c=-\varphi_L$,也就是令 θ 为输出电流矢量的相角,因此式(6.98)的优化问题将大大简化。图6.18(b)给出了当 $\theta_c=-\varphi_L$ 时 $M_{i\max}^q$ 的变化趋势图。经对比发现,图6.18(a)和图6.18(b)的差距非常小,可知尽管 $\theta_c=-\varphi_L$ 并非最优解,但产生的无功功率也是相当可观的。 θ_c 一旦可提前确定,经过计算就可获得不同 M_u 下的最优 $\tilde{m}_i^q$。

为了体现扩展无功功率调制策略的优越性,将其与文献[3]中的方案进行对比。以纯无功极限负载情况为例,图 6.19(a)展示了调制策略 Ⅰ 和文献[3]中二矢量方案下的最大输入无功电流传输比 $M_{i\max}^q$ 与归一化传输比 M_u 的关系。图 6.19(b)展示了调制策略 Ⅱ 和文献[3]中三矢量方案下的最大输入无功电流传输比 $M_{i\max}^q$ 与归一化传输比 M_u 的关系。

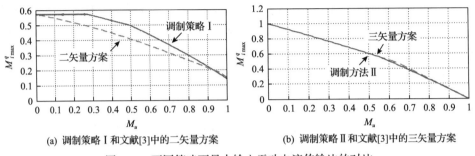

(a) 调制策略 Ⅰ 和文献[3]中的二矢量方案　　　　(b) 调制策略 Ⅱ 和文献[3]中的三矢量方案

图 6.19　不同策略下最大输入无功电流传输比的对比

由图 6.19 可见，相比文献[3]中的方案，调制策略 Ⅰ 在大部分情形下可产生更大的无功功率；而调制策略 Ⅱ 的无功功率控制能力与文献[3]中的方案基本一致。值得注意的是，相比文献[3]中的方案，本节的扩展无功功率调制策略在常见阻感性负载下更容易实现。

6.3.4　实验验证

为了验证扩展无功功率调制策略的正确性，本节搭建双级矩阵变换器实验平台，并针对不同策略进行实验验证。双级矩阵变换器的扩展无功功率调制策略 Ⅰ 的基本控制框图如图 6.20 所示，调制策略 Ⅱ 的控制框图与图 6.20 大体相同，略去不表。与实验相关的基本参数如表 6.2 所示，电压传输比设为 $q=0.3$。

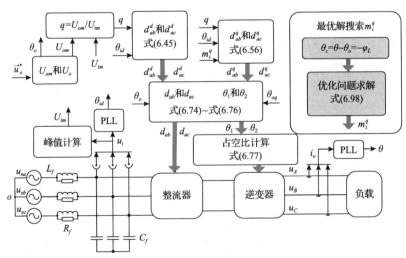

图 6.20　双级矩阵变换器的扩展无功功率调制策略 Ⅰ 的基本控制框图

表 6.2　实验相关参数

参数	数值	参数	数值
输入电压有效值	62V	输入阻尼电阻(R)	4.8Ω
输入角频率(ω_i)	314rad/s	负载电阻(R)	1.95Ω
输出角频率(ω_o)	314rad/s	负载电感(L)	10mH
输入滤波电感(L_f)	0.6mH	电压传输比(q)	0.3
输入滤波电容(C_f)	30μF	开关周期(T_s)	100μs

　　图 6.21 为采用调制策略Ⅰ与调制策略Ⅱ产生最大容性无功功率时的实验波形，从上至下分别是中间直流电压、电网电压、电网电流和输出电流。由图 6.21可见，两种策略下，电网电流超前电网电压，表明产生的是容性无功功率。两种策略下的输出电流基本一致，但是调制策略Ⅱ的电网电流大于调制策略Ⅰ，因为当 $q=0.3$ 时，调制策略Ⅱ将产生更大的无功功率，这与前面的理论分析一致。此外，两种策略的中间直流电压波形完全不同，调制策略Ⅰ在每个开关周期采用了两个较大的输入电压，且较小的输入电压也总是大于零，而调制策略Ⅱ在每个开关周期均采用了三个输入电压，且最小的输入电压接近于零。

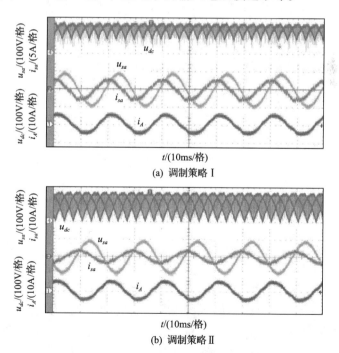

(a) 调制策略Ⅰ

(b) 调制策略Ⅱ

图 6.21　产生容性无功功率的实验波形

　　图 6.22 为采用调制策略Ⅰ与调制策略Ⅱ产生最大感性无功功率时的实验波

形。由图 6.22 可见，电网电流均滞后于电网电压，调制策略Ⅱ的电网电流依旧大于调制策略Ⅰ。理论上，在相同的电压传输比下，产生的最大感性无功功率应当与最大容性无功功率相同，但受输入滤波电容的影响，同等条件下的容性无功功率将大于感性无功功率。

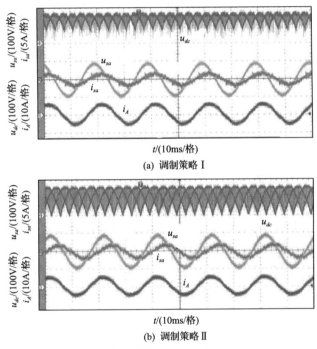

(a) 调制策略Ⅰ

(b) 调制策略Ⅱ

图 6.22　产生感性无功功率的实验波形

　　上述结果表明，扩展无功功率调制策略不仅能确保双级矩阵变换器具备优良的输入输出性能，还可进一步提高输入无功功率控制能力。

6.4　扩大输入无功功率的改进双级矩阵变换器

　　矩阵变换器由于无中间储能环节，输入输出直接耦合，其输入无功功率控制范围直接依赖输出侧负载的情况，包括输出电流和负载阻抗角等。6.2 节和 6.3 节分别针对单级和双级矩阵变换器拓扑，提出了相应的扩展无功功率调制策略，虽在一定程度上扩展了输入无功功率的控制范围，但其仍受输出电流大小的约束，这是由矩阵变换器本身的拓扑结构决定的。双级矩阵变换器存在物理上的中间直流环节，可在改善运行性能方面提供控制自由度。本节通过在中间直流环节增加附属开关电路，提出一种可改善输入无功功率控制能力的改进拓扑[7]。

6.4.1　拓扑结构及运行机理

静止同步补偿器(static synchronous compensator, STATCOM)是柔性交流输电系统(flexible alternative current transmission system, FACTS)的重要组成部分,通过控制可独立地向电网补偿无功功率。根据直流侧储能元件的不同,STATCOM 可分为电压源型和电流源型,其中,电流源型 STATCOM 由电流源型整流器和直流侧电感组成,如图 6.23 所示。由第 2 章以及图 2.1 (b)可知,双级矩阵变换器的整流级即为电流源型整流器,由于采用了双向开关,整流级可以得到正反两个方向的中间直流电流。

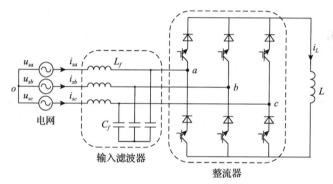

图 6.23　电流源型静止同步补偿器拓扑

受电流源型 STATCOM 和双级矩阵变换器整流级特性的启发,本节通过在双级矩阵变换器的中间直流环节增加一个包含直流侧电感的附属开关电路,提出一种改进的双级矩阵变换器拓扑,如图 6.24 所示。此拓扑可视为常规双级矩阵变换器和双向电流源型 STATCOM 的组合,二者共享输入滤波电路及整流级开关。电流源型 STATCOM 的嵌入显著增强了双级矩阵变换器拓扑的输入无功功率控制能力。

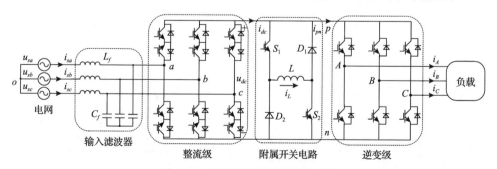

图 6.24　改进双级矩阵变换器拓扑

如图 6.24 所示的改进双级矩阵变换器拓扑主要由二阶输入滤波器、整流级、附属开关电路(auxiliary switch network, ASN)和逆变级组成,其中,附属开关电路包括两个 IGBT(S_1,S_2)、两个二极管(D_1,D_2)和 1 个电感(L)。上述改进拓扑的运行思路是：输出电压合成部分通过整流级和逆变级电路(不涉及附属开关电路)完成，而输入无功电流合成部分则通过整流级与附属开关电路组成的双向电流型 STATCOM 来完成，与逆变级无关。

在附属开关电路中，虽然电感电流 i_L 的方向维持不变，但通过合理控制附属开关电路中的开关器件，可改变双向电流型 STATCOM 直流侧电流的方向。因此，采用合适的控制方案，输入无功功率可仅通过双向电流型 STATCOM 相对独立地进行控制，不涉及逆变级及负载。

根据不同的开关状态组合，附属开关电路包含 4 种运行模式，如图 6.25 所示。第一种运行模式如图 6.25(a)所示，开关 S_1、S_2 开通，对电感 L 充电，电感电流 i_L 流经 S_1 和 S_2 为输入无功电流合成提供正方向的直流电流 i_{dc}。第二种运行模式，如图 6.25(b)所示，开关 S_1、S_2 关断，电感 L 放电，i_L 通过 D_1 和 D_2 续流，产生反方向的直流电流 i_{dc}。此外，第三、四种运行模式分别如图 6.25(c)和(d)所示，S_1 开通而 S_2 关断，或 S_1 关断而 S_2 开通，i_L 分别通过 D_1、D_2 续流，在附属开关电路内部形成环流。虽然流经的开关不同，但二者实质是一致的，皆未对直流侧电流方向造成影响。

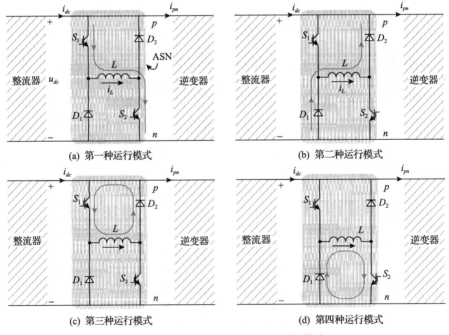

(a) 第一种运行模式　　　　　　　　　　(b) 第二种运行模式

(c) 第三种运行模式　　　　　　　　　　(d) 第四种运行模式

图 6.25　附属开关电路的 4 种运行模式

根据运行需求合理控制附属开关电路，并与调制策略相互配合，即可使该改进拓扑在合成期望输出电压的同时实现独立的输入无功功率控制。

6.4.2　调制策略及无功分析

1. 调制策略 I

整流级的空间矢量合成示意图如图 6.9 所示，以参考有功电流矢量 $\vec{i}_{id}$ 在扇区 I、参考无功电流矢量 $\vec{i}_{iq}$ 在扇区Ⅲ(产生容性无功电流)为例，$\vec{i}_{id}$ 由有效矢量 $\vec{i}_{1(ab)}$ 和 $\vec{i}_{2(ac)}$ 合成，而 $\vec{i}_{iq}$ 由 $\vec{i}_{2(ac)}$ 和 $\vec{i}_{4(ba)}$ 合成。同时，为确保中间直流电压上正下负，合成 $\vec{i}_{iq}$ 所采用的 $\vec{i}_{4(ba)}$ 将由 $\vec{i}_{1(ab)}$ 替代。

1)输出电压合成

输出电压合成(输入有功电流合成)部分是在整流级合成参考有功电流矢量 $\vec{i}_{id}$，在逆变级合成参考输出电压矢量 $\vec{u}_o$。逆变级不参与输入无功电流合成，因此逆变级采用普通的电压型空间矢量调制策略即可。此外，附属开关电路不参与输出电压合成，在此期间将以如图 6.25(c)或图 6.25(d)所示的模式运行。

由 6.3 节可知，参与整流级输出电压合成的矢量($\vec{i}_{1(ab)}$ 和 $\vec{i}_{2(ac)}$)占空比 d_{ab}^d、d_{ac}^d 如式(6.45)所示，而参与逆变级调制(以 $\vec{u}_o$ 在扇区 I 为例)的矢量($\vec{u}_{1(pnn)}$ 和 $\vec{u}_{2(ppn)}$)占空比 d_{pnn}、d_{ppn} 如式(6.48)所示。

相对于不增加附属开关电路的无功扩展方案，这里令 $m_o^d=1$、$m_i^d=q/q_{\max}$、$d_x=1$、$d_y=1$。因此，协调控制两级开关后的实际占空比为

$$
\begin{cases}
d_{pnn(ab)}^d = d_{ab}^d d_{pnn} = \dfrac{q}{q_{\max}}\sin\left(\dfrac{\pi}{6}-\theta_i\right)\sin\left(\dfrac{\pi}{3}-\theta_o\right) \\[3mm]
d_{ppn(ab)}^d = d_{ab}^d d_{ppn} = \dfrac{q}{q_{\max}}\sin\left(\dfrac{\pi}{6}-\theta_i\right)\sin\theta_o \\[3mm]
d_{pnn(ac)}^d = d_{ac}^d d_{pnn} = \dfrac{q}{q_{\max}}\sin\left(\dfrac{\pi}{6}+\theta_i\right)\sin\left(\dfrac{\pi}{3}-\theta_o\right) \\[3mm]
d_{ppn(ac)}^d = d_{ac}^d d_{ppn} = \dfrac{q}{q_{\max}}\sin\left(\dfrac{\pi}{6}+\theta_i\right)\sin\theta_o
\end{cases}
\tag{6.99}
$$

2)输入无功电流合成

输入无功电流合成是在整流级合成参考无功电流矢量 $\vec{i}_{iq}$，附属开关电路配合产生其所需的直流侧电流。在此期间，逆变级将以零矢量开关状态运行。

由 6.3 节可知，参与整流级输入无功电流合成的矢量($\vec{i}_{2(ac)}$ 和 $\vec{i}_{4(ba)}$)占空比 d_{ac}^q、d_{ba}^q 如式(6.56)所示，但是 m_i^q 为

$$m_i^q = \frac{I_{im}^q}{i_L}, \quad 0 \leqslant m_i^q \leqslant \frac{1}{\sqrt{3}} \tag{6.100}$$

式中，i_L 为附属开关电路中的电感电流，在工作过程中一般维持常值。由此可知，改进拓扑的输入无功电流控制范围主要依赖 i_L，而与输出电流幅值 I_{om} 无关。

在每个开关周期，根据整流级的开关状态，附属开关电路应按运行需求依次切换运行模式。在 $\vec{i}_{2(ac)}$ 工作期间，附属开关电路将以图 6.25(a) 所示的模式运行，电感 L 充电的占空比为 $d_\alpha = d_{ac}^q$，此时，i_L 提供正方向的直流电流 i_{dc}。在 $\vec{i}_{i(ab)}$（替代 $\vec{i}_{4(ba)}$）工作期间，i_L 提供反方向的直流电流 i_{dc}，附属开关电路将以图 6.25(b) 所示的模式运行，电感 L 放电的占空比为 $d_\beta = d_{ba}^q$。

值得注意的是，要使由整流级和附属开关电路组成的电流双向 STATCOM 正常运行，应首先确保直流侧电感电流维持常值。若只考虑 STATCOM 部分，如图 6.23 所示，可建立直流侧电感电流（以提供正方向电流为例）的动态方程为

$$i_L L \frac{di_L}{dt} = \Delta P_{ac} - P_{loss} = \frac{3}{2} U_{im}(\Delta i_{id}) - P_{loss} \tag{6.101}$$

式中，ΔP_{ac} 为 STATCOM 部分（未涉及双级矩阵变换器向负载传输有功功率部分）的交流侧有功功率；Δi_{id} 为交流侧的有功电流；P_{loss} 为变换器有功损耗，包括导通损耗和开关损耗。由此可知，Δi_{id} 在一定程度上表征了变换器损耗的大小。

由式 (6.101) 可知，为补偿变换器有功损耗 P_{loss}，STATCOM 将产生额外的有功电流 Δi_{id}，通过合理控制 Δi_{id}，可使电感电流 i_L 维持常值。为简单起见，本节中电感电流的控制采用比例积分 (proportional integral, PI) 控制器。

根据改进拓扑的调制目的，只需将 Δi_{id} 并入参考输入有功电流 i_{id}，继而参与后续的调制过程即可。但在实际调制过程中，参考有功电流矢量 $\vec{i}_{id}$ 仅角度位置已知，准确的幅值由负载需求决定，等效地，这里将电感充电所需的额外占空比 Δd_α 作为 PI 控制器的输出。

3) 合并输出电压合成与输入无功电流合成

与 6.3 节相似，若在一个开关周期内依次进行输出电压合成与输入无功电流合成，则二者的调制范围都受到较大约束，因此仍应将这两部分进行合并，但合并方式与之前有所不同。

逆变级与附属开关电路是相互独立的，可同时运行，因而二者只需分别与整流级的开关动作相互协调控制即可。

在整流级，为确保同时完成上述两部分合成任务，对于同一个基本电流矢量，

应选择较大的占空比运行，因此矢量 $\vec{i}_{1(ab)}$ 和 $\vec{i}_{2(ac)}$ 的实际占空比 d_{ab} 和 d_{ac} 分别为

$$\begin{cases} d_{ab} = \max\left(d_{ab}^d, d_{ba}^q\right) \\ d_{ac} = \max\left(d_{ac}^d, d_{ac}^q\right) \end{cases} \tag{6.102}$$

考虑该算法的运行极限，整流级矢量的总占空比 $d_{\Sigma(2V)}^r$ 应满足

$$d_{\Sigma(2V)}^r = d_{ab} + d_{ac} \leqslant 1 \tag{6.103}$$

采用整流级无零矢量调制，图 6.26 展示了改进拓扑在一个开关周期内的直流电压 $u_{dc}\left(=u_{pn}\right)$、直流侧电流 i_{pn} 和 i_{dc}。图中，直流电压分为 u_{ab} 和 u_{ac} 两段，在每段电压下，直流电流 i_{pn} 与输出电流有关，为 i_A 和 $-i_C$；i_{dc} 因电感电流的存在而呈现较多电流段。另外，因采用双边对称的开关序列，整流级开关仍可实现零电流换流。

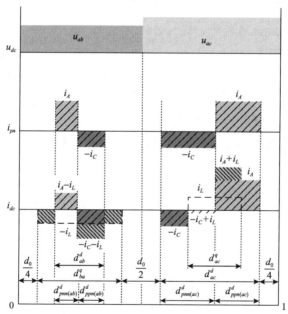

图 6.26　调制策略 I 下一个开关周期内的直流电压与电流波形示意图

改进拓扑在采用调制策略 I（以 $\vec{i}_{id}$、$\vec{u}_o$ 在扇区 I 为例）时的控制方案示意图如图 6.27 所示，图中，锁相环用来获得输入电压矢量的角度，以及确定参考有功电流和无功电流矢量所在的扇区。

4）无功控制能力分析

输入无功功率 Q_i 通过输入无功电流合成部分实现。根据该策略的调制思路，由式 (6.100) 可得

$$I_{im}^q = m_i^q i_L \tag{6.104}$$

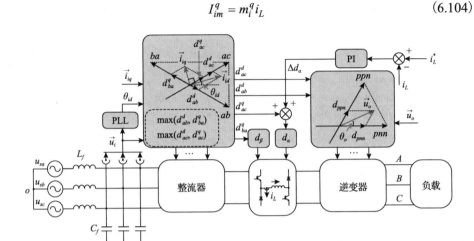

图6.27　改进拓扑在采用调制策略 I 时的控制方案示意图

显然，输入无功电流幅值 I_{im}^q 与调制系数 m_i^q、电感电流 i_L 有关。I_{im}^q 可通过调节电感电流 i_L 来实现，理论上，电感电流 i_L 可根据无功功率需求取任意值。与原拓扑结构不同，改进拓扑解除了输入无功功率控制对有功功率传输及输出电流的依赖，在纯感性负载下仍能产生无功功率。

当电感电流 i_L 一定时，通过调节调制系数 m_i^q 可实现输入无功控制。考虑策略的运行极限（式(6.103)），通过数值计算得到最大调制系数 $m_{i\max(2V)}^q$ 为

$$m_{i\max(2V)}^q = \begin{cases} \dfrac{1}{\sqrt{3}}, & 0 \leqslant q \leqslant q_c \\ 1-q, & q_c \leqslant q \leqslant q_{\max} \end{cases} \tag{6.105}$$

式中，q_c 为转折电压传输比，$q_c = 0.423$。$m_{i\max(2V)}^q$ 随电压传输比 q 的变化而变化（图6.28）。

由图6.28可知，对于 $q \leqslant q_c$，当期望输出电压较小时，更多的时间可以用来合成输入无功电流，$m_{i\max(2V)}^q$ 维持最大值 $1/\sqrt{3}$；对于 $q > q_c$，当期望输出电压增大时，合成无功电流的时间减少，因而 $m_{i\max(2V)}^q$ 随 q 的增大而线性递减，但当 $q = q_{\max}$ 时，仍能产生一定的输入无功功率，此时，$m_{i\max(2V)}^q$ 为

$$m_{i\max(2V)}^q = 1 - q_{\max} = 0.134 \tag{6.106}$$

2. 调制策略 II

仍以参考有功电流矢量 $\vec{i}_{id}$ 在扇区 I，参考无功电流矢量 $\vec{i}_{iq}$ 在扇区 III 为例，如

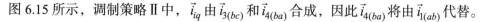

图 6.15 所示，调制策略 II 中，$\vec{i}_{iq}$ 由 $\vec{i}_{3(bc)}$ 和 $\vec{i}_{4(ba)}$ 合成，因此 $\vec{i}_{4(ba)}$ 将由 $\vec{i}_{1(ab)}$ 代替。

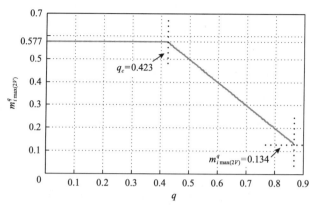

图 6.28　$m_{i\max(2V)}^{q}$ 与 q 的变化趋势

1）输出电压合成

调制策略 II 的输出电压合成部分与调制策略 I 相同，在整流级合成输入有功电流，对逆变级应用普通的电压型空间矢量调制策略，获得期望的输出电压，两级开关协调控制后的实际占空比如式（6.99）所示。此时，附属开关电路因不参与输出电压合成，将以图 6.25（c）或图 6.25（d）所示的模式运行。

2）输入无功电流合成

同样，输入无功电流合成是在整流级合成 $\vec{i}_{iq}$，附属开关电路产生其所需的直流电流 i_{dc}，而逆变级以零矢量开关状态运行。

对于整流级，仅考虑 $\theta_{id} \geqslant 0$ 的情况（图 6.15），相应矢量 $\vec{i}_{3(bc)}$ 和 $\vec{i}_{4(ba)}$ 的占空比 d_{bc}^{q}、d_{ba}^{q} 如式（6.79）所示，其中 $0 \leqslant m_i^q \left(= I_{im}^q / i_L \right) \leqslant 1$。在 $\vec{i}_{3(bc)}$ 工作期间，矢量不需要倒置，附属开关电路以图 6.25（a）所示的模式运行，对电感 L 充电，占空比为 $d_\alpha = d_{bc}^q$，电感电流 i_L 提供正方向的直流电流 i_{dc}。在 $\vec{i}_{i(ab)}$（替代 $\vec{i}_{4(ba)}$）工作期间，附属开关电路以图 6.25（b）所示的模式运行，电感 L 放电，占空比为 $d_\beta = d_{ba}^q$，电感电流 i_L 提供反方向的直流电流 i_{dc}。

此外，为确保直流侧电感电流为常值，采用 PI 控制器，并将电感充电所需的额外占空比 Δd_α 作为控制器的输出。

3）合并输出电压合成与输入无功电流合成

在调制策略 II 中，合并输出电压与输入无功电流合成的方式与调制策略 I 类似，但这两部分仅共用 $\vec{i}_{1(ab)}$，因此只在 $\vec{i}_{1(ab)}$ 工作期间，逆变级与附属开关电路同时运行，整体控制方案示意图如图 6.29 所示。

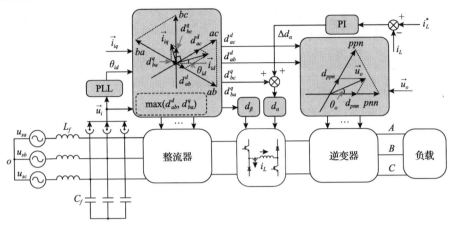

图 6.29　改进拓扑在采用调制策略 II 时的整体控制方案示意图

合并之后，整流级矢量 $\vec{i}_{1(ab)}$、$\vec{i}_{2(ac)}$ 和 $\vec{i}_{3(bc)}$ 的实际占空比 d_{ab}、d_{ac} 和 d_{bc} 分别为

$$\begin{cases} d_{ab} = \max(d_{ab}^d, d_{ba}^q) \\ d_{ac} = d_{ac}^d \\ d_{bc} = d_{bc}^q \end{cases} \tag{6.107}$$

考虑到策略的运行极限，整流级矢量的总占空比 $d_{\Sigma(3V)}^r$ 应满足

$$d_{\Sigma(3V)}^r = d_{ab} + d_{ac} + d_{bc} \leqslant 1 \tag{6.108}$$

采用整流级无零矢量调制，图 6.30 展示了一个开关周期内的直流电压 u_{dc}、直流电流 i_{pn} 和 i_{dc} 的波形。图中，直流电压为 u_{ab}、u_{ac} 和 u_{bc} 三段，在前两段电压下，直流电流 i_{pn} 为 i_A 和 $-i_C$，但在 u_{bc} 电压段，因逆变级以零矢量运行，$i_{pn} = 0$；i_{dc} 在 u_{ab} 电压段因电感电流的存在而呈现较多电流段，在 u_{bc} 电压段仅出现 i_L 电流段，但在 u_{ac} 电压段，附属开关电路不进行输入无功电流合成，$i_{dc} = i_{pn}$。

4）无功控制能力分析

与调制策略 I 相同，改进拓扑的输入无功功率 Q_i 通过调节电感电流 i_L 来实现，不依赖输出侧负载电流。

当电感电流 i_L 一定时，考虑该策略的运行极限，通过数值计算得到最大调制系数 $m_{i\max(3V)}^q$ 为

$$m_{i\max(3V)}^q = \begin{cases} 1 - q, & 0 \leqslant q \leqslant q_c \\ \dfrac{2}{\sqrt{3}} - \dfrac{4}{3}q, & q_c < q \leqslant q_{\max} \end{cases} \tag{6.109}$$

式中，转折电压传输比 q_c=0.464。

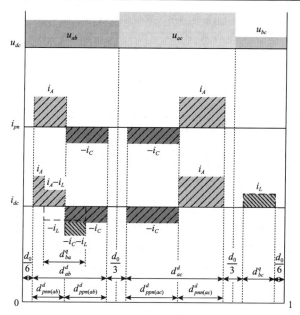

图 6.30　调制策略 II 下一个开关周期内的直流电压与电流波形

图 6.31 为 $m_{i\max(3V)}^q$ 与电压传输比 q 的变化趋势，$m_{i\max(3V)}^q$ 随 q 的增大而线性递减，但由于调制策略 II 需要留特定的时间仅用来合成输入无功电流，所以当 $q = q_{\max}$ 时，$m_{i\max(3V)}^q = 0$。

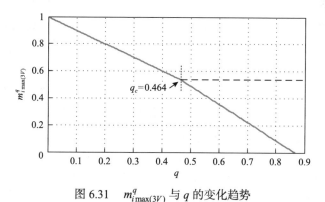

图 6.31　$m_{i\max(3V)}^q$ 与 q 的变化趋势

6.4.3　实验验证

搭建改进拓扑的实验平台，对拓扑以及相关调制策略进行实验验证。输入电压（u_i 和 ω_i）、输入滤波器（L_f、C_f 和 R_f）、辅助开关电路参数如表 6.3 所示。此外，整流级采用的开关频率为 10kHz，而逆变级和辅助开关电路的开关频率为 20kHz，负载为三相感应电机。

表 6.3　改进拓扑系统实验相关参数

参数	数值	参数	数值
输入相电压有效值	63V	输入滤波电容(C_f)	10μF
输入角频率(ω_i)	314rad/s	输入阻尼电阻(R_f)	50Ω
输入滤波电感(L_f)	1.2mH	辅助电感	5mH

实验将针对以下三种情况进行。

情况 1：设定 $m_i^d = 0.3$，参考输入无功电流 i_{iq} 分别为 0A、3A、−3A。

情况 2：设定 $m_i^d = 0.7$，参考输入无功电流 i_{iq} 分别为 0A、3A、−3A。

情况 3：设定 $m_i^d = 0.5$，参考输入无功电流 i_{iq} 从 0A 突变为 −3A。

针对情况 1，图 6.32(a) 和 (b) 分别为当 i_{iq}=0A 时采用调制策略 I 和调制策略 II 的实验波形，包括 a 相电网电压 u_{sa}、a 相电网电流 i_{sa}、中间直流电压 u_{dc}、电感电流 i_L。由图可知，两种策略下，电网电压、电网电流基本正弦且同相位，矩阵变换器以单位输入功率因数运行，但直流电压波形不同，调制策略 I 为两段较大的线电压波形，调制策略 II 包括了三段线电压。

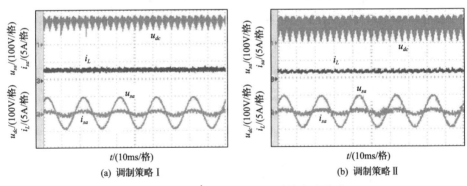

(a) 调制策略 I　　　　　　　　　　　　　(b) 调制策略 II

图 6.32　当 $m_i^d = 0.3$、i_{iq}=0A 时的实验波形

图 6.33(a) 和 (b) 分别为当 i_{iq}=3A 时采用两种策略的实验波形。由图可知，电网电流超前电网电压，矩阵变换器产生容性无功功率。图 6.34(a) 和 (b) 分别为当 i_{iq}= −3A 时采用两种策略的实验波形，可知电网电流滞后电网电压，矩阵变换器产生感性无功功率。对比图 6.33 与图 6.34 的实验结果，发现图 6.33 中的电感电流较图 6.34 中小，这是由于输入滤波器的滤波电容产生了一部分容性无功功率。此外，在图 6.33 和图 6.34 中，采用调制策略 I 时的电感电流略大于调制策略 II，由图 6.28 和图 6.31 可知，当 $m_i^d = 0.3$ 时，$m_{i\max(3V)}^q > m_{i\max(2V)}^q$，即要产生相同的输入无功电流，调制策略 I 需要更大的电感电流。

针对情况 2，图 6.35(a) 和 (b) 分别为当 i_{iq}=0A 时采用调制策略 I 和调制策略 II 的实验波形。由图可知，在这两种策略下，电网电压与电网电流同相位。

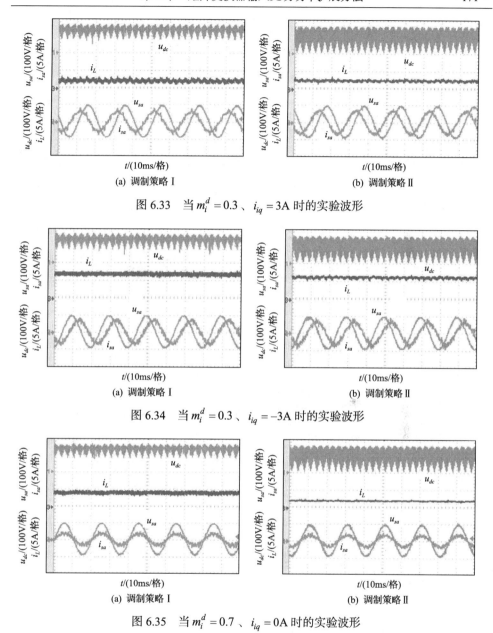

(a) 调制策略 I

(b) 调制策略 II

图 6.33　当 $m_i^d = 0.3$、$i_{iq} = 3A$ 时的实验波形

(a) 调制策略 I

(b) 调制策略 II

图 6.34　当 $m_i^d = 0.3$、$i_{iq} = -3A$ 时的实验波形

(a) 调制策略 I

(b) 调制策略 II

图 6.35　当 $m_i^d = 0.7$、$i_{iq} = 0A$ 时的实验波形

图 6.36(a) 和 (b) 分别为当 i_{iq}=3A 时采用两种策略的实验波形,图 6.37(a) 和 (b) 分别为 i_{iq}=-3A 时采用两种策略的实验波形。由图可知,采用调制策略 I 时的电感电流略小于调制策略 II,且通过与情况 1 对比发现,情况 2 的电感电流均大于情况 1,这些都与前面的理论分析相符。

针对情况 3,当 i_{iq} 从 0A 突变为-3A 时,实验波形如图 6.38 所示,表明本节所提的策略具有较快的动态响应。

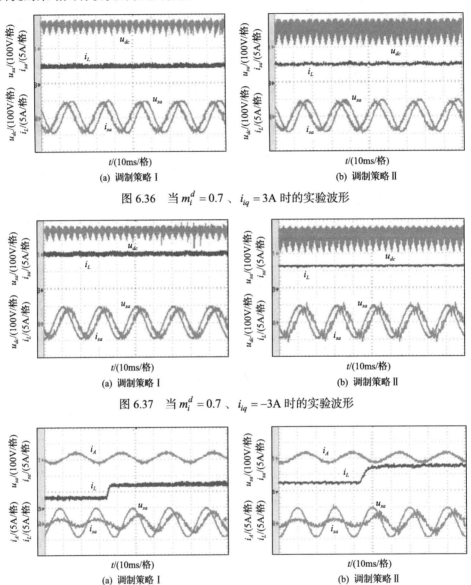

(a) 调制策略 I　　　　　　　　　　　　(b) 调制策略 II

图 6.36　当 $m_i^d = 0.7$ 、$i_{iq} = 3\text{A}$ 时的实验波形

(a) 调制策略 I　　　　　　　　　　　　(b) 调制策略 II

图 6.37　当 $m_i^d = 0.7$ 、$i_{iq} = -3\text{A}$ 时的实验波形

(a) 调制策略 I　　　　　　　　　　　　(b) 调制策略 II

图 6.38　当 $m_i^d = 0.5$ 、i_{iq} 从 0A 突变为-3A 时的实验波形

上述实验结果充分验证了所提拓扑和控制策略的正确性与可行性。

6.5　本 章 小 结

本章主要针对矩阵变换器的输入无功功率特性展开了研究，分别从调制策略和拓扑结构的角度探讨了输入无功功率的扩展方案。对于单级矩阵变换器，介绍了一种基于数学构造法的扩展无功功率调制策略，通过构造新的调制矩阵，使之在合成期望输出电压的同时还能扩大输入无功功率的控制范围，结果表明相对于经典的调制策略，扩展无功功率调制策略在绝大多数情况下都能产生最大的输入无功功率，尤其在电压传输比较小而负载阻抗角较大时，优势更明显。对于双级矩阵变换器，在调制策略方面，提出了一种基于空间矢量合成的扩展无功功率调制策略，该策略首先将调制过程分为输出电压合成与输入无功电流合成两部分，然后以矢量合并的方式将这两部分紧凑结合，在一定程度上减少了冗余空间矢量的使用，相对常规空间矢量调制可获得更大的输入无功功率范围；在拓扑结构方面，通过在中间直流环节设计切实可行的附属开关电路，提出了一种集成静止同步补偿器功能的改进型双级矩阵变换器拓扑，结合上述扩展无功功率调制策略，使其可独立地向电网提供动态无功功率补偿，不受负载电流及运行状态的约束，极大地提升了双级矩阵变换器的无功功率控制能力。

参 考 文 献

[1] Igney J, Braun M. A new matrix converter modulation strategy maximizing the control range[C]. IEEE Annual Power Electronics Specialists Conference, Aachen, 2004: 2875-2880.

[2] Hojabri H, Mokhtari H, Chang L. A generalized technique of modeling, analysis, and control of a matrix converter using SVD[J]. IEEE Transactions on Industrial Electronics, 2011, 58(3): 949-959.

[3] Schafmeister F, Kolar J W. Novel hybrid modulation schemes significantly extending the reactive power control range of all matrix converter topologies with low computational effort[J]. IEEE Transactions on Industrial Electronics, 2012, 52(1): 194-210.

[4] 陈希有, 陈学允. 矩阵式电力变换器的无功功率分析[J]. 中国电机工程学报, 1999, 19(11): 5-9.

[5] Li X, Su M, Sun Y, et al. Modulation strategy based on mathematical construction for matrix converter extending the input reactive power range[J]. IEEE Transactions on Power Electronics, 2014, 29(2): 654-664.

[6] Li X, Sun Y, Zhang J, et al. Modulation methods for indirect matrix converter extending the input reactive power range[J]. IEEE Transactions on Power Electronics, 2017, 32(6): 4852-4863.

[7] Sun Y, Li X, Su M, et al. Indirect matrix converter-based topology and modulation schemes for enhancing input reactive power capability[J]. IEEE Transactions on Power Electronics, 2015, 30(9): 4669-4681.

第7章 矩阵变换器系统稳定性分析及稳定化方法

在实际运行中，矩阵变换器输入侧需要接滤波器，一方面是为满足输入电流质量要求，另一方面是矩阵变换器正常运行的基本前提。通常，滤波器采用简单的二阶 LC 结构。由于线路上的寄生电阻较小，缺乏阻尼，所以该二阶系统容易产生谐振，尤其当矩阵变换器驱动恒功率负载时，其输入阻抗呈现负阻抗特性，若滤波器阻尼不足，则该负阻抗特性易使系统失稳。通常，矩阵变换器系统的稳定性问题可通过被动手段和主动手段来解决。

被动手段是指在硬件上增大滤波器的阻尼系数[1,2]，例如，在高电压、小电流的场合，在滤波电感两端并联电阻；而在低电压、大电流的场合，在输入滤波电容两端并联 RC 串联支路。主动手段则是采用额外的控制方法来削弱系统的负输入阻抗特性。这种手段无须增加额外硬件和损耗即可提高系统的稳定性，因而更受关注。国外，意大利学者 Casadei 等[3-5]最先关注矩阵变换器的稳定性问题，提出了在同步旋转坐标系下采用数字滤波对滤波电容电压的幅值进行滤波以提高系统在电动运行时的稳定性。在此基础上，文献[4]进一步研究了采样、控制时滞以及功率对系统稳定性的影响。文献[5]分析了矩阵变换器的大信号稳定性，克服了小信号稳定性分析的局限性，为矩阵变换器全局稳定性的分析奠定了基础。文献[6]提出了对滤波电容电压幅值和相位角同时进行滤波的方法，进一步提高了系统稳定性，并在阻感性负载和感应电机负载下进行了仿真和实验验证。文献[7]采用数值分析表明锁相环技术能提高系统的稳定裕度，锁相环本质上也是对输入电压相位角进行滤波，只是相位角的求取和滤波方法有所不同。文献[8]研究了矩阵变换器驱动双馈风力发电机系统的稳定性问题。文献[9]～[11]提出了修改参考输入电流的方法，其本质是视矩阵变换器的输入电流为可控输入，通过修改输入电流的参考轨迹提高系统的阻尼，进而提高系统的稳定性。文献[9]～[11]的方法和上述文献的思路有所不同，但将矩阵变换器的输入电流视为可控输入的假设过强，一般的调制策略如经典的 Venturini 调制和空间矢量调制均不适合，在特定的调制策略下才成立。国内，文献[12]和[13]研究了矩阵变换器的稳定性问题，并较早地提出了虚拟电阻法以提高矩阵变换器的稳定性。此外，南京航空航天大学的周波教授等也提出了多种修正参考输入电流来改善系统阻尼的方案[14-16]。

本章对矩阵变换器的稳定性问题展开分析，并重点介绍一种基于构造的稳定化方法[17]。

7.1　稳定性问题分析

7.1.1　矩阵变换器系统建模

为分析矩阵变换器系统的稳定性，首先需要建立矩阵变换器的数学模型。双级矩阵变换器和传统矩阵变换器在功率因数较高的运行区域完全等同，其数学模型是完全一样的。以采用空间矢量调制策略的双级矩阵变换器为例，带阻感性负载时其静止坐标系下的数学模型如下：

$$L_f \frac{\mathrm{d}\vec{i}_s}{\mathrm{d}t} = \vec{u}_s - \vec{u}_i - R_f \vec{i}_s \tag{7.1}$$

$$C_f \frac{\mathrm{d}\vec{u}_i}{\mathrm{d}t} = \vec{i}_s - \vec{i}_i \tag{7.2}$$

$$L \frac{\mathrm{d}\vec{i}_o}{\mathrm{d}t} = \vec{u}_o - R\vec{i}_o \tag{7.3}$$

$$\vec{u}_o = 1.5 \left(\vec{u}_i \cdot \vec{d}_r \right) \vec{d}_i \tag{7.4}$$

$$\vec{i}_i = 1.5 \left(\vec{d}_i \cdot \vec{i}_o \right) \vec{d}_r \tag{7.5}$$

其中，式(7.1)和式(7.2)为输入滤波器动态方程，式(7.3)为负载模型，式(7.4)和式(7.5)为矩阵变换器调制模型，反映了矩阵变换器整流-逆变的特性，$\vec{d}_r$ 为整流级调制矢量，$\vec{d}_i$ 为逆变级调制矢量。

基于电压定向思想，将系统输入侧定向在电网电压矢量上，而将输出侧定向在逆变级调制矢量上，得到同步旋转坐标系下的系统方程如下：

$$L_f \frac{\mathrm{d}i_{sd}}{\mathrm{d}t} = u_{sd} - u_{id} + L_f \omega_i i_{sq} - R_f i_{sd} \tag{7.6}$$

$$L_f \frac{\mathrm{d}i_{sq}}{\mathrm{d}t} = -u_{iq} - L_f \omega_i i_{sd} - R_f i_{sq} \tag{7.7}$$

$$C_f \frac{\mathrm{d}u_{id}}{\mathrm{d}t} = i_{sd} - i_{id} + C_f \omega_i u_{iq} \tag{7.8}$$

$$C_f \frac{\mathrm{d}u_{iq}}{\mathrm{d}t} = i_{sq} - i_{iq} - C_f \omega_i u_{id} \tag{7.9}$$

$$L \frac{\mathrm{d}i_{od}}{\mathrm{d}t} = u_{od} - R i_{od} + L \omega_o i_{oq} \tag{7.10}$$

$$L\frac{\mathrm{d}i_{oq}}{\mathrm{d}t} = u_{oq} - Ri_{oq} - L\omega_o i_{od} \tag{7.11}$$

7.1.2　开环调制

根据矩阵变换器的数学模型，假定电网线路阻抗足够小，若将电压传感器安装在输入滤波器前端（网侧），则所测量的电压为电网电压矢量 $\vec{u}_s$。为实现单位输入功率因数，令整流级调制矢量 $\vec{d}_r = \vec{u}_s / |\vec{u}_s|$。若输入滤波器设计合理，则 $\vec{u}_s \approx \vec{u}_i$，对于给定的参考输出电压矢量 $\vec{u}_o$，逆变级调制矢量 $\vec{d}_i$ 由式(7.4)获得。这种计算调制矢量的方式不依赖 $\vec{u}_i$ 的信息，称为开环调制。

为分析方便，本章考虑同步旋转坐标系下的系统模型。在开环调制下，矩阵变换器的输入电流和输出电压分别为

$$\begin{cases} i_{id} = r i_{od} \\ i_{iq} = 0 \end{cases} \tag{7.12}$$

$$\begin{cases} u_{od} = r u_{id} \\ u_{oq} = 0 \end{cases} \tag{7.13}$$

式中，r 为调制深度，定义为

$$r = \frac{|\vec{u}_o^*|}{|\vec{u}_s|} \tag{7.14}$$

将式(7.12)和式(7.13)代入式(7.6)~式(7.11)，再整理得到系统方程为

$$\Lambda\dot{x} = Ax + D \tag{7.15}$$

式中，$\Lambda = \mathrm{diag}\{L_f, L_f, C_f, C_f, L, L\}$；$x = \begin{bmatrix} i_{sd} & i_{sq} & u_{id} & u_{iq} & i_{od} & i_{oq} \end{bmatrix}^{\mathrm{T}}$；$D = \begin{bmatrix} |\vec{u}_s| & 0 & 0 & 0 & 0 & 0 \end{bmatrix}^{\mathrm{T}}$。

$$A = \begin{bmatrix} -R_f & L_f\omega_i & -1 & 0 & 0 & 0 \\ -L_f\omega_i & -R_f & 0 & -1 & 0 & 0 \\ 1 & 0 & 0 & C_f\omega_i & -r & 0 \\ 0 & 1 & -C_f\omega_i & 0 & 0 & 0 \\ 0 & 0 & r & 0 & -R & L\omega_o \\ 0 & 0 & 0 & 0 & -L\omega_o & -R \end{bmatrix} \tag{7.16}$$

观察系统矩阵发现，当参考输出电压幅值不变，即 r 为常数时，系统矩阵 A 是常数矩阵，且可分解为一个半负定矩阵和一个反对称矩阵，由此不难证明该系统是稳定的[18]。尽管如此，随着输出功率的增大，其中一对闭环主导极点向复平面的虚轴移动，由欠阻尼导致的谐振现象仍可能发生。

开环调制的优点是实现简单，基本无须考虑系统稳定性问题。但当输出功率较大时，矩阵变换器的输入电压与电网电压不可避免地存在差异，这将导致输出电压偏离期望值，影响系统的输出性能。此外，如果电网阻抗较大，输入电压不能近似为测量的电网电压，则上述稳定性分析也将失效。当然，在刚性电网的前提下，通过设计合理的输入滤波器，在存在输出电流闭环控制的情形下，开环调制也是一种可取的方法。

7.1.3　闭环调制

调制的目的是使矩阵变换器的实际输出电压最大限度地接近期望电压。若电网不平衡或滤波电感压降不可忽视，电压传感器仍安装在输入滤波器之前，则所测量的电压实际上不能近似为输入电压，导致实际输出电压和期望值之间存在较大偏差。故宜将电压传感器安装在输入滤波器之后，即采样 $\vec{u}_i$，实时修正调制矢量，进行输出电压实时补偿，称这种计算调制矢量的方式为闭环调制。

考虑单位输入功率因数，令整流级调制矢量 $\vec{d}_r = \vec{u}_i / |\vec{u}_i|$，则期望输出电压为

$$\vec{u}_o^* = (u_{od}^* + j u_{oq}^*) \mathrm{e}^{\mathrm{j}\omega_o t} \tag{7.17}$$

根据式（7.4）和式（7.5），求出矩阵变换器的输入电流为

$$i_{id} = \frac{u_{id}}{u_{id}^2 + u_{iq}^2} (u_{od}^* i_{od} + u_{oq}^* i_{oq}) \tag{7.18}$$

$$i_{iq} = \frac{u_{iq}}{u_{id}^2 + u_{iq}^2} (u_{od}^* i_{od} + u_{oq}^* i_{oq}) \tag{7.19}$$

将式（7.18）和式（7.19）代入式（7.8）和式（7.9），得到系统方程为

$$\Lambda \dot{x} = A_c x + D_c \tag{7.20}$$

式中，Λ 和 x 与开环调制相同，而

$$D_c = \begin{bmatrix} u_{sd} & u_{sq} & 0 & 0 & u_{od} & u_{oq} \end{bmatrix}^{\mathrm{T}} \tag{7.21}$$

$$A_c = \begin{bmatrix} -R_f & L_f\omega_i & -1 & 0 & 0 & 0 \\ -L_f\omega_i & -R_f & 0 & -1 & 0 & 0 \\ 1 & 0 & -\dfrac{u_{od}^* i_{od} + u_{oq}^* i_{oq}}{u_{id}^2 + u_{iq}^2} & C_f\omega_i & 0 & 0 \\ 0 & 1 & -C_f\omega_i & -\dfrac{u_{od}^* i_{od} + u_{oq}^* i_{oq}}{u_{id}^2 + u_{iq}^2} & 0 & 0 \\ 0 & 0 & 0 & 0 & -R & L\omega_o \\ 0 & 0 & 0 & 0 & -L\omega_o & -R \end{bmatrix} \tag{7.22}$$

观察发现，系统矩阵 A_c 包含状态变量，是非线性系统，难以直接判定系统的稳定性，此处可采用小信号分析方法来判定。对系统方程 (7.20) 线性化之前，先求解稳态工作点。为了简化计算，在求解稳态工作点时，令

$$u_{iq} = 0, \quad u_{oq}^* = 0 \tag{7.23}$$

线性化后，可得

$$\Delta \dot{x} = \Lambda^{-1} \tilde{A}_c \Delta x \tag{7.24}$$

其中

$$\tilde{A}_c = \begin{bmatrix} -R_f & L_f\omega_i & -1 & 0 & 0 & 0 \\ -L_f\omega_i & -R_f & 0 & -1 & 0 & 0 \\ 1 & 0 & \dfrac{u_{od}^* \bar{i}_{od}}{\bar{u}_{id}^2} & C_f\omega_i & -\dfrac{u_{od}^*}{\bar{u}_{id}} & 0 \\ 0 & 1 & -C_f\omega_i & -\dfrac{u_{od}^* \bar{i}_{od}}{\bar{u}_{id}^2} & 0 & 0 \\ 0 & 0 & 0 & 0 & -R & L\omega_o \\ 0 & 0 & 0 & 0 & -L\omega_o & -R \end{bmatrix} \tag{7.25}$$

注意，式中带上横线的变量均为对应变量的稳态变量。

观察系统矩阵 $\tilde{A}_c$ 发现，代表负载部分的子系统是稳定的。因此，可仅考虑不包含负载部分的四阶子矩阵来进行稳定性分析。在该子矩阵中，有一个正数项 (第三行，第三列) 出现在对角线上，该项是威胁系统稳定性的主要因素。

7.2　基于构造的稳定化方法

阻抗比判据指出，若输入滤波器的输出阻抗远小于变换器输入阻抗，则滤波

器对系统的稳定性影响可以忽略。根据该判据，若能通过算法修正矩阵变换器的输入阻抗，则能改善系统的稳定性。基于此思想，本节介绍一种简单、通用的基于构造的稳定化方法。

7.2.1　不稳定性根源分析

为方便分析，以简单的 DC-DC 变换器系统为例研究系统的不稳定根源，其中将 DC-DC 变换器等效为输入阻抗。如图 7.1(a)所示，DC-DC 变换器由一个输入阻抗表示（Y 为输入导纳），等效电路如图 7.1(b)所示。

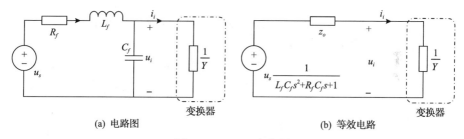

(a) 电路图　　　　　　　　　　　　　　(b) 等效电路

图 7.1　DC-DC 变换器

根据图 7.1，计算输入电流：

$$i = u_s \frac{1}{L_f C_f s^2 + R_f C_f s + 1} \cdot \frac{Y}{1 + z_o Y} \tag{7.26}$$

式中，z_o 为输出阻抗，其表达式为

$$z_o = \frac{R_f + L_f s}{L_f C_f s^2 + R_f C_f s + 1} \tag{7.27}$$

因此，可以求得系统的特征方程为

$$s^2 + \left(\frac{Y}{C_f} + \frac{R_f}{L_f} \right) s + \frac{1}{L_f C_f} (1 + R_f Y) = 0 \tag{7.28}$$

显然，系统稳定的条件为

$$1 + R_f Y > 0, \quad \frac{Y}{C_f} + \frac{R_f}{L_f} > 0 \tag{7.29}$$

若 Y 为实数且 $Y > 0$，则系统总是稳定的；而若 $Y < 0$，则系统稳定的充要条件是

$$|Y| < Y_c = \frac{1}{\max\left\{R_f, L_f/(R_f C_f)\right\}} \tag{7.30}$$

换句话说，当 $Y < 0$ 时，要求输入阻抗足够大，否则，系统将失去稳定性。

假设 $u \cdot i = p$，如果 p 是一个正常数，即系统工作在恒定功率负载下，求得输入导纳为

$$Y = -\frac{p}{\bar{u}^2} \tag{7.31}$$

式中，$Y < 0$，DC-DC 变换器呈负阻抗特性。若因输出功率 p 较大导致 Y 无法满足条件(7.30)，则系统将失稳。

基于上述思想，也可将矩阵变换器等效成输入阻抗(或导纳)。但常规的矩阵变换器是一个三相对称交流系统，因此可通过坐标变换和电压定向分别在 d 轴和 q 轴上表示输入导纳。

在闭环调制下，根据式(7.18)、式(7.19)和式(7.23)，考虑泰勒级数的一阶近似后的小信号线性等效方程为

$$\Delta i_{id} = \frac{u_{od}^*}{\bar{u}_{id}} \Delta i_d - \frac{u_{od}^* \bar{i}_{od}}{\bar{u}_{id}^2} \Delta u_{id} \tag{7.32}$$

$$\Delta i_{iq} = \frac{u_{od}^* \bar{i}_{od}}{\bar{u}_{id}^2} \Delta u_{iq} \tag{7.33}$$

采用拉普拉斯变换，在稳态工作点下的 d 轴、q 轴输入导纳分别为

$$\frac{\Delta i_{id}(s)}{\Delta u_{id}(s)} = -\frac{u_{od}^* \bar{i}_{od}}{\bar{u}_{id}^2} \tag{7.34}$$

$$\frac{\Delta i_{iq}(s)}{\Delta u_{iq}(s)} = \frac{u_{od}^* \bar{i}_{od}}{\bar{u}_{id}^2} \tag{7.35}$$

观察发现，d 轴、q 轴输入导纳的实部是互补的，若矩阵变换器工作在电动模式下，则 d 轴输入导纳的实部为负；若矩阵变换器工作在发电模式下，则 q 轴输入导纳的实部为负。无论矩阵变换器处于哪种运行模式(电动或发电)，总存在输入导纳为负的情况。如前所述，负输入导纳可能对系统稳定性造成威胁。若采用额外补偿算法修正负输入导纳使其满足稳定条件，则仍可保证系统稳定性。

下面将重点介绍一种基于构造的稳定化方法，通过为矩阵变换器的控制输入

构造一个合适的修正项，保证了系统稳定性。以下将分别按电动模式和发电模式两种情况对该方法进行阐述。

7.2.2　电动模式下的构造法

第一步，定义新的参考输出电压为

$$u_{od}^{**} = u_{od}^{*} + f\left(u_{id}\right) \tag{7.36}$$

式中，u_{od}^{*} 为原参考输出电压；u_{od}^{**} 为修正后的参考输出电压；$f\left(u_{id}\right)$ 为修正项。

经过重新推导，新的输入导纳为

$$\frac{\Delta i_{id}(s)}{\Delta u_{id}(s)} = \frac{u_{od}^{*}\bar{i}_{od} - \bar{u}_{id}\bar{i}_{od}\partial f_{u_{id}} + \bar{i}_{od}\bar{f}}{-\bar{u}_{id}^{2}} + H(s) \tag{7.37}$$

$$\frac{\Delta i_{iq}(s)}{\Delta u_{iq}(s)} = \frac{\left(u_{od}^{*} + \bar{f}\right)\bar{i}_{od}}{\bar{u}_{id}^{2}} \tag{7.38}$$

式中，$\partial f_{u_{id}} = \partial f(u_{id})/\partial u_{id}$；$H(s) = \left(u_{od}^{*} + \bar{f}\right)L(s)\partial f_{u_{id}}/\bar{u}_{id}$。变换器的输入导纳除了与变换器本身及其控制方法有关，还与负载有关。$L(s)$ 表示特定负载的传递函数，如 RL 负载，其传递函数为

$$L(s) = \frac{Ls + R}{(Ls + R)^{2} + L^{2}\omega_{o}^{2}} \tag{7.39}$$

修改参考输出电压的根本目的是修正输入阻抗以提高系统稳定性，也即修正系统矩阵的特征值分布，若能使得输入阻抗大于零，就能使该系统稳定。

第二步，构造修正项，其基本要求为：①输出电压与期望的稳态误差很小，最好为零；②动态偏差足够小；③系统的稳定性提高。

由上述要求可知，构造 $f\left(u_{id}\right)$ 时应满足如下原则：

（1）$f\left(u_{id}\right)$ 应能保证系统稳定；

（2）$f\left(u_{id}\right)$ 较小，且 $\bar{f}\left(u_{id}\right) = 0$；

（3）$f\left(u_{id}\right)$ 不局限于简单的代数方程，也可为动态方程，如滤波器。

对于第一项原则，若 $f\left(u_{id}\right)$ 是代数方程，则 $\partial f_{u_{id}}$ 应足够大（大于零），以使系统在电动模式下稳定。对于第二项原则，$f\left(u_{id}\right)$ 应尽可能小，不影响输出性能。

根据上述要求，下面给出几种直观的构造法。

1. 简单的代数构造

最简单的代数构造是比例反馈形式，例如

$$f(u_{id}) = k(u_{id} - \bar{u}_{id}) \tag{7.40}$$

当所有参数已知时，上述方案只需通过求解稳态代数方程即可实现。由于输入滤波器的压降较小，$\bar{u}_{id}$ 可近似为额定电网电压。由式(7.40)可知，$\partial f_{u_{id}} = k$，$\bar{f}(u_{id}) = 0$，合理选择 k 使其满足 $k > u_{od}^* / \bar{u}_{id}$，即可保证系统稳定性。然而，如果 k 过大，则该修正项可能引起输出偏离期望值，进而导致调制系数饱和，恶化输出性能。所以，k 应在充分考虑稳定性与动态性能的前提下折中选择。

2. 动态方程构造

稳定项的构造可以是滤波器形式，例如

$$f(u_{id}) = \ell^{-1}\left\{ k\left[u_{id}(s) - \frac{u_{id}(s)}{\tau s + 1} \right] \right\} = k\ell^{-1}\left\{ \frac{\tau s}{\tau s + 1} u_{id}(s) \right\} \tag{7.41}$$

式中，ℓ^{-1} 表示拉普拉斯逆变换。

上述构造法的基本思想是令 u_{id} 通过一个低通滤波器。考虑到系统参数或负载等的不确定性，精确的稳态值通常不易得到，采用低通滤波方法获取稳态值更具有现实意义，同时有助于避免调制系数饱和，对输出性能影响较小。

3. 非线性构造

稳定项的构造还可以采用非线性形式，例如

$$f(u_{id}) = k\bar{u}_{id}\left[\left(\frac{u_{id}}{\bar{u}_{id}} \right)^{\gamma} - 1 \right] \tag{7.42}$$

当 $u_{id} < \bar{u}_{id}$ 时，$\gamma > 1$；当 $u_{id} > \bar{u}_{id}$ 时，$\gamma < 1$；当 $u_{id} = \bar{u}_{id}$ 时，$\gamma = 1$。

这种方案引入非线性函数，$\bar{f}(u_{id}) = 0$，$\partial f_{u_{id}} = k$，k 的选择与简单的代数构造方法类似。系统动态时在 k 相同的前提下，这种方案构造的 $f(u_{id})$ 较第一种方法小。

上述方案均可修正矩阵变换器的输入阻抗，为了验证正确性和可行性，以式(7.40)所示的第一种方法为例，采用小信号稳定性分析方法分析闭环系统的稳定性。

根据构造原则，虽修正了参考输出电压，但并不影响系统稳态，故稳态工作

点无须重新计算。在稳态工作点对系统方程进行线性化，得到

$$\Delta\dot{x} = \Lambda^{-1}\tilde{A}_{c1}\Delta x \tag{7.43}$$

式中

$$\tilde{A}_{c1} = \begin{bmatrix} -R_f & L_f\omega_i & -1 & 0 & 0 & 0 \\ -L_f\omega_i & -R_f & 0 & -1 & 0 & 0 \\ 1 & 0 & \dfrac{u_{od}^*\bar{i}_{od} - \bar{u}_{id}\bar{i}_{od}\cdot k}{\bar{u}_{id}^2} & C_f\omega_i & -\dfrac{u_d^*}{\bar{u}_{cd}} & 0 \\ 0 & 1 & -C_f\omega_i & -\dfrac{u_{od}^*\bar{i}_{od}}{\bar{u}_{id}^2} & 0 & 0 \\ 0 & 0 & k & 0 & -R & L\omega_o \\ 0 & 0 & 0 & 0 & -L\omega_o & -R \end{bmatrix} \tag{7.44}$$

观察系统矩阵 $\tilde{A}_{c1}$，如果 k 满足

$$u_{od}^*\bar{i}_{od} - \bar{u}_{id}\bar{i}_{od}\cdot k < 0 \tag{7.45}$$

并令 $\tilde{A}_{c1}$ 矩阵的第 5 行和第 6 行同时乘以 $u_{od}^*/(\bar{u}_{id}\,k)$，则可得由新的系统矩阵 $\tilde{A}_{c1}'$ 和三角矩阵 Λ' 构成的系统方程 $\Delta\dot{x} = (\Lambda')^{-1}\tilde{A}_{c1}'\Delta x$。$\tilde{A}_{c1}'$ 可以分解为一个负定矩阵和一个反对称矩阵，说明修正控制输入后的系统是稳定的，这也证明了构造法的正确性。

当采用如式 (7.41) 所示的构造法时，得到的系统矩阵没有类似 $\tilde{A}_{c1}$ 的结构特征，这里采用根轨迹法来判定系统稳定性条件。这种构造法包含两个参数，即 k 和 τ，需绘制两个根轨迹图。当 $\tau = 0.1\times10^{-4}$，而 k 由 0 增至 2 时，系统的闭环极点轨迹如图 7.2(a) 所示，可知随着 k 的增大，其中一对极点从右半平面移入左半平面。当 $k = 0.5$，而 τ 由 0.1×10^{-3} 增至 1×10^{-3} 时，系统的闭环极点轨迹如图 7.2(b) 所示，可知随着 τ 的增大，系统稳定性得到改善。

从频率响应来看，方法 (7.41) 仅在高频带与方法 (7.40) 相同。相对来说，方法 (7.41) 因包含低通滤波信息而仅可抑制高频谐振，稳定化能力较弱，但有助于避免调制系数饱和。由图 7.2(b) 可知，τ 太小时阻尼效果较差，τ 太大时动态性能变差，因而 τ 也需要根据稳定性和动态性能进行折中选择。

上述内容仅考虑了对 d 轴参考电压进行修正的情况，事实上，修正 q 轴参考电压也可改善系统稳定性，如 $u_{oq}^{**} = u_{oq}^* + f(u_{iq})$，这在输出电流 $i_{oq} > i_{od}$ 时尤其有效。修正 q 轴参考电压的思想及选择 $f(u_{iq})$ 的方法与 d 轴相同。

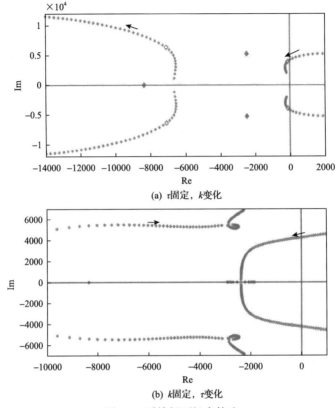

(a) τ固定，k变化

(b) k固定，τ变化

图 7.2　系统闭环极点轨迹

　　然而，当矩阵变换器系统从电动模式切换为发电模式时，q 轴的输入导纳将变成负值，若仅对参考电压进行修正，则无法修改 q 轴输入导纳，因而无法满足系统在发电模式下的稳定性要求。图 7.3 显示了矩阵变换器在采用构造法(7.41)时的输入电压波形，其中，系统在 $t = 0.05$s 时由电动模式切换至发电模式。显然一旦矩阵变换器运行在发电模式，该构造法失效，系统不稳定。

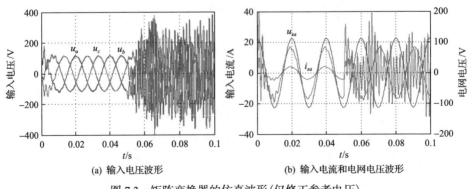

(a) 输入电压波形　　　　　　　(b) 输入电流和电网电压波形

图 7.3　矩阵变换器的仿真波形(仅修正参考电压)

7.2.3　发电模式下的构造法

矩阵变换器有两个控制输入：逆变级调制矢量和整流级调制矢量。7.2.2 节讨论了通过修正逆变级调制矢量(参考输出电压)修正 d 轴输入导纳的方法，下面将讨论通过修正整流级调制矢量(参考输入电流)来修正 q 轴输入导纳。

假定输入电压矢量为 $\vec{u}_i = |\vec{u}_i|e^{j\theta}$，其中，$\theta$ 为矢量角，考虑单位输入功率因数，θ 也即整流级调制矢量的矢量角。与式(7.36)类似，取

$$\theta^* = \theta + g(\theta) \tag{7.46}$$

式中，θ^* 为修正后的矢量角；$g(\theta)$ 为修正项，修正项的选取也应满足前述类似的基本原则。

根据式(7.4)和式(7.5)可得输入电流矢量为

$$\vec{i}_i = \frac{u_{od}^* i_{od} + u_{oq}^* i_{oq}}{|\vec{u}_i|^2} \vec{u}_i e^{jg(\theta)} \tag{7.47}$$

变换到同步旋转坐标系上，则有

$$i_{id} = \frac{u_{od}^* i_{od} + u_{oq}^* i_{oq}}{u_{id}^2 + u_{iq}^2}\left\{u_{id}\cos[g(\theta)] - u_{iq}\sin[g(\theta)]\right\} \tag{7.48}$$

$$i_{iq} = \frac{u_{od}^* i_{od} + u_{oq}^* i_{oq}}{u_{id}^2 + u_{iq}^2}\left\{u_{iq}\cos[g(\theta)] + u_{id}\sin[g(\theta)]\right\} \tag{7.49}$$

其中

$$\theta = \theta_i + \arctan\left(\frac{u_{iq}}{u_{id}}\right) \tag{7.50}$$

式中，$\theta_i = \omega_i t + \varphi_i$ 为同步旋转坐标系的定向矢量角。

对式(7.48)和式(7.49)围绕稳态工作点进行线性化，并经拉普拉斯变换后得到发电模式下的输入导纳为

$$\frac{\Delta i_{id}(s)}{\Delta u_{id}(s)} = -\frac{u_{od}^* \bar{i}_{od}}{\bar{u}_{id}^2} \tag{7.51}$$

$$\frac{\Delta i_{iq}(s)}{\Delta u_{iq}(s)} = \frac{u_{od}^* \bar{i}_{od}[1 + \partial g(\theta)/\partial\theta]}{\bar{u}_{id}^2} \tag{7.52}$$

可知 q 轴输入导纳可通过构造合适的 $g(\theta)$ 进行修正，构造原则与 7.2.2 节相同。

最简单的构造示例如下：

$$g(\theta) = k_\theta (\theta - \overline{\theta}) \tag{7.53}$$

式中，$\overline{\theta} = \theta_i$，且当 $\theta = \overline{\theta}$ 时，$\overline{g}(\theta) = 0$。若 $\overline{\theta}$ 可得，则当 k_θ 满足条件 $k_\theta < -1$ 时，该构造法便可改善矩阵变换器系统的稳定性，$k_\theta < -1$ 即意味着 q 轴输入导纳大于零。

同样地，修正项 $g(\theta)$ 也可采用类似式(7.41)的滤波思想，即

$$g(\theta) = k_\theta \ell^{-1}\left\{ \frac{\tau_\theta s}{\tau_\theta s + 1} \theta(s) \right\} \tag{7.54}$$

根据终值定理，显然有 $\overline{g}(\theta) = 0$，满足稳态误差基本为零的原则。选择合适的 k_θ，即可满足系统稳定性需求。

类似地，当矩阵变换器系统工作时，若仅对参考电流矢量角进行修正，则无法修改 d 轴输入导纳，在电动模式下无法满足系统稳定化的要求。系统在 $t = 0.05\mathrm{s}$ 时由电动模式切换至发电模式，图 7.4 显示了采用构造法(7.54)时的输入电压波形，显然，矩阵变换器运行在电动模式时，系统不稳定。

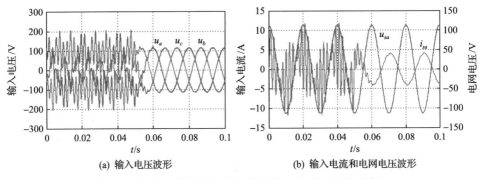

(a) 输入电压波形　　　　　　　　　(b) 输入电流和电网电压波形

图 7.4　矩阵变换器的仿真波形(仅修正参考电流矢量角)

7.2.4　兼顾两种模式的构造法

一般来说，矩阵变换器系统若运行在电动模式，则对参考输出电压进行修正即可；若运行在发电模式，则宜修正整流级调制矢量的矢量角，这需要根据参考功率的符号进行切换。例如，在电动模式下采用构造法(7.41)，在发电模式下采用构造法(7.54)。图 7.5 展示了系统由电动模式切换为发电模式（$t = 0.05\mathrm{s}$ 时切换）的仿真波形。其中，图 7.5(a)为 d 轴、q 轴输出电流，跟踪效果较好；图 7.5(b)为三相输入电压；图 7.5(c)为 a 相电网电压和电网电流。波形表明，系统在两种

运行模式下均可稳定运行。

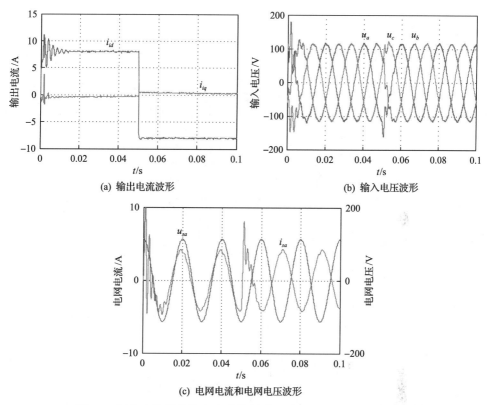

图 7.5　矩阵变换器的仿真波形（切换修正参考电压和电流矢量角）

　　此外，也可采用兼顾上述两种模式的构造法，例如，对矩阵变换器系统同时采用如式（7.41）和式（7.54）所示的方法。当系统工作在电动模式时，应满足 $k > u_{od}^* / \bar{u}_{id}$ 和 $k_\theta \geqslant -1$，仅修正 d 轴输入导纳；当矩阵变换器系统工作在发电模式时，应满足 $k \leqslant u_{od}^* / \bar{u}_{id}$ 和 $k_\theta < -1$，仅修正 q 轴输入导纳。这种构造法虽可避免因错判实际功率符号引起的不必要模式切换，但整体系统的稳定域相对受限，因为同样的修正方法在两种模式下的作用却是相反的。例如，在电动模式，修正参考电压可提高变换器的输入阻抗，修正参考矢量角却降低了输入阻抗，而在发电模式下的情况正好相反。

　　在系统由电动模式切换为发电模式（$t = 0.05s$ 时切换）的情况下，图 7.6(a) 显示了在电动模式下 t 为 0.04~0.05s 期间同时采用构造法（7.41）和（7.54）的仿真波形，图 7.6(b) 显示了在发电模式下 t 为 0.05~0.06s 期间同时采用构造法（7.41）和（7.54）的仿真波形。图 7.6 中，电网电流在上述时间段内均出现了谐振问题，表明这两种稳定化方法同时起作用时，对系统稳定性的贡献是相互冲突的。因此，根据功率符号来投切修正方案虽需要反馈功率信息，但可得到更大的稳定域。

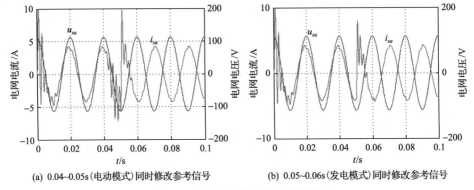

(a) 0.04~0.05s（电动模式）同时修改参考信号　　(b) 0.05~0.06s（发电模式）同时修改参考信号

图 7.6　电网电压和电网电流波形

7.2.5　从构造观点看已有方法

对于文献[2]所提方法，令整流级调制矢量 $\vec{d}_r = \vec{u}_i / |\vec{u}_i|$，若以 $\tilde{u}_i$（经数字低通滤波器滤波后）替代式(7.4)中的 $\vec{u}_i$，则逆变级调制矢量 $\vec{d}_i = 2\vec{u}_o^* / (3|\tilde{u}_c|)$。

将 $\vec{d}_r$ 和 $\vec{d}_i$ 代入式(7.5)，可计算输入电流为

$$i_{id} = \frac{u_{id}}{|\vec{u}_i||\tilde{u}_i|}\left(u_{od}^* i_{od} + u_{oq}^* i_{oq}\right) \tag{7.55}$$

$$i_{iq} = \frac{u_{iq}}{|\vec{u}_i||\tilde{u}_i|}\left(u_{od}^* i_{od} + u_{oq}^* i_{oq}\right) \tag{7.56}$$

计算 d 轴输入导纳为

$$Y_D(s) = -\frac{u_{od}^*}{\overline{u}_{id}^2}\frac{1}{\tau_d s + 1}\left[i_{od} - u_{od}^* \tau_d s L(s)\right] \tag{7.57}$$

式中，τ_d 为数字低通滤波器的时间常数。

事实上，这种采用数字低通滤波器滤波的方法可描述为

$$u_{od}^{**} = u_{od}^* + f = u_{od}^* + k_1 \ell^{-1}\left\{\frac{\tau_d s}{\tau_d s + 1}u_{id}(s)\right\} \tag{7.58}$$

其中

$$k_1 = \frac{u_{od}^*}{\ell^{-1}\left\{\dfrac{1}{\tau_d s + 1}u_{id}(s)\right\}} \tag{7.59}$$

对式(7.58)的第二项进行线性化，有

$$f' = \left(\frac{u_{od}^*}{\bar{u}_{id}}\right)\ell^{-1}\left\{\frac{\tau_d s}{\tau_d s+1}u_{id}(s)\right\} \tag{7.60}$$

对比式(7.58)与式(7.41)发现，二者的构造结构相同，但增益不同。式(7.58)中的增益 k_1 依赖 u_{od}^* 与输入电压的比值，而式(7.41)中的增益 k 可依据系统要求自由选择。如果数字低通滤波器滤波方法的阻尼效果不够，则可修改 k_1 的大小，或与构造法(7.40)结合，即

$$u_d^{**} = u_d^* + k_1\ell^{-1}\left\{\frac{\tau_d s}{\tau_d s+1}u_{cd}(s)\right\} + k\left(u_{cd} - \bar{u}_{cd}\right) \tag{7.61}$$

图 7.7 描绘了矩阵变换器系统在采用方法(7.61)时的稳定运行极限点(对应不同的 τ_d 和 k)，连接极限点曲线以下的区域即为系统稳定域。图中，$k=0, 0.1, 0.2, 0.3$ 代表数字低通滤波器滤波方法[2]，$k=0$ 时的稳定域最窄，随着 k 的增大，系统的稳定域也逐步扩大。

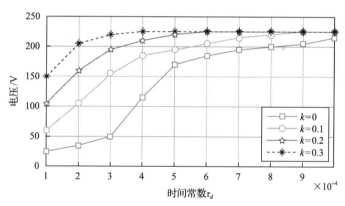

图 7.7　矩阵变换器系统的稳定运行曲线

对于输入电压相位角滤波的方法 [6]，也可写成

$$\theta^* = \theta - \ell^{-1}\left\{\frac{\tau_\theta s}{\tau_\theta s+1}\theta(s)\right\} \tag{7.62}$$

与式(7.54)对比发现，式(7.62)中的增益为常数($k_\theta = -1$)，而式(7.54)中的增益 k_θ 可自由选择。采用锁相环以改善系统稳定性的方法(文献[7])本质上虽也是对相位角进行滤波，但其等效为一个二阶低通滤波器。

7.3 实 验 验 证

实验搭建了一套额定容量为 10kV·A 的双级矩阵变换器原型样机，其控制器由浮点型数字信号处理器(digital signal processor, DSP)TMS320F28335 和 FPGA EP2C8J144C8N 组成，采样频率和开关频率均为 10kHz。系统配置如下：电网电压 40V_{rms}，50Hz；输入滤波器：L_f=3mH，C_f=30μF；负载：R=5.1Ω，L=0.6mH。

首先，验证滤波器时间常数 τ 和等效增益 k 对系统稳定性的影响。三种情形条件如下。

情形Ⅰ：采用文献[2]中的方法，$\tau = 0.1\text{ms}$；

情形Ⅱ：采用文献[2]中的方法，$\tau = 1\text{ms}$；

情形Ⅲ：采用式(7.41)的方法，$\tau = 1\text{ms}$，k=0.6。

由于很难预先准确判定实际系统发生不稳定现象的条件，为了安全起见，实验令参考输出电压以一定步长逐步上升，同时观察输入电压、电流的波形，直到接近系统不稳定点。三种情形的结果如图 7.8 所示，该图的横坐标是参考输出电压值，纵坐标为输入电压 THD。显然，情形Ⅲ的实验效果最佳，对比情形Ⅰ和情形Ⅱ，很容易验证随着时间常数的增加，系统稳定性提高的结论。情形Ⅲ比其他两组情形更好，原因是它具有自由度 k，增大 k 也有利于稳定性的提高。

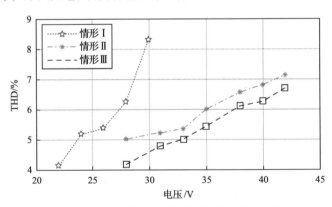

图 7.8　输入电压 THD 对参考输出电压的曲线

在情形Ⅰ下，图 7.8 显示当输出电压参考接近 30V(峰值)时输入电压 THD 迅速上升，图 7.9(a)为在该稳态运行点下的实验波形，主要有输入电压 u_a、电网电流 i_{sa} 和中间直流电压 u_{dc} 的波形，可知该工作点已接近不稳定区域，此时输入电压 u_a 的 FFT 频谱图显示 THD 为 8.31%。

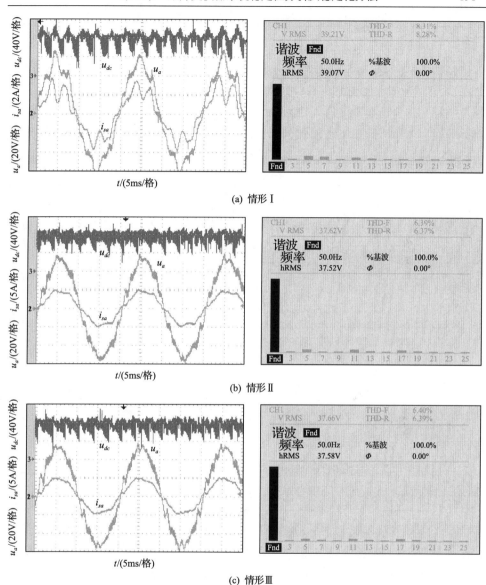

(a) 情形Ⅰ

(b) 情形Ⅱ

(c) 情形Ⅲ

图 7.9　不同稳定化方法的实验波形及输入电压 FFT 分析

　　根据图 7.8 的测试结果,令情形Ⅱ和情形Ⅲ下的参考输出电压为 42V,图 7.9(b)和(c)为在该工作点下的实验波形及相应输入电压的频谱图。图中,波形虽开始出现谐振问题,但幅度较情形Ⅰ轻微,而情形Ⅲ下的输入电压谐波畸变略小于情形Ⅱ。

　　然后,验证构造法在电动模式和发电模式下对矩阵变换器稳定性的作用。在电动模式下,采用式(7.41)的构造法;在发电模式下,采用式(7.54)的构造法。运行模式切换由参考电流 i_{od} 的符号决定,实验选用参数如下:$k=1.0$,$\tau=1.0\text{ms}$,

$k_\theta = -1.3$ ，　$\tau_\theta = 1.0\text{ms}$ 。

不失一般性地，令参考电流 $i_{od} = 8\text{A}$、$i_{oq} = 0\text{A}$，目的是在单位功率因数条件下将能量从整流级传输至逆变级。图 7.10(a) 为电动模式的稳态实验波形；当 i_{od} 改变符号，由 8A 变为-8A 时，矩阵变换器的能量从逆变侧传输至整流侧，图 7.10(b) 为发电模式的稳态实验波形，输入输出电流与输入电压相位相反。其中，发电模式下的输入电压略高于电动模式，由于选择了合适的构造法，系统在任意模式下均能稳定运行。

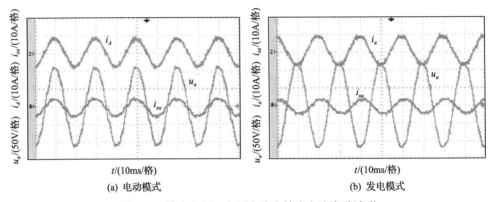

(a) 电动模式　　　　　　　　　　　　　　　(b) 发电模式

图 7.10　输入电压、电网电流和输出电流实验波形

7.4　本章小结

本章对矩阵变换器的稳定性问题进行了探讨，首先通过分析系统模型发现不稳定性根源在于负输入阻抗(或导纳)，然后针对该问题介绍了一种基于构造的稳定化方法，即通过修改控制输入来修正矩阵变换器输入导纳，进而提高系统的稳定性。当矩阵变换器运行于电动模式时，d 轴输入导纳为负，可通过修正参考输出电压使其得到提高；而当矩阵变换器运行于发电模式时，q 轴输入导纳为负，其可通过修正整流级调制矢量角得到改善。本章所提方法具有通用性，也可应用于其他存在相似稳定性问题的电力变换器中。

参　考　文　献

[1] She H W, Lin H, Wang X W, et al. Damped input filter design of matrix converter[C]. International Conference on Power Electronics and Drive Systems, Taipei, 2009: 672-677.

[2] Erickson R W. Optimal single resistor damping of input filters[C]. IEEE Applied Power Electronics Conference and Exposition, Dallas, 1999: 1073-1079.

[3] Casadei D, Serra G, Tani A, et al. Effects of input voltage measurement on stability of matrix

converter drive system[J]. IEEE Proceedings-Electric Power Applications, 2004, 151(4): 487-497.

[4] Casadei D, Serra G, Tani A, et al. Theoretical and experimental investigation on the stability of matrix converters[J]. IEEE Transactions on Industrial Electronics, 2005, 52(5): 1409-1419.

[5] Casadei D, Clare J, Empringham L, et al. Large-signal model for the stability analysis of matrix converters[J]. IEEE Transactions on Industrial Electronics, 2007, 54(2): 939-950.

[6] Liu F R, Klumpner C, Blaabjerg F. Stability analysis and experimental evaluation of a matrix converter drive system[C]. The 29th Annual Conference of the IEEE Industrial Electronics Society, Roanoke, 2003: 2059-2065.

[7] Ruse C A J, Clare J C, Klumpner C. Numerical approach for guaranteeing stable design of practical matrix converter drives systems[C]. The 32nd Annual Conference on IEEE Industrial Electronics, Paris, 2006: 2630-2635.

[8] Cardenas R, Pena R, Tobar G, et al. Stability analysis of a wind energy conversion system based on a doubly fed induction generator fed by a matrix converter[J]. IEEE Transactions on Industrial Electronics, 2009, 56(10): 4194-4206.

[9] Sato I, Itoh J, Ohquchi H, et al. An improvement method of matrix converter drives under input voltage disturbances[J]. IEEE Transactions on Power Electronics, 2007, 22(1): 132-138.

[10] Haruna J, Itoh J I. Behavior of a matrix converter with a feedback control in an input side[C]. International Power Electronics Conference, Singapore, 2010: 1202-1207.

[11] Sato I, Itoh J, Ohguchi H, et al. An improvement method of matrix converter drives under input voltage disturbances[J]. IEEE Transactions on Power Electronics, 2007, 22(1): 132-138.

[12] 粟梅, 孙尧, 覃恒思, 等. 一种改善矩阵变换器系统动态性能和稳定性的控制方法[J]. 电工技术学报, 2005, 20(12): 18-23.

[13] 粟梅, 覃恒思, 孙尧, 等. 矩阵变换器系统的稳定性分析[J]. 中国电机工程学报, 2005, 25(8): 62-69.

[14] Lei J, Zhou B, Qin X, et al. Active damping control strategy of matrix converter via modifying input reference currents[J]. IEEE Transactions on Power Electronics, 2015, 30(9): 5260-5271.

[15] Lei J, Zhou B, Qin X H, et al. Stability improvement of matrix converter by digitally filtering the input voltages in stationary frame[J]. IET Power Electronics, 2016, 9(4): 743-750.

[16] Han N, Zhou B, Yu J, et al. A novel source current control strategy and its stability analysis for an indirect matrix converter[J]. IEEE Transactions on Power Electronics, 2017, 32(10): 8181-8192.

[17] Sun Y, Su M, Li X, et al. A general constructive approach to matrix converter stabilization[J]. IEEE Transactions on Power Electronics, 2013, 28(1): 418-431.

[18] Ortega R, Schaft A, Maschke B, et al, Interconnection and damping assignment passivity-based control of port-controlled Hamiltonian systems[J]. Automatica, 2002, 38(4): 585-596.

第 8 章　混合有源三次谐波注入型矩阵变换器

间接矩阵变换器作为一种"全硅实现"的有源前端变换器拓扑，具有无需中间储能环节和可靠性高等优点，得到了广泛关注，且已取得大量研究成果，但是仍存在如下缺点：整流级和逆变级同步调制导致了窄脉冲等非线性问题，影响了输入输出波形质量[1]；输入无功功率控制范围受限[2-4]；电压传输比较低且依赖输入功率因数角；调制策略相对复杂。除此之外，与大多数有源前端变换器类似，为了保证较好的输入电流质量和较小的输入滤波器体积，需要采用较高的开关频率。然而，较高的开关频率一方面使得间接矩阵变换器具有较大的开关损耗，一般而言较之同等的无源前端变换器在效率上会有 2%~3%的下降；另一方面增加了电磁干扰(electromagnetic interference, EMI)滤波器的设计难度。此外，大量全控器件的采用大幅增加了变换器的成本和控制难度。上述缺点限制了间接矩阵变换器的大规模工业应用。

为解决上述问题，本章介绍两类混合有源三次谐波注入型矩阵变换器[5]、SWISS 矩阵变换器和三次谐波注入型(third harmonic injection, H3I)矩阵变换器。混合有源三次谐波注入型矩阵变换器的前端采用无源前端变换器和部分有源开关的组合，不仅继承了无源前端变换器拓扑低开关损耗和低成本的优点，同时由于有源开关的引入，输入电流质量和功率因数也有明显改善。进一步地，为了提高传统矩阵变换器的输出波形质量，将三次谐波注入的概念推广到多电平领域，提出两类三电平混合有源三次谐波注入型矩阵变换器拓扑[6,7]，并详细探讨箝位型矩阵变换器普遍存在的中性点电压平衡问题及解决方案。此外，针对已有多驱动系统的一些不足，提出一种基于 H3I 矩阵变换器拓扑的多驱动系统[8]，并面向不同应用场景，分别介绍独立控制和协同控制两种运行模式。

8.1　SWISS 矩阵变换器

8.1.1　拓扑结构

SWISS 矩阵变换器由双向 SWISS 整流器和电压源型逆变器组成，其拓扑结构如图 8.1 所示。其中，双向 SWISS 整流器是从单向 SWISS 整流器衍生而来的拓扑，包含一个输入 LC 滤波器、一个按工频换相的三相整流桥、一个有源三次谐波注入电路、两个 Buck 斩波电路。将单向 SWISS 整流器的三相二极管整流桥和 Buck 斩波电路的续流二极管替换成有源开关,从而使得该拓扑具备能量双向流动的能力。对于双向 SWISS 整流器,虽然三相二极管整流桥的二极管换成了有源开关,但是有源开关的功能与二极管一样,仅在能量反向流动时提供流通路径,并不能像常规的有源开关一样自由控制,因此仍然将其视为无源前端变换器。

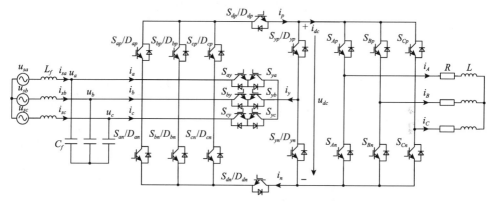

图 8.1　SWISS 矩阵变换器拓扑结构

SWISS 矩阵变换器拓扑实际上是一种新型的间接矩阵变换器,能够实现能量双向流动、输入电流正弦、输入功率因数可控以及输出电压可控的目标,在功能上与常规间接矩阵变换器等同。

8.1.2　工作原理

为了更好地说明 SWISS 矩阵变换器的工作原理,首先根据三相输入电压瞬时值大小关系将输入电压在时间上划分为 6 个扇区,扇区的划分原则如下：$u_a > u_b > u_c$ 的区间定为扇区Ⅰ,$u_b > u_a > u_c$ 的区间定为扇区Ⅱ,以此类推。对于前端的三相整流器,每个扇区中任意时刻上桥臂 3 个开关 S_{ap}、S_{bp}、S_{cp} 中对应输入电压瞬时值最大的开关,以及下桥臂 3 个开关 S_{an}、S_{bn}、S_{cn} 中对应输入电压瞬时值最小的开关一直导通,剩下的 4 个开关一直关断。当能量正向流动时,电流流经二极管；当能量反向流动时,与二极管反并联的 IGBT 承载电流。有源三次谐波注入电路中的三个双向开关则是三相输入电压瞬时绝对值最小相对应的双向开关一直导通,向该相注入三次谐波电流,其余两个双向开关一直关断。双向 Buck 斩波电路的高频开关进行高频调制以合成期望的输入电流矢量,其中开关 S_{dp} 与 S_{yp} 互补,S_{dn} 与 S_{yn} 互补。

由于三相输入电压的对称性,此处仅以扇区Ⅰ为例来具体描述 SWISS 矩阵变换器的工作原理。在扇区Ⅰ中,a 相输入电压瞬时值最大,b 相输入电压瞬时值次之，c 相输入电压瞬时值最小。为了保证电流通路的连续性以及避免输入侧短路，整流器上桥臂开关 S_{ap} 和下桥臂开关 S_{cn} 一直开通，其余开关关断。b 相对应的双向开关 S_{yb} 和 S_{by} 一直开通，向 b 相注入三次谐波电流，a 相对应的双向开关 S_{ya} 和 S_{ay}、c 相对应的双向开关 S_{yc} 和 S_{cy} 一直关断。一个完整输入周期中三相整流器开关和有源三次谐波注入电路双向开关的开关状态如表 8.1 所示，其中 $\omega_i t$ 为输入电压矢量的相角。与常规间接矩阵变换器一样，逆变级根据整流器直流输出电压 u_{pn} 和负载需求合成频率与幅值可变的三相电压。按上述工作原理进行操作，达到输入输出电流正弦对称和输入功率因数可控的目标。

表 8.1　整流级与有源三次谐波注入电路双向开关的开关状态

$\omega_i t$	S_{ya}、S_{ay}	S_{yb}、S_{by}	S_{yc}、S_{cy}	S_{ap}	S_{an}	S_{bp}	S_{bn}	S_{cp}	S_{cn}
$0 \sim \pi/3$	0	1	0	1	0	0	0	0	1
$\pi/3 \sim 2\pi/3$	1	0	0	0	0	1	0	0	1
$2\pi/3 \sim \pi$	0	0	1	0	1	1	0	0	0
$\pi \sim 4\pi/3$	0	1	0	0	1	0	0	1	0
$4\pi/3 \sim 5\pi/3$	1	0	0	0	0	0	1	1	0
$5\pi/3 \sim 2\pi$	0	0	1	1	0	0	1	0	0

　　能量正向流动时 SWISS 矩阵变换器的导通状态如图 8.2 所示。为分析方便，图 8.2 中将逆变器和负载用一个受控电流源 i_{dc} 来替代。SWISS 矩阵变换器简化模型和等效电路如图 8.3 所示，其中 d_{dp}、d_{dn}、d_{yp} 和 d_{yn} 分别为整流级开关 S_{dp}、S_{dn}、S_{yp} 和 S_{yn} 的占空比，d_A、d_B 和 d_C 分别为逆变级上桥臂开关 S_{Ap}、S_{Bp} 和 S_{Cp} 的占空比。

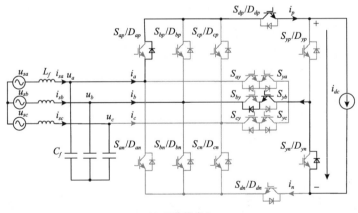

(a) 工作模式 I

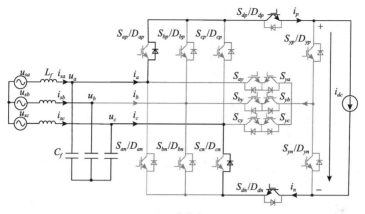

(b) 工作模式Ⅱ

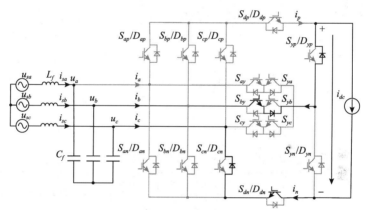

(c) 工作模式Ⅲ

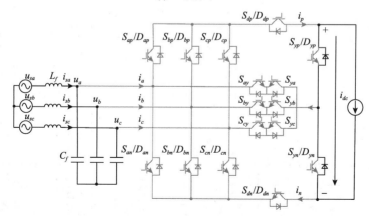

(d) 工作模式Ⅳ

图 8.2　SWISS 矩阵变换器的四种工作模态$(u_a > 0 > u_b > u_c)$

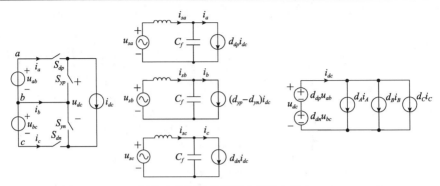

图 8.3　SWISS 矩阵变换器简化模型和等效电路($u_a > 0 > u_b > u_c$)

8.1.3　调制策略

SWISS 矩阵变换器包含一个整流级和一个逆变级，因此本节将分别介绍整流级和逆变级的调制策略。为了分析整流级调制策略，首先介绍双向 SWISS 整流器的调制策略。双向 SWISS 整流器采用经典的电流型空间矢量调制策略，根据期望输入电流矢量 $\vec{i}_i$ 的大小和位置，利用 6 个有效矢量 $\vec{i}_1 \sim \vec{i}_6$ 和 1 个零矢量 $\vec{i}_0$ 来合成该期望电流矢量，细节可参考第 2 章的相关内容。不同于常规电流源型整流器，双向 SWISS 整流器中每个电流空间矢量对应若干种而非一种开关状态，如表 8.2 所示。

表 8.2　电流空间矢量对应的开关状态表

整流级矢量	S_{ya}、S_{ay}	S_{yb}、S_{by}	S_{yc}、S_{cy}	S_{ap}	S_{an}	S_{bp}	S_{bn}	S_{cp}	S_{cn}	S_{dp}	S_{dn}	S_{yp}	S_{yn}	u_{dc}
	1	0	0	0	0	0	1	1	0	0	1	1	0	
$\vec{i}_1$	0	0	1	1	0	0	1	0	0	1	0	1	0	u_{ab}
	0	1	0	1	0	0	0	0	1	1	0	0	1	
	0	0	1	1	0	0	1	0	0	1	0	0	1	
$\vec{i}_2$	0	1	0	1	0	0	0	0	1	1	0	1	0	u_{ac}
	1	0	0	0	0	0	1	1	0	1	0	1	0	
	0	1	0	0	0	1	0	0	1	1	0	1	0	
$\vec{i}_3$	1	0	0	0	0	1	0	0	1	1	0	1	0	u_{bc}
	0	0	1	0	1	1	0	0	0	1	0	0	1	
	1	0	0	0	0	1	0	0	1	0	1	1	0	
$\vec{i}_4$	0	0	1	0	1	1	0	0	0	0	1	1	0	u_{ba}
	0	1	0	0	1	0	0	1	0	0	1	1	0	
	0	0	1	0	1	0	1	0	0	0	1	1	0	
$\vec{i}_5$	0	1	0	0	1	0	0	1	0	0	1	1	0	u_{ca}
	1	0	0	0	0	0	1	1	0	1	0	0	1	

续表

整流级矢量	S_{ya}、S_{ay}	S_{yb}、S_{by}	S_{yc}、S_{cy}	S_{ap}	S_{an}	S_{bp}	S_{bn}	S_{cp}	S_{cn}	S_{dp}	S_{dn}	S_{yp}	S_{yn}	u_{dc}
	0	1	0	0	1	0	0	1	0	1	0	0	1	
$\vec{i}_6$	1	0	0	0	0	0	1	1	0	1	0	1	0	u_{cb}
	0	0	1	1	0	0	1	0	0	0	1	1	0	
$\vec{i}_0$	—	—	—							0	1	0	1	0

根据电流型空间矢量调制策略原理,可计算整流器三相输入电流的开关周期平均值为

$$\begin{cases} \overline{i_a} = (d_u + d_v)i_{dc} = I_{im}\cos(\omega_i t - \varphi_i) \\ \overline{i_c} = -d_v i_{dc} = I_{im}\cos\left(\omega_i t - \varphi_i + \dfrac{2\pi}{3}\right) \\ \overline{i_b} = -\overline{i_a} - \overline{i_c} = I_{im}\cos\left(\omega_i t - \varphi_i - \dfrac{2\pi}{3}\right) \end{cases} \tag{8.1}$$

由式(8.1)可以看出,三相输入电流正弦对称,并且相位上与输入电压存在大小为 φ_i 的相位差。

调制矢量确定后,变换器的输入输出性能主要取决于开关脉冲序列的安排。通常为保证优秀的输入输出特性如低输入电流总谐波畸变率、低输出纹波,选择双边对称的开关脉冲序列,但开关损耗较大;为保证相对较小的开关损耗,选择切换次数最少的开关脉冲序列,但输入输出性能有所劣化。因此,在设计时需要根据系统的需求折中选择。几种常用的开关脉冲序列如图 8.4 所示,T_1、T_2 和 T_0 分别对应矢量 $\vec{i}_1$、$\vec{i}_2$ 和 $\vec{i}_0$ 的作用时间,其中 P0 和 P1 模式为单边开关脉冲序列,P2 和 P3 模式为双边对称开关脉冲序列。前者开关损耗较小,而后者输出波形质量较好。综合两方面的性能指标,本节选择 P3 模式的开关脉冲序列,如图 8.5 所示(假定输入电流矢量位于扇区 Ⅰ)。在图 8.5 所示的开关脉冲序列中,将一个扇区分为前后两个 $\pi/6$ 的子区间,每个子区间中的开关脉冲序列总是以对应瞬时直流电压较小的电流矢量开始,以获得较优的输出性能。为后续分析简便起见,将这种采用 P3 模式开关脉冲序列的电流型空间矢量调制策略记为 m_0 调制模式。

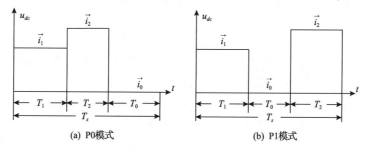

(a) P0模式　　　　　　　　　　　　　(b) P1模式

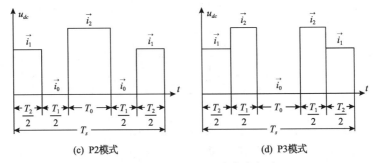

(c) P2模式   (d) P3模式

图 8.4 几种常用的开关脉冲序列

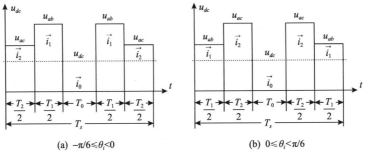

(a) $-\pi/6 \leqslant \theta_i < 0$ (b) $0 \leqslant \theta_i < \pi/6$

图 8.5 m_0 调制模式下的开关脉冲序列

现讨论 SWISS 整流器在 m_0 调制模式下的输入功率因数角控制范围。不同于常规电流源型整流器,SWISS 整流器的输入功率因数受限于前端二极管的不控性。仍然以扇区 I 为例,由 SWISS 整流器的工作原理分析可知,整流器的 a 相上桥臂开关和 c 相下桥臂开关导通,因此为防止逆变级开关承受反压应满足 $u_a \geqslant u_b$、$u_a \geqslant u_c$,从而得到如下约束条件:

$$\begin{cases} \cos(\theta_i + \varphi_i) \geqslant \cos(\theta_i - 2\pi/3 + \varphi_i) \\ \cos(\theta_i + \varphi_i) \geqslant \cos(\theta_i + 2\pi/3 + \varphi_i) \\ \theta_i \in [-\pi/6, \pi/6] \end{cases} \tag{8.2}$$

求解式 (8.2) 可得 SWISS 整流器输入功率因数角的取值范围为 $-\pi/6 \leqslant \varphi_i \leqslant \pi/6$。

SWISS 矩阵变换器整流级与 SWISS 整流器一样,采用经典电流型空间矢量调制策略,具体调制过程与后者完全相同。为了使电压传输比最大,SWISS 矩阵变换器整流级调制系数设置为 1。同时为了减少整流级和逆变级的开关切换次数,SWISS 矩阵变换器整流级采用不带零矢量的电流型空间矢量调制策略,需要对前述的经典电流型空间矢量调制策略进行修正。

SWISS 矩阵变换器整流级调制策略如下。

根据式 (2.25) 计算整流级原始占空比和零矢量分配因子 λ:

$$\begin{cases} d_u = \sin\left(\dfrac{\pi}{3} - \theta_{sc}\right) \\ d_v = \sin\theta_{sc} \\ d_0 = 1 - d_u - d_v \\ \lambda = d_v / (d_u + d_v) \\ \delta = 1 - \lambda \end{cases} \tag{8.3}$$

此时，中间直流电压平均值为

$$\bar{u}_{dc} = d_u u_{ab} + d_v u_{ac} = 1.5 U_{im} \cos\varphi_i \tag{8.4}$$

相对于空间矢量调制，载波调制具有运算量小和实现简单等优点，因此本节中 SWISS 矩阵变换器的逆变级采用载波调制。与常规间接矩阵变换器相似，逆变级在整流级每个有效矢量作用的时间段内需要进行一次输出电压矢量合成。在经典电流型空间矢量调制策略中，整流级在扇区交界处存在有效矢量占空比接近零的情况，当有效矢量持续时间短至无法进行逆变级矢量合成时，便会产生窄脉冲问题，并使得输入输出波形畸变[1]。文献[1]将常规间接矩阵变换器整流级的零矢量按某种分配因子分配到整流级和逆变级中，在一定程度上降低了窄脉冲发生的概率。本节在此基础上采用一种改进的逆变级零序电压和脉冲序列安排方法，以进一步改善窄脉冲带来的畸变问题。

为减少开关损耗，逆变级采取箝位型算法，根据三相输出调制电压计算零序电压：

$$u_{no} = \begin{cases} \bar{u}_{dc}/2 - \max\{u_A^*, u_B^*, u_C^*\}, & |\max\{u_A^*, u_B^*, u_C^*\}| \geqslant |\min\{u_A^*, u_B^*, u_C^*\}| \\ -\bar{u}_{dc}/2 - \min\{u_A^*, u_B^*, u_C^*\}, & |\max\{u_A^*, u_B^*, u_C^*\}| < |\min\{u_A^*, u_B^*, u_C^*\}| \end{cases} \tag{8.5}$$

式中，$u_i^* (i=A,B,C)$ 为三相期望输出电压；u_{no} 为零序电压。

对调制信号进行归一化，见式(2.33)，可以计算三相输出的占空比为

$$d_i = (1 + \bar{u}_{io}) / 2 \tag{8.6}$$

逆变级要在整流级每一个电流矢量作用的子周期内经历一次电压矢量合成，因此将逆变级的三相输出桥臂的占空比与整流级的有效矢量占空比相乘，以得到各个子周期内的有效占空比为

$$\begin{cases} d_{ui} = d_u d_i \\ d_{uic} = d_u d_i - d_u d_i \\ d_{vi} = d_v d_i \\ d_{vic} = d_v - d_v d_i \end{cases}, \quad i = A,B,C \tag{8.7}$$

式中，d_{ui}、d_{vi} 为上桥臂开关占空比；d_{uic}、d_{vic} 为下桥臂开关占空比。

为了降低窄脉冲对变换器的影响，修正整流级和逆变级的占空比为

$$\begin{cases} d_u' = d_u + \lambda d_0 \\ d_v' = d_v + \delta d_0 \end{cases} \tag{8.8}$$

$$\begin{cases} d_{ui}' = d_{ui} + \lambda d_0 / 2 \\ d_{uic}' = d_{uic} + \lambda d_0 / 2 \\ d_{vi}' = d_{vi} + \delta d_0 / 2 \\ d_{vic}' = d_{vic} + \delta d_0 / 2 \end{cases}, \quad i = A, B, C \tag{8.9}$$

SWISS 矩阵变换器调制示意图如图 8.6 所示。逆变级采用的是 $\pi/3$ 箝位调制策略，整流级和逆变级采用对称的脉冲排列方式。采用这种调制策略有如下好处：一方面保证了较好的谐波性能；另一方面相比于文献[1]中的 $2\pi/3$ 箝位调制策略，逆变级开关损耗分布是均匀的，降低了散热设计的难度。此外，进一步减小了窄脉冲发生的概率。文献[1]中采用不对称的脉冲排列方式，在载波的顶点处窄脉冲现象依然存在，而采用对称的脉冲排列方式后大大改善了这方面的性能。

8.1.4　实验验证

为了验证所提 SWISS 矩阵变换器拓扑结构以及调制策略的正确性，在如图 8.7 所示的实验样机平台上进行一系列实验验证，系统参数如表 8.3 所示。

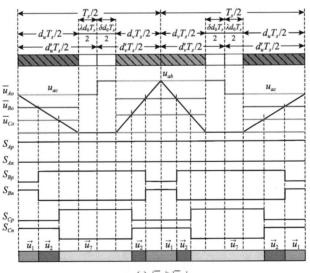

(a) $|\overline{u}_{Ao}| > |\overline{u}_{Co}|$

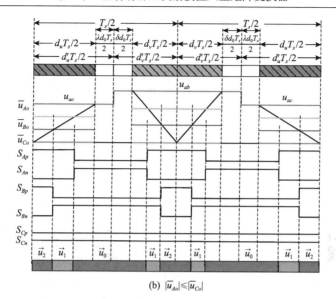

(b) $|\overline{u}_{Ao}| \leqslant |\overline{u}_{Co}|$

图 8.6　SWISS 矩阵变换器调制示意图（$\overline{u}_{Ao} > \overline{u}_{Bo} > \overline{u}_{Co}$）

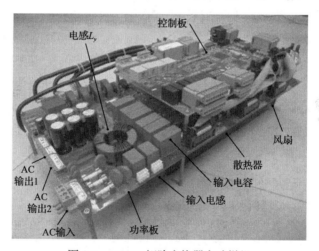

图 8.7　SWISS 矩阵变换器实验样机

表 8.3　SWISS 矩阵变换器系统参数

参数	数值	参数	数值
输入线电压有效值	200V	输入滤波电感(L_f)	150μH
输出并网线电压有效值	150V	输入滤波电容(C_f)	6.6μF
输入频率(f_i)	50Hz	负载电感(L)	3mH
开关频率(f_s)	32kHz	负载电阻(R)	25Ω
额定功率	1.1kW	—	—

　　图 8.8 为 SWISS 矩阵变换器在不同调制系数和输出频率下的实验波形。在此实验中输入功率因数角 φ_i 设为 0。图 8.8(a) 和图 8.8(b) 中，变换器的输出参数分别设置为 m_v=0.7、f_o = 40Hz 和 m_v=1、f_o = 60Hz，其中 m_v 表示逆变级调制系数，f_o 表示输出频率。从图 8.8 中可以看出，输出很好地跟踪了指令信号。在不同输出频率和调制系数下，输入输出电流都为正弦波形，并且电网电流与电网电压同相位。

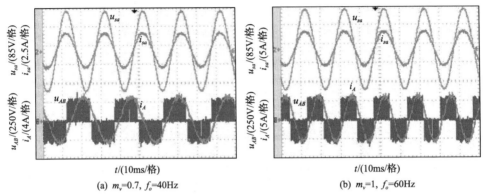

(a) m_v=0.7, f_o=40Hz　　　　　　　　　　(b) m_v=1, f_o=60Hz

图 8.8　SWISS 矩阵变换器在不同调制系数和输出频率下的实验波形

　　图 8.9 展示了 SWISS 矩阵变换器在不同输入功率因数角下的实验波形。变换器的输出参数设置分别为 m_v=1、f_o=40Hz。图 8.9(a) 中，输入功率因数角设为 $\pi/6$，即电网电流滞后电网电压 $\pi/6$；图 8.9(b) 中，输入功率因数角设为$-\pi/6$，即电网电流超前电网电压 $\pi/6$。从图 8.9 中可以看出，在不同输入功率因数角的情况下输入输出电流仍然是正弦的，并且电网电压与电网电流之间的相位差为设定的输入功率因数角。

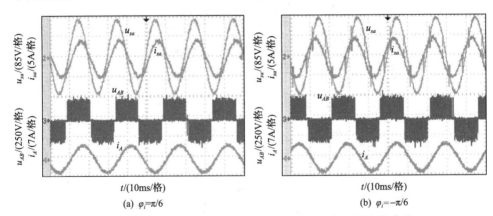

(a) $\varphi_i=\pi/6$　　　　　　　　　　(b) $\varphi_i=-\pi/6$

图 8.9　SWISS 矩阵变换器在不同输入功率因数角下的实验波形

　　图 8.10 给出了 SWISS 矩阵变换器在不同能量流动方向下的实验波形，证明 SWISS 矩阵变换器能量双向流动的能力。

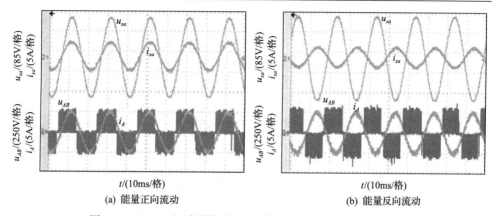

(a) 能量正向流动　　　　　　　　　　　(b) 能量反向流动

图 8.10　SWISS 矩阵变换器在不同能量流动方向下的实验波形

　　图 8.11 为 SWISS 矩阵变换器参考输出有功电流阶跃变化的实验波形。图 8.11(a) 中，参考输出有功电流 i_{d_ref} 的初始值为 +5A，之后阶跃变化为 –5A。图 8.11(b) 中，参考输出有功电流 i_{d_ref} 的初始值为 –5A，之后阶跃变化为 +5A。从图 8.11 可以看出，系统能在电动和发电两种运行模式下快速平稳地进行切换，系统具有良好的动态性能。

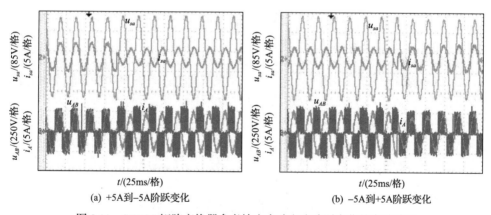

(a) +5A到–5A阶跃变化　　　　　　　　(b) –5A到+5A阶跃变化

图 8.11　SWISS 矩阵变换器参考输出有功电流阶跃变化的实验波形

8.2　H3I 矩阵变换器

8.2.1　拓扑结构

　　在图 8.1 所示的 SWISS 矩阵变换器中，控制整流级两个级联双向 Buck 斩波电路使得直流输出电压和两相输入电流的开关周期平均值可控。由基尔霍夫电流定律可知，与输入侧剩余一相连接的三次谐波注入电路的电流将自动被另外两相输入电

流确定，因此只需控制好两个双向 Buck 斩波电路的输入电流即可达到输入侧三相
电流正弦以及中间直流电压可控的目的。然而对于后端的逆变器，可控及平均值恒
定的中间直流电压并不是正常工作所必需的。假定不对直流输出电压进行控制，即
将 SWISS 矩阵变换器双向 Buck 斩波电路去掉，转而直接控制三次谐波注入电路的
电流，仍有可能使得输入三相电流正弦可控，这便构成了另一种混合有源三次谐波
注入型矩阵变换器拓扑，得到三次谐波注入型 (H3I) 矩阵变换器，如图 8.12 所示。

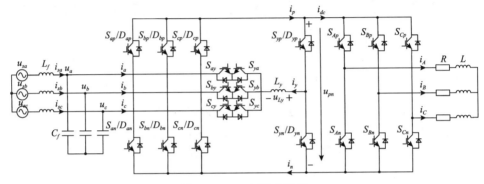

图 8.12　H3I 矩阵变换器

与传统间接矩阵变换器相比，H3I 矩阵变换器虽然在开关数目上有所增加，
但是具有一些传统间接矩阵变换器所不具备的优点。例如在只需能量单向流动，
并且负载功率因数较高的场合 (如永磁同步电机驱动)，前端的整流器可以用三相
不控二极管整流器代替，既降低了成本，又提高了变换器的可靠性。另外，整流
器中的开关仅按工频切换，因而在大功率变换器中可用低开关速度及相对便宜的
半导体器件如门极关断晶闸管 (gate turn-off thyristor, GTO) 替代，在成本上具有较
大的优势。此外，对于 H3I 矩阵变换器，尽管增加了一个三次谐波注入电感，但
是由于三次谐波注入电感的滤波作用，整流器输入端的电流波形质量得到了改善，
这降低了对变换器输入侧差模滤波器的要求，也即意味着更小尺寸的滤波电感电
容。再者，三次谐波注入电路中的开关器件电流应力相对较小，因而三次谐波注
入电路所处理的功率很小，单位功率因数下大约只有总功率的 4.7%。

8.2.2　工作原理

H3I 矩阵变换器的前端整流器和三次谐波注入电路的工作原理与 SWISS 矩
阵变换器相同，相应开关切换规律如表 8.1 所示。其不同之处在于：H3I 矩阵变
换器的直流输出电压 u_{pn} 不可控，为一个 6 脉波脉动电压。此外，在 H3I 矩阵变
换器中，对开关 S_{yp} 和 S_{yn} 的控制使得三次谐波注入电流为准三次谐波，并注入
三相输入中瞬时绝对值最小的相，另外两相输入电流自动满足正弦对称的条件。
通过调制策略的实时补偿，逆变级为负载提供三相正弦对称输出电压。通过上

述操作，H3I 矩阵变换器也能达到正弦输入输出和输入功率因数角可控的目的，关键波形如图 8.13 所示。

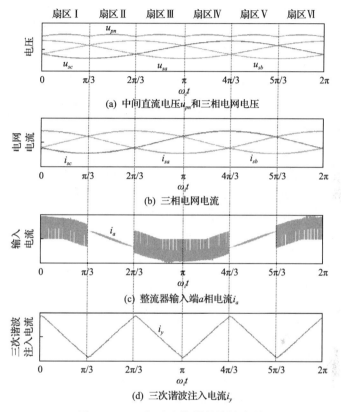

图 8.13　H3I 矩阵变换器的关键波形

由图 8.13 可见，不同于常规间接矩阵变换器中的高频脉宽调制中间直流电压，H3I 矩阵变换器的中间直流电压为一连续的 6 脉波脉动电压(输入电压包络线)。此外，整流器输入端的电流由于三次谐波注入电感的滤波作用呈现准正弦的波形，所以谐波成分显著减少。在同样的输入输出工况及开关频率下，H3I 矩阵变换器的整流输入电流总谐波畸变率较间接矩阵变换器而言大大降低。由图 8.13 还可看出，在输入单位功率因数角的工况下，通过三次谐波注入电路的电流幅值只有变换器输入侧电流幅值的 50%，因而三次谐波注入电路的器件可以选择电流额定值较小的器件。H3I 矩阵变换器的等效电路如图 8.14 所示。

8.2.3　调制策略

不同于 SWISS 矩阵变换器，H3I 矩阵变换器的整流级开关只按工频频率进行换相，因此整流级的调制比较简单，整流级开关和三次谐波注入双向开关只需依据表 8.1 所示的开关状态表进行切换。三次谐波注入电路中的半桥桥臂进行高频载波调制，桥臂上下开关状态互补，并且上桥臂开关的稳态占空比为 k。对于三次谐波注入电路，为了防止输入侧短路和三次谐波注入电感开路，双向开关的切换必须采用换流措施。在理想条件下，双向开关换流时两个换流的双向开关对应的输入电压幅值相等，采用电压型四步换流可能导致换流失败，此处宜采用电流型四步换流。

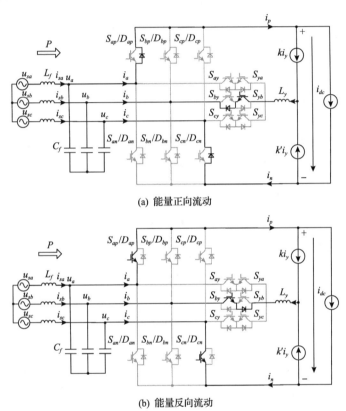

(a) 能量正向流动

(b) 能量反向流动

图 8.14　H3I 矩阵变换器的等效电路($u_a > 0 > u_b > u_c$)

现给出开关 S_{yp} 和 S_{yn} 的稳态占空比 k 和 k' 的求解过程，对三相输入电压按瞬时值大小进行排序：

$$\begin{cases} u_{\max} = \max(u_a, u_b, u_c) \\ u_{\mathrm{mid}} = \mathrm{mid}(u_a, u_b, u_c) \\ u_{\min} = \min(u_a, u_b, u_c) \end{cases} \tag{8.10}$$

式中，$u_{\max}$、u_{mid} 和 $u_{\min}$ 分别为输入电压的瞬时最大值、瞬时中间值和瞬时最小值；max、mid 和 min 分别为求取最大值、中间值和最小值的操作符。

在每个开关周期中，由三次谐波注入电感 L_y 的"伏秒平衡"可以得到

$$\begin{cases} u_{\text{mid}} = k u_{\text{max}} + k' u_{\text{min}} \\ k + k' = 1 \end{cases} \tag{8.11}$$

式中，k 和 k' 分别为开关 S_{yp} 和 S_{yn} 的稳态占空比。由式(8.11)可解出稳态占空比为

$$\begin{cases} k = \dfrac{u_{\text{mid}} - u_{\text{min}}}{u_{\text{max}} - u_{\text{min}}} \\[3mm] k' = \dfrac{u_{\text{max}} - u_{\text{mid}}}{u_{\text{max}} - u_{\text{min}}} \end{cases} \tag{8.12}$$

下面给出 H3I 矩阵变换器三相输入以及三相输出电流正弦对称，并且输入功率因数角可控的证明。

由于三相输入电压的对称性，现仅以扇区 I 为例进行说明。由前述的工作原理可知，在扇区 I 中，b 相对应的双向开关一直导通，向 b 相注入三次谐波电流。假定整流器输入端 b 相电流的开关周期平均值满足

$$\overline{i_b} = -i_y = -i_y^* = \frac{2P}{3U_{im}} \cos(\omega_i t - 2\pi / 3) + I_{qm} \sin(\omega_i t - 2\pi / 3) \tag{8.13}$$

式中，i_y^* 为三次谐波注入电流参考值；i_y 为实际三次谐波注入电流，且被控制成完全跟踪参考值；I_{qm} 为输入无功电流幅值。式(8.13)可以改写为

$$\begin{cases} \overline{i_b} = I_{dm} \cos(\omega_i t - 2\pi / 3) + I_{qm} \sin(\omega_i t - 2\pi / 3) \\[2mm] I_{dm} = \dfrac{2P}{3U_{im}} \\[2mm] \tan \varphi_i = \dfrac{I_{qm}}{I_{dm}} \end{cases} \tag{8.14}$$

式中，I_{dm} 为输入有功电流幅值；φ_i 为输入功率因数角。至此，输入电流被分解成有功电流和无功电流，其中有功电流成分取决于变换器的有功功率，而无功电流分量可以任意设定且与其他参数无关。

由图 8.14 中的变换器等效电路可知，整流器输入端 a 相电流的开关周期平均值 $\overline{i_a}$ 可以表示为

$$\overline{i_a} = i_{dc} + k i_y \tag{8.15}$$

式中，i_{dc} 为变换器直流输出等效电流。

在扇区 I 中，直流输出电压 u_{dc} 等于输入电压 u_{ac}，由式(8.15)可求得稳态占

空比 $k = u_{bc}/u_{ac}$。那么可以求出 $\overline{i_a}$ 的表达式为

$$\overline{i_a} = P/u_{ac} - \frac{2P}{3U_{im}}\cos(\omega_i t - 2\pi/3 - \varphi)\,u_{bc}/(u_{ac}\cos\varphi) \tag{8.16}$$
$$= I_{dm}\cos(\omega_i t) + I_{qm}\sin(\omega_i t)$$

三相输入电流之和为 0，因此整流器输入端 c 相电流的开关周期平均值 $\overline{i_c}$ 可以解出为

$$\overline{i_c} = I_{dm}\cos(\omega_i t + 2\pi/3) + I_{qm}\sin(\omega_i t + 2\pi/3) \tag{8.17}$$

由式 (8.14)、式 (8.16) 和式 (8.17) 可以看出，在上述功率因数校正 (power factor correction, PFC) 控制方法下，H3I 矩阵变换器三相输入以及三相输出电流正弦对称，并且输入功率因数角可控。对于其余扇区，经过推导可以得到同样的结果，具体推导过程本节不再赘述。因此，只要合适地控制三次谐波注入电流，就能达到输入电流正弦对称和功率因数角可控的目的。

值得一提的是，PFC 控制方法对变换器的输出有功功率取值并无限制，P 为正值时能量从整流级流向逆变级，P 为负值时能量从逆变级流向整流级，因而上述结论对变换器的所有工况条件都是成立的。此外，对于实际的 H3I 矩阵变换器，精确的实际输出功率 P 是无法得到的，必须通过测量或者估计的手段得到一个逼近实际输出功率 P 的参考输出功率值 P^*，以此来进行三次谐波注入电流参考值的计算，因此实际实现时三次谐波注入电流参考值的计算公式为

$$i_y^* = -\frac{2P^*}{3U_{im}}\cos(\omega_i t - 2\pi/3) - I_{qm}\sin(\omega_i t - 2\pi/3) \tag{8.18}$$

对于 H3I 矩阵变换器逆变级，仍使用普通的载波调制策略，具体调制波的求解过程可参见 2.2.3 节。不同于常规间接矩阵变换器，H3I 矩阵变换器中整流级调制和逆变级调制是完全独立的，两者之间不需要同步。这带来了两方面好处：一方面使得调制策略的实现更加灵活，在一些应用场合 (如多个逆变器共用一个整流器的多驱动系统) 具有较大优势；另一方面整流级和逆变级同步带来的窄脉冲现象大大减弱了，因而输入输出波形质量有所提高。H3I 矩阵变换器逆变级调制过程示意图如图 8.15 所示。

对比图 2.6 所示的常规间接矩阵变换器的调制过程不难发现，常规间接矩阵变换器存在窄脉冲的本质原因在于，中间直流储能环节的缺失使得整流级和逆变级的调制在时间上必须严格同步。当输入电流矢量位于扇区交界处时，整流级中某一个有效矢量作用时间极短，由于实际变换器中功率开关的物理限制，逆变级将无法在这么短的时间内完成输出电压矢量合成。通常，算法实现时会采用四舍五入的处理方法，这不可避免地造成了输入输出波形的畸变。而 H3I 矩阵变换器

中间直流电压在一个开关周期内基本恒定，逆变级在整个开关周期内只需进行一次输出矢量合成，因此避免了整流逆变同步带来的窄脉冲问题。

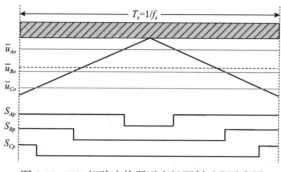

图 8.15　H3I 矩阵变换器逆变级调制过程示意图

8.2.4　三次谐波注入电路的设计与控制

在设计控制器之前，需要建立被控对象的数学模型。对于矩阵变换器这类典型的开关系统，最常用的建模方法为状态空间平均法。本节以 H3I 矩阵变换器为例深入探讨变换器的控制和系统设计。

H3I 矩阵变换器的正常工作依赖正确的三次谐波注入电流。实际的三次谐波注入电流取决于三次谐波注入电流控制器的性能、三次谐波注入电感参数以及参考三次谐波注入电流。在三次谐波注入电路中，电感参数的大小至关重要，电感值过大或过小都会影响三次谐波注入电流的控制性能乃至变换器的输入电流质量，在设计时需要折中考虑。由 8.2.3 节分析可知，参考三次谐波注入电流的求取依赖变换器的输入功率信息，这就要求精确获取变换器的输入电流，势必增加了变换器的成本和实现难度。

本节首先建立 H3I 矩阵变换器的状态空间平均模型，在此模型的基础上设计三次谐波注入电流控制器。此外，对三次谐波注入电感的设计原则、三次谐波注入电流参考的提取进行探讨。

1. 数学模型

以输入侧 a 相和输出侧 A 相为例，有

$$L_f \frac{\mathrm{d}i_{sa}}{\mathrm{d}t} = u_{sa} - u_a \tag{8.19}$$

$$C_f \frac{\mathrm{d}u_a}{\mathrm{d}t} = i_{sa} - i_a = i_{sa} - i_p\left(S_{ap} - S_{an}\right) + i_y S_{ay} = i_{sa} - i_p S_a + i_y S_{ay} \tag{8.20}$$

$$u_{pn} = u_a\left(S_{ap} - S_{an}\right) + u_b\left(S_{bp} - S_{bn}\right) + u_c\left(S_{cp} - S_{cn}\right) = u_a S_a + u_b S_b + u_c S_c \tag{8.21}$$

$$i_p = i_y S_{yp} + i_A S_{Ap} + i_B S_{Bp} + i_C S_{Cp} \tag{8.22}$$

$$L_y \frac{\mathrm{d}i_y}{\mathrm{d}t} = u_{Ly} \tag{8.23}$$

$$u_A = u_{pn} S_{Ap} \tag{8.24}$$

式中，L_f 和 C_f 分别为输入滤波电感和输入滤波电容；L_y 为三次谐波注入电感；u_{Ly} 为三次谐波注入电感端电压；i_p 为整流级输出电流；S_a、S_b 和 S_c 为整流级三相桥臂的开关函数；u_A 为逆变级 A 相输出相对直流母线 n 点的电压。

对于图 8.12 所示的 H3I 矩阵变换器拓扑，考虑到输入侧不能短路，输出侧及三次谐波注入电感不能开路，上述的开关函数有如下约束条件：

$$S_{ap} + S_{bp} + S_{cp} = S_{an} + S_{bn} + S_{cn} = 1 \tag{8.25}$$

$$S_{Ap} + S_{An} = S_{Bp} + S_{Bn} = S_{Cp} + S_{Cn} = 1 \tag{8.26}$$

$$S_{ay} + S_{by} + S_{cy} = 1 \tag{8.27}$$

由上述的 H3I 矩阵变换器数学描述可以看出，与常规间接矩阵变换器类似，在 H3I 矩阵变换器中，中间直流电压与整流级开关状态和输入滤波电容电压存在耦合，整流级输入电流与逆变级开关状态和输出电流存在耦合，因此是一个复杂的强耦合系统。然而 H3I 矩阵变换器与常规间接矩阵变换器的不同之处在于，整流级的开关状态只取决于输入滤波电容电压而非控制输入量，如式 (8.28) 所示：

$$S_m(m = a,b,c) = F(u_m(m = a,b,c)) \tag{8.28}$$

当开关频率远大于输入频率时，从逆变级开关周期的时间尺度来看，中间直流电压只取决于输入滤波电容电压且可认为恒定不变，这也是 H3I 矩阵变换器中整流级和逆变级可以独立控制的本质原因。而在常规间接矩阵变换器中，每个开关周期内中间直流电压都与整流级开关状态和输入滤波电容电压相关，整流级和逆变级的调制必须在时间上同步才能使变换器稳态解耦。

对式 (8.19)～式 (8.24) 进行滑动平均操作，得到系统的空间矢量描述形式为

$$L_f \frac{\mathrm{d}\vec{i}_s}{\mathrm{d}t} = \vec{u}_s - \vec{u}_i \tag{8.29}$$

$$C_f \frac{\mathrm{d}\vec{u}_i}{\mathrm{d}t} = \vec{i}_s - i_p \vec{d}_r + i_y d_{ay} \tag{8.30}$$

$$u_{pn} = 1.5\vec{u}_i \cdot \vec{d}_r \tag{8.31}$$

$$i_p = ki_y + 1.5\vec{i}_o \cdot \vec{d}_i \tag{8.32}$$

$$\vec{u}_o = u_{pn}\vec{d}_i \tag{8.33}$$

式中，$\vec{i}_s$ 和 $\vec{i}_o$ 分别为电网电流矢量和输出电流矢量；$\vec{u}_s$、$\vec{u}_i$ 和 $\vec{u}_o$ 分别为电网电压矢量、输入电压矢量和输出电压矢量；$\vec{d}_r$ 和 $\vec{d}_i$ 分别为整流级调制矢量和逆变级调制矢量。

有源三次谐波注入型矩阵变换器的状态空间平均等效电路如图 8.16 所示。在稳态下，$\vec{i}_o$、$\vec{d}_r$、$\vec{d}_i$ 和 d_{ay} 可以视为常量或者扰动量，真正的控制输入量只有 u_{Ly}，控制目标是 $i_y = i_y^*$。

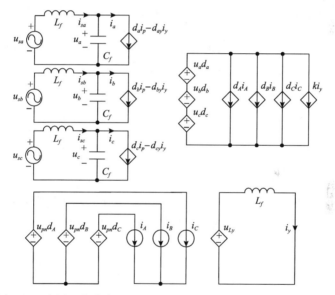

图 8.16　有源三次谐波注入型矩阵变换器的状态空间平均等效电路

2. 三次谐波注入电流的控制与三次谐波注入电感的设计

三次谐波注入电路的数学描述如式(8.23)所示。为了简单起见，忽略输入滤波器和输出负载对其的影响，将三次谐波注入电路仅当作一阶系统看待，否则系统阶次过高难以设计控制器。

式(8.23)的状态空间表达式为

$$\dot{i}_y = \frac{1}{L_y}u_{Ly} \tag{8.34}$$

定义三次谐波注入电流误差为

$$e_{iy} = i_y^* - i_y \tag{8.35}$$

式(8.35)可重写为

$$\dot{e}_{iy} = i_y^* - \frac{u_{Ly}}{L_y} \tag{8.36}$$

控制目标为 $i_y = i_y^*$，即 $e_{iy} = 0$。设计控制律为 $u_{Ly} = Ke_{iy}$。显然当 $K > 0$ 且足够大时，系统是稳定的且误差能收敛到 0。然而在数字控制系统实现中会不可避免地引入采样延时，从而影响系统稳定性，因此增益 K 不能太大。为了提高控制系统的动态跟踪速度，在三次谐波注入电流控制器的输出叠加一前馈项 k，也即开关 S_{yp} 的稳态占空比。反馈控制与前馈的组合保证了系统良好的控制性能。

由前面章节的分析可知，三次谐波注入电感不仅影响了三次谐波注入电流的跟踪性能，也影响了变换器的输入电流波形，因此三次谐波注入电感的设计和选型至关重要。下面将给出具体设计过程。

三次谐波注入电感的设计准则有两个方面：一是满足电流纹波的要求；二是保证较好的三次谐波注入电流跟踪性能。一般而言，大电感值的电感有助于减小电流纹波，然而这会使得电流跟踪性能变差；反之亦然。因此，在设计电感时必须综合这两个方面进行折中考虑。

由于桥臂开关 S_{yp} 和 S_{yn} 的高频动作，三次谐波注入电感的电流包含了期望的准三次谐波电流和与开关频率相关的电流纹波 Δi_y。通常希望电流纹波的最大峰峰值被限制在 $\gamma_1 I_{3rd}$，其中 γ_1 为纹波系数，I_{3rd} 为期望的准三次谐波电流的幅值。纹波系数的定义为

$$\gamma_1 = \Delta i_{y\max} / I_{3rd} \tag{8.37}$$

式中，$\Delta i_{y\max}$ 为 Δi_y 的最大值。

由 H3I 矩阵变换器的工作原理分析可以推导出电流纹波最大值为

$$\Delta i_{y\max} = \frac{\sqrt{3}U_{im}}{4L_y f_s} \tag{8.38}$$

因此，可以求得三次谐波注入电感值的下限为

$$L_y \geqslant \frac{\sqrt{3}U_{im}}{4\gamma_1 I_{3rd} f_s} \tag{8.39}$$

现在讨论三次谐波注入电感值的上限。假定变换器工作在能量正向流动和单

位输入功率因数的工况下，以扇区 I 为例，可以计算出三次谐波注入电流 i_y 的变化率为

$$k_i = \omega_i I_{im} \sin(\omega_i t - 2\pi/3) \tag{8.40}$$

式中，k_i 为电流 i_y 的斜率；I_{im} 为输入电流幅值。

对于给定的电感 L_y，电感上能产生的最大电流变化率为

$$k_{ia} = \frac{u_{Ly}}{L_y} \tag{8.41}$$

在扇区 I 中，式(8.41)可以进一步推导为

$$k_{ia} = \frac{u_b}{L_y} = \frac{\sqrt{3}U_{im}\cos(\omega_i t + \pi/2)}{L_y} \tag{8.42}$$

为了保证良好的三次谐波注入电流跟踪性能，式(8.42)必须满足

$$|k_{ia}| \geqslant |k_i| \tag{8.43}$$

联合式(8.41)～式(8.43)，解得三次谐波注入电感值的上限为

$$L_y \leqslant \frac{\sqrt{3}U_{im}\cos(\omega_i t + \pi/2)}{\omega_i I_{im}\sin(\omega_i t - 2\pi/3)} \tag{8.44}$$

容易看出，式(8.44)右边的取值在 $\omega_i t \in [0, \pi/3]$ 范围内是单调递增的，并且最小取值为 0。因此对于实际的电感，在 $\omega_i t = 0$ 附近总存在一段实际三次谐波注入电流无法跟踪参考电流的区域。为了减小三次谐波注入电流和输入电流的畸变，该区域的宽度必须被限制在一个较小的范围：

$$\xi = \frac{w}{\pi/3} \tag{8.45}$$

式中，w 为区域的宽度；ξ 为宽度系数。

因此，三次谐波注入电感值的上限可以进一步推导为

$$L_y \leqslant \frac{\sqrt{3}U_{im}\cos(\xi\pi/3 + \pi/2)}{\omega_i I_{im}\sin(\xi\pi/3 - 2\pi/3)} \tag{8.46}$$

对于其他扇区，可以分析得出同样的结果，此处不再具体分析。

由前面变换器的工作原理分析可知，输入电流幅值随着输入功率因数的降低

而增加。因此，在输入侧非单位功率因数的工况下，得到的三次谐波注入电感值上限要小于式(8.46)中的值。从这个角度看，三次谐波注入电感值应当尽可能小，否则三次谐波注入电流的跟踪性能变差，将导致输入侧电流发生畸变。然而，由式(8.38)可知，当三次谐波注入电感值较小时，会产生较大的电流纹波，这同样会增加输入侧电流的总谐波畸变率。因此，在选取电感时要从这两个方面进行折中考虑。需要说明的是，在实际的变换器中，很难得到输入侧电流的总谐波畸变率与三次谐波注入电感取值的解析表达式，通过数值仿真来确定二者的关系是一种较为可行的方法。

在本节中，考虑到电流纹波的大小和电感重量体积的折中，选择 $\gamma_1 = 0.5$。同时为了保证较小的电流畸变率，选取 $\xi = 0.01$。依据式(8.39)和式(8.46)，综合考虑系统的输入电压、额定功率、输入电流总谐波畸变率和开关频率等参数，得到电感的取值范围为 $2\text{mH} \leqslant L_y \leqslant 2.4\text{mH}$。本节选取电感值为 2mH 的三次谐波注入电感。

3. 三次谐波注入电流参考的提取

由前面的分析可知，系统的控制目标是使得实际三次谐波注入电流跟踪三次谐波注入电流参考。从 H3I 矩阵变换器的工作原理可以看到，三次谐波注入电流参考的求取依赖整流器输入基波电流 $\bar{i}_m (m = a,b,c)$ 或者参考输出功率 P^*，如式(8.18)所示。

最直观的方案是采样电流 $i_m (m = a,b,c)$，然而由于该电流的非连续性，精确地采样并不容易。虽然输入侧电流 $i_{sm} (m = a,b,c)$ 可以容易地采样得到，但一方面增加了额外的电流传感器，另一方面由于输入滤波器的影响两个电流并不相等。

与常规间接矩阵变换器相似，H3I 矩阵变换器的整流级输入电流与逆变级桥臂的输出电流存在耦合关系，如式(8.20)和式(8.22)所示。因此，可以通过逆变级输出电流和逆变级占空比估计输入基波电流 $\bar{i}_m (m = a,b,c)$。然而这个方法仍然存在一定的局限性：一方面当逆变器数目较多时，很难通过单个控制器完成所有的控制任务；另一方面在实际的逆变器中，驱动信号的延迟以及功率开关的非理想性等因素，使得有效占空比与理论占空比存在一定的偏差，导致估计的输入电流值存在误差。

换个角度看，只有当参考输出功率 P^* 与实际功率 P 完全相等时，输入电流才正弦无畸变，两个功率之间的任何偏差都会导致输入电流产生低频畸变。因此，输入电流的频谱中包含了功率偏差的信息。

假定参考输出功率 P^* 与实际功率 P 不相等，定义一个功率偏差 ΔP 为

$$\Delta P = P^* - P \tag{8.47}$$

将式(8.47)代入式(8.13)~式(8.16)，可以得到整流级 a 相输入电流为

$$\bar{i}_a = i_a^* + \Delta i_a \tag{8.48}$$

$$\Delta i_a = \begin{cases} \dfrac{2\Delta P}{3U_{im}} \dfrac{[\cos(\omega_i t - 2\pi/3) + \tan\varphi \sin(\omega_i t - 2\pi/3)]\sin(\omega_i t)}{\cos(\omega_i t + 5\pi/6)}, & 0 \leqslant \omega_i t < \dfrac{\pi}{3} \\[3mm] \dfrac{2\Delta P}{3U_{im}}[\cos(\omega_i t) + \tan\varphi \sin(\omega_i t)], & \dfrac{\pi}{3} \leqslant \omega_i t < \dfrac{2\pi}{3} \\[3mm] \dfrac{2\Delta P}{3U_{im}} \dfrac{[\cos(\omega_i t + 2\pi/3) + \tan\varphi \sin(\omega_i t + 2\pi/3)]\sin(\omega_i t)}{\cos(\omega_i t + \pi/6)}, & \dfrac{2\pi}{3} \leqslant \omega_i t < \pi \\[3mm] \dfrac{2\Delta P}{3U_{im}} \dfrac{[\cos(\omega_i t - 2\pi/3) + \tan\varphi \sin(\omega_i t - 2\pi/3)]\sin(\omega_i t)}{\cos(\omega_i t + 5\pi/6)}, & \pi \leqslant \omega_i t < \dfrac{4\pi}{3} \\[3mm] \dfrac{2\Delta P}{3U_{im}}[\cos(\omega_i t) + \tan\varphi \sin(\omega_i t)], & \dfrac{4\pi}{3} \leqslant \omega_i t < \dfrac{5\pi}{3} \\[3mm] \dfrac{2\Delta P}{3U_{im}} \dfrac{[\cos(\omega_i t + 2\pi/3) + \tan\varphi \sin(\omega_i t + 2\pi/3)]\sin(\omega_i t)}{\cos(\omega_i t + \pi/6)}, & \dfrac{5\pi}{3} \leqslant \omega_i t < 2\pi \end{cases} \tag{8.49}$$

式中，i_a^* 为期望的 a 相输入基波电流；Δi_a 为由功率偏差导致的谐波电流。

由式 (8.49) 可以看到，谐波电流的频谱是固定的，各次谐波的幅值与功率偏差 ΔP 成比例，并且谐波的初始相位依赖功率偏差的极性。因此，谐波电流信息的提取使得通过闭环控制的手段得到参考输出功率 P^* 成为可能。利用 FFT 分析工具，$\bar{i}_a$ 可以展开成傅里叶级数形式为

$$\begin{aligned} \bar{i}_a = {}& i_a^* + I_5 \cos(5\omega_i t + \phi_{i5}) + I_7 \cos(7\omega_i t + \phi_{i7}) \\ & + I_{11}\cos(11\omega_i t + \phi_{i11}) + I_{13}\cos(13\omega_i t + \phi_{i13}) + \cdots \\ & + I_n \cos(n\omega_i t + \phi_{in}) + \cdots, \quad n = 5,7,11,13,\cdots \end{aligned} \tag{8.50}$$

$$i_{hn} = I_n \cos(n\omega_i t + \phi_{in}), \quad n = 5,7,11,13,\cdots \tag{8.51}$$

式中，i_{hn} 为第 n 次谐波电流；I_n 和 ϕ_{in} 分别为第 n 次谐波电流的幅值和初始相位。

由式 (8.50) 可以求出五次谐波电流的幅值和初始相位分别为

$$\begin{cases} I_5 = \dfrac{2\Delta P}{3U_{im}}\left(1 - \dfrac{3\sqrt{3}}{2\pi}\right) \\[3mm] \phi_{i5} = \begin{cases} 0, & \Delta P \geqslant 0 \\ \pi, & \Delta P < 0 \end{cases} \end{cases} \tag{8.52}$$

因此，$I_5 \cos\phi_{i5}$ 反映了功率偏差的信息，可以以此来构造闭环求取参考输出功率 P^*。

由于 i_a 的非连续性，直接求取 $I_5 \cos\phi_{i5}$ 并不容易。从图 8.17 所示的输入单相谐波等效电路可以看到，假如 i_a 包含谐波电流，输入滤波电容上也会产生相应频率的谐波电压。从图 8.17 可以求出输入滤波电容上的第 n 次谐波电压 u_{hn} 表达式为

$$u_{hn} = -\frac{L_f s}{L_f C_f s^2 + 1} i_{hn} \tag{8.53}$$

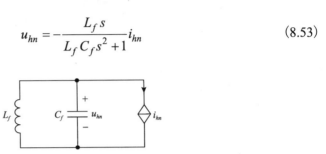

图 8.17　输入单相谐波等效电路

当式 (8.54) 得到满足时，谐波电压 u_{hn} 相比谐波电流 i_{hn} 滞后 $\pi/2$ 的相位：

$$n\omega_i < \omega_c = \frac{1}{\sqrt{L_f C_f}} \tag{8.54}$$

对于本节中的输入滤波器参数，当 $n = 5$ 时，式 (8.54) 显然成立。因此，本节中 $U_5 \sin\phi_{u5}$ 用来代替 $I_5 \cos\phi_{i5}$ 求取参考输出功率 P^*。其中，U_5 和 ϕ_{u5} 分别为五次谐波电压的幅值和初始相位。需要指出的是，谐波次数的选取不是唯一的。本节选取五次谐波主要是基于灵敏度的考虑，因为五次谐波电压的灵敏度是最高的。

上述基于电容电压谐波分析的三次谐波电流参考提取控制方法详见图 8.18。首先滤波电容电压 u_a 通过一个带通滤波器 (band-pass filter, BPF) 得到五次谐波电压 u_{h5}。u_{h5} 与 $\sin(5\theta)$ 相乘再通过一个低通滤波器 (low-pass filter, LPF) 得到 $U_5 \sin\phi_{u5}$，作为 PI 控制器的输入。其中，θ 为输入基波电压矢量的相位。PI 控制器的输出即为参考输出功率 P^*，最终利用式 (8.18) 求出三次谐波电流参考。图 8.18 下面部分为控制系统结构图，不难发现，此系统本质上为一随动系统，控制系统的目的是使被控量 (参考输出功率 P^*) 跟随参据量 (实际输出功率 P) 的变化。系统的动态性能主要取决于带通滤波器、低通滤波器和 PI 控制器的参数。系统阶数过高 (9 阶)，采用常规的方法不太容易设计带通滤波器、低通滤波器和 PI 控制器的参数，因此可采用数值仿真的手段对参数进行设计。具体的参数分别如下：带通滤波器中心频率为 500π，阻尼系数为 0.4π；低通滤波器截止频率为 200π，阻尼系数为 0.707；PI 控制器 $K_p=4000$，$K_i=400000$。

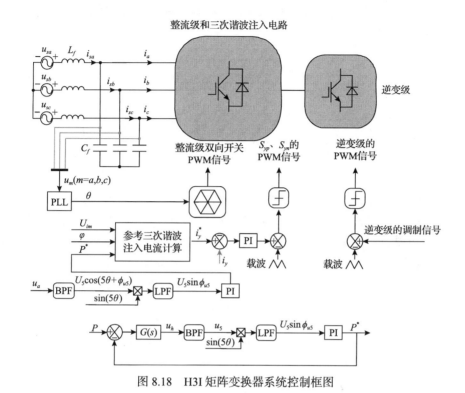

图 8.18 H3I 矩阵变换器系统控制框图

8.2.5 输入输出特性分析

1. 电压传输比

电压传输比 q 是衡量 AC-AC 变换器性能的一项重要指标,尤其是在变频驱动应用场合,因为电压传输比直接关系到电机的转矩出力特性。现分析 H3I 矩阵变换器的电压传输比特性。

由前述的变换器工作原理和图 8.13 可知,H3I 矩阵变换器的中间直流电压 u_{dc} 为一幅值在 $1.5U_{im} \sim \sqrt{3}\,U_{im}$ 变化的六脉波脉动电压,与变换器的工况条件如输入功率因数角等无关。因此,在线性调制区域,可以求得变换器的电压传输比表达式为

$$q = \frac{U_{om}}{U_{im}} = \frac{\sqrt{3}}{2}m_v, \quad m_v \in [0,1] \tag{8.55}$$

式中,m_v 为逆变级的调制系数。由式(8.55)可以看出,在所有工况下 H3I 矩阵变换器的最大电压传输比都能达到 0.866。在这方面 H3I 矩阵变换器与传统间接矩阵

变换器存在显著差异，因为传统间接矩阵变换器的电压传输比会随着输入功率因数角的降低而减小：

$$q = \frac{\sqrt{3}}{2} m_v \cos \varphi_i, \quad m_v \in [0,1] \tag{8.56}$$

由此可见，在一些既需要输入侧提供无功功率，又需要保持较大电压传输比的应用场合，H3I 矩阵变换器要优于传统间接矩阵变换器。

2. 输入无功功率特性分析

在大多数场合，为降低输入侧电源容量以及线路损耗，矩阵变换器的输入功率因数一般被控制为 1。然而，当矩阵变换器应用在风力发电和柔性交流输电等场合时，需要矩阵变换器输入侧提供一定的无功功率以满足某些需求，例如，当电网电压由于某种原因跌落时，变换器提供无功功率可以起到一定的电压支撑和稳定电网的作用。对于传统间接矩阵变换器，虽然能通过调节输入功率因数角在一定程度上调节输入侧的无功功率，但是间接矩阵变换器应用在这些场合时仍然存在一些不足：一方面，间接矩阵变换器输入功率因数角可调节范围较小，只能在 $\pm \pi / 6$ 范围内调节；另一方面，由式 (8.56) 可知电压传输比随着输入功率因数角的降低而减小，为保证电压传输比的需求，必须限制输入功率因数角的调节范围。间接矩阵变换器输入端无功功率的控制范围为

$$Q = P \tan \varphi_i \in [-P / \sqrt{3}, P / \sqrt{3}] \tag{8.57}$$

本节分析 H3I 矩阵变换器的输入无功功率特性。由式 (8.14) 可知，H3I 矩阵变换器输入无功电流分量可以为任意值，并且与有功功率无关。因此，可以得出 H3I 矩阵变换器的输入功率因数角和无功功率控制范围分别为

$$\varphi_i \in [-\pi / 2, \pi / 2] \tag{8.58}$$

$$Q = 1.5 U_{im} I_{qm} \in (-\infty, +\infty) \tag{8.59}$$

当有功功率 P 为零时，H3I 矩阵变换器输入电流只包含无功分量，此时 H3I 矩阵变换器本质上为一个静止同步补偿器。由上述分析可知，相对于传统间接矩阵变换器，H3I 矩阵变换器的输入无功功率控制范围有了大幅提高，理论上输入无功功率不受任何限制。然而在实际变换器中，输入无功功率会受到一些物理限制，如功率器件的载流能力、三次谐波注入电感值等。

3. 共模噪声分析

有源变换器中开关器件的高速切换通常会产生高频的共模电压，同时，半导

体开关器件与散热器之间存在一定大小的杂散分布电容。出于安全方面的考虑，散热器通常是接地的，这样共模电压会通过杂散电容以及地环路产生共模电流。这种高频的共模噪声会通过公共阻抗耦合到与电网连接的其他用电设备上，导致严重的电磁干扰问题，因此共模噪声必须限制在某个水平之下。

由于杂散分布电容参数的不确定性，这种共模噪声一般很难被精确辨识以及量化分析。另外，为了符合特定的电磁兼容性(electromagnetic compatibility, EMC)标准，通常需要采用由电感电容等无源元件组成的电磁干扰滤波器，使共模电流获得足够的衰减。这些无源器件通常占据了变换器的大部分空间体积，因此本身具有低共模噪声特性的变换器拓扑在体积和成本方面具有一定的优势。本节对变换器的共模噪声不进行具体量化分析，仅定性分析比较 H3I 矩阵变换器与常规间接矩阵变换器的共模噪声特性。

由前面的工作原理分析可知，不同于常规间接矩阵变换器，H3I 矩阵变换器由于前端的整流器仅按工频频率换相，直流输出正负母线上只产生低频的共模电压，相对于电磁干扰传导发射的频段(150kHz~30MHz)，其影响可以忽略。因此，本节所提拓扑在共模噪声方面的性能要优于常规间接矩阵变换器。

H3I 矩阵变换器的共模噪声源与传播路径示意图如图 8.19 所示，共模电流 i_{CM} 流经变换器的三相输入差模电感 L_f 和三相电源，通过地返回，在三相电源或者线路阻抗稳定网络(line impedance stabilization network, LISN)上产生了一定的噪声电平。$C_{y\text{-GND}}$、$C_{A\text{-GND}}$、$C_{B\text{-GND}}$ 和 $C_{C\text{-GND}}$ 分别代表有源三次注入电路桥臂与逆变器三相桥臂的输出点对地的杂散电容，主要为下桥臂 IGBT 开关的集电极对散热器产生的杂散电容，$C_{N\text{-GND}}$ 代表三相输出中性点对地的杂散电容。对于样机中使用的 TO-247 封装的功率器件，每个 IGBT 开关器件对地的杂散电容约为 100pF。H3I 矩阵变换器的共模等效电路图如图 8.20 所示。

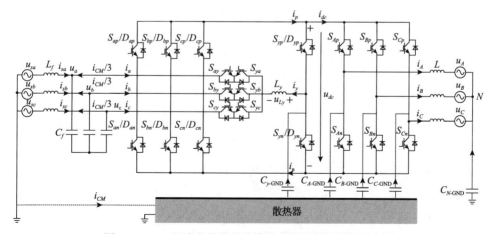

图 8.19 H3I 矩阵变换器的共模噪声源与传播路径示意图

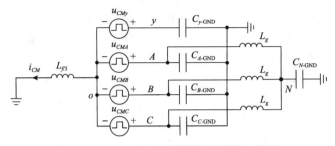

图 8.20　H3I 矩阵变换器的共模等效电路图

作为对比分析，常规间接矩阵变换器的共模噪声源与传播路径示意图以及共模等效电路图分别如图 8.21 和图 8.22 所示。相比于 H3I 矩阵变换器，由于常规间接矩阵变换器的直流母线 pn 端子对地存在按开关频率变化的共模电压，并且 pn 端子对散热器存在较大的杂散分布电容 $C_{p\text{-GND}}$ 和 $C_{n\text{-GND}}$，所以在相同条件下常规间接矩阵变换器的共模电磁干扰性能指标要劣于 H3I 矩阵变换器。

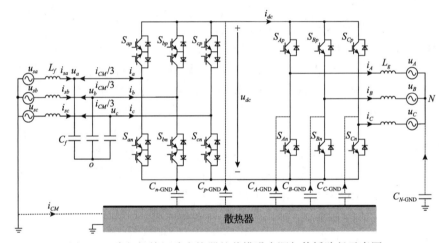

图 8.21　常规间接矩阵变换器的共模噪声源与传播路径示意图

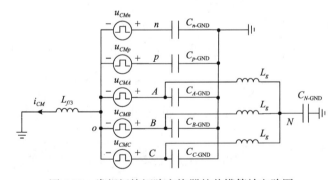

图 8.22　常规间接矩阵变换器的共模等效电路图

通过前面各个方面的性能指标对比分析可知,虽然 H3I 矩阵变换器拓扑的功率器件有所增加,但也具有一些常规间接矩阵变换器所不具备的优点。对于 SWISS 矩阵变换器的一些输入输出特性,本章不再具体分析,混合有源三次谐波注入型矩阵变换器与常规间接矩阵变换器参数综合对比如表 8.4 所示。

表 8.4　混合有源三次谐波注入型矩阵变换器与间接矩阵变换器综合对比

参数	间接矩阵变换器	SWISS 矩阵变换器	H3I 矩阵变换器
IGBT 开关数量/个	18	22	20
二极管数量/个	18	22	20
电感数量/个	3	3	4
电容数量/个	3	3	3
输入功率因数角	$[-\pi/6, \pi/6]$	$[-\pi/6, \pi/6]$	$[-\pi/2, \pi/2]$
输入无功功率	$\left[-P/\sqrt{3}, P/\sqrt{3}\right]$	$\left[-P/\sqrt{3}, P/\sqrt{3}\right]$	$(-\infty, \infty)$
最大电压传输比	$\dfrac{\sqrt{3}}{2}\cos\varphi_i$	$\dfrac{\sqrt{3}}{2}\cos\varphi_i$	$\dfrac{\sqrt{3}}{2}$
整流器输入端电流总谐波畸变率	相对较大(139%)	相对较大(139%)	相对较小(57%)
输入差模滤波器	相对较大	相对较大	相对较小
共模噪声	相对较大	相对较大	相对较小

8.2.6　实验验证

为了验证所提 H3I 矩阵变换器拓扑结构及其控制方法的正确性,将图 8.7 所示的样机平台配置为 H3I 矩阵变换器,并进行一系列实验验证,其中三次谐波注入电感值为 2mH。

图 8.23 为 H3I 矩阵变换器三次谐波注入电路不工作与工作时的实验波形。实验中输入功率因数角设为 0,输出参数设置为 m_v=0.9、f_o = 40Hz。从图 8.23(a)可见,当三次谐波注入电路不工作时,电网电流呈现出准方波的波形,与直流输出接有大电感的二极管整流器电网电流一样。图 8.23(b)中,当三次谐波注入电路工作并向输入侧注入准三次谐波电流时,电网电流变为正弦且与电网电压同相位。图 8.23 的结果表明了 H3I 矩阵变换器的正确性。

图 8.24 为 H3I 矩阵变换器在不同调制系数和输出频率下的实验波形。实验中输入功率因数角 φ_i 设为 0。图 8.24 中,变换器的输出参数设置分别为 m_v=0.7、f_o = 40Hz 和 m_v=1、f_o = 100Hz。从图中可以看出,与 SWISS 矩阵变换器一样,在不同

输出频率和调制系数下，H3I 矩阵变换器的输入输出电流都为正弦波形，并且电网电流与电网电压同相位。

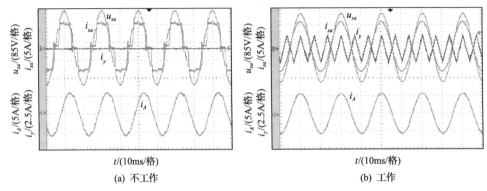

图 8.23 H3I 矩阵变换器三次谐波注入电路不工作与工作时的实验波形

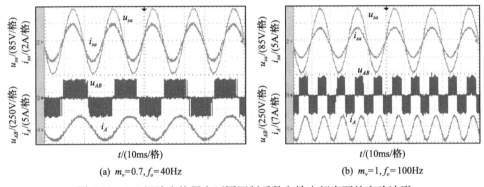

图 8.24 H3I 矩阵变换器在不同调制系数和输出频率下的实验波形

图 8.25 展示了 H3I 矩阵变换器在不同输入功率因数角下的实验波形。其中，变换器的输出参数设置为 $m_v=1$、$f_o=40\text{Hz}$。图 8.25(a)中，输入功率因数角设为 $\pi/6$，即电网电流滞后电网电压 $\pi/6$。图 8.25(b)中，输入功率因数角设为 $-\pi/6$，即电网电流超前电网电压 $\pi/6$。图 8.25(c)和图 8.25(d)中，逆变器输出开路，即输出有功功率为 0，两种情况下输入功率因数角分别设为 $\pi/2$ 和 $-\pi/2$，输入无功电流参考幅值设为 4A，此时 H3I 矩阵变换器运行在 STATCOM 模式。从图 8.25 可以看出，输入电流正弦且电网电压与电网电流之间的相位差为设定的功率因数角。图 8.25(c)和图 8.25(d)中，输入端只有幅值为设定值的纯无功电流。当输入功率因数角设为 $\pi/2$ 时，电网电流相位滞后电网电压 $\pi/2$，变换器输入侧仅产生感性无功功率；当输入功率因数角设为 $-\pi/2$ 时，电网电流相位超前电网电压 $\pi/2$，变换器输入侧产生容性无功功率。图 8.25 的实验结果充分验证了 H3I 矩阵变换器的输入无功功率控制特性。

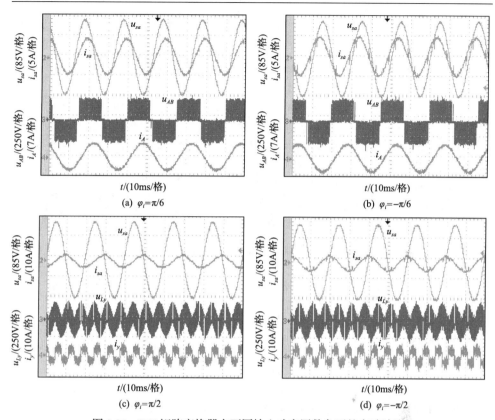

(a) $\varphi_i=\pi/6$　　　　　　　　　　(b) $\varphi_i=-\pi/6$

(c) $\varphi_i=\pi/2$　　　　　　　　　　(d) $\varphi_i=-\pi/2$

图 8.25　H3I 矩阵变换器在不同输入功率因数角下的实验波形

图 8.26 给出了 H3I 矩阵变换器在不同能量流动方向下的实验波形，证明 H3I 矩阵变换器可实现能量的双向流动。

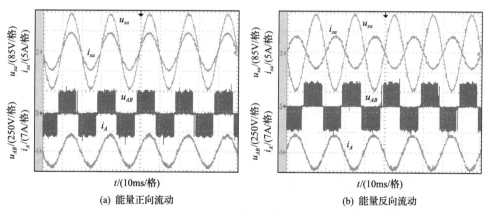

(a) 能量正向流动　　　　　　　　　　(b) 能量反向流动

图 8.26　H3I 矩阵变换器在不同能量流动方向下的实验波形

图 8.27 为 H3I 矩阵变换器输出有功电流参考阶跃变化的实验波形。图 8.27 (a)

中，参考输出有功电流 i_{d_ref} 的初始值为+6A，之后阶跃变化为-6A。图 8.27(b)中，参考输出有功电流 i_{d_ref} 的初始值为-6A，之后阶跃变化为+6A。从图 8.27 可以看出，与 SWISS 矩阵变换器一样，H3I 矩阵变换器能在电动和发电两种运行模式下快速平稳地切换，具备四象限运行能力。

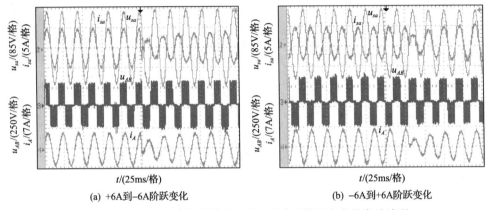

(a) +6A到-6A阶跃变化　　　　　　　　(b) -6A到+6A阶跃变化

图 8.27　H3I 矩阵变换器输出有功电流参考阶跃变化的实验波形

8.3　三电平 T 型间接矩阵变换器

本节研究一种三电平 T 型间接矩阵变换器(three-level T-type indirect matrix converter, 3LT²IMC)拓扑，它是从图 8.12 所示的 H3I 矩阵变换器拓扑衍生得到的。3LT²IMC 除了具有 H3I 矩阵变换器的固有优势，如双向功率流动、正弦输入和输出、扩展了输入无功功率控制范围而不降低最大电压传输比、不需要整流级和逆变级调制同步，还可改善输出电能质量。本节首先详细分析 3LT²IMC 的拓扑结构和工作原理，并介绍一种简单的基于载波的调制方法。然后，提出一种用于平衡中性点电位的闭环控制方法，以克服实际变换器的非理想特性引起的中性点电位漂移问题。最后，通过实验验证所提出的拓扑及控制方法，并与 H3I 矩阵变换器的性能进行全面比较。

8.3.1　拓扑结构

3LT²IMC 拓扑结构如图 8.28 所示，其由双向电流源型整流器、三电平电压源型逆变器、有源三次谐波注入电路和输入 LC 滤波器组成。与图 8.12 所示的 H3I 矩阵变换器相比，3LT²IMC 的整流级级联了一个三电平 T 型 VSI，以替代传统的两电平 VSI。有源三次谐波注入电路由三个双向开关、三次谐波注入电感和一个电压源型逆变器的桥臂组成。由输入滤波电感 L_f 和输入滤波电容 C_f 组成的输入滤波器主要有如下三个功能：①用于对变换器产生的脉动电流进行滤波，以产生三相正弦输入电流；②滤波电容的星形点为后端三电平 T 型逆变器提供中性点；③与常规间接矩阵变换器的箝位电路一样，滤波电容用于变换器停机时吸收存储在负载漏电感和三次谐波注入电感中的能量。值得注意的是，图 8.28 所示的拓扑中使用了三电平 T 型逆变器，这里也可以采用二极管箝位型中性点三电平逆变器来实现 $3LT^2IMC$。

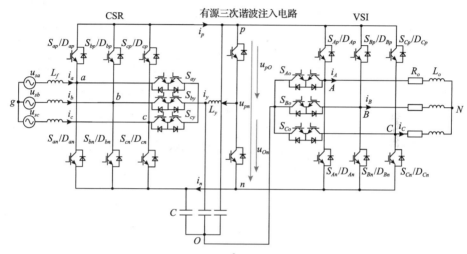

图 8.28　$3LT^2IMC$ 拓扑结构

$3LT^2IMC$ 的整流级与 H3I 矩阵变换器整流级的工作原理基本一致，详见 8.2.2 节。其逆变级与传统 T 型逆变器不同，$3LT^2IMC$ 中 T 型逆变器的中间直流环节上下直流电压并不平衡，任意时刻，中间直流环节上下直流电压均由两个不同的输入电压组成。因此，如 8.3.2 节所述，传统 T 型逆变器的调制策略在本节不能直接使用，而应进行适当的修改以实现正弦对称的输入波形和输出波形。

8.3.2　调制策略

本节所提出的 $3LT^2IMC$ 的调制策略也可以分为两个独立的部分。整流器和有源三次谐波注入电路的双向开关的开关状态仅由输入电压决定，因此其仅需工频换相，并且整流器和有源三次谐波注入电路的调制策略相对简单，如表 8.1 所示。对于 T 型逆变器，本节提出一种双信号脉宽调制(dual-signal pulse width modulation, DSPWM)策略[9]，以减轻计算负担，具体分析如下。

首先，根据期望输出电压的瞬时值对原始输出调制信号进行如下排序：

$$\begin{cases} u_{\max}^* = \max(u_A^*, u_B^*, u_C^*) \\ u_{\mathrm{mid}}^* = \mathrm{mid}(u_A^*, u_B^*, u_C^*) \\ u_{\min}^* = \min(u_A^*, u_B^*, u_C^*) \end{cases} \tag{8.60}$$

式中，u_{max}^*、u_{mid}^* 和 u_{min}^* 分别为调制信号的最大值、中间值和最小值。

为了实现 $3LT^2IMC$ 电压传输比的最大化，通过添加公共零序电压修改每个原始调制信号：

$$\begin{cases} u_{max}^{*\prime} = u_{max}^* + u_{NO} \\ u_{mid}^{*\prime} = u_{mid}^* + u_{NO} \\ u_{min}^{*\prime} = u_{min}^* + u_{NO} \end{cases} \tag{8.61}$$

式中，u_{NO} 为零序电压；$u_{max}^{*\prime}$、$u_{mid}^{*\prime}$ 和 $u_{min}^{*\prime}$ 为修改后的调制信号。

根据 DSPWM 原理，将修改后的调制信号分解为两个调制信号，以确保中性点电流开关周期平均值为零。用 u_{maxp}^*、u_{midp}^* 和 u_{minp}^* 分别对应最大、中间、最小原始调制信号的正调制信号，u_{maxn}^*、u_{midn}^* 和 u_{minn}^* 分别对应最大、中间、最小原始调制信号的负调制信号。修改后的调制信号分解如下：

$$\begin{cases} u_{max}^{*\prime} = u_{maxp}^* + u_{maxn}^* \\ u_{mid}^{*\prime} = u_{midp}^* + u_{midn}^* \\ u_{min}^{*\prime} = u_{minp}^* + u_{minn}^* \end{cases} \tag{8.62}$$

$$\begin{cases} u_{maxp}^* = u_{max}^* + u_{NO} \\ u_{maxn}^* = 0 \\ u_{midp}^* = 0.5u_{mid}^* + u_{01} \\ u_{midn}^* = 0.5u_{mid}^* + u_{02} \\ u_{minp}^* = 0 \\ u_{minn}^* = u_{min}^* + u_{NO} \end{cases} \tag{8.63}$$

式中，u_{01} 和 u_{02} 分别为对应正调制信号和负调制信号的零序电压。

为了便于数字实现，分别根据上下直流电压对正负调制信号进行归一化处理。归一化调制信号和占空比分别为

$$\begin{cases} \bar{u}_{ip}^* = u_{ip}^* / u_{pO} \\ \bar{u}_{in}^* = u_{in}^* / u_{On} \end{cases}, \quad i \in \{max, mid, min\} \tag{8.64}$$

$$\begin{cases} d_{ip} = \bar{u}_{ip}^* \\ d_{in} = -\bar{u}_{in}^* \end{cases}, \quad i \in \{max, mid, min\} \tag{8.65}$$

式中，$\bar{u}_{ip}^*$ 为归一化的正调制信号；$\bar{u}_{in}^*$ 为归一化的负调制信号；d_{ip} 为逆变级上开关的占空比；d_{in} 为逆变级上下开关的占空比；u_{pO} 为 p 点对 O 点的电压，u_{On} 为直流侧 O 点对 n 点的电压。

为了消除中性点电压的低频振荡，每个开关周期的中性点电流平均值(表示为 $\bar{i}_O$)必须保持为零。因此，确保中性点电流平均值为零的零序电压可由下列方程求解：

$$\begin{cases} \bar{i}_O = (1-d_{\max p})i_{\max} + (1-d_{\mathrm{mid}p}-d_{\mathrm{mid}n})i_{\mathrm{mid}} + (1-d_{\min n})i_{\min} = 0 \\ i_{\max} + i_{\mathrm{mid}} + i_{\min} = 0 \\ u_{\max}^* + u_{\mathrm{mid}}^* + u_{\min}^* = 0 \\ u_{NO} = u_{01} + u_{02} \end{cases} \tag{8.66}$$

约束条件为

$$\begin{cases} 0 \leqslant u_{\max p}^* \leqslant u_{pO} \\ 0 \leqslant u_{\mathrm{mid}p}^* \leqslant u_{pO} \\ -u_{On} \leqslant u_{\mathrm{mid}n}^* \leqslant 0 \\ -u_{On} \leqslant u_{\min n}^* \leqslant 0 \end{cases} \tag{8.67}$$

式中，$i_{\max}$、i_{mid} 和 $i_{\min}$ 分别为对应于最大、中间和最小原始调制信号相的输出电流。

可找出一组可行的零序电压为

$$\begin{cases} u_{01} = \dfrac{-0.5u_{\mathrm{mid}}^*(u_{On}-u_{pO}) - u_{pO}u_{\min}^*}{u_{pn}} \\[3mm] u_{02} = \dfrac{0.5u_{\mathrm{mid}}^*(u_{On}-u_{pO}) - u_{On}u_{\max}^*}{u_{pn}} \\[3mm] u_{NO} = \dfrac{-u_{pO}u_{\min}^* - u_{On}u_{\max}^*}{u_{pn}} \end{cases} \tag{8.68}$$

将式(8.68)代入式(8.63)，归一化调制信号的统一表达式如下：

$$\begin{cases} \bar{u}_{ip}^* = (u_i^* - u_{\min}^*)/u_{pn} \\ \bar{u}_{in}^* = (u_i^* - u_{\max}^*)/u_{pn} \end{cases}, \quad i \in \{\max,\mathrm{mid},\min\} \tag{8.69}$$

在 $u_A^* = u_{\max}^*$、$u_B^* = u_{\mathrm{mid}}^*$、$u_C^* = u_{\min}^*$ 的条件下，图 8.29 为 3LT^{2}IMC 逆变级的调

制示意图，其中 T_s 为开关周期，f_s 为开关频率，$\vec{u}_{Ap}^*$、$\vec{u}_{Bp}^*$ 和 $\vec{u}_{Cp}^*$ 分别是对应于输出 A 相、B 相和 C 相的归一化正调制信号，$\vec{u}_{An}^*$、$\vec{u}_{Bn}^*$ 和 $\vec{u}_{Cn}^*$ 分别是对应于输出 A 相、B 相和 C 相的归一化负调制信号。

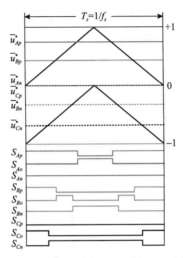

图 8.29　3LT²IMC 逆变级调制过程示意图

电压传输比一直是矩阵变换器的关注重点。作为矩阵变换器家族的一员，3LT²IMC 的电压传输特性推导如下。

假设输入电压如下：

$$\begin{cases} u_a = U_{im}\cos(\omega_i t) \\ u_b = U_{im}\cos(\omega_i t - 2\pi/3) \\ u_c = U_{im}\cos(\omega_i t + 2\pi/3) \end{cases} \tag{8.70}$$

式中，U_{im} 为输入电压的幅值。

忽略输入滤波器的影响，中间直流电压 u_{pn} 可以写为

$$u_{pn} = \sqrt{3}U_{im}\cos\left[\operatorname{rem}\left(\omega_i t, \frac{\pi}{3}\right) - \frac{\pi}{6}\right] \tag{8.71}$$

式中，$\operatorname{rem}(\cdot)$ 是余数值的运算符。

在线性调制区域中，必须满足以下条件：

$$\begin{cases} 0 \leqslant \bar{u}_{ip}^* \leqslant 1 \\ -1 \leqslant \bar{u}_{in}^* \leqslant 0 \end{cases}, \quad i \in \{\max, \mathrm{mid}, \min\} \tag{8.72}$$

结合式(8.60)、式(8.62)、式(8.69)、式(8.71)和式(8.72)，3LT²IMC 的线电

压传输比导出为

$$q = \frac{U_{om}}{U_{im}} = \frac{\sqrt{3}}{2} m_i \leqslant \frac{\sqrt{3}}{2} \tag{8.73}$$

式中，q 为电压传输比；m_i 为调制指数，其值为 0～1。

由式 (8.73) 可知，$3LT^2IMC$ 在所有运行条件下的最大线电压传输比限制在 0.866 以内，与 H3I 矩阵变换器相同。

8.3.3　中性点电位平衡控制

由 8.3.2 节的分析可知，在理想条件下，中性点电流开关周期平均值为零，如式 (8.66) 所示，所提出的调制策略具有自然的中性点电位平衡能力。然而，实际变换器的非线性，如器件的非理想性、死区效应、暂态过程等，会引起中性点电位漂移，导致输入输出波形畸变。与具有大容量缓冲电容的传统箝位型逆变器相比，$3LT^2IMC$ 的滤波电容相对较小（通常在几微法到几十微法），因而 $3LT^2IMC$ 中性点电位平衡更具挑战。因此，与带有小直流电容的三电平逆变器一样[10]，一般还需要采用中性点电压平衡的闭环控制方法以确保 $3LT^2IMC$ 的正常运行。

1. 中性点电位的动态模型

在设计中性点电位平衡的闭环控制器之前，首先要得到中性点电位的动态模型。对于如图 8.28 所示的电路，输入滤波器的数学模型如下：

$$\begin{cases} u_{sa} = L_f \dfrac{\mathrm{d}i_{sa}}{\mathrm{d}t} + u_{aO} + u_{Og} \\[2mm] u_{sb} = L_f \dfrac{\mathrm{d}i_{sb}}{\mathrm{d}t} + u_{bO} + u_{Og} \\[2mm] u_{sc} = L_f \dfrac{\mathrm{d}i_{sc}}{\mathrm{d}t} + u_{cO} + u_{Og} \\[2mm] i_O = C_f \dfrac{\mathrm{d}u_{aO}}{\mathrm{d}t} + C_f \dfrac{\mathrm{d}u_{bO}}{\mathrm{d}t} + C_f \dfrac{\mathrm{d}u_{cO}}{\mathrm{d}t} \end{cases} \tag{8.74}$$

式中，u_{aO}、u_{bO} 和 u_{cO} 为三相滤波电容电压；u_{Og} 为中性点电压。

对于三相正弦对称系统，状态空间平均模型可表示为

$$\frac{\mathrm{d}\bar{u}_{Og}}{\mathrm{d}t} = -\frac{\bar{i}_O}{3C_f} \tag{8.75}$$

式中，$\bar{u}_{Og}$ 为中性点电压的开关周期平均值。

由式 (8.75) 可知，中性点电压的变化率是中性点平均电流的函数。因此，可

通过改变中性点平均电流来控制中性点电压。式(8.66)的第一个式子表明，可通过改变调制信号来调节中性点平均电流，从而控制中性点电压。然而，修改调制信号有两个标准：①不增加变换器的开关频率；②保持期望输出电压不变。根据8.3.2节的分析，可通过修改调制信号的零序电压来实现。通过引入新的零序电压 u_{off}，将式(8.63)中的正、负调制信号修改为

$$\begin{cases} u_{\mathrm{max}p}^{*\prime} = u_{\mathrm{max}p}^{*} + u_{\mathrm{off}} \\ u_{\mathrm{max}n}^{*\prime} = 0 \\ u_{\mathrm{mid}p}^{*\prime} = u_{\mathrm{mid}p}^{*} + 0.5u_{\mathrm{off}} \\ u_{\mathrm{mid}n}^{*\prime} = u_{\mathrm{mid}n}^{*} + 0.5u_{\mathrm{off}} \\ u_{\mathrm{min}p}^{*\prime} = 0 \\ u_{\mathrm{min}n}^{*\prime} = u_{\mathrm{min}n}^{*} + u_{\mathrm{off}} \end{cases} \tag{8.76}$$

式中，上标"′"表示修改后的值。

根据式(8.76)，不难发现在修正调制信号之后，期望输出电压保持不变。此外，必须保证满足式(8.72)以避免输出电压的畸变。因此，新零序电压 u_{off} 需满足如下约束条件：

$$\begin{cases} u_{\mathrm{off\_min}} \leqslant u_{\mathrm{off}} \leqslant u_{\mathrm{off\_max}} \\ u_{\mathrm{off\_min}} = \max(L_1, L_2, L_3, L_4) \\ u_{\mathrm{off\_max}} = \min(U_1, U_2, U_3, U_4) \\ L_1 = -u_{pO}(u_{\mathrm{max}}^{*} - u_{\mathrm{min}}^{*}) / u_{pn} \\ L_2 = -2u_{pO}(u_{\mathrm{mid}}^{*} - u_{\mathrm{min}}^{*}) / u_{pn} \\ L_3 = -2u_{On}(u_{pn} - u_{\mathrm{max}}^{*} + u_{\mathrm{mid}}^{*}) / u_{pn} \\ L_4 = -u_{On}(u_{pn} - u_{\mathrm{max}}^{*} + u_{\mathrm{min}}^{*}) / u_{pn} \\ U_1 = u_{pO}(u_{pn} - u_{\mathrm{max}}^{*} + u_{\mathrm{min}}^{*}) / u_{pn} \\ U_2 = 2u_{pO}(u_{pn} - u_{\mathrm{mid}}^{*} + u_{\mathrm{min}}^{*}) / u_{pn} \\ U_3 = 2u_{On}(u_{\mathrm{max}}^{*} - u_{\mathrm{mid}}^{*}) / u_{pn} \\ U_4 = u_{On}(u_{\mathrm{max}}^{*} - u_{\mathrm{min}}^{*}) / u_{pn} \end{cases} \tag{8.77}$$

式中，$u_{\mathrm{off\_min}}$ 和 $u_{\mathrm{off\_max}}$ 分别为新零序电压的下限和上限。

根据式(8.64)、式(8.65)、式(8.75)和式(8.76)，可推导中性点电压的状态平均模型为

$$\frac{\mathrm{d}\overline{u}_{Og}}{\mathrm{d}t} = \frac{u_{pn}(i_{\max} - i_{\min})u_{\mathrm{off}}}{3C_f u_{pO} u_{On}} \approx \frac{0.84\,(i_{\max} - i_{\min})u_{\mathrm{off}}}{C_f U_{im}} \tag{8.78}$$

显然，式(8.78)所描述的模型是一个非线性系统，因为它包含了一个时变量 $(i_{\max} - i_{\min})$。因此，在应用线性控制理论设计控制器以保证中性点电压平衡时，必须先建立线性化模型。考虑到 $i_{\max} - i_{\min}$ 项可以通过测量得到，建立一个新的线性化模型：

$$\begin{cases} \dfrac{\mathrm{d}\overline{u}_{Og}}{\mathrm{d}t} = \dfrac{0.84}{C_f U_{im}} u'_{\mathrm{off}} \\ u'_{\mathrm{off}} = (i_{\max} - i_{\min})u_{\mathrm{off}} \end{cases} \tag{8.79}$$

式中，u'_{off} 为中间变量。式(8.79)即中性点电压的对象模型，其传递函数如下：

$$G_p(s) = \frac{\overline{u}_{Og}(s)}{u'_{\mathrm{off}}(s)} = \frac{0.84}{C_f U_{im}}\frac{1}{s} \tag{8.80}$$

2. 中性点电压控制器

基于式(8.80)中描述的对象模型，采用如下比例积分控制器：

$$G_c(s) = K_p + \frac{K_i}{s} \tag{8.81}$$

式中，K_p 为比例增益；K_i 为积分增益。可推导得到控制回路的开环传递函数为

$$G_h(s) = G_c(s)G_p(s) = \frac{0.84}{C_f U_{im}}\frac{K_p s + K_i}{s^2} \tag{8.82}$$

图 8.30 给出了中性点电压控制器框图，其中 $D(s)$ 是控制系统中的扰动项，$G_d(s)$ 是扰动到中性点电压的传递函数。

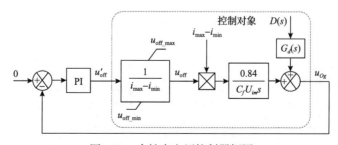

图 8.30　中性点电压控制器框图

K_p 和 K_i 的选择主要基于以下考虑：①零稳态误差；②增益穿越频率 f_c 的选择应考虑稳定性和动态响应的要求。考虑开关频率等因素，控制回路的穿越频率选择 $f_c = f_s/20 = 1\text{kHz}$，相位裕度为 60°。因此，PI 控制器的参数计算为 $K_p = 7.68$ 和 $K_i = 27851$。中性点电压控制系统的波特图如图 8.31 所示。

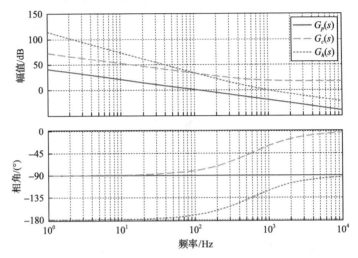

图 8.31 中性点电压控制系统的波特图

值得注意的是，本节提出的调制策略和中性点电压控制方法是广义的，可以推广到其他三电平间接矩阵变换器，如三电平输出级矩阵变换器和三电平二极管箝位型矩阵变换器。

8.3.4 实验验证

为了验证 3LT²IMC 拓扑及所提控制方法的正确性，构建了 3LT²IMC 实验平台，如图 8.32 所示。3LT²IMC 实验平台参数见表 8.5。3LT²IMC 的控制器由 DSP TMS320F28335 和 FPGA EP2C8T144C8N 相结合实现。

表 8.5 3LT²IMC 实验平台参数

参数	数值	参数	数值
额定功率	1.5kW	输入滤波电容(C_f)	6.6μF
输入相电压有效值	220V	三次谐波注入电感(L_y)	1.2mH
输入频率(f_i)	50Hz	负载电感(L)	3mH
开关频率(f_s)	20kHz	负载电阻(R)	25Ω
输入滤波电感(L_f)	300μH	—	—

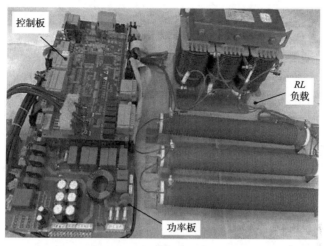

图 8.32　3LT²IMC 实验平台

图 8.33 给出了 3LT²IMC 在不同调制系数和输出频率下的实验波形。图 8.33(a)
和图 8.33(b)对应的输出参数分别为 m_v=0.5、f_o=50Hz 和 m_v=0.9、f_o=30Hz，实验波
形从上至下分别为电网电压 u_{sa}、电网电流 i_{sa}、输出电压 u_{AB} 和输出电流 i_A。从图
8.33(a)中可以看出，电网电流基本正弦，滤波电容产生的容性电流使得电网电流
相位略微超前电网电压。此外，图 8.33(a)中输出电压为三电平，输出电流基本正
弦。从输出电压的包络线可以看出，输出电压包含上直流电压 u_{pO}、下直流电压
u_{On} 和零电压三个不同的电平。这可以解释为，从空间矢量调制的角度来看，在
小的调制系数下，只有小矢量、中矢量和零矢量用于合成期望电压矢量。不同
于图 8.33(a)中的三电平输出电压，图 8.33(b)中输出电压表现出明显的五电平特
征，这是由于在高调制系数下，利用了直流电压 u_{pn}、上直流电压 u_{pO}、下直流电压
u_{On} 和零电压四个不同电平来合成输出电压。同时，图 8.33 结果表明，3LT²IMC 实现

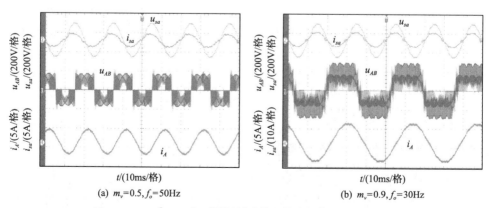

(a) m_v=0.5, f_o=50Hz　　　　　　　　　　　(b) m_v=0.9, f_o=30Hz

图 8.33　3LT²IMC 在不同调制系数和输出频率下的实验波形

了正弦输入输出电流和单位输入功率因数角。因此，图 8.33 的实验结果验证了
$3LT^2IMC$ 拓扑及调制策略的正确性。

图 8.34 展示了动态条件下的实验波形。首先将输出频率 f_o 设置为 50Hz、调
制系数 m_v 为 0.5，然后将 m_i 从 0.5 修改为 0.9。从图 8.34 可以看出，$3LT^2IMC$ 系
统电网电流和输出电流仍然是正弦的，动态性能良好。

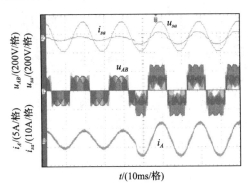

图 8.34　动态条件下的实验波形

值得注意的是，实验中电网电流和输出电流有所畸变，这是由电源的非理想
性(畸变和不平衡)、功率器件的非理想性、死区效应、开关窄脉冲等导致的。

为了验证所提中性点电位平衡控制策略的正确性，对不同调制系数、不同输
出频率、不同负载等运行条件下的平衡效果进行测试，实验结果如图 8.35 所示。
输出参数设置如下：图 8.35(a) 中调制系数 m_v 设置为 0.45，在图 8.35(b)～(d) 中
设置为 0.9；图 8.35(a) 和 (b) 中输出频率 f_o 设置为 40Hz，图 8.35(c) 和 (d) 中设置
为 60Hz；图 8.35(a)～(c) 中负载为串联 RL 负载($R=25\Omega$, $L=3mH$)，图 8.35(d)
为由并联电容器、电阻器和串联电感组成的 RLC 负载($R=25\Omega$, $L=3mH$, $C=10\mu F$)。
图 8.35 从上到下依次为上直流电压 u_{pO}、下直流电压 u_{On}、中性点电压 u_{Og} 和输出
电压 u_{AB} 的实验波形。控制策略首先处于不控制状态，然后由激活命令激活。从
图 8.35 可以看出，在控制策略被激活之前，尽管理论上调制策略可以保证中性点
电流开关周期平均值为零，但中性点电压不为零，而是表现出低频振荡，从而导
致上下直流电压不平衡，输出电压畸变，这可从输出电压不均匀的包络中看出。
在控制策略被激活后，中性点电压基本被控制为零，上下直流电压趋于平衡，从
而验证了所提平衡控制策略在各种工况下的有效性。

8.3.5　$3LT^2IMC$ 与 H3I 矩阵变换器的对比

虽然很难对两种不同的变换器拓扑进行公平的比较，但考虑到变换器的基本性
能，仍有必要进行定性评估，以便为特定应用场合预选合适的拓扑提供一般性指导。
本节对 $3LT^2IMC$ 和 H3I 矩阵变换器的波形质量、效率等性能进行评估和比较。

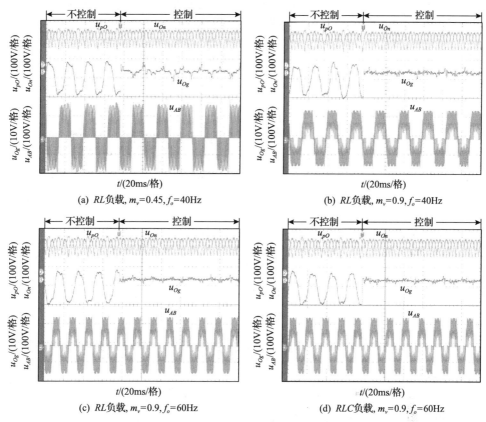

图 8.35　不同运行条件下的中性点电压平衡控制实验波形

　　$3LT^2IMC$ 和 H3I 矩阵变换器在不同调制系数下的输入输出电流波形对比如图 8.36 所示,输出频率设置为 40Hz,负载参数与表 8.5 中一致,其中图 8.36 (a) 和图 8.36 (c) 分别是 $3LT^2IMC$ 在调制系数为 0.45 和 0.9 时的输入输出波形,对应地,图 8.36 (b) 和图 8.36 (d) 分别是 H3I 矩阵变换器在调制系数为 0.45 和 0.9 的输入输出波形。在低调制系数下,图 8.36 (a) 中 $3LT^2IMC$ 的输出电压由输入电压合成,而图 8.36 (b) 中 H3I 矩阵变换器的输出电压由输入电压合成,从而降低了输出线电压中的谐波分量和 THD。通过对比图 8.36 (a) 和图 8.36 (b) 发现,$3LT^2IMC$ 相较于 H3I 矩阵变换器,输出电压的主导开关频率相关谐波分别从 11.2V 降到 10.7V (f_s) 和从 94.2V 降到 32.3V $(2f_s)$,输出电压的 THD 从 142.84% 显著降为 71.81%。而对于输入性能的比较,$3LT^2IMC$ 的电网电流 THD 从 8.87% 略微提高到 11.61%。对于高调制系数的情况,如图 8.36 (c) 和图 8.36 (d) 所示,显然 $3LT^2IMC$ 的输出电压由五个不同的电平组成,而不是 H3I 矩阵变换器的三电平。与 H3I 矩阵变换器相比,$3LT^2IMC$ 输出电压的主导开关频率相关谐波分别由 43.5V 降到 37.6V (f_s) 和从 67.7V 降到 53.6V $(2f_s)$,输出线电压 THD 由 72.36%

降到 49.32%，电网电流 THD 从 3.05%提高到 3.92%。

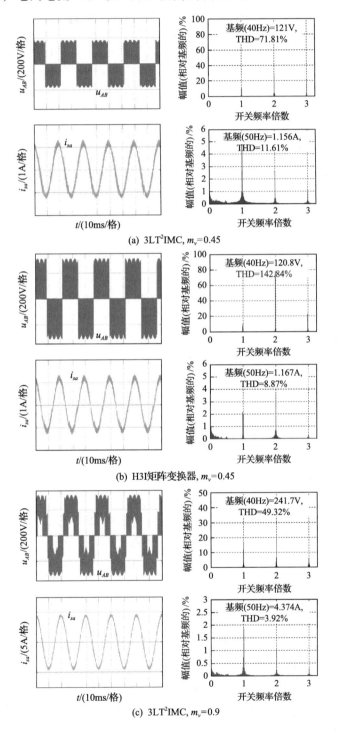

(a) 3LT²IMC, m_v=0.45

(b) H3I矩阵变换器, m_v=0.45

(c) 3LT²IMC, m_v=0.9

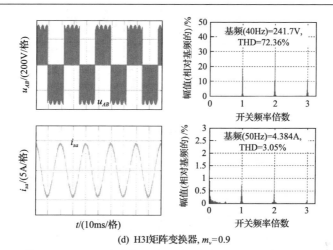

(d) H3I 矩阵变换器, m_v=0.9

图 8.36　3LT^{2}IMC 和 H3I 矩阵变换器在不同调制系数下的输入输出电流波形对比

　　对于这两种拓扑, 在整个调制系数范围内比较输入输出性能, 相关结果如图 8.37 所示, 其中 THD$_u$ 代表输出电压的总谐波畸变率, THD$_i$ 代表电网电流的总谐波畸变率。可见, 就输出电压 THD 而言, 3LT^{2}IMC 具有比 H3I 矩阵变换器更优的性能, 因为它具有多电平输出特性。然而, 在电网电流质量方面, H3I 矩阵变换器则优于 3LT^{2}IMC, 特别是在调制系数较低的情况下, 这主要是由于 3LT^{2}IMC 中存在中性点电流。由 3LT^{2}IMC 和 H3I 矩阵变换器的工作原理可知, 电网电流由中间直流电流按照输入相的分配来合成。从空间矢量调制的角度来看, 在 3LT^{2}IMC 中使用小矢量时整流器与中间直流环节断开, 导致直流电流不连续, 从而增加了电网电流的谐波分量, 并导致输入性能略微下降。

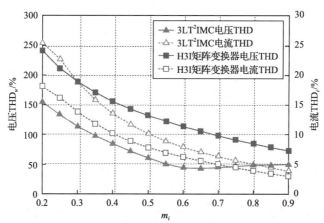

图 8.37　3LT^{2}IMC 与 H3I 矩阵变换器在整个调制系数范围内的输入输出性能对比

　　进一步地, 两种拓扑的效率对比如图 8.38 所示。不难解释, 3LT^{2}IMC 的逆变级的导通损耗要略高于 H3I 矩阵变换器, 但其开关的切换电压低, 从而使得开关损耗大大降低，尤其在较高开关频率的情况下。此外，输出电压的总谐波畸变率降低，输出侧的无源器件如电感和负载等的损耗会降低，从而进一步降低了总体损耗。

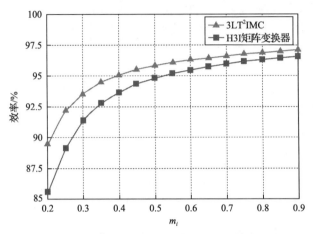

图 8.38　3LT^{2}IMC 与 H3I 矩阵变换器的效率对比

　　不难发现，相对于 H3I 矩阵变换器，3LT^{2}IMC 拓扑结构和调制策略的复杂度略有增加，但是可提供更优的输出性能和更高的转换效率，因此 3LT^{2}IMC 在高输出波形质量和高转换效率要求的应用场合下是一个很好的选择。

8.4　三电平三次谐波注入型矩阵变换器

　　本节介绍一种三电平三次谐波注入型矩阵变换器(three-level third-harmonic injection matrix converter, T^{2}IMC)拓扑，该拓扑采用有源滤波技术平衡中性点电压，利用三次谐波注入电路补偿中性点电流。因此，不需要额外的硬件和控制就能实现中性点电位的自平衡。本节介绍 T^{2}IMC 的拓扑结构和工作原理，并详细介绍基于载波的调制策略以及中性点电压平衡方法。此外，搭建 T^{2}IMC 实验平台验证所提方法的正确性，并与其他相关方法进行比较，以证明所提方法的有效性。

8.4.1　拓扑结构

　　T^{2}IMC 拓扑结构示意图如图 8.39 所示，由输入滤波器、输入电压选择器(input voltage selector, IVS)、有源三次谐波注入电路和三电平 T 型逆变器组成。由输入滤波电感 L_f 和输入滤波电容 C_f 组成的输入滤波器，主要用于对变换器产生的脉冲电流进行滤波，从而产生三相正弦输入电流。IVS 由一个线电压换相的双向整流器和三个低频双向开关组成，其可视为一个三极三掷开关，为后端三电平 T 型逆变器提供直流电压。有源三次谐波注入电路由一个快速换相桥臂和三次谐波注入电感器组成。三电平 T 型逆变器的正极、中性点和负极分别与前端 IVS 的 p、o 和 n 点相连。需要注意的是，与传统的中性点箝位型矩阵变换器不同，T^2IMC 的中性点不与输入滤波电容器的星点相连，因此不需要输入滤波电容器的星型连接方案，使得变换器的硬件实现更加灵活。

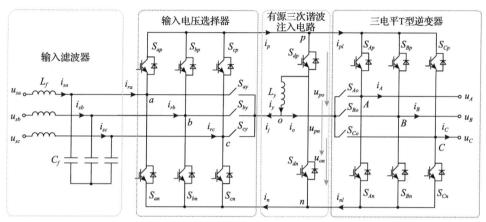

图 8.39　T^2IMC 拓扑结构示意图

T^2IMC 的整流级工作原理与 H3I 矩阵变换器一致，其开关状态如表 8.1 所示。分离的直流电压始终由两个不同的输入电压组成，因此应制定合适的控制策略以实现正弦输入和输出波形。

8.4.2　调制策略

IVS 的开关采用工频换相，因此中间直流电压为六脉波。这意味着与传统的中性点箝位型矩阵变换器不同，T^2IMC 的前端 IVS 和后端逆变器可以独立控制。IVS 的开关状态仅由输入电压决定，其控制相对简单，开关只需按表 8.1 进行切换，因此本节主要研究逆变器的调制策略和有源三次谐波注入电路的控制。

对于后端逆变器，采取基于载波的调制策略，其调制信号的求取见式(2.30)～式(2.32)。但是，逆变器的上下直流电压不相等，因此有必要通过引入额外的零序电压来补偿此差异，以最大限度地利用中间直流电压。

$$\begin{cases} u_{Ao} = u_{Ao}^* + u_{no} \\ u_{Bo} = u_{Bo}^* + u_{no} \\ u_{Co} = u_{Co}^* + u_{no} \end{cases} \tag{8.83}$$

式中，u_{Ao}、u_{Bo} 和 u_{Co} 为期望输出相电压；u_{no} 为额外零序电压；u_{po} 为直流侧 p 点到 o 点的电压；u_{on} 为直流侧 o 点到 n 点的电压。

为了便于数字实现，分别根据上下直流电压对期望输出相电压进行归一化处理，归一化调制信号和占空比分别为

$$\bar{u}_{io} = \begin{cases} u_{io}/u_{po}, & u_{io} \geqslant 0 \\ u_{io}/u_{on}, & u_{io} < 0 \end{cases}, i \in \{A,B,C\} \tag{8.84}$$

$$d_{ip} = \begin{cases} \bar{u}_{io}, & \bar{u}_{io} \geqslant 0 \\ 0, & \bar{u}_{io} < 0 \end{cases}, i \in \{A,B,C\} \tag{8.85}$$

$$d_{in} = \begin{cases} 0, & \bar{u}_{io} \geqslant 0 \\ -\bar{u}_{io}, & \bar{u}_{io} < 0 \end{cases}, i \in \{A,B,C\} \tag{8.86}$$

式中，$\bar{u}_{io}\left(i \in \{A,B,C\}\right)$ 为归一化调制信号；d_{ip} 为输出相上开关占空比；d_{in} 为输出相下开关占空比。

在三电平中性点箝位(neutral point clamping, NPC)型逆变器的载波调制策略中，由于存在两个载波，调制的实现非常灵活。通常，同相层叠载波调制(phase disposition carrier based modulation, PD-CBM)、反相层叠载波调制(phase opposite disposition carrier based modulation, POD-CBM)和交错反相层叠载波调制是常用的几种策略。一般来说，在上述策略中，PD-CBM 具有输出电压波形质量高的优点。因此，本节选择 PD-CBM 方案，图 8.40 展示了在 $\bar{u}_{Ao} > \bar{u}_{Bo} > \bar{u}_{Co}$ 情况下的 PD-CBM 过程示意图，其中 T_s 和 f_s 分别是开关周期和开关频率。

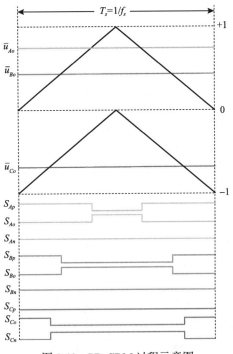

图 8.40　PD-CBM 过程示意图

8.4.3　中性点电压平衡控制

中性点电压平衡是中性点箝位型变换器的主要问题之一。与其他三电平间接矩阵变换器类似，T^2IMC 输入电容较小，中性点电位更容易受到中性点电流的干扰，因此应采取适当措施保证 T^2IMC 的正常运行。

对于三电平 T 型逆变器，中性点电流开关周期的平均值可以推导为

$$\bar{i}_o = \sum_i (1 - d_{ip} - d_{in})i_i, \quad i \in \{A, B, C\} \tag{8.87}$$

可知，所提出的 PD-CBM 方案不能保证中性点电流开关周期的平均值为零。因此，T^2IMC 将遭受中性点电压的振荡和输入电流的畸变。虽然采用 DSPWM 等其他调制策略可以实现中性点电位的自平衡，但这些方法会导致输出波形质量下降，并且开关频率和实现难度也有所增加。

为了不降低输出波形质量和提高变换器开关频率，本节采用有源滤波技术解决中性点电压平衡问题，即利用三次谐波注入电路产生与逆变器中性点电流平均值相反的电流，以完全补偿中性点电流。这样，流入 IVS 的中性点电流平均值为零，因此不需要额外的控制策略即可实现 T^2IMC 中性点电压的平衡。

与 T^2IMC 类似，正确控制和设计三次谐波注入电路是实现变换器的关键。对于 T^2IMC，这一问题将变得更加重要，因为 PFC 功能和中性点电压平衡都是通过合成合适的三次谐波注入电感电流来实现的。

根据图 8.39，三次谐波注入电感电流 i_y 可以表示为

$$i_y = i_o + i_j \tag{8.88}$$

可知，三次谐波注入电感电流可分解为中性点电流 i_o 和注入电流 i_j 两部分。为了实现中性点电压的平衡和功率因数角的校正，必须对三次谐波注入电感电流进行控制，使其与要求的中性点电流和注入电流精确匹配。

三次谐波注入电路的数学模型可以描述为如式(8.23)所示，可见改变 u_{Ly} 能够控制三次谐波注入电感电流。与 H3I 矩阵变换器类似，本节采用 PI 控制器来控制三次谐波注入电感电流，为了简便起见，本节没有给出采用常规频域分析工具的详细设计过程。为了提高动态跟踪速度，采用开关 S_{yp} 稳态占空比作为前馈项。三次谐波注入电路的总体控制框图如图 8.41 所示，其中 u_{max}、u_{mid} 和 u_{min} 代表三相输入电压中的最大值、中间值和最小值，θ_{mid} 是具有中间值的输入电压的相角，P 是转换器的有功功率，φ 为期望输入功率因数角，U_{im} 为输入电压的幅值，i_j^*、i_o^* 和 i_y^* 分别表示期望注入电流、期望平均中性点电流和期望三次谐波注入电感电流，$G_p(s) = 1/(L_y s)$ 为对象的传递函数。首先，根据输入电压、变换器有功功率和期望

输入功率因数角计算期望注入电流 i_j^*，并根据式 (8.87) 计算期望中性点电流平均值 $\bar{i}_o^*$。然后，将期望注入电流和期望中性点电流平均值相加，得到参考三次谐波注入电感电流 i_y^*。PI 控制器与前馈项的结合保证了系统具有良好的动态性能。

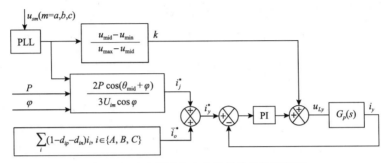

图 8.41　三次谐波注入电路的总体控制框图

对于三次谐波电路，应选择合适的三次谐波注入电感，并对元件的电压和电流应力进行评估。根据 8.2.4 节的设计准则，三次谐波注入电感的选择应同时考虑电流纹波和电流跟踪性能，电感的上下限取决于特定的三次谐波注入电感电流。从图 8.41 可以看出，i_y^* 由期望平均中性点电流平均值和期望注入电流组成。期望注入电流取决于矩阵变换器的有功功率和输入功率因数角，而期望中性点电流平均值取决于输出输入频率比、输出电压的初始相位、调制指数和负载条件。因此，难以获得 i_y^* 的明确表达式，并且针对每种工作条件的电感范围是不同的，应基于特定条件确定电感。本节根据额定工作条件和表 8.5 所列系统参数设计电感。考虑了单位输入功率因数角，调制系数 m_v 为 1，输入输出频率/相位相同，纹波系数 γ_1 为 0.4，宽度指数 ζ 为 0.06，选择 1.2mH (0.011686p.u.) 的三次谐波注入电感。

另外，三次谐波注入电路中的元件，包括三次谐波注入电感 L_y 和开关 S_{yp}、S_{yn}，其额定电流是根据最坏的工作条件来选择的。由式 (8.87) 和式 (8.88) 可知，三次谐波注入电感电流的幅值为

$$I_y = I_{om} - 0.5I_{im} = I_{om}(1 - \sqrt{3}\,m_i \cos\varphi_L / 4) \tag{8.89}$$

式中，I_y、I_{im} 和 I_{om} 分别为三次谐波注入电感电流、输入电流和输出电流的幅值；φ_L 为输出功率因数角。

从式 (8.89) 可以看出，最坏情况发生在最大输出电流和零输出功率因数角。因此，三次谐波注入电路元件的额定电流由输出电流的幅值决定。由工作原理可知，开关 S_{yp} 和 S_{yn} 上的最大电压应力为 $\sqrt{3}U_{im}$。

8.4.4　输入侧电流分析

对于 T^2IMC，应同时保证正弦输入电流和对称输出电流。一般来说，通过适当地合成平衡输出电压，可以很容易地获得所需的正弦输入电流和对称输出电流。前面章节已经对三次谐波注入型矩阵变换器的正弦输入电流和可控输入功率因数角进行了数学证明，但对于采用改进的调制策略和中性点平衡控制策略的 T^2IMC，需要重新考虑输入电流是否为正弦，输入功率因数角是否可控。

根据三次谐波注入电感 L_y 的"伏秒平衡"，可以计算得到 S_{yp} 和 S_{yn} 的稳态占空比与 H3I 矩阵变换器一致，见式(8.12)。下面给出 T^2IMC 三相输入电流和三相输出电流正弦对称，且输入功率因数角可控的证明。

在扇区 I 中，从表 8.1 可以发现，i_b 等于注入电流 i_j 的相反值。假设三次谐波注入电感电流为

$$\begin{cases} i_y &= -I_{dm}\cos(\omega_i t - 2\pi/3) - I_{qm}\sin(\omega_i t - 2\pi/3) + \overline{i}_o \\ &= -[GU_{im}\cos(\omega_i t - 2\pi/3 + \varphi_i)]/\cos\varphi + \overline{i}_o \\ \tan\varphi_i &= I_{qm}/I_{dm} \end{cases} \tag{8.90}$$

式中，I_{dm} 和 I_{qm} 分别为输入电流的有功分量和无功分量的幅值；$G = 2P/(3U_{im}^2)$ 为等效输入电导。

根据基尔霍夫定律，b 相的平均输入电流 $\overline{i}_b$ 可以表示为

$$\overline{i}_b = -\overline{i}_j = \overline{i}_o - i_y = [GU_{im}\cos(\omega_i t - 2\pi/3 + \varphi_i)]/\cos\varphi_i \tag{8.91}$$

根据图 8.39 所示的拓扑，可得 a 相的平均输入电流为

$$\overline{i}_a = ki_y + \overline{i}_p = ki_y + (P - u_{on}\overline{i}_o)/u_{pn} \tag{8.92}$$

式中，$\overline{i}_p$ 为正的平均直流电流。

在扇区 I 中，上直流电压 u_{po} 等于输入电压 u_{ac}，而下直流电压 u_{on} 等于输入电压 u_{bc}。根据式(8.12)，占空比 k 等于 u_{bc}/u_{ac}。将式(8.12)和式(8.90)代入式(8.92)，进一步推导得到

$$\begin{aligned} \overline{i}_a &= \frac{u_{bc}}{u_{ac}}\left[\overline{i}_o - \frac{GU_{im}\cos(\omega_i t - 2\pi/3 + \varphi_i)}{\cos\varphi_i}\right] + \frac{P - u_{bc}\overline{i}_o}{u_{ac}} \\ &= [GU_{im}\cos(\omega_i t + \varphi_i)]/\cos\varphi_i \end{aligned} \tag{8.93}$$

当三相输入电流满足 $\overline{i}_a + \overline{i}_b + \overline{i}_c = 0$ 时，c 相的平均输入电流为

$$\bar{i}_c = G U_{im} \cos(\omega_i t + 2\pi/3 + \varphi_i)/\cos\varphi_i \qquad (8.94)$$

由式(8.91)、式(8.93)和式(8.94)可知,三相输入电流正弦对称,具有期望的功率因数角 φ_i。需要注意的是,与传统间接矩阵变换器不同,式(8.90)中输入电流的有功分量和无功分量可以独立控制。因此,很容易发现输入功率因数角的范围为 $-\pi/2 \sim \pi/2$,并且输入无功功率控制的范围理论上是 $-\infty \sim +\infty$。对于剩余的扇区,可以得到类似的结果,这里不重复推导过程。

8.4.5 实验验证

1. T^2IMC 基本功能验证

为了验证理论分析,搭建了 1.5kW 的 T^2IMC 实验样机,其参数见表 8.5。

图 8.42 给出了不同调制系数和输出频率下 T^2IMC 的实验波形。图 8.42(a) 和图 8.42(b) 对应的输出参数分别为 $m_v = 0.5$、$f_o = 50\text{Hz}$ 和 $m_v = 0.9$、$f_o = 60\text{Hz}$,期望的输入功率因数为 0。图中从上至下分别为电网电压 u_{sa}、电网电流 i_{sa}、输出电压 u_{AB} 和输出电流 i_A 的波形。从图 8.42(a) 可以看出,电网电流基本正弦,由滤波电容产生的容性电流引起电网电流略微超前电网电压,输出电压为三电平,输出电流正弦。从空间矢量调制的角度来解释,只有小、中、零矢量用于在低调制系数下合成期望输出电压矢量。图 8.42(b) 中所示的输出电压与图 8.42(a) 中的三电平输出电压不同,为明显的五电平输出电压。这是因为在高调制系数下,五个不同的电平被用于合成输出电压。

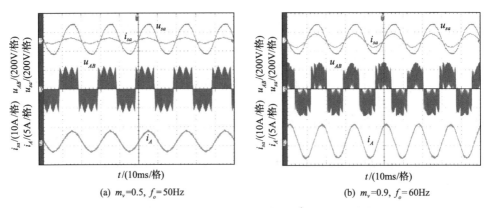

(a) m_v=0.5, f_o=50Hz   (b) m_v=0.9, f_o=60Hz

图 8.42　不同调制系数和输出频率下 T^2IMC 的实验波形

图 8.43 展示了非单位输入功率因数角下 T^2IMC 的实验波形。在图 8.43(a) 和图 8.43(b) 中,参考输入无功电流幅值为 4A,期望输入功率因数角分别为 $\pi/2$ 和 $-\pi/2$。实验结果显示,在输入侧产生了具有期望幅值的纯无功电流,从而证明了 T^2IMC 的宽输入无功功率控制范围。

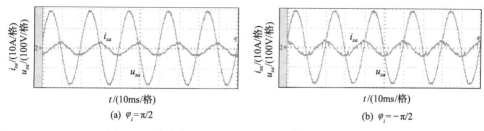

(a) $\varphi_i = \pi/2$ (b) $\varphi_i = -\pi/2$

图 8.43 非单位输入功率因数角下 T^2IMC 的实验波形

值得注意的是，实验中电网电流的总谐波畸变率较高，主要原因如下：第一，只有在控制三次谐波注入电感电流精确跟踪参考电流的情况下，才能获得正弦输入电流。但是，本质上作为单相并联有源功率滤波器，三次谐波注入电路的实际电流跟踪性能受数字控制系统的控制延迟、输入滤波电容的电压纹波、开关死区时间等的影响很大。第二，采用改进的控制方法，虽然流入输入侧的中性点电流平均值为零，但其瞬时值不为零；相反，它包含许多高峰值的高次谐波电流。与传统的两电平 IMC 相比，T^2IMC 的高次谐波成分不可避免地会导致电网电流总谐波畸变率增加。第三，与大部分 IMC 的情况类似，T^2IMC 的电网电流不能直接控制，而是在电网电压和逆变级调制的共同作用下被动和间接形成的。因此，电网电流波形对电网的电能质量非常敏感，电网电压的微小畸变和不平衡均会引起电网电流的严重畸变。

此外，为了验证所提出的中性点电压平衡控制策略的有效性，对不同输入功率因数角下的中性点电压平衡能力进行测试，实验结果如图 8.44 所示。在图 8.44(a) 和图 8.44(b) 中，输出参数设置为 $m_v=0.9$，$f_o=50Hz$，输入功率因数角分别为 $\pi/12$ 和 $-\pi/12$。平衡控制策略首先不启用，之后启用。从图 8.44 中可以看出，当平衡控制策略不启用时，上下直流电压不平衡，电网电流畸变严重。这是因为

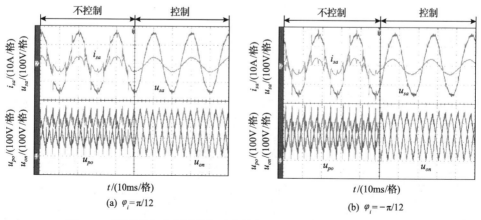

(a) $\varphi_i = \pi/12$ (b) $\varphi_i = -\pi/12$

图 8.44 不同输入功率因数角下中性点电压平衡控制策略的实验结果

逆变器产生的中性点电流直接流入矩阵变换器输入侧，电网电流和电容电压会受到低次谐波的影响而发生畸变，导致上下直流电压不平衡。然而，逆变级在调制时会根据实时直流电压进行补偿，因此仍然能保证正弦对称输出。平衡控制策略启用后，三次谐波注入电路完全补偿了中性点电流，从而获得正弦输入电流以及平衡的上下直流电压。此外，平均注入电流 $\bar{i}_j$ 的幅值减小，有利于降低导通损耗。

2. 对比实验

为了探究所提控制策略的优缺点，首先比较 T^2IMC 在不同调制策略下的波形质量和系统效率，然后比较不同拓扑结构的输出波形质量。图 8.45 和图 8.46 给出了 DSPWM 策略与本节所提控制策略的输入输出波形质量的比较结果。图 8.45(a) 和图 8.45(c) 为 DSPWM 策略下调制系数分别为 0.45 和 0.9 的波形，输出频率均设置为 50Hz。作为对比，图 8.45(b) 和图 8.45(d) 为本节所提控制策略的实验结果。在低调制系数下，如图 8.45(a) 和图 8.45(b) 所示，较 DSPWM 策略而言，本节所提控制策略的输出电压 THD 从 85.13% 降低到 80.94%，电网电流的 THD 从 11.28% 显著降低到 6.15%。对于高调制系数的情况，如图 8.45(c) 和图 8.45(d) 所示，相较

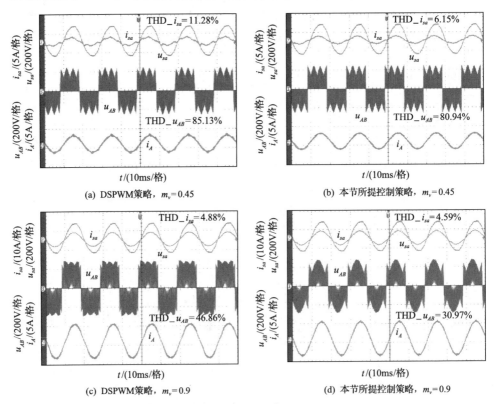

图 8.45　不同控制策略下 T^2IMC 的实验波形

于 DSPWM 策略, 所提控制策略输出电压从 46.86%降至 30.97%, 电网电流的 THD 从 4.88%降为 4.59%。

图 8.46 对应于图 8.45 中输入输出电流的快速傅里叶变换分析结果, 其中 FFT 分析包含的谐波次数为 50(高达 2.5kHz)。从 FFT 分析结果可以看出, 由于实际变换器的非理想特性, 实验中的输入输出电流含有一些低次谐波。与 DSPWM 策略相比, 所提控制策略有效降低了电网电流的谐波(尤其是五次谐波和七次谐波)。对比输出电流质量可知, 所提控制策略的输出电流谐波含量也低于 DSPWM 策略。

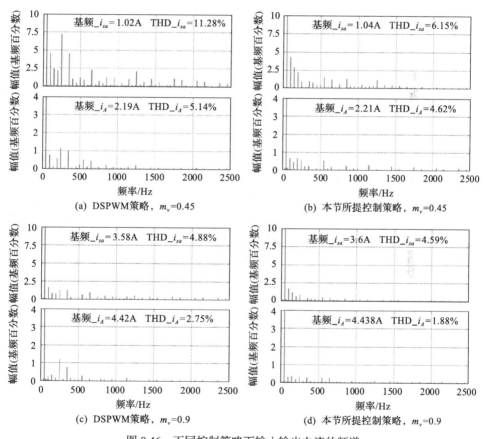

图 8.46　不同控制策略下输入输出电流的频谱

图 8.45 和图 8.46 的结果表明, 本节所提控制策略在输出电压和电网电流质量方面均优于 DSPWM 策略。这是由于在 DSPWM 策略下, 有些矢量不可用, 从而导致了波形质量下降。此外, 该策略的三次注入电流谐波分量低于 DSPWM 策略, 在一定程度上也降低了电网电流的 THD。

此外, 为对比两种控制策略的效率, 测量了 DSPWM 策略和本节所提控制策略的效率, 如图 8.47 所示。与 DSPWM 策略相比, 本节所提控制策略下变换器的效率更高。这是由于本节所提控制策略的等效开关频率比 DSPWM 策略低 25%，所以产生的开关损耗更小。此外，由于本节所提控制策略具有更高的输入输出电能质量，由谐波电流引起的损耗也降低了。

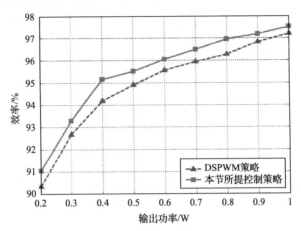

图 8.47　不同控制策略的 T^2IMC 效率对比

最后，将 T^2IMC 与传统 IMC、三电平矩阵变换器[11]和三电平稀疏间接矩阵变换器[12]进行对比，并计算这些拓扑的输出电压 THD，如图 8.48 所示，其中输出频率设置为 30Hz。结果表明，所有的三电平矩阵变换器在输出电压 THD 方面明显优于传统 IMC。三电平矩阵变换器和三电平稀疏间接矩阵变换器的输出电压THD 在低电压传输比区 $(q<0.63)$ 均略低于 T^2IMC，而在高电压传输比区，T^2IMC 的输出电压质量更优。这是 T^2IMC 的一个显著优点，因为通常情况下，为了最大限度地利用功率器件的额定工作电压，变换器一般工作于高电压传输比区域。

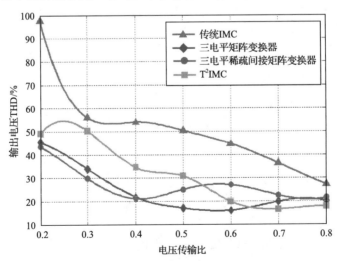

图 8.48　不同拓扑的输出电压 THD 对比分析

　　根据图 8.46～图 8.48 的结果可以发现，对于 T^2IMC，本节所提控制策略在输入输出电能质量和变换器效率方面均优于 DSPWM 策略。此外，三电平矩阵变换器相对于传统 IMC 具有更优的输出特性，且 T^2IMC 在高电压传输比区域中具有最佳的输出性能，但其电路稍微复杂一些。但是，与其他两种三电平 IMC 相比，T^2IMC 具有扩展的输入无功功率控制范围、灵活的实现方式和中性点电压自平衡等优点，在某些应用场合中仍极具竞争力。

8.5　基于 H3I 矩阵变换器的多驱动系统

　　在许多工业驱动应用场合，如电气化轨道牵引、多电飞机驱动、战舰电气推进等，存在以较低代价同时驱动多个交流电机或者多相电机的需求。此外，在一些多驱动场合如多电飞机等，对网侧电流质量和变换器体积有着严格限制。因此，具备多路输出的低成本和高性价比的变换器是满足这类应用需求的理想解决方案。

　　一些学者提出了几种多个逆变器共用一个整流器的间接矩阵变换器衍生拓扑[13-15]。文献[13]和[14]分别提出了逆变级为 9 开关逆变器和 5 桥臂逆变器的间接矩阵变换器拓扑。然而，这两种拓扑结构都具有电压传输比低和逆变级半导体开关器件容量大的缺点。此外，文献[15]提出的多个三相逆变器共用整流器的间接矩阵变换器拓扑也有一定的局限性。整流级和逆变级调制需要严格同步，因此当逆变器数目较多时，控制器在控制和调制层面的计算负担会变得沉重，以至于难以实现。

　　不同于常规间接矩阵变换器，H3I 矩阵变换器的整流级和逆变级在调制上无须同步，二者是完全独立的。当 H3I 矩阵变换器带多个三相逆变器时，每个逆变器的控制和调制任务可以由一个单独的控制器来完成，各个逆变器之间无关联，并且逆变器的数目不受限制。因此，相对于前述的各种多驱动系统，基于 H3I 矩阵变换器的多驱动系统具有明显优势。

8.5.1　工作原理

1. 拓扑结构

　　基于 H3I 矩阵变换器的多驱动系统拓扑结构如图 8.49 所示。与普通的 H3I 矩阵变换器拓扑相似，该拓扑包含一个整流器、一个有源三次谐波注入电路以及多个三相电压源型逆变器。为简便起见，图中给出了仅包含两个逆变器的拓扑，本章也将以该拓扑为例进行分析，分析方法和结论可以推广到包含多个逆变器的拓扑结构。需要说明的是，对于图 8.49 中的拓扑，各个逆变器的工作是完全独立的，因此各个逆变器的开关器件容量和其他参数如调制策略、开关频率和输出电压幅值相位可以根据自身需求灵活设定而不必保持相同，这对于基于常规间接矩阵变换器拓扑的多驱动系统是难以实现的。

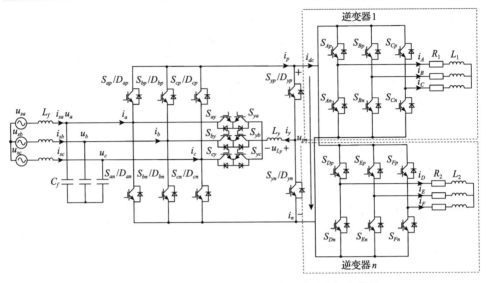

图 8.49　基于 H3I 矩阵变换器的多驱动系统拓扑结构

2. 运行模式

多驱动系统的应用场合不同，各个逆变器的工况特点也不一样，因此需要根据不同的应用场合来选择多驱动系统的运行模式，以优化多驱动系统在某些方面的性能。例如，对于电气化轨道牵引和战舰电气推进应用或多个逆变器并联运行的情况，每个逆变器的负载相同，因此每个逆变器的工况如输出频率和输出幅值等也是相同的，此时应将多驱动系统运行模式设计为协同控制，即由一个控制器控制所有的逆变器，并且每个逆变器的工况参数如开关频率和输出频率等完全一致。这样有可能通过载波移相等方法减小中间直流电流和输入电流的纹波，改善输入性能。

对于多电飞机和一些包含卷绕工序的制造业(如造纸、印染等)，一般而言每个逆变器的工况条件是不一样的，此时多驱动系统运行模式应设计成独立控制，即每个逆变器的调制和控制由单独的控制器来完成，彼此互不相干，以便充分发挥混合有源三次谐波注入型矩阵变换器的优势，当多驱动系统中逆变器数目众多时，这种做法显得尤为必要。

8.5.2　协同控制下的 DPWM 策略

在一些多驱动场合如战舰电气推进等，对网侧电流质量和变换器的体积、重量有着严格的要求。为了减小交流侧的电流纹波以降低总谐波畸变率，同时降低无源器件如输入滤波器的应力以减小无源器件的重量和体积，通常对多个逆变器采取交错式载波调制，即各个逆变器的载波信号依次错开一定的移相角度[15]。文献[15]将常规间接矩阵变换器中的多个逆变器按能量流动方向分成两组，通过对两组逆变器开关脉冲序列的交错控制来减小变换器输入电流纹波，但整流级和逆变级的调制需要严格同步，并且整流级的开关无法做到零电流换流。文献[16]在时域分析了两并联逆变器系统中载波移相角对交流侧电流纹波大小的影响，并针对不同的具体应用场合求解了各自的最优载波移相角。文献[17]和[18]用频域分析工具详细分析了各个参数如调制策略、调制系数、功率因数角和载波移相角等对两并联逆变器系统交流侧电流纹波和无源器件的影响。交流侧电流纹波与调制系数、功率因数角等多个参数有关，因此通过动态调整载波移相角来达到最小化交流侧电流纹波的目的并不容易。

　　针对协同控制模式下的多驱动系统，本节提出一种基于非连续 PWM (discontinuous PWM, DPWM)[19]的策略。该调制策略实现简单，仅需一路三角载波信号就能产生所有逆变器的驱动脉冲，在变换器的各种工况条件下无须调整载波移相角就能达到减小交流输入电流纹波和无源器件应力的目的。

　　由 8.2 节工作原理分析可知，类似于常规间接矩阵变换器，H3I 矩阵变换器的输入电流是由中间直流电流 i_{dc} 直接合成得到的，因此减小中间直流电流峰峰值和有效值有助于减小输入电流纹波。在基于 H3I 矩阵变换器的多驱动系统中，中间直流电流 i_{dc} 与所有逆变器开关状态和输出电流有关，具体表达式为

$$i_{dc} = \sum_i S_i \cdot i_i, \quad i = A, B, C, D, E, F \tag{8.95}$$

　　当多个逆变器的工况相同时，若各个逆变器的驱动脉冲也完全相同，则总的中间直流电流 i_{dc} 的峰值为各个逆变器产生的直流电流幅值之和。若使各个逆变器的驱动脉冲错开一定的角度（如对载波信号移相），则总的中间直流电流 i_{dc} 的峰峰值有望得到减小。中间直流电流峰峰值的减小也就意味着输入电流纹波的减小。本节以图 8.49 所示包含两个逆变器的多驱动系统为例，并且假定两个逆变器工况相同（这也符合多数多驱动场合如战舰驱动、钢铁处理的实际情况），详细分析 DPWM 的工作原理。

　　假定期望的三相对称输出电压为

$$\begin{cases} u_A = u_D = U_{om}\cos(\omega_o t + \varphi_L) \\ u_B = u_E = U_{om}\cos(\omega_o t + \varphi_L - 2\pi/3) \\ u_C = u_F = U_{om}\cos(\omega_o t + \varphi_L + 2\pi/3) \end{cases} \tag{8.96}$$

可以求得调制信号为

$$u_{io}^* = u_i + u_{no}, \quad i = A, B, C, D, E, F \tag{8.97}$$

式中，u_{no} 为零序电压，这里取 $u_{no} = -[\max(u_A, u_B, u_C) + \min(u_A, u_B, u_C)]/2$。

将调制信号进行归一化处理，得到

$$\bar{u}_{io}^{*} = 2u_{io}^{*} / u_{pn}, \quad i = A, B, C, D, E, F \tag{8.98}$$

修正的归一化的调制信号为

$$\bar{u}_{io}^{*\prime} = \bar{u}_{io}^{*} + 1 - \max(\bar{u}_{Ao}^{*}, \bar{u}_{Bo}^{*}, \bar{u}_{Co}^{*}), \quad i = A, B, C \tag{8.99}$$

$$\bar{u}_{io}^{*\prime} = \bar{u}_{io}^{*} - 1 - \min(\bar{u}_{Do}^{*}, \bar{u}_{Eo}^{*}, \bar{u}_{Fo}^{*}), \quad i = D, E, F \tag{8.100}$$

根据载波调制原理，各个桥臂的占空比为

$$d_i = \frac{1 + \bar{u}_{io}^{*\prime}}{2}, \quad i = A, B, C, D, E, F \tag{8.101}$$

由上述分析可知，在所提的调制策略中，每个桥臂的调制信号在 1/3 个输出周期内一直箝位，如图 8.50 所示，逆变器的每个桥臂有一个开关在该桥臂输出电压绝对值最大的区间一直箝位导通，无须切换，这样一来显著降低了逆变器的开关损耗，尤其是在逆变器输出功率因数很高时。箝位带来的负面影响是由于逆变器的等效开关频率降低了 1/3，输出波形质量会有一定程度的下降。然而假如允许相同的开关损耗，DPWM 下的等效开关频率将高于常规 PWM 下的等效开关频率，从而拥有更优的输出波形。另外，DPWM 的箝位作用避免了作用时间很短的驱动脉冲的产生，因而在一定程度上改善了窄脉冲问题。DPWM 过程示意图如图 8.51 所示。由图可见，与载波移相调制类似，在该调制策略下，两个逆变器的输出电压矢量的有效矢量错开了 π 的角度，从而使得两个逆变器产生的中间直

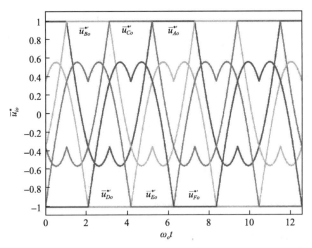

图 8.50　基于 H3I 矩阵变换器的多驱动系统中逆变器的调制信号

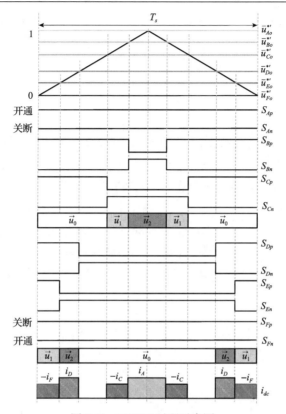

图 8.51　DPWM 过程示意图

流电流也错开了一定的相位，达到了减小中间直流电流峰峰值和输入电流纹波的
目的。上述方法也适用于多个逆变器的情形，处理时只需将所有的逆变器分成两
组，调制过程与上述一致，此处不再细述。

8.5.3　实验验证

　　为了验证基于 H3I 矩阵变换器的多驱动系统的正确性，在样机平台上进行了
一系列实验验证。实验中系统参数配置为：输入侧线电压有效值为 200V，输入频
率为 50Hz，开关频率为 32kHz，输入滤波电感为 0.15mH，输入滤波电容为 6.6μF。
为了充分评估所提多驱动系统的独立控制模式和协同控制模式，进行了阻感性负
载和并网负载两种情况下的测试。其中，阻感性负载用来验证多驱动系统的独立
控制模式，并网负载用来测试多驱动系统的协同控制模式以及 DPWM 策略的正
确性。当变换器输出连接阻感性负载时，对逆变器进行开环控制；当输出并网时，
在 dq 旋转坐标系下对逆变器的并网有功电流和无功电流进行闭环解耦控制，通过
控制有功电流的幅值来控制变换器的输出功率和能量流动方向。

　　多驱动系统运行在独立控制模式时，逆变器的输出负载为电感值 3mH、电阻值 25Ω 的阻感性负载，在独立控制模式下，进行了同频输出和不同频输出两种测试。多驱动系统运行在协同控制模式时，逆变器输出通过一个 3mH 的电感和三相隔离变压器进行并网。

　　1. 独立控制模式

　　图 8.52 为基于 H3I 矩阵变换器的多驱动系统在独立控制模式下同频输出实验波形，其中输入功率因数角设定为 0，逆变器 1 的期望输出频率和调制系数设定为 f_{o1}=40Hz、m_{v1}=0.8，逆变器 2 的期望输出频率和调制系数设定为 f_{o2} = 40Hz、m_{v2}=0.8。图中从上至下依次显示了电网电压 u_{sa}、电网电流 i_{sa}、逆变器 1 输出电流 i_A、逆变器 2 输出电流 i_D 的波形。图 8.52(a) 为同频同相下的实验波形，两个逆变器的输出电压初始相位相同。从中可以看到，变换器的输入输出电流正弦并且电网电流与电网电压同相位。逆变器 1 和逆变器 2 的负载完全相同，因此两个逆变器的输出电流也同频同相，幅值也基本相等。图 8.52(b) 为同频不同相下的实验波形，逆变器 2 的期望输出电压初始相位滞后逆变器 1 的初始相位 $\pi / 2$，此外，其余参数设置与图 8.52(a) 中的相同。由图 8.52(b) 的结果可知，除了两个逆变器输出电流有 $\pi / 2$ 的相位差，其他的波形与图 8.52(a) 中的完全相同。

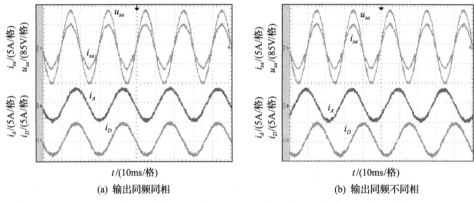

(a) 输出同频同相　　　　　　　　　　　　(b) 输出同频不同相

图 8.52　基于 H3I 矩阵变换器的多驱动系统在独立控制模式下同频输出实验波形

　　图 8.53 为基于 H3I 矩阵变换器的多驱动系统在独立控制模式下不同频输出实验波形。其中，图 8.53(a) 中输入功率因数角设定为 0，逆变器 1 的期望输出频率和调制系数设定为 f_{o1} = 40Hz、m_{v1}=1，逆变器 2 的期望输出频率和调制系数设定为 f_{o2} = 100Hz、m_{v2}=1。调制系数设定为 1 意味着电压传输比达到最大值 0.866。与同频输出的情况类似，不同频输出的实际输出依然很好地跟踪了期望输出，并且输入输出电流仍然具有较好的波形质量。图 8.53(b) 为不同频输出的负载阶跃变化波形。实验中逆变器 1 的期望输出频率和调制系数由 f_{o1} = 50Hz、m_{v1}=0.7 阶跃

变化为 f_{o1} =100Hz、m_{v1} =0.95，逆变器 2 的期望输出频率和调制系数由 f_{o2} =100Hz、m_{v2} =0.9 阶跃变化为 f_{o2} =50Hz、m_{v2} = 0.75。由实验结果可知，在阶跃变化时变换器的实际输出很快跟踪上了期望输出。从图 8.52 和图 8.53 的实验结果可以看到，多驱动系统中多个逆变器的输出可以独立地控制并能同时达到最大电压传输比。此外，在不同工况条件下变换器的输入输出电流都能保持正弦波形。

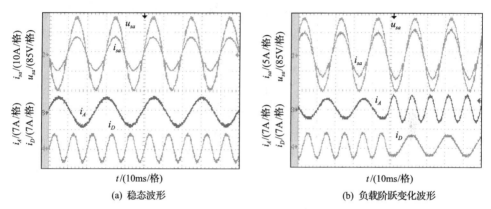

(a) 稳态波形　　　　　　　　　　　　(b) 负载阶跃变化波形

图 8.53　基于 H3I 矩阵变换器的多驱动系统在独立控制模式下不同频输出实验波形

为了验证基于 H3I 矩阵变换器的多驱动系统的输入无功功率控制特性，测试得到不同输入功率因数角的实验波形，如图 8.54 所示。在图 8.54(a) 和图 8.54(b) 中，输出参数设置为 $f_{o1}=f_{o2}$ = 40Hz 和 $m_{v1}=m_{v2}$ = 0.8，所需的输入功率因数角分别设置为 $\pi/6$ 和 $-\pi/6$。从实验结果中可以看出，输出电流幅值约为 4.5A，且仍为正弦波，这意味着电压传输比为 0.693，因为 H3I 矩阵变换器的电压传输比与输入功率因数角不相关，这与传统 IMC 非常不同，因为在传统 IMC 中，这种输入功率因数角的情况下电压传输比仅为 0.6。值得注意的是，电网电流中存在轻微的

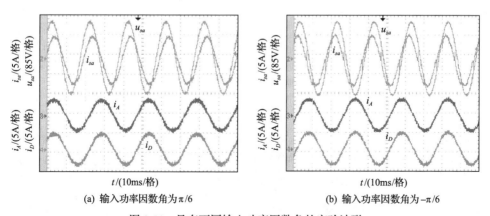

(a) 输入功率因数角为 $\pi/6$　　　　　　　　(b) 输入功率因数角为 $-\pi/6$

图 8.54　具有不同输入功率因数角的实验波形

尖峰。这是由于三次谐波注入参考电流在输入电压扇区过渡点不是连续导数，所以实现参考电流的高跟踪性能是一个挑战。从理论上讲，在三次谐波注入电感的开关频率很高且电感非常低的情况下，可以实现稳态时三次谐波注入电流的零跟踪误差。然而，由于开关速度和功率损耗的限制，不能将开关频率选择得太高，并且由于电流纹波的要求，也不能将三次谐波注入电感的值选择得太小。实际上，应该在三次谐波电流跟踪性能、系统效率和三次谐波电流纹波之间进行权衡。

2. 协同控制模式

图 8.55 和图 8.56 为协同控制模式下采用基于 DPWM 与叠加三次谐波的SPWM(本节以 TSPWM 指代)[20]的策略时多驱动系统的电网电流纹波对比。在使用 TSPWM 时，两个逆变器的载波同相。每组对比中，除了调制策略不同，变换器的其他参数完全相同。需要说明的是，在实验中由于并网变压器绕组的限制，只进行了调制系数为 0.4 和 0.8 的实验。

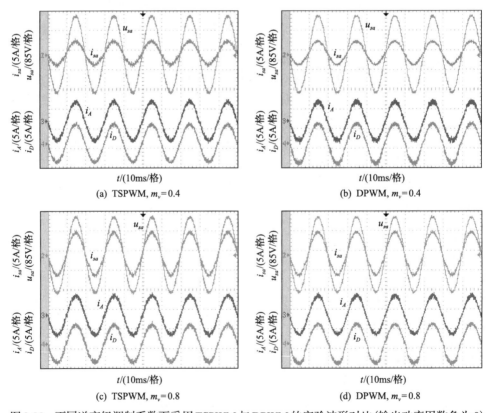

图 8.55　不同逆变级调制系数下采用 TSPWM 与 DPWM 的实验波形对比(输出功率因数角为 0)

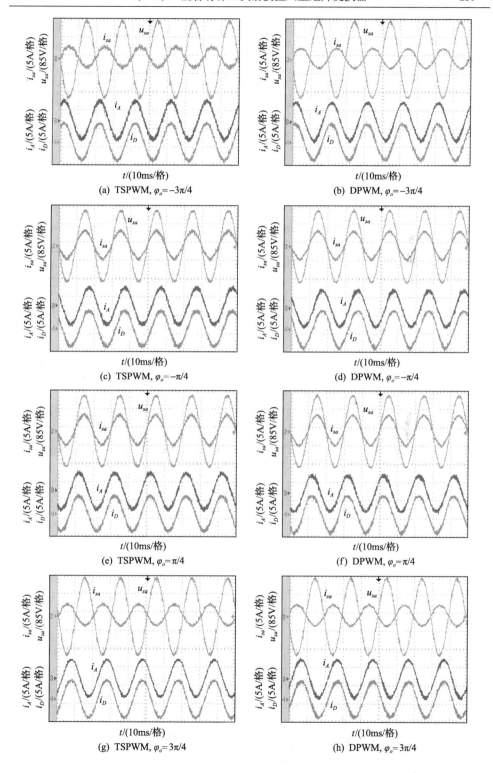

(a) TSPWM, $\varphi_o = -3\pi/4$ 　　　　　　 (b) DPWM, $\varphi_o = -3\pi/4$

(c) TSPWM, $\varphi_o = -\pi/4$ 　　　　　　 (d) DPWM, $\varphi_o = -\pi/4$

(e) TSPWM, $\varphi_o = \pi/4$ 　　　　　　 (f) DPWM, $\varphi_o = \pi/4$

(g) TSPWM, $\varphi_o = 3\pi/4$ 　　　　　　 (h) DPWM, $\varphi_o = 3\pi/4$

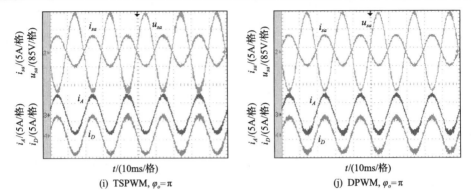

图 8.56 不同输出功率因数角下采用 TSPWM 与 DPWM 的实验波形对比(调制系数为 0.8)

图 8.55 为多驱动系统样机在不同调制系数下分别采用 TSPWM 和 DPWM 的实验波形,此时逆变器的参考有功电流和参考无功电流分别为 i_{d_ref} = 5A、i_{q_ref} = 0A,输入输出功率因数角为 0。图 8.55(a) 和图 8.55(b) 中逆变器的调制系数分别为 0.4 和 0.8。采用 TSPWM 时电能质量分析仪测得的电网电流总谐波畸变率分别为 4.27% 和 3.51%,采用 DPWM 时分别为 3.57% 和 2.86%。

图 8.56 为多驱动系统样机在不同输出功率因数角下分别采用 TSPWM 和 DPWM 的实验波形对比,图中逆变器的调制系数为 0.8,输入功率因数角为 0,逆变器输出电流参考的幅值为 5A。采用 TSPWM 时电能质量分析仪测得的电网电流总谐波畸变率分别为 6.48%、4.49%、4.19%、5.93% 和 4.86%,采用 DPWM 时分别为 5.26%、3.77%、3.49%、5.08% 和 3.78%。相比于 TSPWM,采用 DPWM 时电网电流总谐波畸变率和输入滤波电容电压纹波都得到了显著减小,验证了所提调制策略的正确性。

8.6 本 章 小 结

本章首先介绍了两种混合有源三次谐波注入型矩阵变换器即 SWISS 矩阵变换器和 H3I 矩阵变换器的拓扑结构,并详细分析了它们的工作原理。H3I 矩阵变换器各方面的性能指标,如输出/输入电压传输比、输入功率因数角和无功功率控制范围、输入侧波形质量以及共模电磁干扰特性等,都在本章进行了详细评估,并与传统间接矩阵变换器进行了综合对比。通过对比发现,本章所提的 H3I 矩阵变换器在输入电流波形质量、输入差模噪声、电压传输比、输入无功功率控制范围和共模电磁干扰噪声方面的性能要明显优于传统间接矩阵变换器,因而是一种很有潜力的 AC-AC 电能变换器拓扑。其次,介绍了两类三电平混合有源三次谐波注入型间接矩阵变换器拓扑及其控制策略,不仅提高了传统间接矩阵变换器的输出波形质量,还提出了中性点箝位型矩阵变换器中性点电压平衡问题的解决方案。所提的多驱动系统无中间储能环节,结构紧凑,在保证输入电流正弦的前提下能提供多个独立的三相输出,并且每个逆变器的最大电压传输比能同时达到 0.866。此外,该多驱动系统对连接的逆变器数目没有限制,可扩展性好。最后,实验验证了所提系列混合有源三次谐波注入型矩阵变换器拓扑和控制策略的正确性和有效性。

参 考 文 献

[1] 孙尧, 粟梅, 王辉, 等. 双级矩阵变换器的非线性分析及其补偿策略[J]. 中国电机工程学报, 2010, 30(12): 20-27.

[2] Cardenas R, Pena R, Wheeler P, et al. Control of the reactive power supplied by a WECS based on an induction generator fed by a matrix converter[J]. IEEE Transactions on Industrial Electronics, 2009, 56(2): 429-438.

[3] Monteiro J, Silva J, Pinto S, et al. Matrix converter-based unified power-flow controllers: Advanced direct power control method[J]. IEEE Transactions on Power Delivery, 2011, 26(1): 420-430.

[4] Schafmeister F, Kolar J W. Novel hybrid modulation schemes significantly extending the reactive power control range of all matrix converter topologies with low computational effort[J]. IEEE Transactions on Industrial Electronics, 2012, 52(1): 194-210.

[5] Wang H, Su M, Sun Y, et al. Two-stage matrix converter based on third-harmonic injection technique[J]. IEEE Transactions on Power Electronics, 2016, 31(1): 533-547.

[6] Wang L, Wang H, Su M, et al. A three-level T-type indirect matrix converter based on the third-harmonic injection technique[J]. IEEE Journal of Emerging and Selected Topics in Power Electronics, 2017, 5(2): 841-853.

[7] Wang H, Su M, Sun Y, et al. Topology and modulation scheme of a three-level third-harmonic injection indirect matrix converter[J]. IEEE Transactions on Industrial Electronics, 2017, 64(10): 7612-7622.

[8] Wang H, Su M, Sun Y, et al. Active third-harmonic injection indirect matrix converter with dual three-phase outputs[J]. IET Power Electronics, 2016, 9(4): 657-668.

[9] Pouet J, Rodriguez P, Sala V, et al. Fast-processing modulation strategy for the neutral-point-clamped converter with total elimination of low-frequency voltage oscillations in the neutral point[J]. IEEE Transactions on Industrial Electronics, 2007, 54(4): 2288-2294.

[10] Maheshwari R, Munk-Nielsen S, Busquets-Monge S. Design of neutral-point voltage controller of a three-level NPC inverter with small DC-link capacitors[J]. IEEE Transactions on Industrial Electronics, 2013, 60(5): 1861-1871.

[11] Loh P C, Blaabjerg F, Gao F, et al. Pulse width modulation of neutral-point-clamped indirect matrix converter[J]. IEEE Transactions on Industry Applications, 2008, 44(6): 1805-1814.

[12] Lee M Y, Wheeler P, Klumpner C. Space-vector modulated multilevel matrix converter[J]. IEEE Transactions on Industrial Electronics, 2010, 57(10): 3385-3394.

[13] Liu X, Wang P, Loh P, et al. A compact three-phase single-input/dual-output matrix converter[J]. IEEE Transactions on Industrial Electronics, 2012, 59(1): 6-16.

[14] Nguyen T, Lee H. Dual three-phase indirect matrix converter with carrier-based PWM method[J]. IEEE Transactions on Power Electronics, 2014, 29(2): 569-581.

[15] Klumpner C, Blaabjerg F. Modulation method for a multiple drive system based on a two-stage direct power conversion topology with reduced input current ripple[J]. IEEE Transactions on Power Electronics, 2005, 20(4): 922-929.

[16] Prasad J S, Narayanan G. Minimization of grid current distortion in parallel-connected converters through carrier interleaving[J]. IEEE Transactions on Industrial Electronics, 2014, 61(1): 76-91.

[17] Zhang D, Wang F, Burgos R, et al. DC-Link ripple current reduction for paralleled three-phase voltage-source converters with interleaving[J]. IEEE Transactions on Power Electronics, 2011, 26(6): 1741-1753.

[18] Zhang D, Wang F, Burgos R, et al. Interleaving impact on AC passive components of paralleled three-phase voltage-source converters[J]. IEEE Transactions on Industrial Applications, 2010, 46(3): 1042-1054.

[19] Brahim L. A discontinuous PWM method for balancing the neutral point voltage in three-level inverter-fed variable frequency drives[J]. IEEE Transactions on Energy Conversion, 2008, 23(4): 1057-1063.

[20] Kolar J W, Baumann M, Schafmeister F, et al. Novel three-phase AC-DC-AC sparse matrix converter[C]. Seventeenth Annual IEEE Applied Power Electronics Conference and Exposition, Dallas, 2002: 777-791.

第9章 中高压多电平矩阵变换器

在电力、冶金、石油、化工、煤炭和造纸等诸多领域，出于节能、电能质量和生产质量方面的考虑，广泛使用高压大功率电机系统，因而对高压变频器产品存在巨大需求。矩阵变换器作为新一代变频器的突出代表，有着诸多优越特性，自然不能在中高压变频领域中缺席。中高压系统一般指电压等级在 1kV 以上、功率等级在 0.4MW 以上的系统。然而，由于半导体功率器件的耐压能力限制和拓扑结构自身的特点，传统矩阵变换器难以直接适用于中高压大功率应用场合。为解决此问题，学者结合多电平逆变技术、整流级多重化技术以及单元模块级联技术，提出一系列中高压矩阵变换器拓扑，本章主要阐述二极管箝位型多电平矩阵变换器和多模块矩阵变换器两种中高压拓扑的结构原理与调制策略。

9.1 中高压矩阵变换器概述

对于中高压矩阵变换器，若采用传统的二电平拓扑结构，受限于当前开关器件的耐压水平，一般需要采用复杂的 IGBT 串联技术。这会导致以下问题：①器件的动静态均压问题；②高的 dv/dt 和浪涌电压可能会引起电机绕组绝缘击穿；③高频开关对附近的通信或其他电子设备产生宽频带的电磁干扰。

为解决上述问题，结合多电平技术和矩阵变换器技术构成多电平矩阵变换器，主要有二极管箝位结构、H 桥级联结构(也称多模块矩阵变换器)和飞跨电容结构三类多电平矩阵变换器。1999 年，Change[1]提出了一种如图 9.1 所示的基于单级三相-单相矩阵变换器单元的多模块中高压矩阵变换器，该拓扑输入采用移相变压器供电，多个三相-单相矩阵变换器单元的输出串联形成多电平 AC-AC 变换器。多模块矩阵变换器是目前唯一被商业化的中高压矩阵变换器[2]，其优点是高度模块化和扩展灵活，不足之处在于需配备笨重的移相变压器，且开关数目繁多。如图 9.2 所示的电容箝位型多电平矩阵变换器[3]是一种基于飞跨电容结构的新型多电平矩阵变换器，其核心思想是引入飞跨电容和额外的双向功率开关以提供更多的电平数，从而实现多电平输出，但其调制策略较为复杂，而且需要考虑飞跨电容电压的控制问题[4]。文献[5]提出了一种如图 9.3 所示的基于 H 桥逆变器的多电平矩阵变换器。在双级矩阵变换器拓扑的基础上，文献[6]提出了一种如图 9.4 所示的二极管中性点箝位型矩阵变换器，将三电平逆变器的中性点和输入滤波电容的中性点相连。为减少图 9.4 所示拓扑的开关数目，文献[7]提出了如图 9.5 所示的改进型拓扑，在双级矩阵变换器的直流母线上增加了一个桥臂，并将该桥臂的输出与输入滤波电容的中性点相连，该方案节约了成本。上述两种拓扑结构虽能产生多电平输出，改善输出电压质量，但考虑到 IGBT 的耐压限制，它们并不适用于中高压大功率的应用场合。

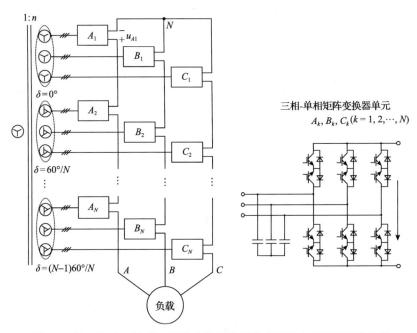

图 9.1　基于单级三相-单相矩阵变换器单元的多模块中高压矩阵变换器

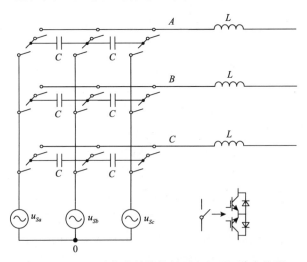

图 9.2　基于飞跨电容结构的新型多电平矩阵变换器

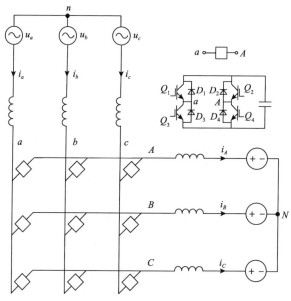

图 9.3 基于 H 桥逆变器的多电平矩阵变换器

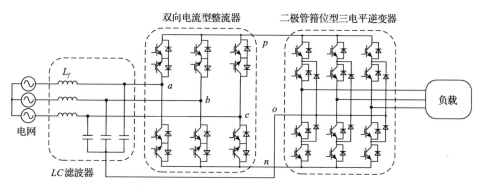

图 9.4 二级管中性点箝位型矩阵变换器

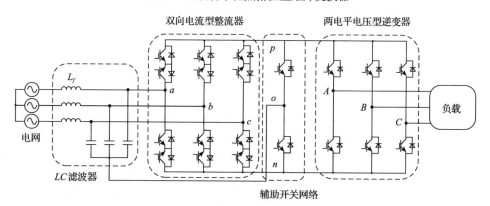

图 9.5 改进型中性点箝位型矩阵变换器

9.2 二极管箝位型多电平矩阵变换器

9.2.1 拓扑结构

基于双级矩阵变换器拓扑，结合多电平逆变技术和多重化整流技术，本节提出一种适用于中高压大功率的新型二极管箝位型三电平矩阵变换器，其拓扑结构如图 9.6 所示。该拓扑由输入滤波器、三相三绕组变压器、两个电流源型整流器和二极管箝位型三电平逆变器组成。输入滤波器由输入滤波电感 L_f、输入阻尼电阻 R_f、输入滤波电容 C_f 组成，用于阻止高频谐波输入电网。三相三绕组变压器具有一套初级绕组和两套完全相同的次级绕组。整流级采用两个完全相同的电流源型整流器串联，克服了图 9.4 所示的中性点箝位型矩阵变换器中 IGBT 耐压受限的缺陷。两个整流器分别与三相三绕组变压器的两套次级绕组相连，共有三个输出端子：p、o 和 n。当两个双向电流源型整流器的驱动信号完全相同时，有 $u_{po}=u_{on}$。二极管箝位型三电平逆变器的直流母线正极、中性点以及直流母线负极分别与双向电流源型整流器的三个输出端子 p、o 和 n 相连。与常规二极管箝位型三电平逆变器不同的是，此时二极管箝位型三电平逆变器的直流母线电压为时变电压，常见的调制策略如载波调制和空间矢量调制思想仍然适用，但是需要修正调制信号以消除时变直流电压对输出电压合成的影响。

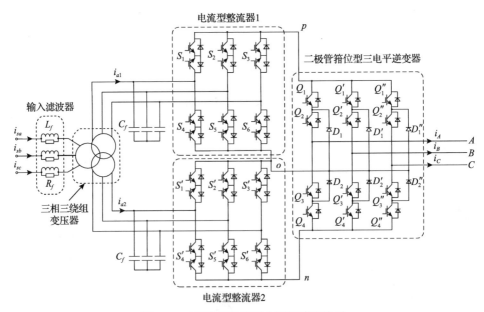

图 9.6 二极管箝位型三电平矩阵变换器

为了提高输出电压能力，可扩展得到如图 9.7 所示通用的二极管箝位型 $N+1$ 电平矩阵变换器拓扑，其中 B、C 两个桥臂与 A 桥臂完全相同。随着电平数目的增加，拓扑所需的开关器件数量和控制复杂度都会显著增加，因此从经济、实用的角度来看，二极管箝位型三电平矩阵变换器最具实用意义。

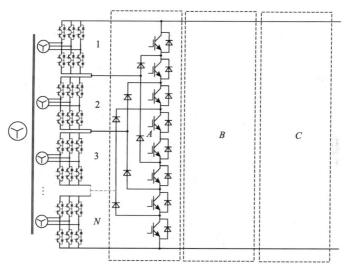

图 9.7　二极管箝位型 $N+1$ 电平矩阵变换器

9.2.2　载波调制策略

与双级矩阵变换器相似，二极管箝位型三电平矩阵变换器的调制策略也可分成两部分。对于级联双向电流源型整流器，采用空间矢量调制策略，获得正弦的输入电流、可控的输入功率因数和上正下负的中间直流电压；对于二极管箝位型三电平逆变器，采用多载波的载波调制策略，产生幅值与频率可调的输出电压。

对于整流级，可参见 2.2.2 节的电流型空间矢量调制策略，当电流矢量位于扇区 I 时，d'_u 为双向开关 S_1、S'_1、S_5 和 S'_5 导通，整流器其余开关处于关断状态的占空比，对应的直流电压 $u_{dc} = 2u_{ab}$；d'_v 为双向开关 S_1、S'_1、S_6 和 S'_6 导通，整流器其余开关处于关断状态的占空比，对应的直流电压为 $u_{dc} = 2u_{ac}$。二级管箝位型矩阵变换器整流级调制示意图如图 9.8 所示，中间直流电压平均值为

$$u_{dc} = 2(u_{ab}d'_u + u_{ac}d'_v) = \frac{3U_{im}\cos\varphi_i}{\cos[\theta_i - (m-1)\pi/3]} \tag{9.1}$$

式中，$m(m=1,2,\cdots,6)$ 为输入电流矢量所在的扇区（I～VI对应 1～6）。

对于逆变级，采用多载波调制，载波调制包括两部分：调制信号的求解和载波的选取。其中，调制信号的求解可参考 2.2.3 节的内容。

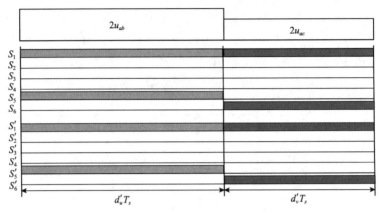

图 9.8　二极管箝位型矩阵变换器整流级调制示意图

与双级矩阵变换器的逆变级载波调制策略有所不同，二极管箝位型三电平矩阵变换器的逆变级需要采用多个载波来获得对应开关的驱动信号。载波调制策略包括载波移相调制、载波层叠调制和开关频率优化调制等，而二极管箝位型三电平逆变器一般采用载波层叠调制，根据载波之间的相位关系，又可分为同相层叠载波调制（POD-CBM）和反相层叠载波调制（PD-CBM）。

二极管箝位型三电平矩阵变换器逆变级的调制过程如图 9.9 所示。其中，图 9.9（a）为 POD-CBM，图 9.9（b）为 PD-CBM。在两种调制策略下，两个载波的

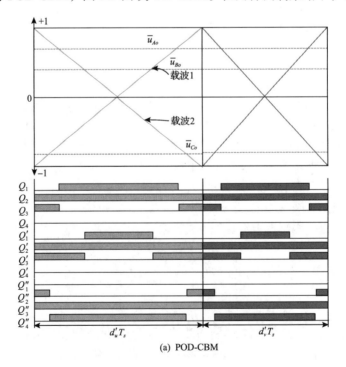

(a) POD-CBM

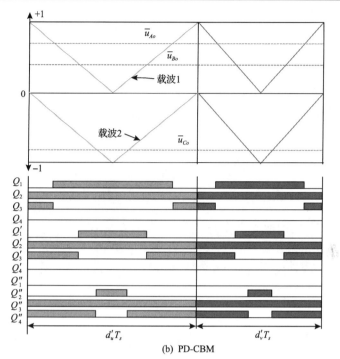

(b) PD-CBM

图 9.9　二极管箝位型矩阵变换器逆变级的调制过程

相位有所不同，POD-CBM 下载波 1 和载波 2 相位相反，而 PD-CBM 下载波 1 和载波 2 相位相同。值得注意的是，载波 1 和载波 2 的斜率由整流级调制矢量的导通时间决定。载波 1 控制开关 Q_1 和 Q_3、Q_1' 和 Q_3'、Q_1'' 和 Q_3'' 的导通和关断，载波 2 控制开关 Q_2 和 Q_4、Q_2' 和 Q_4'、Q_2'' 和 Q_4'' 的导通和关断。以输出 A 相为例，Q_1 与 Q_3 脉冲互补，Q_2 与 Q_4 脉冲互补，当调制波 $\overline{u}_{Ao}$ 大于载波 1 时，Q_1 导通，Q_3 关断，当调制波 $\overline{u}_{Ao}$ 小于载波 1 时，Q_1 关断，Q_3 导通；当调制波 $\overline{u}_{Ao}$ 大于载波 2 时，Q_2 导通，Q_4 关断，当调制波 $\overline{u}_{Ao}$ 小于载波 2 时，Q_2 关断，Q_4 导通。显然，当 Q_1 与 Q_2 导通时，输出 P 电平；当 Q_2 与 Q_3 导通时，输出 O 电平；当 Q_3 与 Q_4 导通时，输出 N 电平。

9.2.3　输入侧电流分析

对于三相平衡输入和三相对称负载，需要确保二极管箝位型三电平矩阵变换器的输入电流和输出电压也是正弦对称的。一般地，通过合适的调制策略不难合成期望的正弦对称输出电压和输出电流。然而，能否合成正弦输入电流需要进一步分析。因此，本节将给出输入电流的详细推导过程。

为简化分析，只分析 a 相电网电流 i_{sa}。假设三相输出电流 (i_A, i_B, i_C) 正弦对称，输入变压器的变比设置为 $1/n$，则根据图 9.6 可得电网电流的表达式为

$$\begin{cases} i_{sa} = n(i_{a1} + i_{a2}) \\ i_{sb} = n(i_{b1} + i_{b2}) \\ i_{sc} = n(i_{c1} + i_{c2}) \end{cases} \tag{9.2}$$

式中，i_{a1} 和 i_{a2} 分别为两个双向电流源型整流器的 a 相输入电流。

不失一般性地，假定输入电流矢量处于扇区 I，且忽略滤波电容上电流带来的影响，则 i_{a1} 和 i_{a2} 可表示为

$$\begin{cases} i_{a1} = (d'_u + d'_v)(d_{Ap}i_A + d_{Bp}i_B + d_{Cp}i_C) \\ i_{a2} = -(d'_u + d'_v)(d_{An}i_A + d_{Bn}i_B + d_{Cn}i_C) \end{cases} \tag{9.3}$$

式中，d_{ip} 和 d_{in} 分别为逆变级开关 S_{ip} 和 S_{in} 的占空比（$i = A,B,C$）。

以图 9.6 中的输出 A 相为例，S_{Ap} 代表的开关状态是：Q_1 和 Q_2 导通，Q_3 和 Q_4 关断；而 S_{An} 则相反：Q_1 和 Q_2 关断，Q_3 和 Q_4 导通。根据图 9.9，d_{ip} 和 d_{in} 可分别表示为

$$d_{ip} = \begin{cases} \bar{u}_{io}, & \bar{u}_{io} \geqslant 0 \\ 0, & \bar{u}_{io} < 0 \end{cases} \tag{9.4}$$

$$d_{in} = \begin{cases} 0, & \bar{u}_{io} \geqslant 0 \\ -\bar{u}_{io}, & \bar{u}_{io} < 0 \end{cases} \tag{9.5}$$

将式 (9.3) 代入式 (9.2)，可以得到

$$i_{sa} = n\left[(d_{Ap} - d_{An})i_A + (d_{Bp} - d_{Bn})i_B + (d_{Cp} - d_{Cn})i_C \right] \tag{9.6}$$

结合式 (2.25)、式 (2.28)、式 (9.4) 和式 (9.5)，经过一定的运算，i_{sa} 可以表示为

$$i_{sa} = \frac{2nP_o \cos\theta_i}{3U_{im}} \tag{9.7}$$

式中，$P_o = u_A i_A + u_B i_B + u_C i_C$，为输出有功功率。

类似地，也可求得 b 相电流 i_{sb} 和 c 相电流 i_{sc}：

$$i_{sb} = -nd'_u(\bar{u}_{Ao}i_A + \bar{u}_{Bo}i_B + \bar{u}_{Co}i_C) = \frac{2nP_o \cos(\theta_i - 2\pi/3)}{3U_{im}} \tag{9.8}$$

$$i_{sc} = -nd'_v(\bar{u}_{Ao}i_A + \bar{u}_{Bo}i_B + \bar{u}_{Co}i_C) = \frac{2nP_o \cos(\theta_i + 2\pi/3)}{3U_{im}} \tag{9.9}$$

对于期望输入电流矢量位于其他扇区的情况，也可获得相同的结论。因此，

式(9.7)~式(9.9)可证明在所提调制策略下，二极管箝位型三电平矩阵变换器的电网电流是正弦对称的。

9.2.4　实验验证

通过搭建二极管箝位型三电平矩阵变换器的小功率实验平台，对所提拓扑和调制策略进行验证。实验平台由工频隔离变压器、控制器、驱动器、二极管箝位型三电平矩阵变换器和三相平衡 RL 负载等组成。相关实验参数见表9.1。控制器主要由 DSP TMS320F28335 和 FPGA EP2C8J144C8N 组成，其中，DSP 主要负责相关调制策略的实现，将计算得到的占空比信息和扇区信息以及中间直流电流方向信息传给 FPGA，而 FPGA 主要负责实现具体的开关序列以及换流策略，最终产生 PWM 信号送至驱动板。驱动板对来自 FPGA 的 PWM 信号进行处理，得到满足电平要求的驱动信号。

表 9.1　二极管箝位型三电平矩阵变换器的小功率实验平台实验参数

参数	数值	参数	数值
输入相电压有效值	220V	输入滤波电容(C_f)	22μF
输入频率(f_i)	50Hz	输入阻尼电阻(R_f)	9Ω
变压器变比(1/n)	220/60	负载电阻(R)	11Ω
开关频率(f_s)	5kHz	负载电感(L)	6mH
输入滤波电感(L_f)	0.6mH	—	—

实验对以下不同的期望输出电压频率和有效值进行了验证。

情形Ⅰ：f_o=30Hz，U_o=45V；

情形Ⅱ：f_o=30Hz，U_o=93V；

情形Ⅲ：f_o=60Hz，U_o=45V；

情形Ⅳ：f_o=60Hz，U_o=93V。

POD-CBM 和 PD-CBM 两种调制策略下情形Ⅰ~情形Ⅳ的实验波形分别如图 9.10~图 9.13 所示，图中从上至下分别是中间直流电压 u_{dc}、输出电压 u_{AB}、电网电流 i_{sa}、输出电流 i_A。图 9.10(a)~图 9.13(a)为 POD-CBM 的实验波形，图 9.10(b)~图 9.13(b)为 PD-CBM 的实验波形。由图可见，所有情形下，输出电流均为正弦，而电网电流在轻载时畸变严重，主要原因在于轻载时，输入变压器的空载电流所占比例较大，并且死区和半导体器件管压降等非线性因素的影响更为明显。POD-CBM 下，输出电压均为五电平；而 PD-CBM 在输出电压较低时，u_{AB} 为三电平，在输出电压较高时，u_{AB} 为五电平。

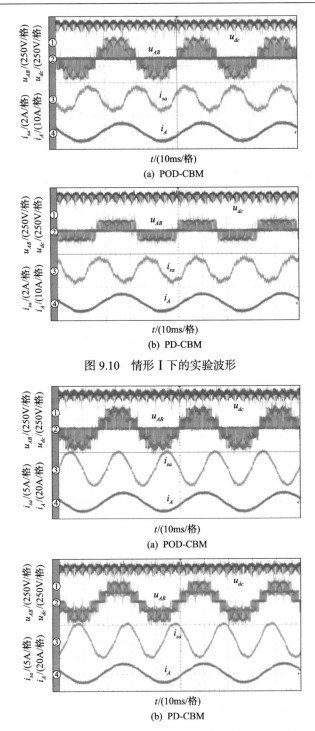

(a) POD-CBM

(b) PD-CBM

图 9.10　情形 Ⅰ 下的实验波形

(a) POD-CBM

(b) PD-CBM

图 9.11　情形 Ⅱ 下的实验波形

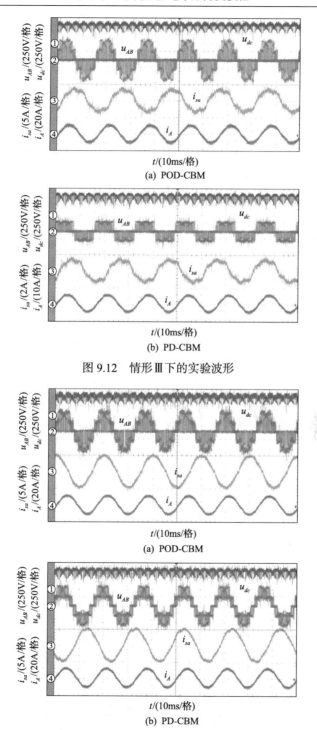

t/(10ms/格)

(a) POD-CBM

t/(10ms/格)

(b) PD-CBM

图 9.12　情形Ⅲ下的实验波形

t/(10ms/格)

(a) POD-CBM

t/(10ms/格)

(b) PD-CBM

图 9.13　情形Ⅳ下的实验波形

POD-CBM 和 PD-CBM 在不同期望电压下的输入输出总谐波畸变率如表 9.2 所示。在相同情形下，PD-CBM 的输入输出电流的总谐波畸变率均低于 POD-CBM，由此可得出结论，PD-CBM 在波形质量方面要优于 POD-CBM，但 PD-CBM 需要采用四步换流策略，实现更为复杂；而 POD-CBM 可实现零电流换流，因此 POD-CBM 在软件实现方面更为容易。

表 9.2　POD-CBM 和 PD-CBM 的实验结果对比

情形	调制策略	电网电流 THD/%	输出电流 THD/%
I	POD-CBM	17.26	8.3
	PD-CBM	16.56	8.04
II	POD-CBM	7.42	7.47
	PD-CBM	6.61	7.09
III	POD-CBM	17.34	8.62
	PD-CBM	16.93	8.46
IV	POD-CBM	7.56	7.36
	PD-CBM	6.95	7.29

图 9.14 为 PD-CBM 和 POD-CBM 在情形 II 下的变压器原副边的电压和电流波形，可见副边电流均含有高次谐波分量，而原边电流却表现为正弦低谐波畸变。分析可知，中性点电流 i_o 为一时变量，并在副边电流 i_{sa1} 和 i_{sa2} 上直接呈现，而原

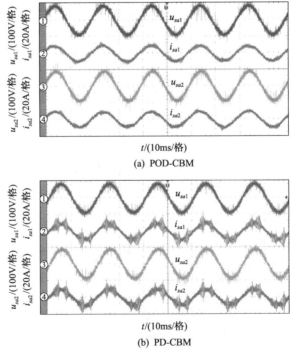

t/(10ms/格)

(a) POD-CBM

t/(10ms/格)

(b) PD-CBM

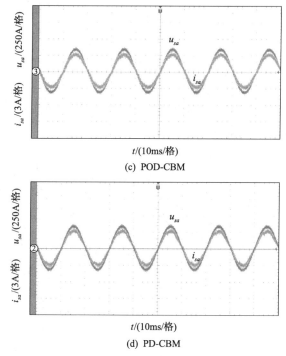

(c) POD-CBM

(d) PD-CBM

图 9.14　情形 II 下的变压器原副边电压和电流波形

边电流为 i_{sa} 两副边电流之和，中性点电流 i_o 的影响恰好被抵消。值得注意的是，两种策略下的原边电压和原边电流均同相位，且均实现了单位功率因数。

9.3　多模块矩阵变换器

9.3.1　拓扑结构

多模块矩阵变换器的基本单元为一个三相输入单相输出的矩阵变换器(three-phase input to single-phase output matrix converter, SPMC)模块。一般地，根据使用的基本单元数目对拓扑进行命名，图 9.15 为 3×1 模块矩阵变换器，其中，"3"代表输出有三相，"1"代表每相输出有一个 SPMC 模块。图 9.1 所示的 3×N 模块矩阵变换器，可看成是由 N 个 3×1 模块矩阵变换器级联组成的，移相变压器用于为每个 SPMC 模块提供独立的三相输入电源。

对于常规的级联 H 桥（cascade H bridge, CHB）变频器，使用移相变压器的主要目的是构成多脉波二极管整流器，进而消除二极管整流导致的输入电流中的低频谐波。然而对于多模块矩阵变换器，由于每个 SPMC 模块为有源前端(active front end, AFE)变换器，输入电流的低频谐波含量少，此时移相变压器的功效得不到很好的发挥。故为了降低系统成本，将图 9.1 中的移相变压器替换成图 9.15 中的普

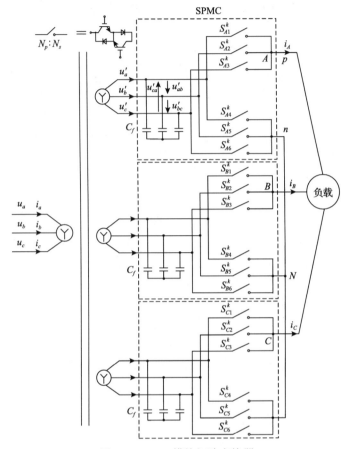

图 9.15　3×1 模块矩阵变换器

通多绕组变压器。图 9.15 中，多绕组变压器副边绕组为 SPMC 模块提供隔离的三相输入电压，输入电容器与变压器漏抗构成二阶输入滤波器，用于滤除开关动作导致的高频谐波，三相输出的一个终端接在一起构成负载中性点，另外的端口连接三相负载。

9.3.2　基于数学构造法的调制策略

作为直接矩阵变换器，多模块矩阵变换器的调制策略与单级矩阵变换器极为相似，直接开关函数法、双线电压法和间接空间矢量调制策略均可应用。文献[8]提出了一种直接开关函数法，但电压利用率低，仅为 1.5。文献[9]和[10]提出了间接空间矢量调制策略，将三模块矩阵变换器视为电流源型整流器和三电平逆变器的组合，分别采用成熟的空间矢量调制策略，将电压传输比提高到了 1.732。文献[11]提出了一种基于双线电压合成思想的调制策略，并充分利用了移相变压器的特点，进一步提高了电压传输比。文献[12]将单个模块等效为二极管整流级和桥式逆变级，与级联 H 桥变换器相同，逆变级采用移相载波调制策略，利用移相变压器消除输入电流中的低次谐波。

本节主要针对目前已有多模块矩阵变换器调制策略存在的不足，结合单级矩阵变换器的基于数学构造法的通用调制策略，提出面向多模块矩阵变换器的基于数学构造法的调制策略。对于 3×N 模块矩阵变换器，可先推导 3×1 模块矩阵变换器的基于数学构造法的通用调制策略，然后利用移相载波调制策略将该方案扩展到 3×N 模块矩阵变换器中。其中，基于数学构造法的通用调制策略实现步骤如下：首先，用一个开关函数矩阵描述输入与输出各电量(电压、电流)之间的关系；其次，根据低频调制原理，构造一个满足约束条件的基于开关周期平均的调制矩阵，使得调制在物理上可实现；再次，为提高电压传输比，在不影响输出电压的前提下，在前述调制矩阵中叠加共模分量；最后，计算各双向开关的占空比，并选择合适的开关序列。

2. 基本构造方案

假设输入电压 u_a、u_b、u_c 和输入电流 i_a、i_b、i_c 三相正弦对称，并可表示为

$$\begin{bmatrix} u_a \\ u_b \\ u_c \end{bmatrix} = U_{im} \begin{bmatrix} \cos(\omega_i t) \\ \cos(\omega_i t - 2\pi/3) \\ \cos(\omega_i t + 2\pi/3) \end{bmatrix} \tag{9.10}$$

$$\begin{bmatrix} i_a \\ i_b \\ i_c \end{bmatrix} = I_{im} \begin{bmatrix} \cos(\omega_i t - \varphi_i) \\ \cos(\omega_i t - \varphi_i - 2\pi/3) \\ \cos(\omega_i t - \varphi_i + 2\pi/3) \end{bmatrix} \tag{9.11}$$

式中，U_{im} 和 ω_i 分别为输入电压幅值和角频率；I_{im} 为输入电流的幅值，其值由负载决定；φ_i 为期望的输入功率因数角，大部分情形下设置为 0。

假设期望输出相电压和输出电流为

$$\begin{bmatrix} u_{AN} \\ u_{BN} \\ u_{CN} \end{bmatrix} = U_{om} \begin{bmatrix} \cos(\omega_o t - \varphi_o) \\ \cos(\omega_o t - \varphi_o - 2\pi/3) \\ \cos(\omega_o t - \varphi_o + 2\pi/3) \end{bmatrix} \tag{9.12}$$

$$\begin{bmatrix} i_A \\ i_B \\ i_C \end{bmatrix} = I_{om} \begin{bmatrix} \cos(\omega_o t - \varphi_o - \varphi_L) \\ \cos(\omega_o t - \varphi_o - \varphi_L - 2\pi/3) \\ \cos(\omega_o t - \varphi_o - \varphi_L + 2\pi/3) \end{bmatrix} \tag{9.13}$$

式中，U_{om}、ω_o 和 φ_o 分别为输出相电压的幅值、角频率和初始相角；φ_L 为负载阻抗角。

第 k 行的 SPMC 模块的双向开关表示为 S_{ij}^k（$i=A, B, C$；$j=1, 2, \cdots, 6$；$k=1, 2, \cdots, n$），其有两种状态：$S_{ij}^k =1$ 代表开关处于开通状态；$S_{ij}^k =0$ 代表开关处于关断状态。SPMC 模块的输入为电压源，不容许短路，输出为感性负载，不容许开路，因此为了保证系统安全工作，SPMC 模块中的双向开关需满足如下约束条件：

$$\begin{cases} S_{i1}^k + S_{i2}^k + S_{i3}^k = 1 \\ S_{i4}^k + S_{i5}^k + S_{i6}^k = 1 \end{cases} \tag{9.14}$$

由图 9.15 可以得到输入电压与输出电压的关系式：

$$\begin{bmatrix} u_{AN} \\ u_{BN} \\ u_{CN} \end{bmatrix} = \frac{N_s}{N_p} \begin{bmatrix} S_{A1}^k - S_{A4}^k & S_{A2}^k - S_{A5}^k & S_{A3}^k - S_{A6}^k \\ S_{B1}^k - S_{B4}^k & S_{B2}^k - S_{B5}^k & S_{B3}^k - S_{B6}^k \\ S_{C1}^k - S_{C4}^k & S_{C2}^k - S_{C5}^k & S_{C3}^k - S_{C6}^k \end{bmatrix} \begin{bmatrix} u_a \\ u_b \\ u_c \end{bmatrix} \tag{9.15}$$

假设变换器的开关频率远高于输入输出频率，则可以采用低频调制矩阵来替代式 (9.15) 中的开关函数，有

$$\begin{bmatrix} u_{AN} \\ u_{BN} \\ u_{CN} \end{bmatrix} = \frac{N_s}{N_p} \begin{bmatrix} d_{A1}^k - d_{A4}^k & d_{A2}^k - d_{A5}^k & d_{A3}^k - d_{A6}^k \\ d_{B1}^k - d_{B4}^k & d_{B2}^k - d_{B5}^k & d_{B3}^k - d_{B6}^k \\ d_{C1}^k - d_{C4}^k & d_{C2}^k - d_{C5}^k & d_{C3}^k - d_{C6}^k \end{bmatrix} \begin{bmatrix} u_a \\ u_b \\ u_c \end{bmatrix} \tag{9.16}$$

式中，d_{ij}^k（$i=A,B,C$；$j=1,2,\cdots,6$；$k=1,2,\cdots,n$）为开关函数 S_{ij}^k 在一个开关周期 T_s 内的状态平均值，$0 \leqslant d_{ij}^k \leqslant 1$。

为方便起见，式 (9.16) 可用一种更为紧凑的方式表述：

$$\begin{bmatrix} u_{AN} \\ u_{BN} \\ u_{CN} \end{bmatrix} = \frac{N_s}{N_p} M \begin{bmatrix} u_a \\ u_b \\ u_c \end{bmatrix} \tag{9.17}$$

式中，$M = \begin{bmatrix} m_{A1} & m_{A2} & m_{A3} \\ m_{B1} & m_{B2} & m_{B3} \\ m_{C1} & m_{C2} & m_{C3} \end{bmatrix}$ 为调制矩阵。

基于式 (9.14)，可知调制矩阵 M 中的元素需要满足如下约束条件：

$$\begin{cases} m_{i1} + m_{i2} + m_{i3} = 0 \\ -1 \leqslant m_{ij} \leqslant 1 \end{cases} \tag{9.18}$$

要获得期望的输入输出，关键在于选取合适的调制矩阵 M。然而，直接求解 M 比较麻烦，因此采用数学构造法，将 M 构造成如下形式：

$$M = M_{\text{inv}}(\omega_o, \varphi_o, K) M_{\text{rec}}^{\text{T}}(\omega_i, \varphi_i) \tag{9.19}$$

其中

$$M_{\text{rec}}(\omega_i, \varphi_i) = \begin{bmatrix} r_a \\ r_b \\ r_c \end{bmatrix} = \begin{bmatrix} \cos(\omega_i t - \varphi_i) \\ \cos(\omega_i t - \varphi_i - 2\pi/3) \\ \cos(\omega_i t - \varphi_i + 2\pi/3) \end{bmatrix} \tag{9.20}$$

$$M_{\text{inv}}(\omega_o, \varphi_o, K) = \begin{bmatrix} e_A \\ e_B \\ e_C \end{bmatrix} = K \begin{bmatrix} \cos(\omega_o t - \varphi_o) \\ \cos(\omega_o t - \varphi_o - 2\pi/3) \\ \cos(\omega_o t - \varphi_o + 2\pi/3) \end{bmatrix} \tag{9.21}$$

上述调制矩阵 M 的物理含义涉及虚拟整流和虚拟逆变。整流级调制矢量和输入电压矢量的点积为虚拟整流，点积的结果即虚拟中间直流电压。逆变级调制矢量与虚拟中间直流电压的标量积视为虚拟逆变。在式(9.21)中，K 为调制系数，用于调整输出电压幅值，显然 $0 \leqslant K \leqslant 1$，调制矩阵 M 中的元素满足式(9.18)，将式(9.19)代入式(9.17)，为获得期望的正弦输出电压，K 应当选为

$$K = \frac{2}{3} \frac{N_p}{N_s} \frac{U_{om}}{U_{im}} \tag{9.22}$$

忽略输入滤波电容的影响，输入电流和输出电流的关系式可描述为

$$\begin{bmatrix} i_a \\ i_b \\ i_c \end{bmatrix} = \frac{N_p}{N_s} \cdot M^{\text{T}} \cdot \begin{bmatrix} i_A \\ i_B \\ i_C \end{bmatrix} \tag{9.23}$$

不难发现，上述构造方案能够保证输出电压和输入电流正弦对称。

调制系数 K 在此方案中小于等于 1，因而不能充分利用输入电压。因此，需要进一步构造调制矩阵以获得更高的电压传输比，具体构造方案为在调制矩阵 M 上添加偏置信号：

$$M' = M + M_0 \tag{9.24}$$

式中，

$$M_0 = \begin{bmatrix} x & y & z \\ x & y & z \\ x & y & z \end{bmatrix} \tag{9.25}$$

这样的修正仅修改了输出电压的零序分量，并不改变输出电压和输出电流。实际上，偏置信号的加入类似于在载波调制策略的调制信号中注入零序分量，如三次谐波注入。

2. 最大电压传输比的求解

为了保证调制矩阵中各元素的物理可实现性，修正的调制矩阵 M' 仍需满足约束条件式(9.18)，可以得到 M' 中偏置信号的约束条件为

$$x + y + z = 0 \qquad\qquad (9.26)$$

$$\begin{cases} -1-\min_x \leqslant x \leqslant 1-\max_x \\ -1-\min_y \leqslant y \leqslant 1-\max_y \\ -1-\min_z \leqslant z \leqslant 1-\max_z \end{cases} \qquad\qquad (9.27)$$

式中，

$$\begin{cases} \min_x = \min(m_{A1},m_{B1},m_{C1}), & \max_x = \max(m_{A1},m_{B1},m_{C1}) \\ \min_y = \min(m_{A2},m_{B2},m_{C2}), & \max_y = \max(m_{A2},m_{B2},m_{C2}) \\ \min_z = \min(m_{A3},m_{B3},m_{C3}), & \max_z = \max(m_{A3},m_{B3},m_{C3}) \end{cases}$$

不失一般性地，假设逆变级调制矢量满足 $e_A > 0 > e_B > e_C$，位于图9.16的扇区 I，整流级调制矢量满足 $r_a > r_b > 0 > r_c$，位于图9.16中的扇区 II，则有

$$\begin{cases} \min_x = e_C r_a, & \max_x = e_A r_a \\ \min_y = e_C r_b, & \max_y = e_A r_b \\ \min_z = e_A r_c, & \max_z = e_C r_c \end{cases} \qquad\qquad (9.28)$$

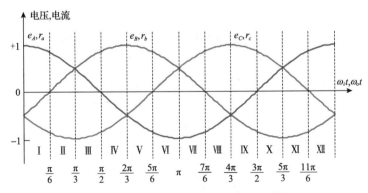

图9.16　输入电流和输出电压扇区划分图

约束条件式(9.26)和式(9.27)也可写成如下代数表达式：

$$\begin{cases} -1-\min_x \leqslant 1-\max_x \\ -1-\min_y \leqslant 1-\max_y \\ -1-\min_z \leqslant 1-\max_z \\ -1-\min_x-1-\min_y \leqslant 1+\min_z \\ 1-\max_x+1-\max_y \geqslant \max_z-1 \end{cases} \tag{9.29}$$

将式(9.28)代入式(9.29)，可得

$$\begin{cases} (e_A-e_C)r_a \leqslant 2 \\ (e_A-e_C)r_b \leqslant 2 \\ (e_C-e_A)r_c \leqslant 2 \\ (e_C-e_A)r_c \leqslant 3 \\ (e_C-e_A)r_c \leqslant 3 \end{cases} \tag{9.30}$$

由式(9.20)和式(9.21)可知，$|r_a| \leqslant 1$、$|r_b| \leqslant 1$、$|r_c| \leqslant 1$、$|e_A-e_C| \leqslant \sqrt{3}K$，从而调制系数的范围可以扩大为

$$K \leqslant \frac{2}{\sqrt{3}} \tag{9.31}$$

电压传输比 q 可以定义为期望电压峰值与输入变压器副边相电压峰值的比值，即

$$q=\frac{N_p}{N_s}\frac{U_{om}}{U_{im}} \tag{9.32}$$

那么，将 $K \leqslant 2/\sqrt{3}$ 代入式(9.32)可得 3×1 模块矩阵变换器的最大电压传输比为1.732，也就是表明多模块矩阵变换器的最大电压传输比为 1.732N。

3. 偏置信号的选取

不同偏置量 x、y、z 的选取对应不同的调制策略，具备的输入输出性能、功率损耗等也不同。式(9.26)和式(9.27)的约束可表示在如图 9.17 所示的几何平面上，六条边界线(l_1，l_2，l_3，l_4，l_5，l_6)的相对位置由输入输出扇区和调制系数 K 共同决定。为求偏置量 x、y、z，首先需要确定可行解范围，即各边界线交点的位置。

以边界线 l_1 和 l_5 的交点 P 为例来展示图 9.17 的推导过程。显然，点 P 有两种可能的位置：在边界线 l_4 之上或者在 l_4 之下，可通过比较点 $P(y_1=2+\min_x+\min_z)$ 与边界线 $l_4(y_2=1-\max_y)$ 的 y 轴值的大小来确定，二者作差得

$$y_1-y_2=1+\min_x+\min_z+\max_y=1+(e_C-e_A)r_a \tag{9.33}$$

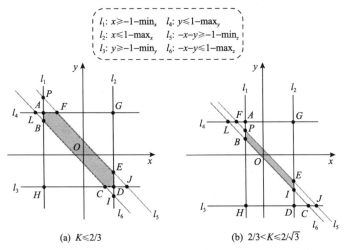

$$\begin{aligned}
&l_1: x \geqslant -1 - \min_x && l_4: y \leqslant 1 - \max_y \\
&l_2: x \leqslant 1 - \max_x && l_5: -x - y \geqslant -1 - \min_z \\
&l_3: y \geqslant -1 - \min_y && l_6: -x - y \leqslant 1 - \max_z
\end{aligned}$$

(a) $K \leqslant 2/3$　　　　(b) $2/3 < K \leqslant 2/\sqrt{3}$

图 9.17　偏置量的可行解范围

由图 9.16 可知，$1/2 \leqslant r_a \leqslant \sqrt{3}/2$，$e_A - e_C \leqslant \sqrt{3}m$，代入式 (9.33) 可得：当 $K = 2/\sqrt{3}$ 时，点 P 位于 l_4 之下；当 $K < 2/3$ 时，点 P 位于 l_4 之上；当 $2/3 < K \leqslant 2/\sqrt{3}$ 时，点 P 的位置由输入电压决定。其他各边界线的交点的位置也可按照相同方法来确定，从而得到如图 9.17(a) 和图 9.17(b) 所示两种不同的可行解区域。当 $K < 2/3$ 时，图 9.17(a) 中由多边形 $ABCDEF$ 所包围区域为 x 和 y 的可行解区域；当 $K = 2/\sqrt{3}$ 时，可行解位于图 9.17(b) 所示的平行四边形 $BIEP$ 中；而当 $2/3 < K \leqslant 2/\sqrt{3}$，可行解介于图 9.17(a) 和图 9.17(b) 之间，具体范围取决于输入电压值。

由上述分析可知，基于数学构造法的调制策略代表一类调制方法，其解集范围广，下面给出两种特殊的选取方案。

1) 方案 I

根据式 (9.27)，直接将 x、y、z 选为几何中心，即

$$\begin{cases}
x = -0.5(\min_x + \max_x) \\
y = -0.5(\min_y + \max_y) \\
z = -0.5(\min_z + \max_z)
\end{cases} \tag{9.34}$$

不难发现，式 (9.34) 满足约束条件式 (9.26) 和式 (9.27)。从几何角度来看，式 (9.34) 所确定的坐标点 (x, y) 总在图 9.17 所示的阴影区域之中。

实际上，式 (9.34) 可进一步简化为

$$\begin{cases}
x = -0.5 r_a \left[\max(e_A, e_B, e_C) + \min(e_A, e_B, e_C) \right] \\
y = -0.5 r_b \left[\max(e_A, e_B, e_C) + \min(e_A, e_B, e_C) \right] \\
z = -0.5 r_c \left[\max(e_A, e_B, e_C) + \min(e_A, e_B, e_C) \right]
\end{cases} \tag{9.35}$$

　　由式(9.35)可知,方案 I 类似于零序分量选为几何中心的连续脉宽调制策略。偏置量 x、y、z 的取值示意图如图 9.18(a)所示。

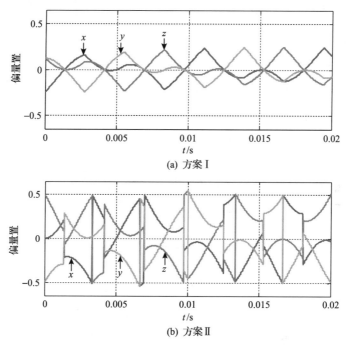

(a) 方案 I

(b) 方案 II

图 9.18　偏置 x、y、z 的取值示意图

2)方案 II

　　如图 9.17 所示,可行解区域由边界线包围。如果偏置量取为边界线上的点,那么调制矩阵中至少有一个元素为 1 或者–1。如果偏置量选为交点 A、B、C、D、E、F,那么调制矩阵中会有两个元素取为 1 或者–1。不难发现,如果两个取极限值的元素在调制矩阵 M' 中的同一行,那么该行剩余的元素等于 0。上述规则可使 3×1 模块矩阵变换器的某个 SPMC 模块中的各双向开关在一个开关周期内不切换,从而可减小开关损耗。M' 中具有上述特征的行称为箝位行,这种方案类似于离散型脉宽调制策略。

　　箝位行的箝位方式有六种,即 $(1, -1, 0)$、$(-1, 1, 0)$、$(1, 0, -1)$、$(-1, 0, 1)$、$(0, 1, -1)$ 及 $(0, -1, 1)$。显然,"0"不会出现在过渡调制矩阵中绝对值最大的元素处。根据图 9.17(a),如果点 A、B、C、D、E 和 F 被选为偏置信号,那么只有点 B、C、E 和 F 可实现方案 II,如图 9.19 所示("*"代表其他元素)。显然,"0"元素并没有出现在第三列,因为绝对值最大的元素 e_{Ar_c} 位于第三列。

　　根据图 9.17(b),只有点 B 和点 E 满足如图 9.19 所示的箝位规则,"0"仅出现在调制矩阵的第二列,第二列所具备的特征是该列包含了绝对值最小的元素。

可以证明，箍位行中的 "0" 元素必然出现在过渡调制矩阵中某列绝对值最小的元素上。基于上述分析，可得当输入扇区为扇区 II 时，方案 II 下各偏置量的选取如表 9.3 所示。根据上述规则，适用于全调制范围的、不同输入扇区的偏置信号的选取如表 9.4 所示，偏置信号的示意图如图 9.18(b) 所示，可见方案 II 下的偏置信号为离散信号。

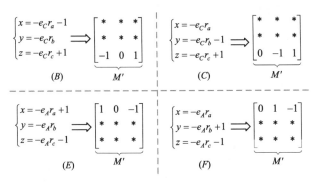

图 9.19　方案 II 的偏置选择示意图

表 9.3　输入扇区 II 时方案 II 下的偏置信号选取方案

输入扇区	x	y	z	点	箍位类型	适用范围
II	$1-\max_x$	$-\max_y$	$-1-\min_z$	E	$(1,0,-1)$	$K \leqslant 2/\sqrt{3}$
	$-1-\min_x$	$-\min_y$	$1-\max_z$	B	$(-1,0,1)$	$K \leqslant 2/\sqrt{3}$
	$-\max_x$	$1-\max_y$	$-1-\min_z$	F	$(0,1,-1)$	$K \leqslant 2/3$
	$-\min_x$	$-1-\min_y$	$1-\max_z$	C	$(0,-1,1)$	$K \leqslant 2/3$

表 9.4　不同输入扇区下的偏置信号选取方案

输入扇区	箍位类型	x	y	z
I , II , VII , VIII	$(1,0,-1)$	$1-\max_x$	$\max_y+\min_z$	$-1-\min_z$
	$(-1,0,1)$	$-1-\min_x$	$\min_x+\max_z$	$1-\max_z$
V , VI , XI , XII	$(-1,1,0)$	$-1-\min_x$	$1-\max_y$	$\min_x+\max_y$
	$(1,-1,0)$	$1-\max_x$	$-1-\min_y$	$\max_x+\min_y$
III , IV , IX , X	$(0,1,-1)$	$\max_y+\min_z$	$1-\max_y$	$-1-\min_z$
	$(0,-1,1)$	$\min_y+\max_z$	$-1-\min_y$	$1-\max_z$

4. 占空比求解

经过上述操作，可完全确定调制矩阵 M'，接下来需要求解 SPMC 模块中各双向开关的占空比信号。以 SPMC Ak 为例，有

$$\begin{cases} d_{A1}^k - d_{A4}^k = m_{A1} + x \\ d_{A2}^k - d_{A5}^k = m_{A2} + y \\ d_{A3}^k - d_{A6}^k = m_{A3} + z \\ d_{A1}^k + d_{A2}^k + d_{A3}^k = 1 \\ d_{A4}^k + d_{A5}^k + d_{A6}^k = 1 \\ 0 \leqslant d_{Aj}^k \leqslant 1, \quad j \in \{1, 2, \cdots, 6\} \end{cases} \tag{9.36}$$

不难发现，式 (9.36) 有无穷多组解，下面介绍一种简单的求解方案。

首先，找到一行中绝对值最大的元素，即找出 $m_{A1} + x$、$m_{A2} + y$ 和 $m_{A3} + z$ 之中绝对值最大的元素。不失一般性地，假设 $m_{A1} + x$ 绝对值最大，那么有如下两种选取方法。

若 $m_{A1} + x \geqslant 0$，则有

$$\begin{cases} d_{A1}^k = 1, & d_{A4}^k = 1 - (m_{A1} + x) \\ d_{A2}^k = 0, & d_{A5}^k = -(m_{A2} + y) \\ d_{A3}^k = 0, & d_{A6}^k = -(m_{A3} + z) \end{cases} \tag{9.37}$$

若 $m_{A1} + x < 0$，则有

$$\begin{cases} d_{A4}^k = 1, & d_{A1}^k = 1 + m_{A1} + x \\ d_{A5}^k = 0, & d_{A2}^k = m_{A2} + y \\ d_{A6}^k = 0, & d_{A3}^k = m_{A3} + z \end{cases} \tag{9.38}$$

由式 (9.37) 和式 (9.38) 可知，单个 SPMC 模块的输出电压由零电压和两个不同的线电压合成。

5. 开关序列安排

多模块矩阵变换器的最终性能取决于开关占空比求解和开关序列安排，开关占空比已在前面章节求取，下面介绍一种特殊的开关序列。

仍然假设逆变级调制矢量 $M_{\mathrm{inv}}(\omega_o, \varphi_o, k)$ 位于扇区 I，整流级调制矢量 $M_{\mathrm{rec}}(\omega_i, \varphi_i)$ 位于扇区 II，偏置信号按照方案 I 选取，那么 SPMC A_k 的输出电压 u_{Ak} 由三个线电压组成：u'_{cc}、u'_{bc} 和 u'_{ac}，输出电压 u_{Bk} 和 u_{Ck} 由 u'_{cc}、u'_{cb} 和 u'_{ca} 三个线电压合成。为了获得较高的输入输出波形质量，采取了如图 9.20 所示双边对称的开关模式。图中，每个 SPMC 模块采用的输出电压都有相同的特征：从小到大再从大变小，呈对称规律。按照这种方式的具体开关序列表如表 9.5 所示，其中 SPMC 模块中上组三个开关定义为 VT1，下组三个开关定义为 VT2，"$a\text{-}b$" 代表 S_{A1} 关断，S_{A2} 导通，或者 S_{A4} 关断，S_{A5} 导通。

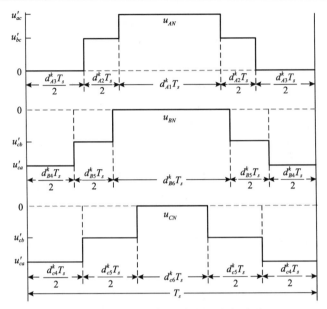

图 9.20　开关周期 T_s 内的开关序列图

表 9.5　双边对称的开关序列表

输入电压扇区	输出电压极性	VT1 的开关序列	VT2 的开关序列
I, II ($u_a > u_b > u_c$)	+	a	$a\text{-}b\text{-}c\text{-}b\text{-}a$
	−	$c\text{-}b\text{-}a\text{-}b\text{-}c$	a
III, IV ($u_b > u_a > u_c$)	+	b	$b\text{-}a\text{-}c\text{-}a\text{-}b$
	−	$c\text{-}a\text{-}b\text{-}a\text{-}c$	b
V, VI ($u_b > u_c > u_a$)	+	b	$b\text{-}c\text{-}a\text{-}c\text{-}b$
	−	$a\text{-}c\text{-}b\text{-}c\text{-}a$	b
VII, VIII ($u_c > u_b > u_a$)	+	c	$c\text{-}b\text{-}a\text{-}b\text{-}c$
	−	$a\text{-}b\text{-}c\text{-}b\text{-}a$	c
IX, X ($u_c > u_a > u_b$)	+	c	$c\text{-}a\text{-}b\text{-}a\text{-}c$
	−	$b\text{-}a\text{-}c\text{-}a\text{-}b$	c
XI, XII ($u_a > u_c > u_b$)	+	a	$a\text{-}c\text{-}b\text{-}c\text{-}a$
	−	$b\text{-}c\text{-}a\text{-}c\text{-}b$	a

6. $3 \times N$ 模块矩阵变换器的调制策略

$3 \times N$ 模块矩阵变换器由 N 个 3×1 模块矩阵变换器构成,而每个 3×1 模块矩阵变换器可用相同的调制策略进行独立调制。因此,需确定各 3×1 模块矩阵变换器的期望输出电压,具体的调制可参考前述内容。

$3 \times N$ 模块矩阵变换器的输出电压为各 SPMC 输出电压之和,那么每相总输出

电压可表示为

$$u_{iN} = u_{i1} + u_{i2} + \cdots + u_{ik} + \cdots + u_{in}, \quad 1 \leqslant k \leqslant N \tag{9.39}$$

式中，$i=A, B, C$；u_{Ak}、u_{Bk} 和 u_{Ck} 分别为 SPMC A_k、B_k 和 C_k 的期望输出电压。

　　为了保证输入输出电流的正弦，每个 3×1 模块矩阵变换器的输出电压必须是平衡的，也就是需要满足式(9.12)。不难发现，有无数种组合方式可保证式(9.39)成立，因为各模块的期望输出电压的幅值和初始相位角均可以不同。

　　最简单的一种分配方式就是将 u_{iN} 分成 N 等份，即

$$u_{i1} = u_{i2} = \cdots = u_{ik} = u_{iN}/N \tag{9.40}$$

　　如果所有的 3×1 模块矩阵变换器按照完全相同的方式进行调制，那么一定能够合成期望的输出电压以及正弦输入电流。然而，这会导致最终的输出电压为三电平，从而使得开关承受较大的电压变化率($\mathrm{d}v/\mathrm{d}t$)，且输入电流波形质量较差。为克服上述问题，本节采取一种序列循环移位的方式，使得各 3×1 模块矩阵变换器开关序列的时间间隔为 T_s/N，从而可获得阶梯形式的多电平输出电压波形。从某种角度来看，这个调制思想与移相载波调制思想一致。以输出 A 相为例，输入输出所处扇区假设与前述相同，那么串联各模块开关序列示意图如图 9.21 所示。

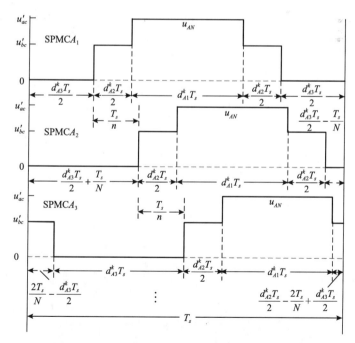

图 9.21　$3 \times N$ 模块矩阵变换器的开关序列示意图

9.3.3 载波调制策略

多模块矩阵变换器的载波调制策略为间接调制法，其关键在于借助等效的虚拟整流虚拟逆变结构，或者功能相同的间接矩阵变换器。该调制策略的主要实施步骤为：首先，建立 3×1 模块矩阵变换器与全桥间接矩阵变换器功能上的等效性或者包含关系；然后，基于传统双级矩阵变换器的载波调制策略，推导全桥间接矩阵变换器的载波调制策略；之后，为保证 3×1 模块矩阵变换器与全桥间接矩阵变换器具备相同的输入输出特性，推导出 3×1 模块矩阵变换器的载波调制策略；最后，将所提调制策略借助现有的一些载波调制策略(如移相载波、层叠载波调制等)，推广到 3×N 模块矩阵变换器中。

1. 拓扑等效分析

带输出隔离变压器的全桥间接矩阵变换器如图 9.22 所示，其由输入滤波器 C_f、双向电流源型整流器($S_1 \sim S_6$)、三相全桥逆变器($S'_{A1} \sim S'_{A4}$、$S'_{B1} \sim S'_{B4}$、$S'_{C1} \sim S'_{C1}$)和输出隔离变压器(T_A、T_B、T_C)组成，其将普通双级矩阵变换器的逆变级替换成全桥逆变器，从而成为一个三电平矩阵变换器，因此全桥间接矩阵变换器的调制策略极易推导。

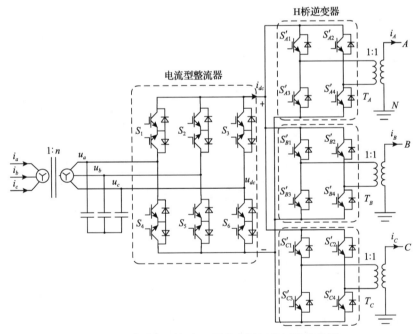

图 9.22 带输出隔离变压器的全桥间接矩阵变换器

引入全桥间接矩阵变换器的目的是推导多模块矩阵变换器的调制策略。如果可以证明 3×1 模块矩阵变换器与全桥间接矩阵变换器的等价性,那么可以通过等价性将全桥间接矩阵变换器的调制策略移植到多模块矩阵变换器中。下面证明全桥间接矩阵变换器与 3×1 模块矩阵变换器在功能上的一致性。

首先,3×1 模块矩阵变换器中输入电流和输出电压的表达式可以写为

$$u_{iN} = (S_{i1} - S_{i4})u_a + (S_{i2} - S_{i5})u_b + (S_{i3} - S_{i6})u_c \tag{9.41}$$

$$\begin{cases} i_a = \sum_{i \in \{A,B,C\}} (S_{i1} - S_{i4}) \, i_i \\ i_b = \sum_{i \in \{A,B,C\}} (S_{i2} - S_{i5}) \, i_i \\ i_c = \sum_{i \in \{A,B,C\}} (S_{i3} - S_{i6}) \, i_i \end{cases} \tag{9.42}$$

对于全桥间接矩阵变换器,其输入电流和输出电压的关系可以表示为

$$u_{iN} = (S'_{i1} - S'_{i2})[(S_1 - S_4)u_a + (S_2 - S_5)u_b + (S_3 - S_6)u_c] \tag{9.43}$$

$$\begin{cases} i_a = (S_1 - S_4) \sum_{i \in \{A,B,C\}} (S'_{i1} - S'_{i2}) \, i_i \\ i_b = (S_2 - S_5) \sum_{i \in \{A,B,C\}} (S'_{i1} - S'_{i2}) \, i_i \\ i_c = (S_3 - S_6) \sum_{i \in \{A,B,C\}} (S'_{i1} - S'_{i2}) \, i_i \end{cases} \tag{9.44}$$

在任意时刻,若能找到一组有效的开关状态使得 3×1 模块矩阵变换器与全桥间接矩阵变换器获得相同的输入输出特性,则表明两个拓扑等价。根据式(9.41)～式(9.44),有

$$\begin{cases} S_{i1} - S_{i4} = (S_1 - S_4)(S'_{i1} - S'_{i2}) \\ S_{i2} - S_{i5} = (S_2 - S_5)(S'_{i1} - S'_{i2}) \\ S_{i3} - S_{i6} = (S_3 - S_6)(S'_{i1} - S'_{i2}) \end{cases} \tag{9.45}$$

$$\begin{cases} S_{i1} + S_{i2} + S_{i3} = 1 \\ S_{i4} + S_{i5} + S_{i6} = 1 \end{cases} \tag{9.46}$$

由式(9.45)和约束条件式(9.46)可知,共有 15 个方程、18 个未知开关状态,显然总能在 3×1 模块矩阵变换器中找到一组开关状态与全桥间接矩阵变换器对应。图 9.23 给出了全桥间接矩阵变换器中某种开关组合下对应的 3×1 模块矩阵变换器的开关状态。

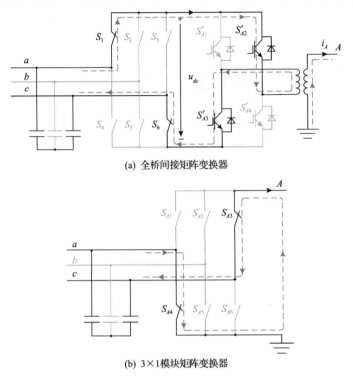

(a) 全桥间接矩阵变换器

(b) 3×1 模块矩阵变换器

图 9.23 固定开关状态下的电路模态

对于全桥间接矩阵变换器,其三相输出接在同一个整流器上,使得任意时刻直流母线电压为一个输入电压,三相输出只能由该输入电压合成,而 3×1 模块矩阵变换器的三相输出是完全独立的,三相输出可以同时接至不同的输入相。从功能上看,图 9.15 所示的 3×1 模块矩阵变换器包含了图 9.22 所示的全桥间接矩阵变换器。因此,全桥间接矩阵变换器的调制策略也适用于 3×1 模块矩阵变换器,只需要根据式(9.45)进行开关状态等价即可。

2. 全桥间接矩阵变换器的载波调制策略

全桥间接矩阵变换器与双级矩阵变换器的拓扑结构相似,不同之处在于双级矩阵变换器的逆变级为半桥变换器,而全桥间接矩阵变换器的逆变级为全桥变换器。因此,结合整流级空间矢量调制策略和三电平逆变器的载波调制策略可以推导出适合于全桥间接矩阵变换器的载波调制策略。

全桥间接矩阵变换器的整流级与双级矩阵变换器的整流级完全相同,其电流型空间矢量调制见 2.2.2 节。

全桥逆变器的载波调制策略与第 2 章所述的双级矩阵变换器的载波调制策略相同,主要包括两个步骤:调制信号的计算和 PWM 信号的生成。本节不再赘述

调制信号的计算,具体可见 2.2.3 节。不同之处在于参考电压的归一化公式,如下:

$$\bar{u}_{io} = \frac{u_{io}^*}{\bar{u}_{dc}}, \quad i \in \{A, B, C\} \tag{9.47}$$

假设输入电流矢量位于扇区 I,可以得到整流级的调制过程如图 9.24(a)所示,中间直流电压由 u_{ab} 和 u_{ac} 两个线电压组成。以输出 A 相的全桥逆变级为例来阐述逆变级的调制过程。在多载波调制策略中,PD-CBM 和 POD-CBM 是最常用的方法。为了获得高质量的输出电流,本节采用 PD-CBM,如图 9.24(b)和(c)所示。采用两个具有相同相位的三角载波(载波 1 和载波 2),通过比较载波 1 和调制信号 $\bar{u}_{Ao}$ 可得到开关 S'_{A1} 和 S'_{A3} 的 PWM 信号,通过比较载波 2 和调制信号 $\bar{u}_{Ao}$ 可得到开关 S'_{A4} 和 S'_{A2} 的 PWM 信号。

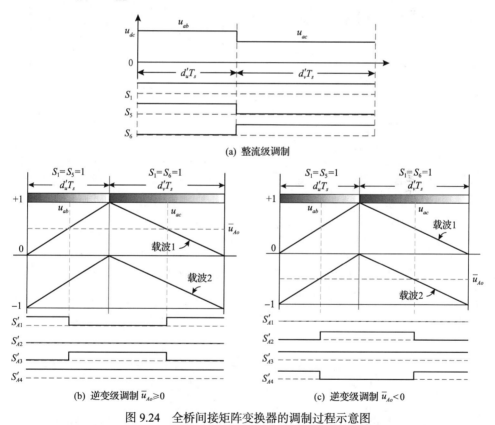

(a) 整流级调制

(b) 逆变级调制 $\bar{u}_{Ao} \geqslant 0$　　　　　(c) 逆变级调制 $\bar{u}_{Ao} < 0$

图 9.24　全桥间接矩阵变换器的调制过程示意图

3. SPMC 模块的载波调制策略

以此类推,可得单个 SPMC 模块的载波调制过程如图 9.25 所示。可见,在一个开关周期中，总有一个双向开关处于一直导通的状态，两个开关处于一直关断的状态。图 9.25 中还绘制了一个开关周期内对应的输出电压波形，不难发现两个变换器拥有完全相同的输出电压。其余两相输出对应的 SPMC 模块中各双向开关的 PWM 信号也可用相同的方法获得。由图 9.25 可知，输出电压极性不同，输出瞬时电压的脉冲形式也不同，当电压为正时，脉冲位于开关周期两端；当电压为负时，脉冲位于开关周期的中间。可见，当极性相反时，脉冲错开，从而使得输出电压的 dv/dt 减小，有利于获得较好的输出电流波形。

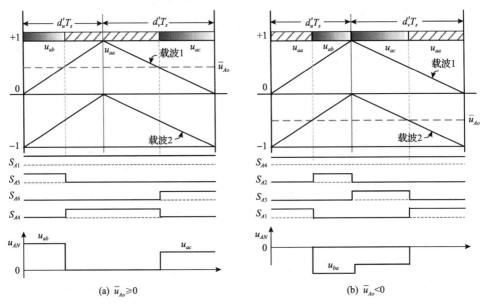

图 9.25　SPMC 模块的载波调制过程

　　众所周知，双边对称调制的性能更好，然而上述的载波调制策略均为非对称调制，因此可采用如图 9.26 所示的双边对称调制模式。以模块 SPMC A_1 为例，不同情形下采用双边对称开关序列的开关切换顺序如表 9.6 所示，其中"S_{A1}-S_{A2}"代表 S_{A1} 关断、S_{A2} 开通。其他 SPMC 模块也遵循相同的规律。

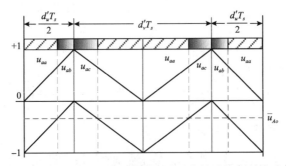

图 9.26　PD-CBM 下 SPMC 模块双边对称的开关序列的示意图

表 9.6　PD-CBM 下双边对称的开关序列

输入扇区	输出电压极性 $\bar{u}_{Ao}$	开关序列	常闭开关(ON)
I	+	$S_{A5}\text{-}S_{A4}\text{-}S_{A6}\text{-}S_{A4}\text{-}S_{A5}$	S_{A1}
	−	$S_{A1}\text{-}S_{A2}\text{-}S_{A3}\text{-}S_{A1}\text{-}S_{A3}\text{-}S_{A2}\text{-}S_{A1}$	S_{A4}
II	+	$S_{A1}\text{-}S_{A3}\text{-}S_{A2}\text{-}S_{A3}\text{-}S_{A1}$	S_{A6}
	−	$S_{A6}\text{-}S_{A4}\text{-}S_{A5}\text{-}S_{A6}\text{-}S_{A5}\text{-}S_{A4}\text{-}S_{A6}$	S_{A3}
III	+	$S_{A6}\text{-}S_{A5}\text{-}S_{A4}\text{-}S_{A5}\text{-}S_{A6}$	S_{A2}
	−	$S_{A2}\text{-}S_{A3}\text{-}S_{A1}\text{-}S_{A2}\text{-}S_{A1}\text{-}S_{A3}\text{-}S_{A2}$	S_{A5}
IV	+	$S_{A2}\text{-}S_{A1}\text{-}S_{A3}\text{-}S_{A1}\text{-}S_{A2}$	S_{A4}
	−	$S_{A4}\text{-}S_{A5}\text{-}S_{A6}\text{-}S_{A4}\text{-}S_{A6}\text{-}S_{A5}\text{-}S_{A4}$	S_{A1}
V	+	$S_{A4}\text{-}S_{A6}\text{-}S_{A5}\text{-}S_{A6}\text{-}S_{A4}$	S_{A3}
	−	$S_{A3}\text{-}S_{A1}\text{-}S_{A2}\text{-}S_{A3}\text{-}S_{A2}\text{-}S_{A1}\text{-}S_{A3}$	S_{A6}
VI	+	$S_{A3}\text{-}S_{A2}\text{-}S_{A1}\text{-}S_{A2}\text{-}S_{A3}$	S_{A5}
	−	$S_{A5}\text{-}S_{A6}\text{-}S_{A4}\text{-}S_{A5}\text{-}S_{A4}\text{-}S_{A6}\text{-}S_{A5}$	S_{A2}

4. 多模块矩阵变换器的载波调制策略

1) 移相载波调制策略

若 N 个 3×1 模块矩阵变换器均按照相同的方式进行调制，并且调制信号按照式(9.40)分配，则会导致过高的 dv/dt，对电机负载的运行构成威胁，而且输出电流波形质量也将下降。为克服上述缺陷，可采用移相载波(phase-shifted, PS)调制策略这种简单的解决方案，每个 3×1 模块矩阵变换器的载波之间移相 $2\pi/N$，调制简图如图 9.27 所示。

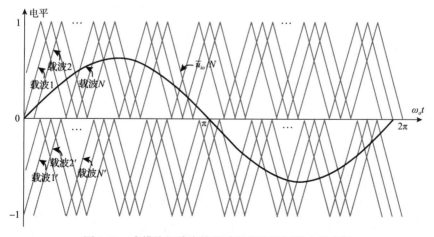

图 9.27　多模块矩阵变换器移相载波调制策略示意图

2) 层叠载波调制策略

本节所提的多模块矩阵变换器的隔离变压器为普通多绕组变压器，在成本上更具优势。可将同相层叠载波调制应用于其上，调制简图如图 9.28 所示。每个 SPMC 模块的调制信号求解如下：

$$\bar{u}_{ik} = \begin{cases} \mathrm{sign}(\bar{u}_{io}), & k < X \\ \left[|\bar{u}_{io}| - (X-1)\right]\mathrm{sign}(\bar{u}_{io}), & k = X \\ 0, & k > X \end{cases} \tag{9.48}$$

式中，$X = \mathrm{ceil}(|\bar{u}_{io}|)$，代表取最小整数。

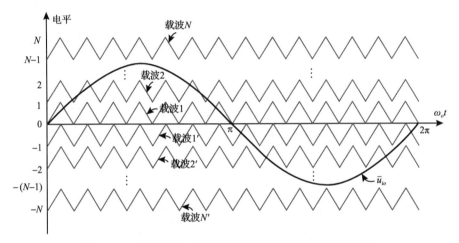

图 9.28　多模块矩阵变换器同相层叠载波调制策略示意图

5. 输入侧电流分析

假设隔离变压器副边漏感可以忽略，三相输出电压和线性负载是对称的，则根据图 9.15 变压器原边的电网电流可表示为

$$\begin{cases} i_{sa} = n\displaystyle\sum_{k=1}^{N} i_{ak} \\ i_{sb} = n\displaystyle\sum_{k=1}^{N} i_{bk} \\ i_{sc} = n\displaystyle\sum_{k=1}^{N} i_{ck} \end{cases} \tag{9.49}$$

为简单起见，本节仅分析 a 相输入电流。式 (9.49) 中，i_{ak} 是第 k 组副边绕组的 a 相电流，不失一般性地，假设输入电流矢量位于扇区 I，则根据式 (9.42) 可得 i_{ak} 为

$$i_{ak} = \sum_{i \in \{A,B,C\}} (d_{i1}^k - d_{i4}^k)i_i + 3C_f \frac{\mathrm{d}u_a}{\mathrm{d}t} \tag{9.50}$$

式中，d_{i1}^k 和 d_{i4}^k（$i \in \{A,B,C\}$）分别为开关 SPMC A_k、B_k 和 C_k 中开关 S_{i1}^k、S_{i4}^k 的占空比；$3C_f \dfrac{\mathrm{d}u_a}{\mathrm{d}t}$ 为滤波电容的电流。

根据图 9.15，d_{i1}^k 和 d_{i4}^k 可分别表示为

$$d_{i1}^k = \begin{cases} \overline{u}_{ik}, & \overline{u}_{io} \geqslant 0 \\ 0, & \overline{u}_{io} < 0 \end{cases} \tag{9.51}$$

$$d_{i4}^k = \begin{cases} 0, & \overline{u}_{io} \geqslant 0 \\ -\overline{u}_{ik}, & \overline{u}_{io} < 0 \end{cases} \tag{9.52}$$

将式(9.51)和式(9.52)代入式(9.50)，i_{ak} 可表示为

$$i_{ak} = \sum_{i \in \{A,B,C\}} \overline{u}_{ik} i_i + 3C_f \frac{\mathrm{d}u_a}{\mathrm{d}t} \tag{9.53}$$

经过一定的运算，可以求得 i_{sa} 为

$$\begin{aligned} i_{sa} &= n\left(i_A \sum_{k=1}^N \overline{u}_{Ak} + i_B \sum_{k=1}^N \overline{u}_{Bk} + i_C \sum_{k=1}^N \overline{u}_{Ck} + 3NC_f \frac{\mathrm{d}u_a}{\mathrm{d}t} \right) \\ &= n\left(\overline{u}_{Ao} i_A + \overline{u}_{Bo} i_B + \overline{u}_{Co} i_C + 3NC_f \frac{\mathrm{d}u_a}{\mathrm{d}t} \right) \end{aligned} \tag{9.54}$$

在稳态时，i_{sa} 可写成

$$i_{sa} = I\cos(\omega_i t - \varphi_i) - I_C \sin(\omega_i t) \tag{9.55}$$

式中，$I_C = 3nNC_f \omega U_{im}$；$I = 2nP_o/3U_{im}$。其中，$P_o = u_A i_A + u_B i_B + u_C i_C$ 为矩阵变换器的输出有功功率。

式(9.55)可进一步简化为

$$i_{sa} = I_s \cos(\omega_i t + \varphi) \tag{9.56}$$

式中，$I_s = \sqrt{I^2 + I_c^2 - 2I \cdot I_C \sin\varphi_i}$；$\varphi = \arctan\left(\dfrac{I_C - I\sin\varphi_i}{I\cos\varphi_i} \right)$。

相应地，也可按照上述方式求得 i_{sb} 和 i_{sc}：

$$i_{sb} = -nd_u'(\overline{u}_{Ao} i_A + \overline{u}_{Bo} i_B + \overline{u}_{Co} i_C) = I_s \cos(\omega_i t + \varphi - 2\pi/3) \tag{9.57}$$

$$i_{sc} = -nd_v'(\overline{u}_{Ao} i_A + \overline{u}_{Bo} i_B + \overline{u}_{Co} i_C) = I_s \cos(\omega_i t + \varphi + 2\pi/3) \tag{9.58}$$

根据上述推导过程，可以发现保证输入电流正弦的必要条件是

$$\sum_{k=1}^{N}\overline{u}_{ik}=\overline{u}_{io},\ i\in\{A,B,C\}\tag{9.59}$$

这与 SPMC 模块调制信号的安排无关，因此移相载波调制策略和同相层叠载波调制策略均适合于多模块矩阵变换器。

9.3.4　实验验证

为验证上述调制策略的有效性，本节搭建 3×3 模块矩阵变换器的实验平台，系统参数如表 9.7 所示。3×3 模块矩阵变换器实验平台结构框图如图 9.29 所

表 9.7　3×3 模块矩阵变换器的实验平台系统参数

参数	数值	参数	数值
输入线电压有效值	380V	采样频率(f_s)	2kHz
电网频率	50Hz	变压器变比	380V/100V（Yy0）
输入滤波电容(C)	66μF	变压器额定功率	10kV·A
负载电阻(R)	8.3Ω	漏感	0.1mH
负载电感(L_o)	6mH	—	—

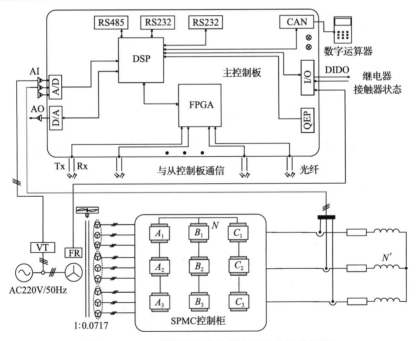

图 9.29　3×3 模块矩阵变换器实验平台结构框图

示。图中，QEP 为正交编码模块，DIDO 为数字量输入输出，AIAO 为模拟量输入输出，I/O 为输入/输出，VT 为电压传感器，FR 为热继电器。采用主从控制结构，每个单元柜由从控制板、双向 IGBT 模块、IGBT 驱动板和箝位电路组成。主控制板由不间断电源(uninterruptible power supply, UPS)供电，主控制板与单元柜之间采用光纤通信。主控制板负责调制方法的实现，从控制板负责接收主控制板的调制信号，实现四步换流，并生成 PWM 信号。此外，从控制板需要检测各单元模块的状态，并将故障信号传回主控制板。

1. 数学构造法实验验证

数学构造方案 I 和方案 II 的测试情形如下。
情形 I：$q=3.0$，$f_o=60$Hz；
情形 II：$q=5.2$，$f_o=60$Hz；
情形 III：$q=0.9$，$f_o=5$Hz/1Hz；
情形 IV：不同电压传输比，输出频率设置为 $f_o=60$Hz 或者 $f_o=30$Hz。

方案 I 和方案 II 在情形 I 的实验波形分别如图 9.30 和图 9.31 所示，主要包括电网电压 u_{sa}、电网电流 i_{sa}、输出线电压 u_{AB}、输出电流 i_A、输出相电压 u_{BN}、输出线电压 u_{BA} 和共模电压 $u_{NN'}$(N'为三相平衡负载的中性点)波形。可见，两种方案均能保证输入输出电流正弦。然而，并没有实现单位功率因数角，电网电压的相位

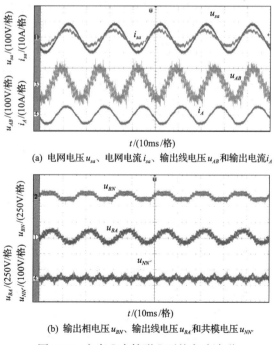

(a) 电网电压 u_{sa}、电网电流 i_{sa}、输出线电压 u_{AB} 和输出电流 i_A

(b) 输出相电压 u_{BN}、输出线电压 u_{BA} 和共模电压 $u_{NN'}$

图 9.30　方案 I 在情形 I 下的实验波形

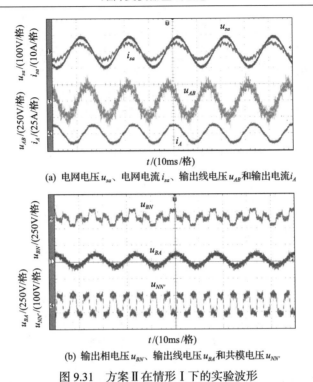

(a) 电网电压 u_{sa}、电网电流 i_{sa}、输出线电压 u_{AB} 和输出电流 i_A

(b) 输出相电压 u_{BN}、输出线电压 u_{BA} 和共模电压 $u_{NN'}$

图 9.31　方案 II 在情形 I 下的实验波形

滞后于电网电流，这主要是由输入滤波电容的无功功率导致的。由图 9.30(b) 和图 9.31(b) 可知，输出电压 u_{AB} 为明显的多电平波形。此外，观察可知两种方案的输出相电压的波形和共模电压的波形完全不同。在情形 I 下，方案 I 的共模电压低于方案 II 的共模电压。一般地，输出相电压越接近正弦，其共模电压就会越低。如图 9.30(b) 所示，方案 I 的输出相电压更加接近于正弦波。

在情形 II 下，方案 I 和方案 II 的实验波形分别如图 9.32 和图 9.33 所示。两种方案下，矩阵变换器均基本工作在单位功率因数角。相对于情形 I，随着电压传输比的增大，输出电压的波形变得更加光滑，输入输出电流质量也大大提高。

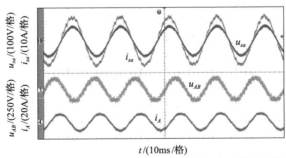

(a) 电网电压 u_{sa}、电网电流 i_{sa}、输出线电压 u_{AB} 和输出电流 i_A

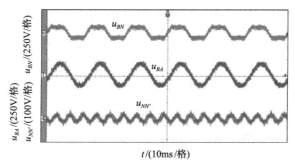

(b) 输出相电压 u_{BN}、输出线电压 u_{BA} 和共模电压 $u_{NN'}$

图 9.32 方案 I 在情形 II 下的实验波形

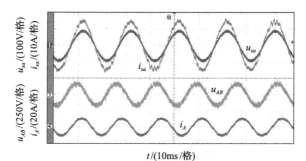

(a) 电网电压 u_{sa}、电网电流 i_{sa}、输出线电压 u_{AB} 和输出电流 i_A

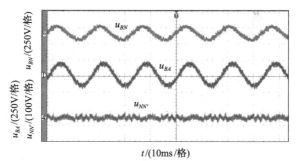

(b) 输出相电压 u_{BN}、输出线电压 u_{BA} 和共模电压 $u_{NN'}$

图 9.33 方案 II 在情形 II 下的实验波形

3×3 模块矩阵变换器在低输出电压和低输出频率情况下的性能对于交流驱动应用极为关键。低电压传输比和低输出频率(情形 III)的实验波形如图 9.34 所示,此时电网电流和输出电流均为正弦。这表明在所提调制策略下,3×3 模块矩阵变换器在极限工况下仍能保持较好的输入输出波形质量。

为了证明方案 II 在效率方面的优势,测量了方案 I 和方案 II 在情形 IV 下的损耗,并计算了效率,如表 9.8 所示。可见,方案 I 的损耗略高于方案 II,与前述理论分析吻合。在上述情况下,方案 II 在损耗方面的优势并不明显,主要原因在于上述情形并非所设计装置的额定工作点。随着输入电压和输出电流的增大，方案Ⅱ在减小损耗方面的优势会变得更加明显。

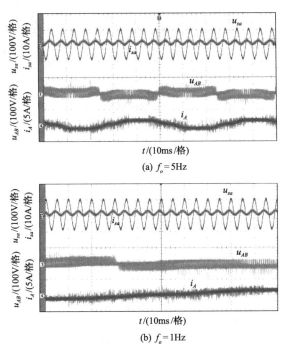

(a) $f_o=5$Hz

(b) $f_o=1$Hz

图 9.34　方案Ⅰ在 $q=0.9$ 下的实验波形

表 9.8　方案Ⅰ与方案Ⅱ的损耗和效率对比分析

情形	方案	输入功率/W	输出功率/W	损耗/W	效率/%
$q=3.0,f_o=60$Hz	Ⅰ	626	450	176	71.8
	Ⅱ	628	463	165	73.7
$q=3.0,f_o=30$Hz	Ⅰ	634	461	173	72.7
	Ⅱ	632	467	165	73.9
$q=5.2,f_o=60$Hz	Ⅰ	2107	1678	429	79.6
	Ⅱ	2124	1709	415	80.5
$q=5.2,$ $f_o=30$Hz	Ⅰ	2176	1757	419	80.7
	Ⅱ	2185	1778	407	81.4

　　为了评估方案Ⅰ和方案Ⅱ的波形质量，对情形Ⅳ下的电网电流和输出电流进行傅里叶分析。电网电流和输出电流的总谐波畸变率分析结果如图 9.35 所示，可见同等情形下，方案Ⅰ在波形质量方面优于方案Ⅱ。此外，不难发现，随着电压传输比的增大，两种方案的输入输出电流的波形质量均变好。

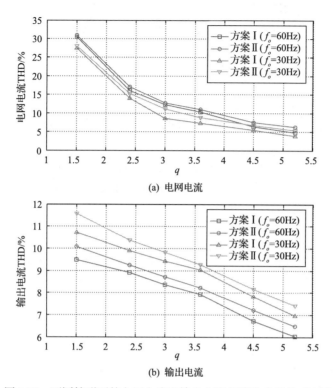

(a) 电网电流

(b) 输出电流

图 9.35　不同情形下的电网电流和输出电流总谐波畸变率对比图

图 9.36 为 3×3 模块矩阵变换器驱动感应电机的波形，该系统采用了矢量控制策略。图 9.36(a)展示了参考角速度从 50rad/s 到−50rad/s 的动态跟踪效果，显然，实际转速能够很好地跟踪参考。图 9.36(b)展示了参考角速度变换更复杂的情形([0, 20rad/s, 50rad/s, 0, −50rad/s, 0])，从上至下分别是输出电压 u_{AB}、参考转速 u_{w_ref}、实际测量转速 u_w 和输出电流 i_A 的波形。由图 9.36 可知，3×3 模块矩阵变换器系统具备四象限运行功能和优良的稳动态性能指标。

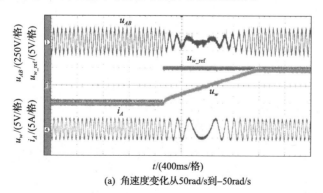

(a) 角速度变化从50rad/s到−50rad/s

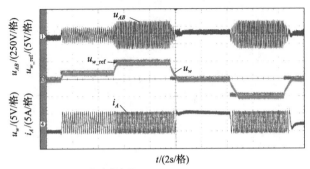

(b) 角速度变化[0, 20rad/s, 50rad/s, 0, −50rad/s, 0]

图 9.36　电机负载下的实验波形

2. 载波调制策略实验验证

为验证所提载波调制策略的正确性,两种载波调制即 PS 和 PD-CBM 的实验条件如下。

情形 I: $q=1.5$, $f_o=30$Hz;

情形 II: $q=4.5$, $f_o=30$Hz;

情形 III: $q=5.2$, $f_o=60$Hz。

在情形 I 下, PD-CBM 和 PS 的实验波形分别如图 9.37 和图 9.38 所示。在图 9.37(a) 和图 9.38(a) 中,从上至下分别为电网电压 u_{sa}、电网电流 i_{sa}、输出电压 u_{AB}、输出电流 i_A 的波形。可见,两种方案下的输入输出电流基本一致,且均为正弦,而两种方案下输出电压的包络不一样。在图 9.37(b) 和图 9.38(b) 中, u_{A1}、u_{A2} 和 u_{A3} 分别为模块 SPMC A_1、A_2 和 A_3 的输出电压。由于在情形 I 下电压传输比低于 1.732,所以在 PD-CBM 下,有两个模块的调制信号为 0,即两个 SPMC 模块的输出电压为 0,可以通过图 9.37(b) 得到验证。值得注意的是,半导体器件的管压降使得 u_{A2} 和 u_{A3} 并不完全等于 0。根据图 9.38(b), u_{A1}、u_{A2} 和 u_{A3} 的波形基本一致,并且存在移相载波调制导致的较小的相角差,与前述理论分析一致。

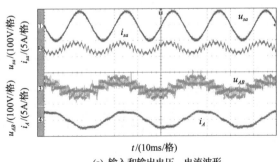

(a) 输入和输出电压、电流波形

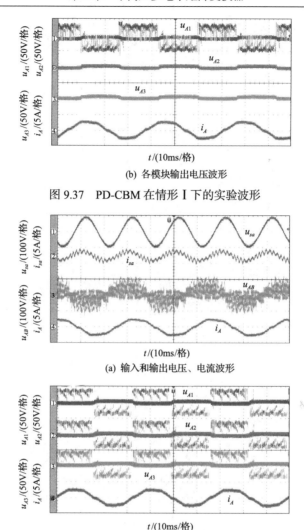

(b) 各模块输出电压波形

图 9.37　PD-CBM 在情形 I 下的实验波形

(a) 输入和输出电压、电流波形

(b) 各模块输出电压波形

图 9.38　PS 在情形 I 下的实验波形

　　在情形 II 下，PD-CBM 和 PS 的实验波形分别如图 9.39 和图 9.40 所示。显然在两种调制策略下，3×3 矩阵变换器均基本工作于单位功率因数角。与此同时，PS 下的电网电流纹波低于 PD-CBM 下的电网电流纹波。这是因为随着电压传输比的增大，PD-CBM 采用了更多的电平来合成输出电压，导致了输入波形质量下降。因此，图 9.39(a) 中的输出电压比图 9.37(a) 中的输出电压更接近于理想正弦波。由图 9.39(b) 可知，PD-CBM 下同一输出相级联的三个 SPMC 模块的输出电压均不一样。此外，由 u_{A1} 和 u_{A2} 的波形可知，u_{A1} 和 u_{A2} 大部分时间由两个非零线电压合成。图 9.40(b) 表明，在 PS 下模块 SPMC A_1、A_2 和 A_3 的输出电压基本一致，与情形 I 的结果一致。因此，根据各模块的输出电压波形，可以发现 PD-CBM 的开关损耗低于 PS 的开关损耗。

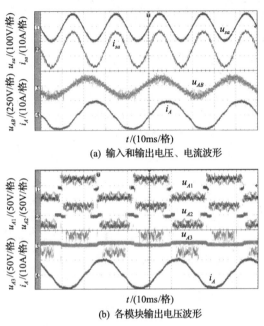

(a) 输入和输出电压、电流波形

(b) 各模块输出电压波形

图 9.39　PD-CBM 在情形 II 下的实验波形

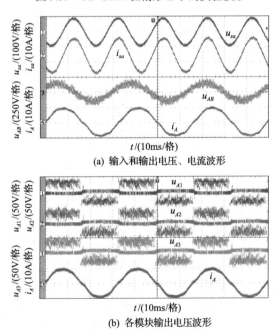

(a) 输入和输出电压、电流波形

(b) 各模块输出电压波形

图 9.40　PS 在情形 II 下的实验波形

在情形Ⅲ下，电压传输比增大到 5.2，接近理论最大值，输出电压频率从 30Hz 变为 60Hz。相关实验波形如图 9.41 所示，发现频率变化并不会影响实验波形，实验结果与上述情形类似。

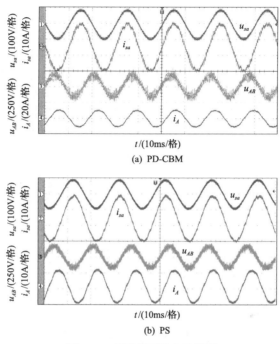

(a) PD-CBM

(b) PS

图 9.41　情形Ⅲ下的实验波形

为了评估 PD-CBM 和 PS 的输入输出电流的波形质量，对不同情形下的输入输出电流进行了傅里叶分析。在不同电压传输比下的输入输出电流的总谐波畸变率如图 9.42 所示，可见 PD-CBM 的输出电流质量优于 PS，而 PS 的输入电流质量更优。

在上述实验中，电网电流的总谐波畸变率较大，其主要原因在于四步换流引入的死区、IGBT 和二极管的管压降等。由 3×3 模块矩阵变换器的拓扑结构可知，在任意时刻每相输出均有 6 个 IGBT 和 6 个二极管串联。在低电压传输比情形下，由管压降导致的电压偏差占输出电压的比例较大，导致输出电流的总谐波畸变率较大。由于矩阵变换器的输入输出电流直接耦合，电网电流也会遭受畸变。随着电压传输比的增大，管压降导致的电压偏差在输出电压中所占比例较小，因而输出电流的总谐波畸变率也会减小。实际上，有两类提高输入电流质量的方法：一种是减小或者消除非线性根源的影响，目前有很多关于非线性补偿方案的研究[13,14]；另一种就是设计具有良好性能的输入滤波器。在多模块矩阵变换器中，多绕组变压器的漏感作为输入滤波电感，因此变压器的设计十分关键。此外，合适的输入滤波器阻尼有利于保证系统的稳定性，并可获得更高质量的输入电流。

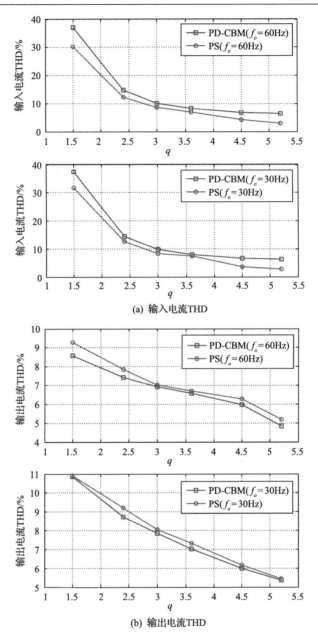

图 9.42　3×3 模块矩阵变换器实验样机测量的输入输出电流总谐波畸变率

9.4　本 章 小 结

本章主要介绍了两种中高压矩阵变换器：一种是二极管箝位型矩阵变换器；

另一种是多模块矩阵变换器。二极管箝位型矩阵变换器是在传统双级矩阵变换器上衍生而来，整流级采取级联的手段提高中间直流电压的等级，逆变级采用多电平逆变器拓扑。多模块矩阵变换器是一种直接矩阵变换器的衍生拓扑，由三相-单相直接矩阵变换器构成基本的模块单元，然后通过模块单元级联来满足电压和功率等级的需求。针对二极管箝位型三电平矩阵变换器，介绍了其反相层叠载波调制策略和同相载波调制策略，并从理论上证明了所提调制策略可以保证输入电流和输出电流的正弦。

　　针对多模块矩阵变换器，本章首先介绍了基于数学构造法的调制策略，其关键在于过渡调制矩阵的构造和偏置矩阵的获取，不同偏置矩阵的选取对应不同的调制策略，其具有的输入输出特性、效率和共模电压特性等也不尽相同。然后，给出了两种构造方案：一种是连续构造方案，具有较好的输入输出电流质量；另一种是离散构造方案，可以减小开关损耗。此外，介绍了其统一的载波调制策略，该策略主要利用全桥间接矩阵变换器与 3×1 模块矩阵变换器功能上的等价性，将全桥间接矩阵变换器的载波调制策略推演到 3×1 模块矩阵变换器当中，该调制策略共需使用 2 个层叠的载波，每个 SPMC 模块需要 1 个调制波。最后，将该方案扩展到 3×N 模块矩阵变换器当中，为获得更多电平的输出电压，提出了适用于多模块矩阵变换器的移相载波调制策略和同相层叠载波调制策略。

参 考 文 献

[1] Change J. Modular AC-AC variable voltage and variable frequency power converter system and control: US5909367A[P]. 1999-06-01.

[2] Yamamoto E, Hara H, Uchino T, et al. Development of MCs and its applications in industry[J]. IEEE Industrial Electronics Magazine, 2011, 5(1): 4-12.

[3] Shi Y, Yang X, He Q, et al. Research on a novel capacitor clamped multilevel matrix converter[J]. IEEE Transactions on Power Electronics, 2005, 20(5): 1055-1065.

[4] Lie X, Clare J C, Wheeler P W, et al. Capacitor clamped multilevel matrix converter space vector modulation[J]. IEEE Transactions on Industrial Electronics, 2012, 59(1): 105-115.

[5] Erickson R W, Al-Naseem O A. A new family of matrix converters[C]. Industrial Electronics Society Conference, Denver, 2001: 1515-1520.

[6] Loh P C, Blaabjerg F, Gao F, et al. Pulsewidth modulation of neutral-point-clamped indirect matrix converter[J]. IEEE Transactions on Industry Applications, 2008, 44(6): 1805-1814.

[7] Lee M Y, Wheeler P, Klumpner C. Space-vector modulated multilevel matrix converter[J]. IEEE Transactions on Industrial Electronics, 2010, 57(10): 3385-3394.

[8] Wang J, Wu B, Xu D, et al. Multimodular matrix converters with sinusoidal input and output waveforms[J]. IEEE Transactions on Industrial Electronics, 2012, 59(1): 17-26.

[9]　Wang J, Wu B, Xu D, et al. Indirect space-vector-based modulation techniques for high-power multimodular matrix converters[J]. IEEE Transactions on Industrial Electronics, 2013, 60(8): 3060-3071.

[10]　Wang J, Wu B, Xu D, et al. A three-level indirect space vector modulation scheme for multi-modular matrix converters[C]. IEEE International Symposium on Industrial Electronics, Hangzhou, 2012: 125-130.

[11]　Kang J, Yamamoto E, Ikeda M, et al. Medium-voltage matrix converter design using cascaded single-phase power cell modules[J]. IEEE Transactions on Industrial Electronics, 2011, 58(11): 5007-5013.

[12]　Wang J, Wu B, Xu D, et al. Phase-shifting-transformer-fed multimodular matrix converter operated by a new modulation strategy[J]. IEEE Transactions on Industrial Electronics, 2013, 60(10): 4329-4338.

[13]　Lee K B, Blaabjerg F. A nonlinearity compensation method for a matrix converter drive[J]. IEEE Transactions on Power Electronics Letters, 2005, 3(1): 19-23.

[14]　She H, Lin H, Wang X, et al. Nonlinear compensation method for output performance improvement of matrix converter[J]. IEEE Transactions on Industrial Electronics, 2011, 58(9): 3988-3999.

第 10 章　其他衍生类矩阵变换器及其应用

　　针对一些特殊的应用场合，如多相变换器驱动多相电机的舰船电力推进、航空等领域，需提供零序通道的三相不平衡或非线性负载情况，以及对成本和可靠性要求高的风力发电系统等，传统的单级矩阵变换器、双级矩阵变换器难以直接应用，为此，本章介绍几种矩阵变换器衍生拓扑，主要包括三相-五相单级矩阵变换器、三相-五相双级矩阵变换器、双级四脚矩阵变换器和逆疏松矩阵变换器，并详细阐述上述拓扑的调制策略及控制策略。

10.1　三相-五相单级矩阵变换器

　　在中低压大功率、高可靠性要求等场合，如舰船电力推进、航空等应用中，一般采用多相电机以提高功率密度和可靠性。为适应此类应用需求，学者提出了多相矩阵变换器拓扑结构[1]。多相矩阵变换器的每一相输出电流和输出功率有所降低，有利于减小电机的转矩脉动[2-8]。相对于多相逆变器，基于多相矩阵变换器的驱动系统不仅具备了常规多相驱动系统容错能力强的优点，还继承了矩阵变换器无大容量中间储能环节的特点，因而更有利于提高系统的功率密度和可靠性。本节将详述驱动五相电机的三相-五相单级矩阵变换器的拓扑及调制策略。

10.1.1　拓扑结构

　　三相-五相单级矩阵变换器，简称为 3×5MC，其中 "3" 代表输入相数，"5" 代表输出相数，其拓扑结构图如图 10.1 所示，在传统矩阵变换器拓扑的基础上增加了两行双向开关。与传统单级矩阵变换器类似，该拓扑输入端设有 LC 滤波器以防止变换器产生的高频谐波电流注入电网，同时抑制电网波动对系统的影响。通过选取合适的调制策略可获得幅值频率可变的五相正弦对称输出电压。

10.1.2　基于数学构造法的调制策略

1. 基本构造方法

　　在图 10.1 所示的拓扑结构中，输入电压和输出电压之间的函数关系可以用调制矩阵 M 表示为

$$\begin{bmatrix} u_A \\ u_B \\ u_C \\ u_D \\ u_E \end{bmatrix} = M \begin{bmatrix} u_a \\ u_b \\ u_c \end{bmatrix} = \begin{bmatrix} m_{11} & m_{12} & m_{13} \\ m_{21} & m_{22} & m_{23} \\ m_{31} & m_{32} & m_{33} \\ m_{41} & m_{42} & m_{43} \\ m_{51} & m_{52} & m_{53} \end{bmatrix} \begin{bmatrix} u_a \\ u_b \\ u_c \end{bmatrix} \tag{10.1}$$

式中，$m_{ij}(i=1,2,3,4,5; j=1,2,3)$ 为调制矩阵中的元素，对应矩阵变换器中各双向开关的占空比。

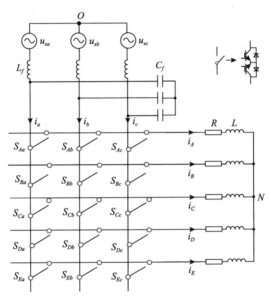

图 10.1　三相-五相单级矩阵变换器的拓扑结构图

为满足矩阵变换器输入不短路、输出不开路的原则，调制矩阵需满足

$$\begin{cases} m_{ij} \geqslant 0 \\ m_{i1} + m_{i2} + m_{i3} = 1 \end{cases} \tag{10.2}$$

假定期望的五相输出电压为

$$\begin{bmatrix} u_{AN} \\ u_{BN} \\ u_{CN} \\ u_{DN} \\ u_{EN} \end{bmatrix} = U_{om} \begin{bmatrix} \cos(\omega_o t - \varphi_o) \\ \cos(\omega_o t - \varphi_o - 2\pi/5) \\ \cos(\omega_o t - \varphi_o - 4\pi/5) \\ \cos(\omega_o t - \varphi_o - 6\pi/5) \\ \cos(\omega_o t - \varphi_o - 8\pi/5) \end{bmatrix} \tag{10.3}$$

基于虚拟整流和虚拟逆变的间接空间矢量调制思想，可构造出如下调制矩阵：

$$M = M_{\mathrm{inv}}(\omega_o, \varphi_o, K) M_{\mathrm{rec}}^{\mathrm{T}}(\omega_i, \varphi_i) \tag{10.4}$$

式中

$$M_{\mathrm{rec}}(\omega_i, \varphi_i) = \begin{bmatrix} r_a \\ r_b \\ r_c \end{bmatrix} = \begin{bmatrix} \cos(\omega_i t - \varphi_i) \\ \cos(\omega_i t - \varphi_i - 2\pi / 3) \\ \cos(\omega_i t - \varphi_i + 2\pi / 3) \end{bmatrix} \tag{10.5}$$

$$M_{\mathrm{inv}}(\omega_o, \varphi_o, K) = \begin{bmatrix} e_A \\ e_B \\ e_C \\ e_D \\ e_E \end{bmatrix} = K \begin{bmatrix} \cos(\omega_o t - \varphi_o) \\ \cos(\omega_o t - \varphi_o - 2\pi / 5) \\ \cos(\omega_o t - \varphi_o - 4\pi / 5) \\ \cos(\omega_o t - \varphi_o - 6\pi / 5) \\ \cos(\omega_o t - \varphi_o - 8\pi / 5) \end{bmatrix} \tag{10.6}$$

$M_{\mathrm{rec}}(\omega_i, \varphi_i)$ 为虚拟整流级调制矩阵；$M_{\mathrm{inv}}(\omega_o, \varphi_o, K)$ 为虚拟逆变级调制矩阵；K 为调制系数。

将式(10.4)～式(10.6)代入式(10.1)，可以合成输出电压，而输出电压与输入电压的幅值关系如下：

$$U_{om} = \frac{3}{2} K U_{im} \cos \varphi_i \tag{10.7}$$

可见，与传统矩阵变换器类似，3×5MC 的输出电压频率与输入电压无关，而幅值由输入功率因数角和调制系数 K 共同决定。调制矩阵 M 的元素由 9 个增加到 15 个，且各行元素之和为零，无法满足约束条件式(10.2)。为满足约束条件式(10.2)，此处对第 1 章中基于数学构造法的调制策略进行拓展，以将其应用于 3×5MC 中。同样地，在不改变输出电压的情况下，将 M 的各列分别叠加一个偏置 x、y、z 构成另一个过渡调制矩阵 M'：

$$M' = M + M_0 \tag{10.8}$$

其中

$$M_0 = \begin{bmatrix} x & y & z \\ x & y & z \\ x & y & z \\ x & y & z \\ x & y & z \end{bmatrix} \tag{10.9}$$

忽略输入滤波器的影响以及变换器的损耗，输入输出功率满足关系式 $\frac{5}{2}U_{om}I_{om}\cos\varphi_L = \frac{3}{2}U_{im}I_{im}\cos\varphi_i$。因此，输入电流和输出电流的关系式列写如下：

$$\begin{bmatrix} i_a \\ i_b \\ i_c \end{bmatrix} = M'^{\mathrm{T}} \begin{bmatrix} i_A \\ i_B \\ i_C \\ i_D \\ i_E \end{bmatrix} \tag{10.10}$$

至此，在上述构造方法下可以保证输入输出电流正弦。为了应用调制矩阵 M'，需要先确定偏置矩阵中 x、y、z 的取值。

2. 偏置信号的选取

为了得到可行的偏置信号的解，首先需要确定可行解的区域。

根据上述分析，可知偏置信号 x、y、z 需要满足如下约束：

$$x + y + z = 1 \tag{10.11}$$

$$\begin{cases} x \geqslant -\min_x \\ y \geqslant -\min_y \\ z \geqslant -\min_y \end{cases} \tag{10.12}$$

式中，

$$\begin{cases} \min_x = \min(m_{11}, m_{21}, m_{31}, m_{41}, m_{51}) \\ \min_y = \min(m_{12}, m_{22}, m_{32}, m_{42}, m_{52}) \\ \min_z = \min(m_{13}, m_{23}, m_{33}, m_{43}, m_{53}) \end{cases}$$

不失一般性地，假设 $r_a > r_b > 0 > r_c$（图 10.2(a) 中的扇区 II）以及 $e_A > e_B > e_E > e_C > e_D$（图 10.2(b) 中的扇区 I），则有

$$\begin{cases} \min_x = e_D r_a \\ \min_y = e_D r_a \\ \min_z = e_A r_c \end{cases} \tag{10.13}$$

将式(10.13)代入式(10.11)和式(10.12)，可得到可行解表示在一个几何平面

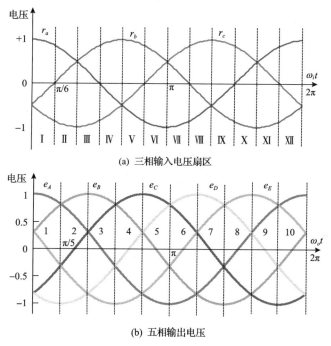

(a) 三相输入电压扇区

(b) 五相输出电压

图 10.2　输入输出电压扇区划分示意图

中，如图 10.3 所示。△ABC 所包含的阴影区域即偏置信号 x、y、z 的可行解区域。不难发现，三条边界线的相对位置是固定的，只有交点 (A, B, C) 的位置由输入输出电压所在扇区和调制系数 K 确定。此外，只有满足如下不等式才能保证偏置信号 x、y、z 有解：

$$\min{}_x + \min{}_y + \min{}_z \geqslant -1 \tag{10.14}$$

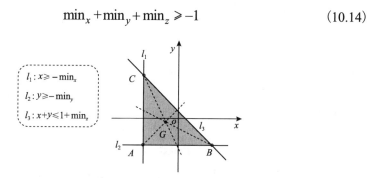

图 10.3　偏置信号可行解区域示意图

因此，可以得到

$$\begin{aligned} &e_D r_a + e_D r_b + e_A r_c \geqslant -1 \\ &\Rightarrow r_c \left(e_A - e_D \right) \geqslant -1 \end{aligned} \tag{10.15}$$

由图 10.2 可以得到，$\sqrt{3}/2 \leqslant |r_c| \leqslant 1$，$|e_A - e_D| \leqslant 2\cos(\pi/10) \cdot K$。因此，调制系数需满足

$$K \leqslant \frac{1}{2\cos\left(\dfrac{\pi}{10}\right)} \tag{10.16}$$

可以得到在基于数学构造法的调制策略下 3×5MC 的线性电压传输比满足

$$q = \frac{U_{om}}{U_{im}} = \frac{3}{2}K\cos\varphi_i \leqslant 0.7886 \tag{10.17}$$

偏置信号可取图 10.3 所示阴影区域中的任意一点。不同的点对应着不同的调制策略和不同的输入输出特性（如波形质量、效率等）。下面给出两种特殊的选取方案。

1）方案 I

直观地，选取三角形的中点 G 作为偏置信号的解，那么根据顶点 A、B、C 的坐标可以求得 G 的坐标为

$$(x_G, y_G) = \left(\frac{x_A + x_B + x_C}{3}, \frac{y_A + y_B + y_C}{3}\right) \tag{10.18}$$

从而可以推导得到偏置信号为

$$\begin{cases} x = \dfrac{1 - 2\min_x + \min_y + \min_z}{3} \\[2mm] y = \dfrac{1 - 2\min_y + \min_x + \min_z}{3} \\[2mm] z = \dfrac{1 - 2\min_z + \min_x + \min_y}{3} \end{cases} \tag{10.19}$$

不难发现，式（10.19）中的 x、y、z 满足约束条件式（10.11）和式（10.12）。

2）方案 II

由图 10.3 可知，如果选择边界线上的点，那么调制矩阵 M' 中有一个元素为 0。进一步地，如果选取三角形的顶点，那么调制矩阵 M' 中就会有两个元素同时为 0。如果这两个元素出现在同一行，那么该行剩下的元素就为 1。因此，这一行元素将表现为如下三种形式（1 0 0）、（0 1 0）和（0 0 1），可称为箝位行。这代表对应的三个开关在一个开关周期内状态不变，从而可以减小开关损耗。

基于前述假设，由式（10.13）可知，$\min_x$ 和 $\min_y$ 出现在矩阵 M 的第四行，如果

偏置信号为 $x=-\min_x$, $y=-\min_y$, $z=1-x-y$, 那么调制矩阵 M' 的第四行为 $(0\ 0\ 1)$。实际上，m_{43} 也是调制矩阵 M 中绝对值最大的元素，因此增加偏置信号使得该元素在 M' 中为 1。根据上述规则，不同输入电压扇区下带箝位行的偏置信号选取如表 10.1 所示。

表 10.1　不同输入电压扇区下带箝位行的偏置信号选取

输入电压扇区	箝位类型	x	y	z
II, III, VIII, IX	$(0\ 0\ 1)$	$-\min_x$	$-\min_y$	$1+\min_x+\min_y$
IV, V, IX, X	$(0\ 1\ 0)$	$-\min_x$	$1+\min_y+\min_z$	$-\min_z$
XII, I, VI, VII	$(1\ 0\ 0)$	$1+\min_y+\min_z$	$-\min_y$	$-\min_z$

3. 开关序列安排

为了获得更好的输入输出特性，一般选取一种双边对称的开关序列。一种简单的安排方式如图 10.4 所示，输出相分别与输入 a-b-c-b-a 相交替相连，但是这种序列会使得不同输入电压扇区下的开关损耗不一致。因此，需考虑输入电压的信息，重新对开关序列进行安排。以输入电压在图 10.2 中的扇区 III 为例，u_{bc} 为最大的输入电压，因此当 S_{ib} 关断、S_{ic} 开通时，开关 S_{ib} 和 S_{ic} 会承受较大的电压应力。为避免这种情况，根据输入电压的扇区信息，按照表 10.2 中的开关序列进行开关的切换。表 10.2 中，"S_{ia}-S_{ib}"($i=A,B,C,D,E$) 代表 S_{ia} 关断到 S_{ib} 导通的切换过程。这种开关序列的规律在于，与输出相相连的输入相对应的电压从低到高，再从高到低，呈对称分布。

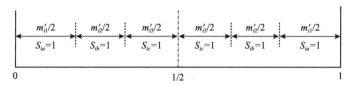

$m'_{i1}/2$	$m'_{i2}/2$	$m'_{i3}/2$	$m'_{i3}/2$	$m'_{i2}/2$	$m'_{i1}/2$
$S_{ia}=1$	$S_{ib}=1$	$S_{ic}=1$	$S_{ic}=1$	$S_{ib}=1$	$S_{ia}=1$

图 10.4　双边对称的开关切换示意图

表 10.2　不同输入电压扇区下的开关序列

输入电压扇区	开关序列
I, II	S_{ia}-S_{ib}-S_{ic}-S_{ib}-S_{ia}
III, IV	S_{ib}-S_{ia}-S_{ic}-S_{ia}-S_{ib}
V, VI	S_{ib}-S_{ic}-S_{ia}-S_{ic}-S_{ib}
VII, VIII	S_{ic}-S_{ib}-S_{ia}-S_{ib}-S_{ic}
IX, X	S_{ic}-S_{ia}-S_{ib}-S_{ia}-S_{ic}
XI, XII	S_{ia}-S_{ic}-S_{ib}-S_{ic}-S_{ia}

10.1.3　仿真验证

为了验证所提调制策略的正确性，基于 MATLAB/Simulink 仿真平台搭建了
3×5MC 的仿真模型，对应的仿真参数如表 10.3 所示。两种构造方案下的输入输
出波形如图 10.5 所示，其中输出电压频率设置为 30Hz，电压传输比为 0.6。不难

表 10.3　3×5MC 仿真模型的参数

参数	数值	参数	数值
输入线电压有效值	380V	输入滤波电容(C_f)	120μF
输入频率(f_i)	50Hz	负载电阻(R)	6Ω
采样频率(f_s)	10kHz	负载电感(L)	3.6mH
输入滤波电感(L_f)	0.2mH	—	—

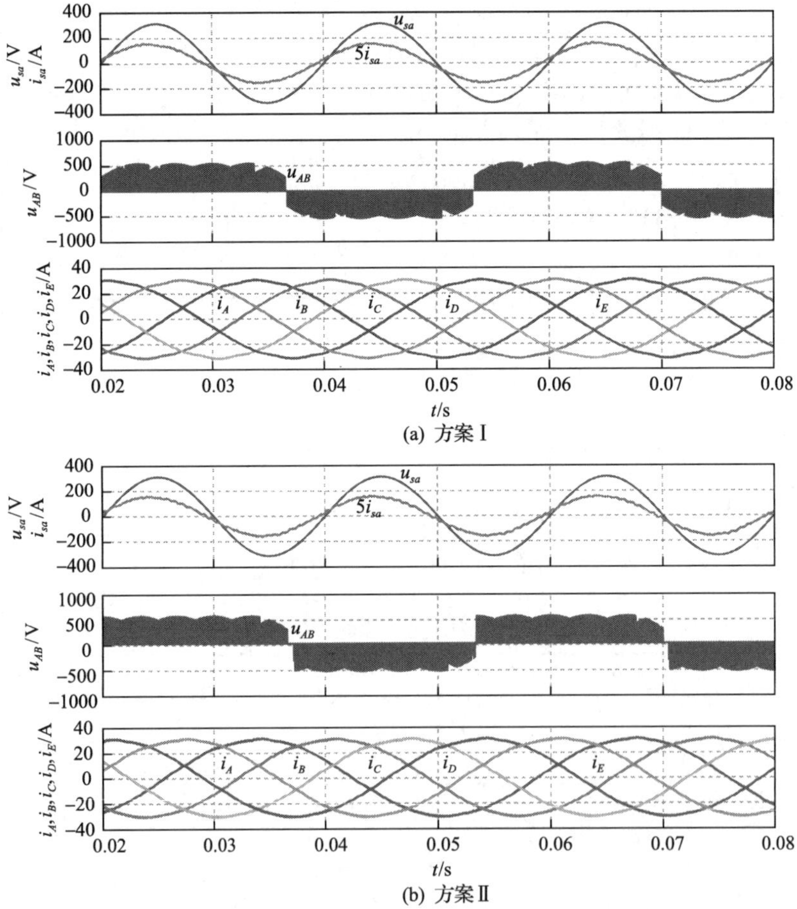

(a) 方案 I

(b) 方案 II

图 10.5　不同方案下 3×5MC 仿真波形(f_o=30Hz, q=0.6)

发现，方案Ⅰ和方案Ⅱ均能保证输入和输出电流为正弦，验证了所提基于数学构造法的调制策略的有效性。

10.2　三相-五相双级矩阵变换器

三相-五相双级矩阵变换器与常规双级矩阵变换器的拓扑结构相似，其调制策略可通过传统矩阵变换器调制策略拓展得到，最常用的是空间矢量调制策略和载波调制策略(carrier-based modulation, CBM)。然而，由于输出相增多，空间矢量的数目呈指数增长，从而 SVM 变得复杂。因此，在多相变换器系统中，载波调制策略更具吸引力。本节主要介绍三相-五相双级矩阵变换器的载波调制策略，并探讨共模电压的抑制方案。

10.2.1　拓扑结构

三相-五相双级矩阵变换器，简称 3×5IMC，其融合了双级矩阵变换器和多相电压源型逆变器的特征，拓扑结构图如图 10.6 所示。3×5IMC 的整流级与常规双级矩阵变换器相同，而逆变器为一五相逆变器。在输入相数相同的情况下，由于输出相数增加，多相矩阵变换器的电压传输比有所下降。

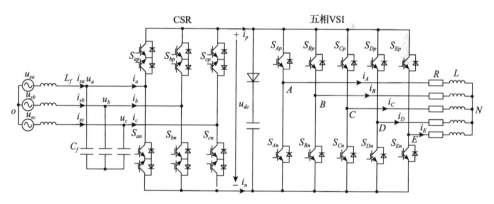

图 10.6　三相-五相双级矩阵变换器的拓扑结构图

10.2.2　载波调制策略及其共模电压分析

关于常规双级矩阵变换器的载波调制策略已在第 2 章中详细介绍，3×5IMC 的调制策略与常规双级矩阵变换器一致，整流级可采用空间矢量调制策略，逆变级可采用载波调制策略。整流级的空间矢量调制策略与常规 IMC 完全相同，此处不再赘述。逆变级的载波调制策略略有不同，下面给出简要分析。

假设五相期望输出电压如式(10.3)所示，为了最大化直流电压利用率，一般在期望输出电压中加入零序分量，因此调制信号可表示为

$$u_{io} = u_{iN} + u_{no}, \quad i \in \{A, B, C, D, E\} \tag{10.20}$$

其中，零序信号的范围如下：

$$-\frac{\overline{u}_{dc}}{2} - \min(u_{AN}, u_{BN}, u_{CN}, u_{DN}, u_{EN}) \leqslant u_{no} \leqslant \frac{\overline{u}_{dc}}{2} - \max(u_{AN}, u_{BN}, u_{CN}, u_{DN}, u_{EN})$$
$$\tag{10.21}$$

为便于实现，将调制信号归一化为

$$\overline{u}_{io} = \frac{u_{io}}{\overline{u}_{dc}/2} \tag{10.22}$$

式中，$-1 \leqslant \overline{u}_{io} \leqslant 1$。

假设输入电流矢量位于扇区 I，则中间直流电压由 u_{ab} 和 u_{ac} 合成。输出电压的扇区可按照图 10.7 进行划分，假设调制信号位于扇区 I，则 3×5IMC 的整流级和逆变级的调制示意图如图 10.8 所示。

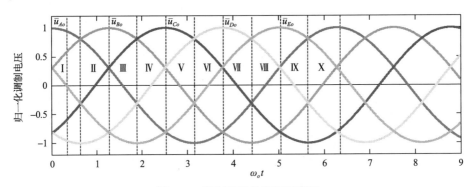

图 10.7 调制信号的扇区示意图

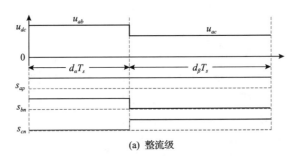

(a) 整流级

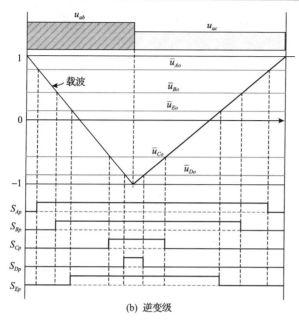

(b) 逆变级

图 10.8   3×5IMC 调制示意图

图 10.9 中，3×5IMC 的共模电压可描述为

$$u_{No} = \frac{u_{Ao} + u_{Bo} + u_{Co} + u_{Do} + u_{Eo}}{5} \tag{10.23}$$

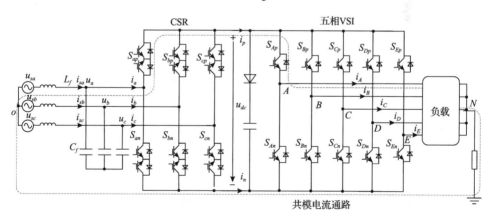

图 10.9   3×5IMC 的共模电流回路示意图

结合式(10.23)以及图 10.8 可以推导得到 3×5IMC 的共模电压，如表 10.4 所示。可见，共模电压是一个时变量。当处于开关状态(1 1 1 1 1)时，所有的输出相都与输入 a 相相连，而此时 a 相具有最大的输入电压绝对值，因此开关状态(1 1 1 1 1)具有最大的共模电压幅值，而开关状态(1 1 1 0 1)具有第二大共模电压峰值。

表 10.4　3×5IMC 的共模电压分析表

u_{dc}	开关状态	u_{No}	u_{No} 的范围	$\lvert u_{No}\rvert$ 的幅值
u_{ab}	(0 0 0 0 0)	u_b	$\left[-\dfrac{\sqrt{3}}{2}U_{im},0\right]$	$\dfrac{\sqrt{3}}{2}U_{im}$
	(1 0 0 0 0)	$(u_a+4u_b)/5$	$\left[-\dfrac{3\sqrt{3}}{10}U_{im},\dfrac{\sqrt{3}}{10}U_{im}\right]$	$\dfrac{3\sqrt{3}}{10}U_{im}$
	(1 1 0 0 0)	$(2u_a+3u_b)/5$	$\left[-\dfrac{\sqrt{3}}{10}U_{im},\dfrac{\sqrt{3}}{5}U_{im}\right]$	$\dfrac{\sqrt{3}}{5}U_{im}$
	(1 1 0 0 1)	$(3u_a+2u_b)/5$	$\left[\dfrac{\sqrt{3}}{10}U_{im},\dfrac{3\sqrt{3}}{10}U_{im}\right]$	$\dfrac{3\sqrt{3}}{10}U_{im}$
	(1 1 1 0 1)	$(4u_a+u_b)/5$	$\left[\dfrac{3\sqrt{3}}{10}U_{im},\dfrac{7}{10}U_{im}\right]$	$\dfrac{7}{10}U_{im}$
	(1 1 1 1 1)	u_a	$\left[\dfrac{\sqrt{3}}{2}U_{im},U_{im}\right]$	U_{im}
u_{ac}	(1 1 1 1 1)	u_a	$\left[\dfrac{\sqrt{3}}{2}U_{im},U_{im}\right]$	U_{im}
	(1 1 1 0 1)	$(4u_a+u_c)/5$	$\left[\dfrac{3\sqrt{3}}{10}U_{im},\dfrac{7}{10}U_{im}\right]$	$\dfrac{7}{10}U_{im}$
	(1 1 0 0 1)	$(3u_a+2u_c)/5$	$\left[\dfrac{\sqrt{3}}{10}U_{im},\dfrac{3\sqrt{3}}{10}U_{im}\right]$	$\dfrac{3\sqrt{3}}{10}U_{im}$
	(1 1 0 0 0)	$(2u_a+3u_c)/5$	$\left[-\dfrac{\sqrt{3}}{10}U_{im},\dfrac{\sqrt{3}}{5}U_{im}\right]$	$\dfrac{\sqrt{3}}{5}U_{im}$
	(1 0 0 0 0)	$(u_a+4u_c)/5$	$\left[-\dfrac{3\sqrt{3}}{10}U_{im},\dfrac{\sqrt{3}}{10}U_{im}\right]$	$\dfrac{3\sqrt{3}}{10}U_{im}$
	(0 0 0 0 0)	u_c	$\left[-\dfrac{\sqrt{3}}{2}U_{im},0\right]$	$\dfrac{\sqrt{3}}{2}U_{im}$

　　不难发现，越多的输出相与电压绝对值最大的输入相相连，那么共模电压也会越大。因此，为了减小共模电压，最直接的方案就是尽量避免采用对应共模电压大的开关状态。

10.2.3　基于载波调制的共模电压抑制策略

　　由图 10.8 可知，五相输出均采用相同的载波进行调制，使得开关状态(0 0 0 0 0)和(1 1 1 1 1)不可避免地出现在开关周期的开始、中间和末尾。载波调制策略存在两个自由度：一是载波的形式；二是零序电压的选择。为了避免出现开关状态 $(0\,0\,0\,0\,0)$ 和 $(1\,1\,1\,1\,1)$，可以从载波的形式出发，选择某些相采用反相载波。

为了简化分析，将期望输出电压 u_{iN} 按照从大到小的顺序排列，定义为 $u_1 \geqslant u_2 \geqslant u_3 \geqslant u_4 \geqslant u_5$，并且定义对应的输出相为 p_1、p_2、p_3、p_4 和 p_5。下面介绍两种减小共模电压的方案：一种是减小共模电压载波调制方法 1（reduced common-mode voltage carrier-based modulation method 1, RCMV-CBM1），仅有一个输出相采用反相载波；另一种是减小共模电压载波调制方法 2（reduced common-mode voltage carrier-based modulation method 2, RCMV-CBM2），有两个输出相采用反相载波。

1. RCMV-CBM1

RCMV-CBM1 的示意图如图 10.10 所示，载波 2 与载波 1 相位相反，其特征是输出相 p_3 采用载波 2，其余输出相采用载波 1，以避免出现开关状态 $(0\,0\,0\,0\,0)$ 和 $(1\,1\,1\,1\,1)$，从而将共模电压峰值减小为 $0.7U_{im}$。

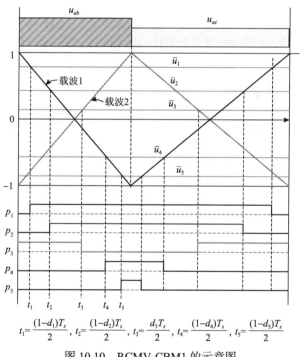

$$t_1 = \frac{(1-d_1)T_s}{2},\ t_2 = \frac{(1-d_2)T_s}{2},\ t_3 = \frac{d_3 T_s}{2},\ t_4 = \frac{(1-d_4)T_s}{2},\ t_5 = \frac{(1-d_5)T_s}{2}$$

图 10.10　RCMV-CBM1 的示意图

由图 10.10 可知，为了保证不出现开关状态 $(0\,0\,0\,0\,0)$ 和 $(1\,1\,1\,1\,1)$，需满足如下约束条件：

$$t_1 \leqslant t_3 \leqslant t_5 \tag{10.24}$$

d_j (j=1,2,3,4,5)代表输出相 p_j 上桥臂开关的占空比，可表示为

$$d_j = \frac{1}{2} + \frac{u_j + u_{no}}{\bar{u}_{dc}} \tag{10.25}$$

由式(10.3)、式(10.20)～式(10.22)、式(10.24)和式(10.25)可推导出式(10.24)的约束条件转化为零序电压 u_{no} 的范围：

$$\max\left(\frac{-u_1^* - u_3^*}{2}, -\frac{\bar{u}_{dc}}{2} - u_5^*\right) \leqslant u_{no} \leqslant \min\left(\frac{-u_5^* - u_3^*}{2}, \frac{\bar{u}_{dc}}{2} - u_1^*\right) \tag{10.26}$$

不难发现，在线性电压传输比范围内，式(10.26)恒有解。

2. RCMV-CBM2

根据前述分析，若同时避免出现开关状态 $(0\,0\,0\,0\,0)$、$(1\,1\,1\,1\,1)$ 和 $(1\,1\,1\,0\,1)$，则共模电压峰值会进一步减小为 $3\sqrt{3}U_{im}/10$。一种更为直观的方案就是令更多的输出相采用反相载波，使得同一时刻与中间正母线或者负母线相连的逆变级开关不超过 3 个。

RCMV-CBM2 的示意图如图 10.11 所示，输出相 p_2 和 p_4 采用反相载波。

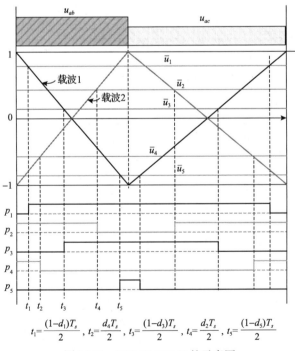

图 10.11　RCMV-CBM2 的示意图

为了避免出现上桥臂同时开通或关断的开关超过 3 个，则需满足以下约束条件：

$$t_1 \leqslant t_2 \leqslant t_3 \leqslant t_4 \leqslant t_5 \tag{10.27}$$

由式(10.3)、式(10.20)~式(10.22)、式(10.25)和式(10.27)可得

$$l_1 \leqslant u_{no} \leqslant l_2 \tag{10.28}$$

其中，

$$\begin{cases} l_1 = \max\left(-\dfrac{\bar{u}_{dc}}{2} - u_5^*, \dfrac{-u_1^* - u_4^*}{2}, \dfrac{-u_3^* - u_2^*}{2} \right) \\[3mm] l_2 = \min\left(\dfrac{\bar{u}_{dc}}{2} - u_1^*, \dfrac{-u_3^* - u_4^*}{2}, \dfrac{-u_5^* - u_2^*}{2} \right) \end{cases} \tag{10.29}$$

不难发现，$l_1 \leqslant l_2$ 在 $q \leqslant 0.7886$ 时恒成立。根据式(10.26)和式(10.29)可以绘制出两种方案下 u_{no} 的可行解区域，其与中间直流电压、电压传输比和输出频率有关。u_{no} 的取值直接影响着输出电流质量，可以根据输出电流纹波与 u_{no} 的解析表达式求解出纹波最优的 u_{no}，详细内容可参考文献[9]。不难发现，式(10.30)同时满足式(10.26)和式(10.29)的约束条件，且极其接近最优 u_{no}。为实现简单，本节选取式(10.30)为最终的零序分量：

$$u_{no} = \frac{-\max(u_A^*, u_B^*, u_C^*, u_D^*, u_E^*) - \min(u_A^*, u_B^*, u_C^*, u_D^*, u_E^*)}{2} \tag{10.30}$$

10.2.4　仿真验证

基于 MATLAB/Simulink 搭建 3×5IMC 的仿真平台，仿真参数与 3×5MC 的参数一致，见表 10.1。常规 CBM、RCMV-CBM1 和 RCMV-CBM2 三种调制策略下的仿真波形如图 10.12 所示，其中输出电压频率设置为 30Hz，电压传输比为 0.6。不难发现，三种调制策略均能保证电网电流和输出电流为正弦，验证了所提调制策略的正确性和有效性。由图 10.12 中的共模电压波形可知，常规 CBM 的共模电压峰值最大，为 311V；而 RCMV-CBM1 的共模电压峰值在一定程度上得到了抑制，约为 218V；RCMV-CBM2 的共模电压峰值最小，为 160V 左右，与理论分析完全一致，验证了所提共模电压抑制策略的有效性。值得注意的是，RCMV-CBM1 和 RCMV-CBM2 的输出电流纹波较常规 CBM 有所增大，即输出电流质量有所降低。这表明共模电压抑制与输出电流质量之间存在矛盾，实际系统需要折中考虑共模电压和输出电流的性能指标。

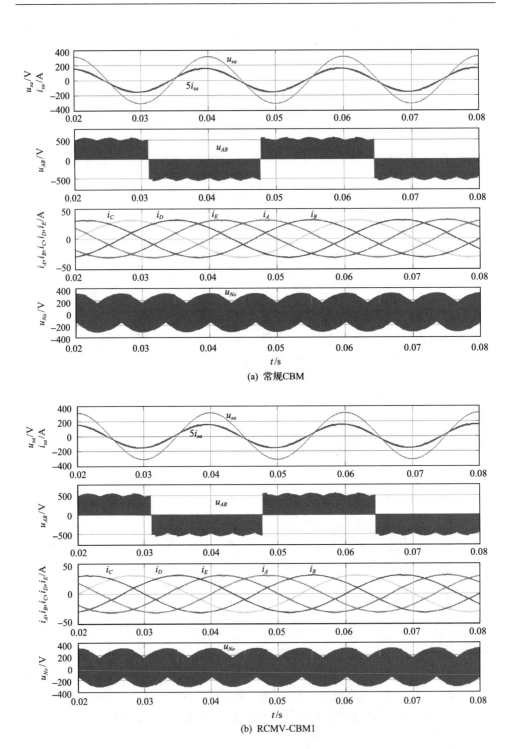

(a) 常规CBM

(b) RCMV-CBM1

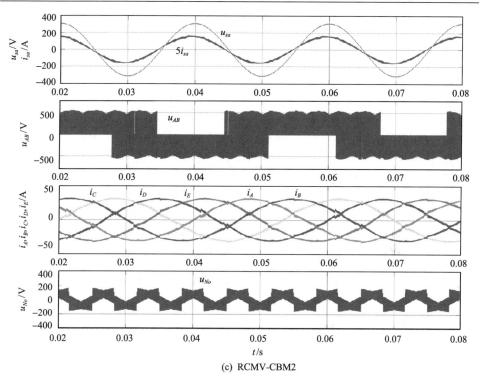

(c) RCMV-CBM2

图 10.12　不同调制策略下的 3×5IMC 仿真波形

10.3　双级四脚矩阵变换器

传统 3×3 结构的矩阵变换器无法提供物理上的零序通道及抑制零序扰动的能力，因此无法适用于三相不平衡负载的场合，如 UPS 等应用场景。针对这一问题，文献[10]提出了 3×4 单级矩阵变换器及其三维空间矢量调制策略，系统新增了一个桥臂，满足基本约束的基本矢量从 27 种增加到了 81 种，算法涉及坐标变换、棱柱体和四面体等的辨识，投影矩阵以及占空比计算等一系列复杂处理过程。受到双级矩阵变换器具有物理上的逆变级的启发，在现有的双级矩阵变换器逆变级上增添一个桥臂，利用新增桥臂为负载提供零序通道，从而构成新的拓扑——双级四脚矩阵变换器[11]。该拓扑相比 3×4 单级矩阵变换器拓扑开关数目大为减少，成本上具有较大优势。本节介绍双级四脚矩阵变换器的拓扑，提出基于马尔可夫链的随机载波调制策略[12]以及一种基于自适应-反步控制的控制方案[11]。

10.3.1　拓扑及基本调制策略

双级四脚矩阵变换器的拓扑结构如图 10.13 所示，它从双级矩阵变换器衍生而来，该拓扑继承了双级矩阵变换器的优点，如整流级零电流换流等。根据应用需求，可以减少可控功率半导体开关数目，降低系统成本。相较于传统的双级矩阵变换器，其最大的特点是增添了一条桥臂为零序电流提供物理通道。

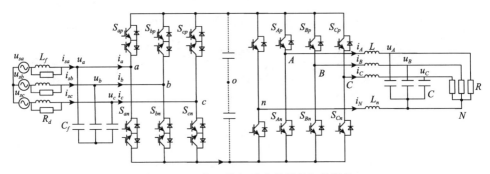

图 10.13　双级四脚矩阵变换器的拓扑结构

双级四脚矩阵变换器的调制策略分为整流级和逆变级两部分。整流级采用电流型空间矢量调制策略，详见式 (2.25)～式 (2.29)。

图 10.13 中，o 点为虚拟的直流电压中性点，$u_{io}(i=A,B,C)$ 为调制电压，u_{iN} 为参考输出电压，u_{No} 为零序信号（偏置电压）。

由载波调制策略的原理可知，调制电压由参考输出电压和零序信号相加而成：

$$u_{io} = u_{iN} + u_{No} \tag{10.31}$$

零序信号 u_{No} 是该系统调制电压 u_{io} 的另一个自由度，可以通过适当选取零序信号，得到各种微观性能不同的调制输出电压。从图 10.13 可以看出，u_{iN}、u_{No}、u_{io} 的取值应该满足

$$\begin{cases} -\bar{u}_{dc} \leqslant u_{iN} \leqslant \bar{u}_{dc} \\ -0.5\bar{u}_{dc} \leqslant u_{io} \leqslant 0.5\bar{u}_{dc} \\ -0.5\bar{u}_{dc} \leqslant u_{no} \leqslant 0.5\bar{u}_{dc} \end{cases} \tag{10.32}$$

式中，$\bar{u}_{dc}$ 为中间直流电压平均值。

联立式 (10.31) 和式 (10.32)，求得零序信号的取值范围满足式 (10.33)，更具体的表达式由式 (10.34) 给出。适当选取零序信号，可以得到各种性能不同的调制输出，如最小输出电压总谐波畸变率、最小开关损耗和较低共模电压等。本节所用到的零序信号按式 (10.34) 选取。

$$\begin{cases} -0.5\bar{u}_{dc} \leqslant u_{no} \leqslant 0.5\bar{u}_{dc} - \max(u_{AN},u_{BN},u_{CN}), & \min(u_{AN},u_{BN},u_{CN}) > 0 \\ -0.5\bar{u}_{dc} - \min(u_{AN},u_{BN},u_{CN}) \leqslant u_{No} \leqslant 0.5\bar{u}_{dc}, & \max(u_{AN},u_{BN},u_{CN}) < 0 \\ -0.5\bar{u}_{dc} - \min(u_{AN},u_{BN},u_{CN}) \leqslant u_{No} \leqslant 0.5\bar{u}_{dc}, & \text{其他} \end{cases} \tag{10.33}$$

$$
u_{No} = \begin{cases} \dfrac{-\max(u_{AN}, u_{BN}, u_{CN})}{2}, & \min(u_{AN}, u_{BN}, u_{CN}) > 0 \\[3mm] \dfrac{-\min(u_{AN}, u_{BN}, u_{CN})}{2}, & \max(u_{AN}, u_{BN}, u_{CN}) < 0 \\[3mm] \dfrac{-\max(u_{AN}, u_{BN}, u_{CN}) - \min(u_{AN}, u_{BN}, u_{CN})}{2}, & \text{其他} \end{cases}
$$

$$(10.34)$$

基于空间矢量合成策略的灵活性在于零矢量的位置摆放。对应的载波调制策略的灵活性就取决于载波的形状。图 10.14 为在 A 型载波下的双级四脚矩阵变换器的一种典型开关序列。矩阵变换器的直流电压由两个线电压合成，当输入电压矢量在扇区 I 时，直流电压由输入电压 u_{ab} 和 u_{ac} 组成。考虑到输入电流矢量的合成目标，输入电压 u_{ab}、u_{ac} 持续的时间分别为 $d'_u T_s$、$d'_v T_s$，也即逆变级的两个子开关周期。假设期望调制输出电压为 u^*_{io}，则归一化调制信号为 $\bar{u}_{io} = 2u^*_{io}/\bar{u}_{dc}$，并且期望的输出电压需要在两个子开关周期内合成。

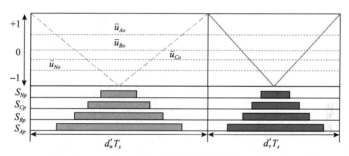

图 10.14　双级四脚矩阵变换器的载波调制示意图

由于载波的对称性，逆变端上桥臂开关在每个子开关周期的两端均关闭，而在子开关周期中间均开通；从空间矢量调制角度来看，就是零矢量(0 0 0 0)对称地分布在开关周期两端，零矢量(1 1 1 1)分布在子开关周期中央。

以上仅以整流在扇区 I 的情况为例描述了调制过程，其他情况可以此类推。

前、后段载波子开关周期中逆变级的各桥臂占空比可表示为

$$
\begin{cases} d_{1i} = \dfrac{1 + \bar{u}_{io}}{2} d'_u \\[3mm] d_{2i} = \dfrac{1 + \bar{u}_{io}}{2} d'_v \end{cases}
$$

$$(10.35)$$

10.3.2　基于马尔可夫链的优化随机载波调制策略

深入分析双级矩阵变换器的调制策略的特点可知，一个开关周期中的两个子

载波方式存在不同的组合(图 2.7)，随机地切换载波方式是引入随机化因子的一种方式，为输出电压的调制提供了更多的自由度。图 2.7 中共有 8 种载波方式可以实现给定电压的合成，选取其中的 6 种并将其进行分组，第一组包括方式 A 和 E，其特点是均以零矢量(1 1 1 1)开始和结束；第二组包括方式 B 和 C，其特点是以零矢量(0 0 0 0)开始和结束；第三组包括方式 G 和 H，特点是以不同零矢量开始与结束。上述安排能保证该第一组和第二组中的两种状态任意切换开关次数最少，而第三组充当过渡状态，也即第一组与第二组间的切换需要经过第三组状态过渡。其基本运行方式遵循图 10.15 所示的马尔可夫链。图中，状态 A、B、C、E、H 代表图 2.7 中的几个载波方式，字母 P 代表状态切换概率，如 P_{BC} 表示从状态 B 切换到状态 C 的概率。从脉冲分布方式可以发现，载波方式 C、E 一个开关周期动作次数最少，方式 A、B、G、H 具备很好的对称性，在随机载波调制策略下，通过对各切换概率进行适当设置，可以得到既兼顾开关次数又考虑输出电压波形质量的随机载波调制策略。为了阐述该随机过程，首先定义随机过渡矩阵为

$$M_P = \begin{bmatrix} P_{AA} & 0 & 0 & P_{AE} & 0 & P_{AH} \\ 0 & P_{BB} & P_{BC} & 0 & P_{BG} & 0 \\ 0 & P_{CB} & P_{CC} & 0 & P_{CG} & 0 \\ P_{EA} & 0 & 0 & P_{EE} & 0 & P_{EH} \\ P_{GA} & 0 & 0 & P_{GE} & 0 & P_{GH} \\ 0 & P_{HB} & P_{HC} & 0 & P_{HG} & 0 \end{bmatrix} \quad (10.36)$$

式中，A、B、C、D、E、H 分别代表状态 1、2、3、4、5、6。M_P 中第 (i,j) 元素代表从第 i 状态切换到第 j 状态的概率，该矩阵的每行元素之和等于 1，且每个元素不小于零。

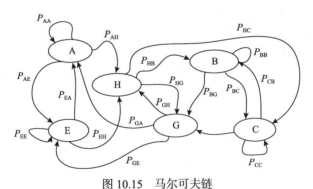

图 10.15　马尔可夫链

定义稳态分布如下：

$$\pi = \begin{bmatrix} \pi_1 & \pi_2 & \pi_3 & \pi_4 & \pi_5 & \pi_6 \end{bmatrix} \quad (10.37)$$

稳态分布中各元素分别代表稳态后 A,B,…,H 各状态经历的概率, 该稳态分布同时满足约束条件式(10.38)和式(10.39):

$$\pi' = \pi \cdot M_P \tag{10.38}$$

$$\pi_1 + \pi_2 + \pi_3 + \pi_4 + \pi_5 + \pi_6 = 1 \tag{10.39}$$

因为系统中引入了随机机制, 所以各性能指标只能用统计特征来衡量。为了得到一种综合性能优化的随机载波调制策略, 如果将其描述成一个多目标优化问题, 优化调制策略的设计就成为一个优化问题。这个优化问题的求解分两步完成: 第一步, 求解最优稳态分布; 第二步, 求解最优随机过渡矩阵。

首先, 为了求解最优稳态分布, 定义如下目标函数:

$$\min J = \min[\lambda_1 E(\text{loss}) + \lambda_2 E(\text{THD})] \tag{10.40}$$

$$\text{s.t.} \quad \lambda_1 + \lambda_2 = 1 \tag{10.41}$$

式中, $E(\text{loss})$ 为开关次数的数学期望; $E(\text{THD})$ 为总谐波畸变率的期望。

由式(10.35)可知, 系统工作在连续 PWM 状态, 采样频率为 f_c, 那么逆变端的每个桥臂开关次数相同, 为了表达简单, 以一个桥臂为例。由图 2.7 可知, 状态 A、B 开关切换次数为 $4f_c$, 状态 C、E 的开关切换次数为 $2f_c$, 状态 G、H 的开关切换次数为 $5f_c$, 所以开关切换次数的数学期望为

$$E(\text{loss}) = f_c \cdot (4\pi_1 + 4\pi_2 + 2\pi_3 + 2\pi_4 + 5\pi_5 + 5\pi_6) \tag{10.42}$$

迄今, 评估输出电压优劣的参数有多个, 如磁链总谐波畸变率、电压总谐波畸变率等。磁链总谐波畸变率有表达简单的优势, 但由于本节中输出电压总谐波畸变率与输出三维空间矢量及整流状况有关, 解析表达过于复杂。因此, 本节采用一种近似的处理办法, 也就是用各单一载波方式的总谐波畸变率数值仿真结果替代各载波方式的解析表达式。总谐波畸变率的期望表示为

$$E(\text{THD}) = \pi_1 \cdot \text{THD}_A + \pi_2 \cdot \text{THD}_B + \pi_3 \cdot \text{THD}_C \\ + \pi_4 \cdot \text{THD}_E + \pi_5 \cdot \text{THD}_G + \pi_6 \cdot \text{THD}_H \tag{10.43}$$

式中, THD_i 为第 i 类载波方式的总谐波畸变率。

在随机载波调制策略下, 平均开关切换次数表达式(10.42)容易理解, 但平均输出电压总谐波畸变率的表达式(10.43)的物理意义就不那么易于理解。因为单一模式的输出电压总谐波畸变率原本就是一个非线性表达式, 加上随机因子的引入, 情况更为复杂, 为了验证式(10.43)的有效性, 本节用一个相对简单的例子加以说明。

假设某一随机载波调制策略由载波方式 A 和 E 组成, 设其稳态分布

$\pi=[\lambda,1-\lambda]$，在输入电压为 220V、电压传输比为 0.8、采样频率为 5kHz 时，输出电压频率为 30Hz，20Ω 阻性负载的工况下，单一载波方式 A 的输出电压 THD 为 11.06%，相同工况下，载波方式 E 的输出电压 THD 为 24.75%，若式（10.43）成立，则有

$$E(\text{THD})=13.69\lambda+11.06 \tag{10.44}$$

图 10.16 描述了输出电压总谐波畸变率与稳态分布 λ（横轴）的关系，其中直线代表直线方程式（10.44）。图上点 T_1、T_2、T_3 和 T_4 分别代表随机过渡矩阵为

$\begin{bmatrix} 0.2 & 0.8 \\ 0.8 & 0.2 \end{bmatrix}$、$\begin{bmatrix} 0.25 & 0.75 \\ 0.25 & 0.75 \end{bmatrix}$、$\begin{bmatrix} 0.8 & 0.2 \\ 0.8 & 0.2 \end{bmatrix}$ 和 $\begin{bmatrix} 0.4 & 0.6 \\ 0.6 & 0.4 \end{bmatrix}$ 时稳态分布与 THD 的关系。

其中，点 T_1、T_4 的过渡矩阵不同，稳态分布一致，总谐波畸变率也基本相同。图上各点均在直线附近，故可以说明性能指标表达式（10.43）的有效性。

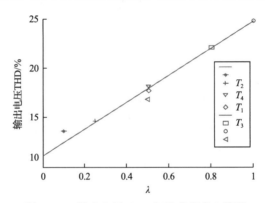

图 10.16　输出电压 THD 与稳态分布 λ 关系

将式（10.42）和式（10.43）代入式（10.40）可知，这是一个带约束的线性规划问题，已有很多成熟算法可以求解得到最优稳态分布 π^*。

由于对应最优稳态分布的最优过渡矩阵不具有唯一性，同时必须保证随机过渡矩阵为稳态分布，为了方便数值求解，将问题转化为最小化误差问题：

$$\min J=\min\left[\text{line}\left(\lim_{m\to\infty}M_P^m\right)-\pi^*\right]^2 \tag{10.45}$$

$$\text{s.t.}\quad \sum_{j=1}^{6}M_P(i,j)=1,\quad M_P(i,j)>0 \tag{10.46}$$

式中，函数 line(A) 的返回值为 A 矩阵的任意行矢量，事实上 line$\left(\lim\limits_{m\to\infty}M_P^m\right)$ 就是对应随机过渡矩阵的稳态分布；π^* 为第一步求取的最优稳态分布。对于这样一个

非线性优化问题，应用遗传算法容易得到近似极值，其中稳态分布的存在性可转化为最小化 M_P^m 的列矢量与列矢量均值的差的 2 范数。

在实际计算中，由于 $M_P^{20} \approx \mathrm{line}\left(\lim\limits_{m\to\infty} M_P^m\right)$，取 m 为 20。

10.3.3　闭环控制策略

1. 数学模型

为了解双级四脚矩阵变换器的动力学特征，应用状态空间平均法对其进行建模，矩阵变换器本身可以看成电流源型整流器和电压源型逆变器通过一定的耦合方式组合而成，其在静止坐标系下的等效电路图如图 10.17 所示。

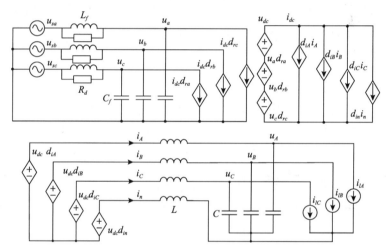

图 10.17　双级四脚矩阵变换器静止坐标系下的等效电路图

根据图 10.17，双级四脚矩阵变换器的动态数学方程可用复矢量表示如下：

$$L_f \frac{\mathrm{d}\vec{i}_s}{\mathrm{d}t} = \vec{u}_s - \vec{u}_i \tag{10.47}$$

$$C_f \frac{\mathrm{d}\vec{u}_i}{\mathrm{d}t} = \frac{\vec{u}_s - \vec{u}_i}{R_d} + \vec{i}_s - i_{dc}\vec{d}_r \tag{10.48}$$

$$u_{dc} = \frac{3}{2}\vec{u}_i \cdot \vec{d}_r \tag{10.49}$$

$$i_{dc} = \frac{3}{2}(\vec{d}_i \cdot \vec{i}_o + 2d_0 i_0) \tag{10.50}$$

$$L \frac{\mathrm{d}\vec{i}_o}{\mathrm{d}t} = u_{dc}\vec{d}_i - \vec{u}_o \tag{10.51}$$

$$C\frac{\mathrm{d}\vec{u}_o}{\mathrm{d}t} = \vec{i}_o - \vec{i}_l \tag{10.52}$$

$$(L + 3L_n)\frac{\mathrm{d}i_0}{\mathrm{d}t} = d_n u_{dc} - u_0 \tag{10.53}$$

$$C\frac{\mathrm{d}u_0}{\mathrm{d}t} = i_0 - i_{l0} \tag{10.54}$$

式中，L_f、C_f 和 R_d 分别为输入滤波电感、输入滤波电容和输入阻尼电阻；L、C 和 L_n 分别为输出滤波电感、电容和中性线电感；$\vec{d}_r$、$\vec{d}_i$ 分别为整流级、逆变级占空比调制矢量；$\vec{i}_l$ 和 i_{l0} 为负载电流，其中后者代表负载零序电流。

式(10.47)和式(10.48)代表整流侧动态方程，式(10.51)和式(10.52)为逆变侧动态方程，式(10.49)和式(10.50)为整流端和逆变端的耦合关系，式(10.53)和式(10.54)指代零序动态方程。

2. 输入电流分析

由于不平衡或非线性负载，输入电流和输入电压(滤波电容电压)可能出现畸变，要理解这一现象，最好的办法就是求解输入电流的解析表达式。为了简单起见，假定输入电压畸变可以忽略，当然，这种假设是在滤波器设计合理的前提下进行的。根据矩阵变换器输入输出能量平衡，输入电流的稳态表达式可以按如下求解。

不失一般性地，在稳态时，假设

$$\vec{d}_r = \frac{\vec{u}_i}{|\vec{u}_i|} \tag{10.55}$$

$$\vec{u}_o = \sum_{m=1}^{\infty}(\vec{u}_m^p\mathrm{e}^{\mathrm{j}m\omega_o t} + \vec{u}_m^n\mathrm{e}^{-\mathrm{j}m\omega_o t}) \tag{10.56}$$

$$\vec{i}_o = \sum_{m=1}^{\infty}(\vec{i}_m^p\mathrm{e}^{\mathrm{j}m\omega_o t} + \vec{i}_m^n\mathrm{e}^{-\mathrm{j}m\omega_o t}) \tag{10.57}$$

式(10.55)用以保证单位功率因数整流，$\vec{u}_m^p$、$\vec{i}_m^p$ 和 $\vec{u}_m^n$、$\vec{i}_m^n$ 分别为第 m 次正序和负序稳态谐波电压和谐波电流，ω_o 为输出电压角频率。

忽略矩阵变换器的开关损耗，根据能量守恒，可得

$$u_{dc}i_{dc} = \frac{3}{2}(\vec{u}_o \cdot \vec{i}_o + 2\bar{u}_0\bar{i}_0) \tag{10.58}$$

将式(10.55)代入式(10.50)，可得

$$i_{dc} = \frac{\vec{u}_o \cdot \vec{i}_o + 2\bar{u}_0\bar{i}_0}{|\vec{u}_i|} \tag{10.59}$$

那么根据式(10.48)，输入电流矢量可写成如下表达式：

$$\vec{i}_i = \frac{\vec{u}_o \cdot \vec{i}_o + 2\bar{u}_0\bar{i}_0}{|\vec{u}_i|^2} \cdot \vec{u}_i \tag{10.60}$$

值得注意的是，上述公式中的变量均为稳态变量。根据式(10.60)，如果双级四脚矩阵变换器的负载不平衡或非线性，那么输出功率就含有大量谐波，从而导致输入电流包含大量谐波成分。特别地，如果负载为线性不平衡负载，那么 $m=1$，且零序电压和电流均为正弦，并可做如下假设：

$$\bar{u}_0\bar{i}_0 = D + C \cdot \cos(2\omega_o t + \vartheta) \tag{10.61}$$

根据式(10.56)、式(10.57)和式(10.60)，输入 a 相电流可以写成

$$i_a = \vec{i}_i \cdot e^{j0} = \frac{A + B\cos(2\omega_o t)}{|\vec{u}_i|}\cos(\omega_i t) \tag{10.62}$$

式中，ω_i 为输入电网角频率；$A = 1.5(\bar{u}_1^{~p}\bar{i}_1^{~p} + \bar{u}_1^{~n}\bar{i}_1^{~n}) + 2D$；$B = 1.5(\bar{u}_1^{~p}\bar{i}_1^{~n} + \bar{u}_1^{~n}\bar{i}_1^{~p}) + 2C$。

假设输入电压谐波可以忽略，则 $|\vec{u}_i|$ 是常数，如果输出电压也是 50Hz，根据式(10.62)不难发现，输入电流中含大量三次谐波。如果负载情况更加复杂，输入电流将不可避免地存在低次谐波成分。因此，在双级四脚矩阵变换器的滤波器设计需要给予更多的考虑。

3. 输入滤波器设计

矩阵变换器安装输入滤波器的主要目的是阻止谐波电流注入电网，保证电网电能质量。通常，谐波电流的频率较高，较小体积的 LC 滤波器就能达到期望的滤波效果。然而，根据前面的分析，双级四脚矩阵变换器的输入滤波器需要考虑更多的因素。首先，由于低频谐波成分的存在，输入滤波器的截止频率需要设计得更低；其次，需要保证输入电压基本正弦，也即输入电压的谐波成分需要被限制在较低水平，以保证矩阵变换器正常运行；最后，输入功率因数角需要满足一定的要求，并且输入滤波器的体积、重量也需要在合理的范围之内。

根据如图 10.18 所示输入滤波器的单相等效电路图，很容易写出谐波电流到电网电流的传递函数和谐波电流到滤波电容电压的传递函数表达式如下：

$$G_1(s) = \frac{i_s(s)}{i_i(s)} = \frac{\dfrac{1}{R_d C_f} s + \dfrac{1}{L_f C_f}}{s^2 + \dfrac{1}{R_d C_f} s + \dfrac{1}{L_f C_f}} \tag{10.63}$$

$$G_2(s) = \frac{u_i(s)}{i_i(s)} = \frac{\dfrac{1}{C_f} s}{s^2 + \dfrac{1}{R_d C_f} s + \dfrac{1}{L_f C_f}} \tag{10.64}$$

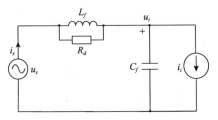

图 10.18　输入滤波器的单相等效电路图

　　从滤波器设计的角度，传递函数 $G_1(s)$ 应该在频率段$[5\omega_i, 0.5\omega_s]$被最小化，其中，ω_s 为开关角频率。从矩阵变换器输出电压质量和电压传输比的角度，$G_2(s)$ 应该在频率段$[5\omega_i, 0.5\omega_s]$内被最小化。在滤波器谐振频率和阻尼比确定的情况下，滤波电容越大，滤波电感越小，以上两方面的要求越容易达到，矩阵变换器输入电流和输入电压的总谐波畸变率也越小，这些也可以从如图 10.19 所示 $G_2(s)$ 的波特图中看出。然而，出于输入功率因数角的考虑，滤波电容不宜选择过大。

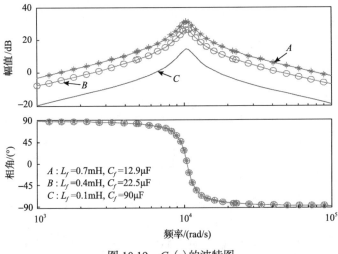

图 10.19　$G_2(s)$ 的波特图

总体而言，将系统稳定运行作为最重要的考虑，电感一般选择较小的值，尤其对于大功率应用情况。

4. 控制器设计

本节提出一种鲁棒自适应反步控制器以解决双级四脚矩阵变换器的闭环控制问题。首先，将系统方程式(10.51)和式(10.52)分解为 α-β 坐标系下的状态方程：

$$L\frac{\mathrm{d}i_{o\alpha}}{\mathrm{d}t} = v_{o\alpha} - u_{o\alpha} \tag{10.65}$$

$$L\frac{\mathrm{d}i_{o\beta}}{\mathrm{d}t} = v_{o\beta} - u_{o\beta} \tag{10.66}$$

$$C\frac{\mathrm{d}u_{o\alpha}}{\mathrm{d}t} = i_{o\alpha} - i_{l\alpha} \tag{10.67}$$

$$C\frac{\mathrm{d}u_{o\beta}}{\mathrm{d}t} = i_{o\beta} - i_{l\beta} \tag{10.68}$$

显然，式(10.65)～式(10.68)描述的方程与式(10.53)和式(10.54)有类似的结构。不失一般性地，这里仅以式(10.65)和式(10.67)为例，阐述控制器的设计原理和过程。

假设负载电流是已知频率的周期信号，令 α-β 坐标系下负载电流的 α 分量为

$$i_{l\alpha} = \sum_{n=1}[I_{\alpha d}^{(n)}\cos(\omega_o t) + I_{\alpha q}^{(n)}\sin(\omega_o t)] = W^{\mathrm{T}}\varphi \tag{10.69}$$

式中，$W = [I_{\alpha d}^{(1)} \quad I_{\alpha q}^{(1)} \quad \cdots \quad I_{\alpha d}^{(n)} \quad I_{\alpha q}^{(n)}]^{\mathrm{T}}$；$\varphi = [\cos(\omega_o t) \quad \sin(\omega_o t) \quad \cdots \quad \cos(n\omega_o t) \quad \sin(n\omega_o t)]^{\mathrm{T}}$。

假定估计的负载电流的 α 分量有如下表达式：

$$\hat{i}_{l\alpha} = \hat{W}^{\mathrm{T}}\varphi \tag{10.70}$$

根据式(10.69)和式(10.70)，可得误差方程为

$$\tilde{i}_{l\alpha} = i_{l\alpha} - \hat{i}_{l\alpha} = \tilde{W}^{\mathrm{T}}\varphi \tag{10.71}$$

假定期望的输出电压为 $u_{o\alpha}^*$，并定义一个新的误差变量：

$$z_1 = C(u_{o\alpha} - u_{o\alpha}^*) \tag{10.72}$$

对式(10.72)两边求导，可得

$$\dot{z}_1 = i_{o\alpha} - \tilde{i}_{l\alpha} - \hat{i}_{l\alpha} - C\dot{u}_{o\alpha}^* \tag{10.73}$$

对于式(10.73)，视 $i_{o\alpha}$ 为虚拟控制输入，并假设

$$i_{o\alpha} = \overline{i}_{o\alpha} \tag{10.74}$$

其中

$$\overline{i}_{o\alpha} = -k_1 z_1 + \hat{i}_{l\alpha} + C\dot{u}_{o\alpha}^* \tag{10.75}$$

显然，变量 z_1 是稳定的。然而，$i_{o\alpha}$ 不是真正的控制输入，它是一个状态变量，故式(10.74)不成立，那么重新定义一个新的误差变量 z_2 为

$$z_2 = L(\overline{i}_{o\alpha} - i_{o\alpha}) \tag{10.76}$$

因此，状态方程式(10.65)和式(10.67)可用新的状态变量 z_1 和 z_2 表示成如下系统：

$$\dot{z}_1 = -k_1 z_1 - \frac{1}{L} z_2 - \tilde{W}^{\mathrm{T}} \varphi \tag{10.77}$$

$$\dot{z}_2 = L\dot{\overline{i}}_{o\alpha} - v_{o\alpha} + u_{o\alpha} \tag{10.78}$$

将控制输入和自适应律设计为

$$v_{o\alpha} = \left(Lk_1^2 - \frac{1}{L} \right) z_1 + (k_1 + k_2)z_2 + L\left(\dot{\hat{W}}^{\mathrm{T}} \varphi + \hat{W}^{\mathrm{T}} \overline{\varphi} + C\ddot{u}_{o\alpha}^* \right) + u_{o\alpha} \tag{10.79}$$

$$\dot{\hat{W}} = \Gamma\varphi(Lk_1 z_2 - z_1) \tag{10.80}$$

式中，$k_1 > 0$，$k_2 > 0$；$\overline{\varphi} = \omega[-\sin(\omega_o t) \quad \cos(\omega_o t) \quad \cdots \quad -n\sin(n\omega_o t) \quad n\cos(n\omega_o t)]^{\mathrm{T}}$。

为了证明控制系统的稳定性，构造如下李雅普诺夫能量函数：

$$V = \frac{1}{2}(z_1^2 + z_2^2) + \frac{1}{2}\tilde{W}^{\mathrm{T}}\Gamma^{-1}\tilde{W} \tag{10.81}$$

经过一系列的数学处理，不难得到

$$\dot{V} = -k_1 z_1^2 - k_2 z_2^2 < 0 \tag{10.82}$$

事实上，由于非线性或不平衡负载的影响，矩阵变换器输入电压或多或少会产生一定程度的畸变，通常没有考虑它们的影响，所以一些小的不确定性扰动将不可避免地出现在控制输入 $v_{o\alpha}$ 上，也就是说，实际的控制输入为

$$v_{o\alpha} = v_{o\alpha}' + w \tag{10.83}$$

式中，$v_{o\alpha}'$ 为已知部分；w 为未知扰动，假设该扰动满足约束条件 $|w| < \rho$。

通常，为了处理不确定性问题采用鲁棒控制策略，这里采用了滑模变结构控

制思想，修正上述自适应反步控制器，得到如下鲁棒控制器：

$$v_{o\alpha} = x - \rho \text{sign}(z_2) \tag{10.84}$$

其中

$$x = \left(Lk_1^2 - \frac{1}{L}\right)z_1 + (k_1 + k_2)z_2 + L\left(\dot{\hat{W}}^{\text{T}}\varphi + \hat{W}^{\text{T}}\overline{\varphi} + C\ddot{u}_{o\alpha}^*\right) + u_{o\alpha} \tag{10.85}$$

仍然应用和式(10.81)相同的能量函数，容易推导出

$$\dot{V} = -k_1 z_1^2 - k_2 z_2^2 - z_2\left[\rho\text{sign}(z_2) - w\right] < 0 \tag{10.86}$$

由上述分析和证明可知，所提方法是鲁棒以及稳定的，同时由于 β 和 0 轴的情况基本类似，相同结构的控制器同样适用，在此不再赘述。

相较于现有控制器，本节提出的控制方法是基于能量函数一步一步推导而来的，它的稳定性有理论上的保证。所提控制器没有像重复控制器那样直接采用内模原理抑制负载的扰动，而是采用自适应估计方法估计负载电流，然后通过前馈方法直接补偿，同时滑模控制的引入增强了系统的鲁棒性，更切合工程实际的情况。

10.3.4　仿真验证

1. 随机载波调制仿真与实验

为了验证双级四脚矩阵变换器调制策略和控制方法的正确性，利用 MATLAB/Simulink 对双级四脚矩阵变换器系统进行仿真研究，仿真基本参数如表 10.5 所示。随后在样机上进行了实验验证。

表 10.5　双级四脚矩阵变换器系统仿真基本参数

参数	数值	参数	数值
输入线电压有效值	380V	输入滤波电感(L_f)	0.2mH
输入频率(f_i)	50Hz	输入滤波电容(C_f)	30μF
开关频率(f_s)	5kHz	阻尼电阻(R_d)	1Ω

首先对随机载波调制策略的正确性进行验证。在其他条件与前面算例相同的条件下，通过数值仿真得到单一载波模式下各输出电压总谐波畸变率 U_{THD}（FFT 分析范围为 0~5kHz）：U_{THDA}=11.1%，U_{THDB}=11.4%，U_{THDC}=25.4%，U_{THDE}=24.8%，U_{THDG}=13.6%，U_{THDH}=14.0%。

过渡载波方式 G、H 是状态遍历的必要条件，本节令它们的稳态概率均大于

等于 0.1，载波方式 A、B 稳态分布大于等于 0.3，C、E 稳态分布大于等于 0.05，式(10.41)中的加权系数均为 0.5，应用线性规划和遗传算法求得最优稳态分布和随机过渡矩阵如下：

$$\pi^* = [0.365 \quad 0.317 \quad 0.05 \quad 0.05 \quad 0.114 \quad 0.104]$$

$$M_P = \begin{bmatrix} 0.7334 & 0 & 0 & 0.1135 & 0 & 0.1531 \\ 0 & 0.7708 & 0.0850 & 0 & 0.1442 & 0 \\ 0 & 0.4188 & 0.1037 & 0 & 0.4775 & 0 \\ 0.5872 & 0 & 0 & 0.1111 & 0 & 0.3017 \\ 0.6077 & 0 & 0 & 0.0461 & 0 & 0.3462 \\ 0 & 0.4758 & 0.1631 & 0 & 0.3611 & 0 \end{bmatrix}$$

随机数可用 logistic 映射来迭代产生，其迭代关系如下：

$$x(k+1) = 4x(k)[1 - x(k)] \tag{10.87}$$

随机数 $x(k) \in (0,1]$，实验中由数字信号处理器产生，马尔可夫链中各时刻载波方式的决策采用遗传算法中的轮盘赌算子，其具体实现也由数字信号处理器负责。

为了方便，仿真实验中输出电压参考和负载均对称。图 10.20(a)、(b) 和 (c) 分别为载波方式 A、载波方式 C 和随机载波调制输出电压的功率谱，U_i 为第 i 次谐波电压有效值，U_1 为基波电压有效值。

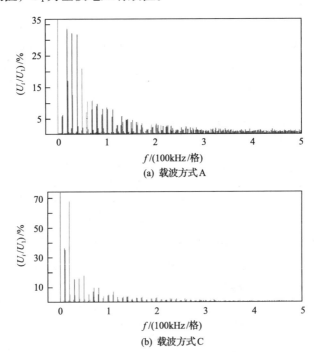

(a) 载波方式 A

(b) 载波方式 C

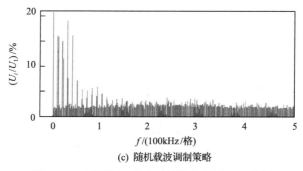

(c) 随机载波调制策略

图 10.20　不同载波方式下的输出电压 FFT 分析

　　载波方式 C 开关频率附近的谐波成分较载波方式 A 下的要大，主要是由局部脉冲不对称导致的。从图 10.20(c)可以看出，相对于单一载波方式，随机载波调制由于随机机制的引入，其频谱相对连续，比较均匀地分布在各个频段上。开关频率附近的几次谐波幅度得到了大幅度衰减，因此一方面避免了开关频率附近谐波成分对电机力矩的不利影响，另一方面有效改善了系统的电磁兼容性。虽然随机载波调制不可避免地造成谐波向低频段扩展，但由于在求取最优随机载波调制矩阵时充分考虑了低频输出电压谐波的影响，所以能保证其在可接受的范围之内。仿真时对随机载波调制中的逆变器开关次数进行了统计，两次统计结果分别为平均 20225 次/s 和 19982 次/s，基本符合式(10.42)。

　　在一套 3.7kW 的实验样机上进行实验验证，三相对称电源的线电压有效值为120V，参考输出电压频率为 25Hz，负载为 100Ω 的三相功率电阻。图 10.21 为输出电压波形。图 10.22(a)和(b)分别为载波方式 A 和随机载波调制策略下的调制输出电压频谱分析，其频谱分析范围是 0～12.5kHz，在这个范围内，可以较为清晰地看出随机载波调制策略平滑了 2.5kHz、5kHz、7.5kHz 等整数倍开关频率处的谐波成分。图 10.23(a)和(b)分别为载波方式 A 和随机载波调制策略调制输出电压在 0～125kHz 频程内的频谱分析，其分析结果与仿真结果基本吻合。

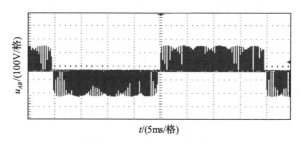

图 10.21　输出电压波形

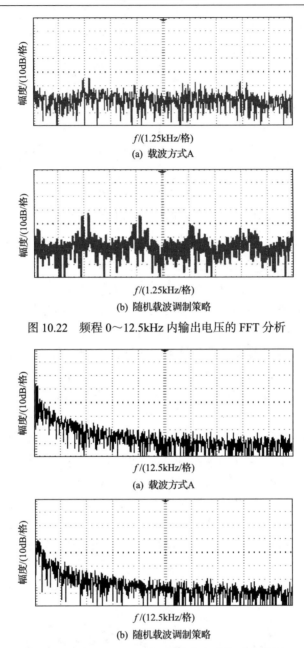

(a) 载波方式A

(b) 随机载波调制策略

图 10.22　频程 0～12.5kHz 内输出电压的 FFT 分析

(a) 载波方式A

(b) 随机载波调制策略

图 10.23　频程 0～125kHz 内输出电压的 FFT 分析

2. 闭环控制仿真与实验

为了证实所提控制策略的正确性,在基于 MATLAB/Simulink 的仿真平台上对系统进行仿真,系统配置具体如下:输入电压为 220V/50Hz,输入滤波器的阻尼电阻、滤波电感和滤波电容分别为 5.2Ω、0.2mH 和 45μF。输出滤波器的滤波电感、滤波电容以及中性线电感值分别为 0.5mH、100μF 和 0.3mH。参考输出电压为 80V/50Hz(峰值)。

实验 1 用以验证所提闭环控制器的控制性能。在时间 0.04s 前，A、B 和 C 相输出均为电阻负载，其阻值分别为 20Ω、12Ω 和 4Ω。在 0.04s 时，单相整流负载切入 A 相输出端，经过 0.04s 后，A 相的所有负载全部切除，变为空载。图 10.24(a)

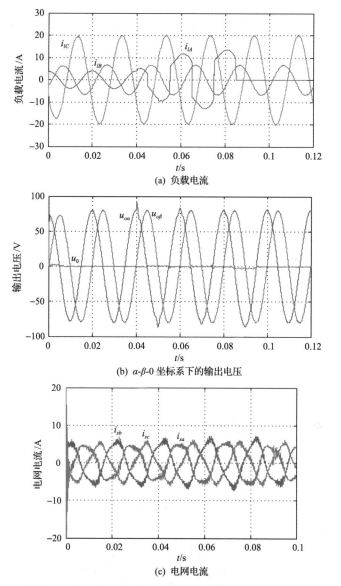

图 10.24　双级四脚矩阵变换器带不平衡负载时的仿真波形

为负载电流波形，对应的输出电压如图 10.24(b)所示，图中输出电压均为 α-β-0 坐标系下的量。系统进入稳态后，输出电压几乎能无误差地跟踪参考输出电压，即使是在非线性负载情况下。在暂态过程中，输出电压跟踪的效果也很好。对应的矩阵变换器电网电流波形如图 10.24(c)所示。

实验 2 用以测试输入滤波器的性能，滤波器的参数如表 10.6 所示，其中，参数后括号中的量为标幺值。所有参与测试的滤波器有着相同的谐振频率，根据表中的结果不难发现，第一组滤波器参数的性能最好，同时还可以看出滤波性能随着滤波电感值的上升而下降，但是其输出电压几乎相同，这也验证了所提控制器的鲁棒性。

表 10.6　不同滤波器参数下的系统性能分析

滤波器参数	输出电压 THD/%	电网电压 THD/%	电网电流 THD/%
L_f=0.1mH (0.002) C_f=90μF (0.410) R_d=5.2Ω (0.362)	THD_α=0.48 THD_β=0.24	THD_a=0.62 THD_b=0.65 THD_c=0.59	THD_a=13.70 THD_b=14.85 THD_c=17.11
L_f=0.2mH (0.004) C_f=45μF (0.205) R_d=10.5Ω (0.723)	THD_α=0.46 THD_β=0.23	THD_a=1.27 THD_b=1.30 THD_c=1.15	THD_a=16.08 THD_b=16.47 THD_c=20.41
L_f=0.3mH (0.007) C_f=30μF (0.137) R_d=15.8Ω (1.088)	THD_α=0.48 THD_β=0.25	THD_a=2.01 THD_b=1.95 THD_c=1.81	THD_a=17.03 THD_b=16.37 THD_c=21.20
L_f=0.4mH (0.009) C_f=22.5μF (0.103) R_d=21.1Ω (1.453)	THD_α=0.47 THD_β=0.26	THD_a=3.29 THD_b=2.76 THD_c=2.68	THD_a=20.04 THD_b=17.2 THD_c=23.46

图 10.25 为基于自适应反步控制的双级四脚矩阵变换器的控制框图。搭建实验平台对其进行实验验证，电源电压和频率分别为 110V_{rms} 和 50Hz，输入滤波器参数和仿真实验 1 中的配置相同。

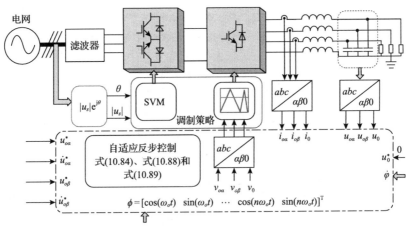

图 10.25　双级四脚矩阵变换器控制框图

当双级四脚矩阵变换器驱动不平衡负载时（R_{la}=47Ω, R_{lb}=20Ω, R_{lc}=20Ω），首先进行了开环控制策略下的实验以便于对比，输出电压参考为 50V（峰值），频率为 50Hz，其输出电压如图 10.26(a) 所示，显然，输出电压出现了严重的不平衡。当所提闭环控制参与作用时，输出电压平衡，稳态波形如图 10.26(b) 所示，开环控制和闭环控制输出电压的不平衡因子对比结果如表 10.7 所示，显然，所提方法能有效抑制负载电压的不平衡。

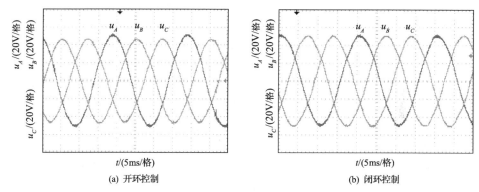

图 10.26　输出电压波形

表 10.7　开环控制与闭环控制的对比

情形	不平衡因子/%	不对称因子/%	正序分量	负序分量	零序分量
开环控制	1.82	6.32	47.3∠−102°	0.87∠129°	2.99∠4.7°
闭环控制	0.19	0.08	49.8∠1°	0.09∠70°	0.042∠42°

为了测试输出电压控制的动态性能，对系统的启动过程、负载切换过程以及参考电压变化过程所对应的暂态控制性能分别进行测试。从图 10.27(a) 可以看出，在启动时，输出电压的动态响应很快，而且由超调引起的过压也在可以接受的范围内。当 A 相输出端突加负载时，对应的输出电压有微小的跌落现象发生，在不到 1/6 个开关周期就很快恢复，响应的测试结果如图 10.27(b) 所示。相反，当外部负载突然从 A 相输出端切除时，对应的输出电压略有上升，但很快恢复正常，实验波形如图 10.27(c) 所示，从图中可以看到，所提控制器对外部扰动具有很强的鲁棒性。图 10.27(d) 和图 10.27(e) 分别展示了当参考输出电压从 50V 降至 40V 和从 40V 升至 50V 时输出电压的暂态响应，从图中可以看出，暂态过程中输出电压依然很好地跟踪了参考输出电压。

图 10.28 展示了双级四脚矩阵变换器稳态时的输出电压、负载电压、负载电流和中性线电流，电网电流。双级四脚矩阵变换器的电网电流如图 10.28(c) 所示，其对应的频谱分析结果如图 10.29 所示。从图中可以看出，电网电流存在少量的

二次谐波以及大量的三次谐波。实验结果验证了电网电流的解析解分析的正确性。因为负载不平衡，且输出频率亦为 50Hz，所以大量的三次谐波是难以避免的。

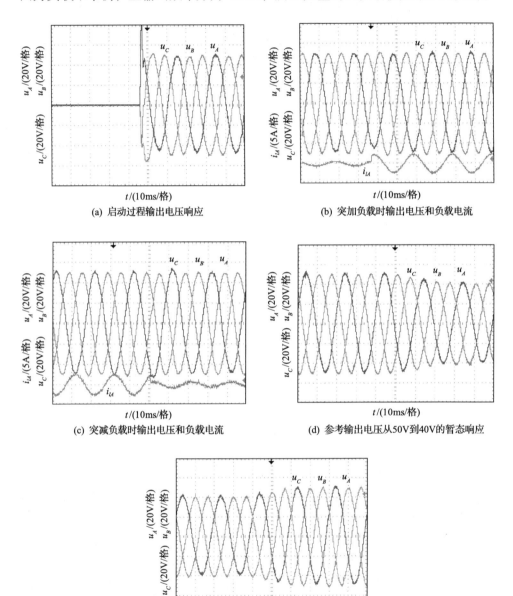

图 10.27 不同情形下的动态实验波形

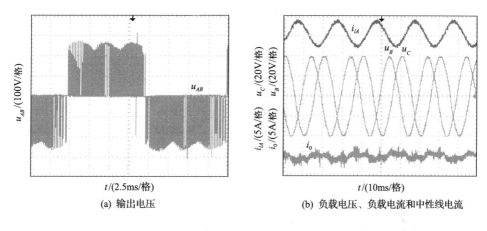

(a) 输出电压　　　　　　　　　　　　(b) 负载电压、负载电流和中性线电流

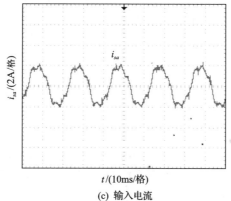

(c) 输入电流

图 10.28　矩阵变换器稳态运行时的波形

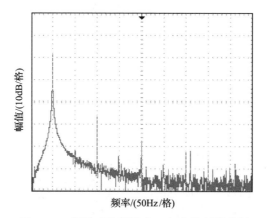

图 10.29　矩阵变换器输入 *A* 相电流频谱分析

10.4　基于逆疏松矩阵变换器的风力发电系统

　　传统矩阵变换器的开关数目多、成本高、可靠性低，因而限制了其在风力发电领域中的应用。为此，本节提出一种基于逆疏松矩阵变换器的风力发电系统，该系统采用逆向思维，由逆变级直接控制永磁同步发电机，采用单向变流器并网，它能绿色、高效、灵活、可靠地实现能量转化与传输，为矩阵变换器的升压运行提供思路，同时具有结构简单、紧凑和成本低的特点[13]。

10.4.1　系统配置

　　基于逆疏松矩阵变换器的风力发电系统原理图如图 10.30 所示，从左至右依次为电网、输入滤波器、逆疏松矩阵变换器和永磁同步发电机。

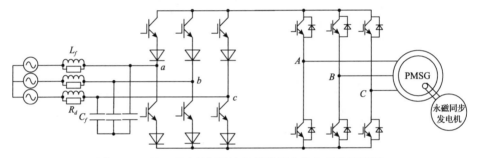

图 10.30　基于逆疏松矩阵变换器的风力发电系统原理图

10.4.2　网侧稳态潮流分析

　　矩阵变换器安装在电网中，将影响电网的潮流分布。由于矩阵变换器基本运行机理的独特性，其功率特征也有独特性，主要表现在矩阵变换器前后端的耦合关系。根据系统动态方程，求得如下稳态方程。

　　电网侧系统稳态方程为

$$jL_f \omega \vec{i}_s = \vec{u}_s - R_d \vec{i}_s - \vec{u}_i \tag{10.88}$$

$$jC_f \omega \vec{u}_i = \vec{i}_s - \vec{i}_i \tag{10.89}$$

$$Q_s = 1.5\vec{u}_s \otimes \vec{i}_s \tag{10.90}$$

　　假定矩阵变换器输入电流为

$$\vec{i}_i = P/(1.5\cos\varphi_i |\vec{u}_i|) \cdot \frac{\vec{u}_i e^{j\varphi}}{|\vec{u}_i|} \tag{10.91}$$

式中，Q_s 为矩阵变换器注入电网的无功功率；P 为有功功率。为保证系统正常工作，输入功率因数角必须满足如下不等式约束条件：

$$|\varphi_i| < \pi/6 \tag{10.92}$$

稳态分析的目的是了解有功功率、系统参数和输入功率因数角等对系统的影响，为系统参数设计提供依据。图 10.31（a）为输入电压与有功功率、输入功率因数角之间的关系，从图中可以看出，发电有功功率越大，改变输入功率因数角 φ_i 对输入电压的影响越大。矩阵变换器输入电流矢量滞后输入电压矢量越大，输入电压越高；输入功率因数角超前越大，输入电压越低。图 10.31（b）为电网无功功率、有功功率和输入功率因数角之间的关系。图 10.31（c）和图 10.31（d）分别展示了输入滤波器参数对系统输入电压的影响，由图 10.31（c）可以看出，输入滤波电感越大，输入电压对 φ_i 的变化越敏感。而从图 10.31（d）可以看出，输入滤波电容对系统输入电压的影响相对较弱。

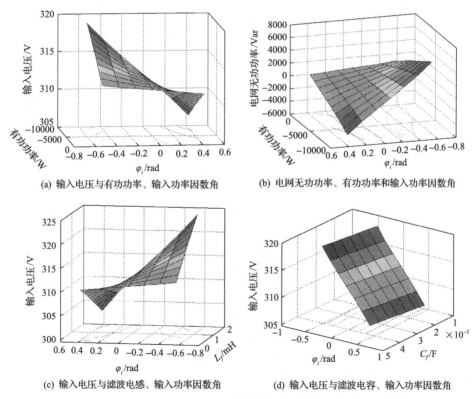

(a) 输入电压与有功功率、输入功率因数角

(b) 电网无功功率、有功功率和输入功率因数角

(c) 输入电压与滤波电感、输入功率因数角

(d) 输入电压与滤波电容、输入功率因数角

图 10.31　各变量间的关系图

在系统发电时，需要避免输入电压出现过压和欠压，因此电感值较小的滤波器参数组合更为适合。

10.4.3　无风速检测 MPPT

根据贝兹(Betz)理论，风力发电机在单位时间内捕获的风能可表示为

$$P_{me} = 0.5C_p \rho A v^3 \tag{10.93}$$

式中，ρ 为空气密度(kg/m^3)；A 为风轮扫过的面积(m^2)；v 为风速；C_p 为风能转换系数，反映了风力发电机将风能转换为机械能的效率，其表达式为

$$C_p = 0.5\left(\frac{RC_1}{\lambda_1} - 0.022\beta - 2\right)e^{-0.255\frac{RC_2}{\lambda_1}} \tag{10.94}$$

这里，λ_1 为叶尖速比，β 为桨距角，R 为风轮叶片半径；C_1、C_2 为常数，通过对具体风力发电机测量得到。叶尖速比定义如下：

$$\lambda_1 = R\omega_m / v \tag{10.95}$$

式中，ω_m 为风力发电机旋转机械角速度。

图 10.32 为风力发电机功率特性，从图中可知，在某固定桨距角和风速情况下，风能转换系数为单峰函数。最大风能跟踪就是通过控制叶尖速比，使其对应的风能转换系数最大。工程上一般应用检测到的风速信息，通过查表实现最大风能跟踪。由于风能转换系数函数的精确表达式很难确定，往往很难实现真正意义上的最大风能跟踪。本节根据风能转换系数对叶尖速比为单峰函数这一基本性质，提出一种无风速检测的最大风能跟踪控制策略。

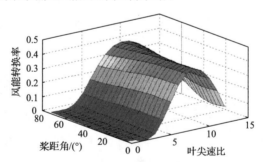

图 10.32　风力发电机功率特性

如果系统满足一定性质，利用极值搜索控制(extremum search control，ESC)算法可以自动地寻找系统的最优工作点(极大值或极小值)。极值搜索控制原理示意图如图 10.33 所示。

图 10.33 中，假设函数 $f(x)$ 为单峰函数，则在稳态工作点，它可近似写成

$$f(x) \approx f(x^*) + 0.5f''(x - x^*)^2 \tag{10.96}$$

式中，$x = \hat{x} + a\sin(\omega t)$。

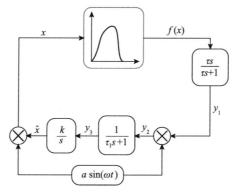

图 10.33　极值搜索控制原理示意图

令误差为

$$\tilde{x} = \hat{x} - x^* \tag{10.97}$$

则有

$$f(x) = f(x^*) + 0.5a^2\sin^2(\omega t) + 0.5\tilde{x}^2 + a\sin(\omega t)\tilde{x} \tag{10.98}$$

本节仅从信号处理的角度简单说明 ESC 的基本原理。首先，将 $f(x)$ 经过高通滤波器，得到

$$y_1 = -0.25a^2\cos(2\omega t) + 0.5\tilde{x}^2 + a\sin(\omega t)\tilde{x} \tag{10.99}$$

其中，$\tilde{x}$ 的频率需要远低于调制频率 ω，也即误差收敛速度不能太快，否则算法不稳定。

然后，通过解调器和低通滤波器得到估计误差信息为

$$y_3 = 0.5af''\tilde{x} \tag{10.100}$$

在提取出误差之后，经过简单的积分操作，可得

$$\dot{\hat{x}} = 0.5kaf''\tilde{x} = \dot{\tilde{x}} \tag{10.101}$$

若估计误差收敛，通常 $a > 0$，对于极大值问题，$f'' < 0$，则需满足 $k > 0$。

假设发电系统收敛速度很快，可近似为代数方程，则根据系统功率特性，系统输出功率和给定速度可表示成 $P_o = f(\omega_r)$，用于该发电系统，仅需要将图 10.33 中的 x 用速度取代，$f(x)$ 用输出功率取代即可。

10.4.4　系统控制

基于逆疏松矩阵变换器的风力发电系统整体控制框架如图 10.34 所示。图

中，MPPT 为最大功率点跟踪(maximum power point tracking)。该系统主要由两部分组成：一部分为电网无功功率控制；另一部分为永磁发电机控制，包括最大风能跟踪控制。

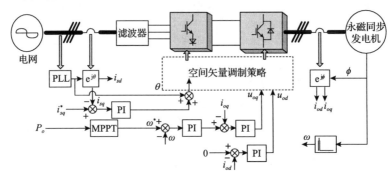

图 10.34　基于逆疏松矩阵变换器的风力发电系统整体控制框架

1. 电网无功功率控制

基于逆疏松矩阵变换器的风力发电系统的无功功率由整流端控制，注入电网的无功功率可以由式(10.90)表示。进行电网电压定向后，参考无功电流可简单地写为

$$i_{sq}^* = Q_s/(1.5u_{sd}) \tag{10.102}$$

整流空间矢量调制的目的之一是合成矩阵变换器输入电流参考矢量，通常情况下，整流空间矢量调制策略就是简单地使期望的输入电流矢量与电网电压矢量同相位或者矩阵变换器输入电压同相位，到底与哪个量同相位，主要依赖电压传感器的安装位置。不管采用哪种控制方法，其无功功率都是开环控制，仅做到近似单位功率因数负。为了发掘矩阵变换器无功功率可控的潜力，本节提出一种简单有效的无功功率闭环控制策略，即电流空间矢量角的 PI 控制策略，具体描述如下：

$$\theta_i = \text{sat}\left[\text{sign}(P)\cdot\text{PI}(i_{sq}^* - i_{sq}) + \theta\right] \tag{10.103}$$

式中，θ 为电网电压相角，可由锁相环获取，作为控制的前馈部分，提高系统动态响应；sat[·] 为饱和函数，以保证中间直流上正下负；sign(·) 为符号函数；P 为系统有功功率，电动模式 P 取正，反之为负；PI(·) 表示 PI 控制器。这里采用了最小线路损耗控制，即令电网无功功率注入为零。

2. 永磁发电机控制

该发电系统减少了开关，可控性有所降低。在系统启动之初，令系统逆变器运行在所有 IGBT 全关闭的状态，系统相当于二极管整流发电，只有当发电机进入接近发电模式时，才使能闭环控制，这时，一旦发电机定子绕组上有了电流，所提逆疏松矩阵变换器的输出电压就开始完全受控。为了控制简单，采用通常的 PI 控制器，控制框图如图 10.34 所示。

10.4.5　仿真验证

基于逆疏松矩阵变换器的风力发电系统的仿真配置如图 10.30 所示，系统参数如表 10.8 所示。为了验证所提基于极值寻优控制的无风速传感器最大风能跟踪控制的正确性，进行如下仿真实验，极值寻优模块的参数设计如下：τ_1=0.01s，τ=10，a=4，ω=12π。为简单地模拟风速的变化情况，设置风速在 0～3s 时为 8m/s，在 3～6s 时为 10m/s，在 6～10s 时变为 12m/s。图 10.35 为最大能量跟踪轨迹，经过验证，该方法所跟踪的最大风能和理论最优十分吻合。图 10.36 为对应同步旋转坐标系下的定子电流 i_{od} 和 i_{oq}。

表 10.8　基于逆疏松矩阵变换器的风力发电系统参数

器件	参数	数值
电网	U_g	220V_{rms}
	ω_g	100π rad/s
输入滤波器	C_f	30μF
	L_f	0.6mH
永磁同步发电机	R_s	0.875Ω
	L_d, L_q	8.5mH
	ψ_{PM}	0.275Wb
	J	0.002kg · m^2
	n_p	—
风机半径	r	2m

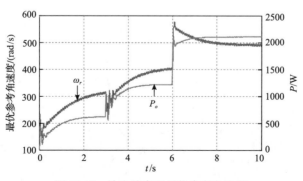

图 10.35　输出功率和最优参考角速度

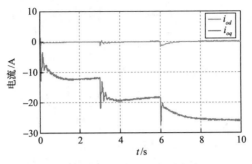

图 10.36　永磁电机定子电流

　　为了验证电网无功功率控制策略的有效性，假定风速为 12m/s，给定转速为 400rad/s。在 0.5s 之前，采用经典的整流调制，即矩阵变换器电网电流和电网电压同相位。0.5s 之后，切入所提无功功率控制策略，如图 10.37 所示。显然，从图 10.37 可以看出，一旦无功功率控制策略参与了调节，无功功率就从 1600var 迅速调节至 0var 附近。如图 10.38(a) 所示，电网电压和电网电流在 0.5s 后，相位基本互差 180°。对应的中间直流电压和定子电流分别如图 10.38(b) 和 (c) 所示。容易发现，无功功率参与调节后，实际输入无功功率很好地跟踪了给定无功功率，并且平均直流电压有所降低。此外，系统在 0.12s 之前，定子电流几乎为零，主要是由于发电机刚启动时转速很低，产生的反电动势未能大于电网电压，直流电流为零，导致逆变器无法合成期望的输出电压，系统处于暂时失控状态。当发电机转速和反电动势上升到正常值时，系统才进入稳定工作状态。

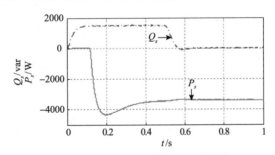

图 10.37　电网有功功率和无功功率

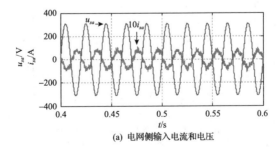

(a) 电网侧输入电流和电压

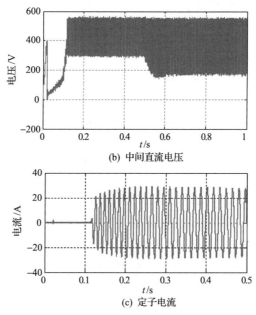

(b) 中间直流电压

(c) 定子电流

图 10.38　逆疏松矩阵变换器的输入输出波形

10.5　本　章　小　结

本章针对多相电机对驱动器的需求，首先介绍两类多相矩阵变换器拓扑及调制策略。对于 3×5MC，介绍了基于数学构造法的调制策略，以及一种减小开关损耗的开关序列，再次验证了基于数学构造法的调制策略的灵活性和通用性。对于 3×5IMC，介绍了常规的载波调制策略，提出两种减小共模电压的载波调制策略：RCMV-CBM1 可以将共模电压峰值从 U_{im} 减小到 $0.7U_{im}$，RCMV-CBM2 将共模电压峰值进一步减小到 $3\sqrt{3}U_{im}/10$。所提调制策略可以推广到更多输出相的间接矩阵变换器中。

其次，对双级四脚矩阵变换器进行了全面研究，介绍了一种双级四脚矩阵变换器载波调制策略，该调制策略相对空间矢量调制策略计算简单、便于理解，并可通过偏置电压选取构造出满足不同性能需求的调制策略；提出了一种基于马尔可夫链的随机载波调制策略，有效改善了输出电压质量，提高了系统的电磁兼容性；提出了一种鲁棒自适应反步控制策略，保证了系统稳定性。

最后，介绍了基于逆疏松矩阵变换器的风力发电系统，提出了一种基于极值寻优控制的最大风能跟踪控制策略，无需风速传感器就能快速、准确地实现 MPPT 功能；提出了一种新型的无功功率控制策略，实现了精确无功功率控制。

参 考 文 献

[1] Tenti P, Malesani L, Rossetto L. Optimum control of *N*-input-*K*-output matrix converters[J]. IEEE Transactions on Power Electronics, 1992, 7(4): 707-713.

[2] Bucknall R, Ciaramella K M. On the conceptual design and performance of a matrix converter for marine electric propulsion[J]. IEEE Transactions on Power Electronics, 2010, 25(6): 1497-1508.

[3] Chai M, Dutta R, Fletcher J. Space vector PWM for three-to-five phase indirect matrix converter with d2-q2 vector elimination[C]. The 39th Annual Conference of the IEEE Industrial Electronics Society, Vienna, 2013: 4937-4942.

[4] Chai M, Xiao D, Dutta R, et al. Space vector PWM techniques for three-to-five phase indirect matrix converter in the overmodulation region[J]. IEEE Transactions on Industrial Electronics, 2015, 63(1): 550-561.

[5] Nguyen T D, Lee H H. Development of a three-to-five-phase indirect matrix converter with carrier-based PWM based on space vector modulation analysis[J]. IEEE Transactions on Industrial Electronics, 2015, 63(1): 13-24.

[6] Iqbal A, Ahmed S M, Abu-Rub H. Space vector PWM technique for a three-to-five-phase matrix converter[J]. IEEE Transactions on Industry Applications, 2012, 48(2): 697-707.

[7] Iqbal A, Ahmed S M, Abu-Rub H. Generalized duty-ratio-based pulsewidth modulation technique for a three-to-k phase matrix converter[J]. IEEE Transactions on Industrial Electronics, 2011, 58(9): 3925-3937.

[8] Ahmed S M, Iqbal A, Abu-Rub H, et al. Simple carrier-based PWM technique for a three-to-nine-phase direct AC-AC converter[J]. IEEE Transactions on Industrial Electronics, 2011, 58(11): 5014-5023.

[9] Xiong W, Sun Y, Su M, et al. Carrier-based modulation strategies with reduced common-mode voltage for five-phase voltage source inverters[J]. IEEE Transactions on Power Electronics, 2018, 33(3): 2381-2394.

[10] Wheeler P, Zanchetta P, Clare J, et al. A utility power supply based on a four-output leg matrix converter[J]. IEEE Transactions on Industry Applications, 2008, 44(1): 174-186.

[11] Sun Y, Su M, Li X, et al. Indirect four-leg matrix converter based on robust adaptive back-stepping control[J]. IEEE Transactions on Industrial Electronics, 2011, 58(9): 4288-4298.

[12] Sun Y, Su M, Xia L, et al. Randomized carrier modulation for four-leg matrix converter based on optimal Markov chain[C]. IEEE International Conference on Industrial Technology, Chengdu, 2008: 1-6.

[13] Sun Y, Su M, Gui W. One novel variable-speed wind energy system based on PMSG and super sparse matrix converter[C]. International Conference on Electrical Machines and Systems, Wuhan, 2008: 2384-2389.